畜禽场建设与环境控制

主　编　彭津津　陈亚强
副主编　郭云霞　陈鲜鑫

重庆大学出版社

内容提要

本书全面系统地介绍了畜禽场建设与环境控制的基本理论和基本技能，全书内容分为设计畜禽场、设计畜禽舍建筑、改善畜禽舍环境、设计畜禽舍的设施与设备、保护畜禽场环境和动物福利管理等6个项目。每个项目配备了相关教学案例及技能训练，结构上做到了理实一体化。本书不仅可以作为高职高专院校畜牧兽医专业的教学用书，还可以作为中等职业技术学校相关教师的参考用书，也可以作为农牧区畜牧兽医人员和企业的培训、学习用书。

图书在版编目（CIP）数据

畜禽场建设与环境控制 / 彭津津，陈亚强主编. -- 重庆：重庆大学出版社，2022.2（2023.7 重印）

"双高计划"高职畜牧兽医高水平专业群建设教材

ISBN 978-7-5689-2927-1

Ⅰ. ①畜… Ⅱ. ①彭… ②陈… Ⅲ. ①畜禽—养殖场—建设—高等职业教育—教材 ②畜禽—养殖场—环境控制—高等职业教育—教材 Ⅳ. ①S815

中国版本图书馆 CIP 数据核字(2021)第 170912 号

"双高计划"高职畜牧兽医高水平专业群建设教材

畜禽场建设与环境控制

主 编 彭津津 陈亚强

副主编 郭云霞 陈鲜鑫

责任编辑：张红梅 版式设计：张红梅

责任校对：夏 宇 责任印制：赵 晟

*

重庆大学出版社出版发行

出版人：饶帮华

社址：重庆市沙坪坝区大学城西路 21 号

邮编：401331

电话：(023)88617190 88617185(中小学)

传真：(023)88617186 88617166

网址：http://www.cqup.com.cn

邮箱：fxk@cqup.com.cn (营销中心)

全国新华书店经销

重庆华林天美印务有限公司印刷

*

开本：787mm×1092mm 1/16 印张：22 字数：524 千

2022 年 2 月第 1 版 2023 年 7 月第 2 次印刷

ISBN 978-7-5689-2927-1 定价：69.00 元

编委会

主　编：彭津津　重庆三峡职业学院

陈亚强　重庆三峡职业学院

副主编：郭云霞　河北农业大学

陈鲜鑫　乐山市农业科学研究院

参　编：刘震坤　重庆三峡职业学院

何　航　重庆三峡职业学院

杨延辉　重庆三峡职业学院

吴小玲　重庆三峡职业学院

喻维维　重庆三峡职业学院

贺闪闪　重庆三峡职业学院

孙洪新　河北省畜牧兽医研究所

李　婷　河北经贸大学

王思伟　河北省农林科学院粮油作物研究所

张　涛　廊坊市加一农业发展有限公司

吴鹏威　河北双鸽食品股份有限公司

何洪领　北京华成牧业有限公司

张　萌　北京金星鸭业有限公司

刘　泽　保定市畜牧工作站

杜晨光　内蒙古农业大学

刘　月　河北省畜牧兽医研究所

前 言

随着养殖业的发展，畜禽场建设与环境控制越来越受到重视。畜禽场建设与环境控制直接关系到畜禽的健康和生产性能、畜禽场的生产效益，对畜禽场的可持续发展、动物福利的提高、资源利用效率的提高和养殖业污染的减少等具有重要意义。本书按照产教融合、校企合作人才培养模式对技术技能型人才的要求，注重教学与生产实践相结合，并引入相关国家标准和行业标准，将全书内容分为6个项目，包括设计畜禽场、设计畜禽舍建筑、改善畜禽舍环境、设计畜禽舍的设施与设备、保护畜禽场环境和动物福利管理。

本书结合教师多年的教学经验和企业专家丰富的实践经验，由校企双方人员共同编写。在编写过程中，结合我国畜禽生产现状和畜牧兽医等相关专业人才培养要求，本书引入大量现场照片和图片，每个项目配备了相关教学案例供教师和学生参考，将案例与教学内容相结合，突出了案例教学的特点。此外，每个项目还配备了相关技能训练，体现了职业教育的特色，可以很好地满足职业教育对教材实用性、先进性、趣味性的要求，更贴近行业应用。本书不仅可以作为高职高专院校畜牧兽医专业的教学用书，还可以作为中等职业技术学校相关教师的参考用书，也可以作为农牧区畜牧兽医人员和企业的培训学习用书。

本书在编写过程中参阅了许多专家的研究成果和著作，在此表示诚挚的谢意！由于编写人员水平有限，书中不当之处在所难免，敬请广大读者批评指正。

编 者

2020 年 12 月

目 录

项目一　设计畜禽场

【知识目标】

- 了解畜禽场生产工艺流程；
- 了解畜禽场基础设施；
- 掌握畜禽场场址选择和布局方法；
- 掌握畜禽场规划布局的基本知识。

【技能目标】

- 能正确选址建场；
- 能初步设计畜禽场生产工艺方案；
- 能识别畜禽场设计图；
- 能初步设计畜禽场总平面图。

【教学案例】

肉牛场的问题

重庆某肉牛场，夏季肉牛频繁出现腐蹄病、腹泻，部分肉牛还出现中暑症状。该肉牛场位于山凹处，不远处有水库，无粪污处理设施，牛舍为棚舍，无隔热设施，采用双列式布局，檐口高2.8 m，两栋牛舍相隔3 m。饲养员采用喷淋方式降温、水冲粪方式清除粪便。牛舍内阴暗潮湿。

提问：

1. 该肉牛场肉牛频繁出现腐蹄病、腹泻的原因是什么？
2. 养殖场在选址时应注意哪些问题？
3. 有何改进方案？

畜禽场是畜禽生产的主要场所，其环境质量直接影响畜禽舍舍内环境质量和畜禽生产组织。研究表明，畜禽场环境条件的生产效应占畜禽生产总效应的20%～40%，仅次于饲料效应。现代畜禽场应用现代科学技术集中进行动物生产和经营活动，不仅减少了畜禽场建设投资，降低了生产成本，还提高了劳动效率和产品质量，因此，需对畜禽场进行科学的规划设计，主要包括畜禽场场址选择、畜禽场工艺设计、畜禽场总平面布置、畜禽场基础设施规划等4个方面。在进行畜禽场规划设计过程中，不要过分追求最适宜的环境，避免造成浪费，但也不能过于简陋，否则起不到应有的作用，从而导致环境调控设备投资和运行费用增加并且影响畜禽健康和生产力。

任务一　选择畜禽场场址

场址选择的合理性直接关系到投产后场区小气候状况、畜禽场经营管理及环境保护状况。现代化畜禽生产必须综合考虑占地面积、场区内外环境、市场状况、交通运输条件、当地基础设施、生产与饲养管理技术水平等因素。在实际选址过程中，受上述各种因素所限，虽不能保证面面俱到，但在主要的环境卫生要求不能保证的情况下，绝不能勉强设置，否则在运营过程中不但得不到预期的经济效益，还有可能因为对周围的大气、水、土壤等造成污染而遭到周边企业或居民的反对，甚至受到相关部门的处罚。因此，场址选择是畜禽场建设可行性研究的主要内容，也是规划建设必须解决的首要问题。

【教学案例】

被拆的养猪场

广东省某养猪场运营过程中产生大量养殖污水和污浊空气，给附近百姓带来极大困扰。经调查，该养猪场建在禁养区内，环保处理设施未完善，且未办理相关环保手续，并存在未批先投等现象，被当地政府强制拆除。事后，养猪场老板提起诉讼，要求认定强拆行为违法，索赔直接经济损失500万元。当地法院裁定：根据国家环境保护总局发布的《畜禽养殖污染防治管理办法》第七条和《广东省环境保护条例》第三十五条，该养猪场位于城区人民政府划定的畜禽禁养区内，猪场权益不具备合法性。为了保护养殖户的利益，当地政府已经给了该养殖户足够的时间让其处理生猪，自行拆除或搬迁，但该养殖户无视法律规定和政府通告，根据《城乡规划法》第六十五条，当地人民政府可予以拆除，同时，驳回该原告的其他诉讼请求。

提问：

1. 该养殖场被拆的原因是什么？
2. 养殖场在选址时应考虑哪些因素？

理想的畜禽场场址不仅能够满足畜禽场饲料、水、电、燃料、交通等基本的生产和生活需要，还需拥有足够大的占地面积用于建设各种畜禽舍和其他生产建筑，同时还应具备适宜的周边环境。无论是新建畜禽场，还是在现有设施的基础上进行改建或扩建，选择场址时，都需要考虑畜禽场的经营性质和生产规模，同时还应对人们的消费观念、消费水平、国家畜禽生产区域布局和相关政策、地方生产发展方向和资源利用等做深入细致的调查研究，确保所选场址符合本地区农牧业生产发展总体规划、土地利用发展规划和城乡建设发展规划的用地要求。此外，必须遵守十分珍惜和合理利用土地的原则，不得占用基本农田，尽量利用荒地和劣地建场。《中华人民共和国畜牧法》第四十条规定："禁止在下列区域内建设畜禽养殖场、养殖小区：(一)生活饮用水的水源保护区，风景名胜区，以及自然保护区的核心区和缓冲区；(二)城镇居民区、文化教育科学研究区等人口集中区域；(三)法律、法规规定的其他禁养区域。"此外，受洪水或山洪威胁及泥石流、滑坡等自然灾害多发地带以及自然环境污染严重的地区土地也不宜征用。

一、确定征用土地面积

【教学案例】

不能继续修建的养猪场

老杨，50岁，是一名地地道道的农民，家住重庆市某村，该村常住居民约500人，由于年轻人外出打工的居多，周围有很多荒废的农田，2021年年初，他打算拿出自己多年的积蓄，利用这些荒废的农田修建一个小型养猪场，预计年出栏量300头。可是，养猪场修到一半，发现土地不够用，还被环保部门工作人员要求限时拆除，老杨又气又恨。

提问：

1. 该养猪场被拆的原因是什么？
2. 修建畜禽场之前如何确定养殖场征用土地的面积？
3. 在征用土地时，应考虑哪些因素？

畜禽场在确定征用土地面积时，应遵循充足、合理并留有发展余地的原则，根据畜禽种类、规模、饲养管理方式、集约化程度和饲料供应情况(自给或购进)等，按照初步设计来确定(参考表1-1—表1-5)。在尚未作出初步设计时，可按畜禽场所需场地面积推荐值估算(表1-6)。一般来说，商品畜禽场可按其总建筑面积占全场占地面积的15%～25%来估算，种畜禽场可按10%～15%估算。

表1-1　养猪场占地面积及建筑面积指标(按年出栏量计)

建设规模/(头·年$^{-1}$)	300～500	501～1 000	1 001～2000	2 001～3 000	3 001～5 000
占地面积/m^2	1 050～2 200	2 200～3 740	3 740～7 620	7 620～11 500	11 500～18 000
总建筑面积/m^2	320～670	670～1 100	1 100～2 350	2 350～3 520	3 520～4 770
生产建筑面积/m^2	260～580	580～980	980～2 150	2 150～3 250	3 250～4 000
其他建筑面积/m^2	60～90	90～120	120～200	200～270	270～770

引自《标准化规模养猪场建设规范》(NY/T 1568—2007)。标准化养猪场占地面积及建筑面积指标应符合表中的规定。

表 1-2　猪场建设占地面积(按基础母猪数计)

建设规模/(头·年$^{-1}$)	100	300	600
总占地面积/m^2(亩)	5 333(8)	13 333(20)	26 667(40)
猪舍建筑面积/m^2	1 674	5 011	10 022
辅助建筑面积/m^2	450	1 000	1 555

引自《规模猪场建设》(GB/T 17824.1—2008)。不同猪场的总占地面积、辅助建筑面积不宜低于表中数据,猪舍建筑面积数据以猪舍建筑跨度8.0 m为例。

表 1-3　种鸡场和商品肉鸡养殖场所需饲养密度

鸡舍类型			饲养密度
种鸡舍	后备鸡		10~20 只/m^2
	成鸡	平养	4~8 套/m^2
		笼养	15~20 只/m^2
商品肉鸡舍			25~35 kg/m^2

引自《标准化肉鸡养殖场建设规范》(NY/T 1566—2007)。场内建筑物一般采取密集型布置,建筑系数为20%~35%。

表 1-4　成母牛100头以上规模化奶牛场占地面积(以成母牛计)

牛别	建筑面积	总占地面积
成母牛	28~33 m^2/头	建筑面积的3.5~4倍

引自《标准化奶牛场建设规范》(NY/T 1567—2007)。

表 1-5　各类羊只所需面积

类别		羊舍面积/(m^2·只$^{-1}$)	运动场面积
种公羊	单栏	4.0~6.0	运动场面积为羊舍面积的2~4倍
	群饲	2.0~2.5	
种母羊(含妊娠母羊)		1.0~2.0	
育成公羊		0.7~1.0	
育成母羊		0.7~0.8	
断奶羔羊		0.4~0.5	
育肥羊		0.6~0.8	

引自《标准化养殖场 肉羊》(NY/T 2665—2014)。

表 1-6　土地征用面积估算表

组别	饲养规模	占地面积/(m^2·头$^{-1}$)或(m^2·只$^{-1}$)
奶牛场	100~400头成乳牛	160~180

续表

组别	饲养规模	占地面积 /(m^2·头$^{-1}$)或(m^2·只$^{-1}$)
肉牛场	年出栏肥牛 1 万头	16 ~ 20
种猪场	200 ~ 600 头基础母猪	75 ~ 100
商品猪	600 ~ 3 000 头基础母猪	5 ~ 6
绵羊场	200 ~ 500 只母羊	10 ~ 15
奶山羊场	200 只母羊	15 ~ 20
种鸡场	1 万 ~ 5 万只种鸡	0.6 ~ 1.0
蛋鸡场	10 万 ~ 20 万只蛋鸡	0.5 ~ 0.8
肉鸡场	年出栏肉鸡 100 万只	0.2 ~ 0.3

引自李保明,《家畜环境卫生与设施》,2004。

二、选择适宜的环境

(一)自然环境

畜禽场选址考虑的自然环境因素包括地形地势、水源水质、土壤和气候因素。

1. 地形地势

地形是指场地的形状、范围以及地物——山岭、河流、道路、草地、树林、居民点等的相对平面位置状况;地势是指场地的高低起伏状况。畜禽场应选在地形开阔整齐、地势高、干燥平坦、排水良好、向阳背风的地方。

①平原地区。平原地区一般比较平坦、开阔,场址应注意选在比周围地势稍高的地方,地面坡度以 1% ~3% 为宜,以利排水。地下水位要低,以低于建筑物地基深度 0.5 m 为宜。

②靠近河流、湖泊的地区。场地要选在较高的地方,应比当地水文资料中最高水位高 1 ~ 2 m,以防涨水时被水淹没。

③山区。场地应选在稍平缓坡上,坡面向阳,总坡度不超过 25%,建筑区坡度应在 2.5% 以内。否则坡度过大,不但在施工中需要大量填挖土方,增加工程投资,而且在建成投产后也会给场内运输和管理工作造成不便。山区建场还要注意地质构造情况,避开断层、滑坡、塌方地段,也要避开坡底和谷地以及风口,以免受山洪和暴风雪的袭击。

2. 水源水质

水源水质关系着畜禽场生产和生活用水、建筑施工用水、消防灌溉用水以及未来发展需要,因此要给予足够的重视。

地球上的天然水源分为降水、地表水和地下水三大类,因其来源、环境条件和存在形式不同,又有各自的卫生特征(表 1-7)。畜禽场在选择水源时,应当遵循水量充足、水质良好、便于防护、取用方便 4 个原则,可因地制宜选择自来水、地表水、地下水作为水源。若选用地表水作为畜禽场水源,在条件许可的情况下,应尽量选用水量大、流动的地表水,并了解地表水的流量及汛期水位；若选用地下水，需了解其初见水位和最高水位，含水层的层次、厚度和流向，由于某些地区地下水含有某些矿物性毒物，如氟化物、砷化物等，往往引起地方性疾病，需要先进行检验，合格后方可打井，若打井时出现意外，如流速慢、有泥沙或水质差等问题，最好另选场址；由于降水贮存困难，水量无保障，因此除缺乏地表水、地下水和自来水的地区外，降水一般不用作畜禽场的水源。水质应符合《无公害食品 畜禽饮用水水质》（NY 5027—2008）或《生活饮用水卫生标准》（GB 5749—2006）的规定（详见本书项目三）。

表 1-7 水源种类及卫生特征

种类	来源	水量	卫生特征	备注
降水	雨水、雪水	不稳定	有地区性差异，易受污染，软水	不用作饮用水源
地表水	江、河、湖、塘、水库等	充足	受地域、流程、流量影响，污染机会多，自净能力强，水质较软	可用作饮用水源
地下水	降水和地表水经过地层的渗滤积聚而成	充足而稳定	透明、清洁、含细菌少，不易受污染，水质较硬	可用作饮用水源

3. 土壤

土壤是畜禽生活的基本外界环境之一，其卫生状况直接或间接地影响畜禽机体的健康和生产性能。土壤根据各种粒径的土粒所占的比例划分为沙土、黏土和壤土三类。三类土壤质地不同，物理特性如透气性、透水性、吸湿性、毛细管作用、热容量和导热性等差别很大（表 1-8）。适合建立畜禽场的土壤应具有以下特点：①透气透水性强、毛细管作用弱；②吸湿性和导热性小；③质地均匀，抗压性强；④土壤化学组成适宜，不对人畜造成危害。壤土由于沙粒和黏粒的比例比较适宜，兼具沙土和黏土的优点，既克服了沙土导热性强、热容量小的缺点，又弥补了黏土透气透水性差、吸湿性强的不足，是建设畜禽场最为理想的土壤。壤土抗压性较好，膨胀性小，对畜禽健康、卫生防疫、饲养管理都较为有利。但在一些受客观条件限制的地方，选择理想的土壤条件很不容易，需在规划设计、施工建造和日常使用管理方面，设法弥补土壤的缺陷。

表 1-8 三类土壤特性比较

类别	沙土	黏土	壤土
土壤颗粒	大	小	介于沙土与黏土之间
透气性	强	弱	良好
透水性	强	弱	良好
吸湿性	小	大	小
毛细管作用	弱	强	居中
热容量	小	大	居中

4. 气候

这里的气候主要指与建筑设计有关、造成畜禽场小气候的气象要素，如气温、气湿、风力、风向及灾害性天气等。拟建地区常年气候包括平均气温、绝对最高与最低气温、土壤冻结深度、降雨量与积雪深度、最大风力、常年主导风向、风频率、日照情况等。

气候对畜禽场防暑、防寒措施及畜禽舍朝向、遮阴设施的设置等均有意义，其中风向、风力、日照情况与畜禽舍的建筑方位、朝向、间距、排列次序有关。因此，在选择场址时，应综合考虑当地气候因素。

（二）社会环境

【教学案例】

肉牛场的选址

为发展经济，某县结合当地经济发展特点大力发展畜禽养殖业，拟投资800万元在某县西北方向的城郊建设一个肉牛场，规划用地50亩，养殖规模为存栏2 000头。肉牛场采取封闭式养殖，设置集中污水处理站将冲洗牛舍的废水就地处理后排入某河（该河流无饮用功能），牛粪由附近农民拉走肥田。已知该肉牛场东南距中心区某镇居民集聚点约1.5 km。选址区主要为农用地，非基本农田保护区，主要植被为柳树、杨树及灌草丛，该地区常年主导风向为西北风，降雨量充沛。

提问：

1. 根据案例中选址区周围的环境特征，判断选址是否合理。
2. 该肉牛场牛粪处理方法是否可行？

畜禽场场址选择考虑的社会环境因素包括地理位置用电供应与周边环境的协调等。

1. 地理位置

畜禽场选址要求交通便利，尽可能接近饲料产地和加工地、靠近产品销售地，确保其有合理的运输半径，同时还需要满足防疫卫生要求，避免噪声、周围环境对畜禽健康和生产性能的影响。各畜禽场场址距离要求见表1-9。此外，不能将场址选在化工厂、屠宰场、制革厂等容易产生环境污染的企业附近或下风向。

表1-9　畜禽场场址距离要求

建设项目	适用范围	场址距离要求	数据来源
标准化养殖场	生猪场：年出栏商品肉猪1 000头以上的商品肉猪养殖场	距离生活饮用水源地、居民区、主要交通干线、畜禽屠宰加工和畜禽交易场所500 m以上，其他畜禽养殖场1 000 m以上	《标准化养殖场 生猪》（NY/T 2661—2014）
	奶牛场：混合群存栏200头以上的奶牛规模养殖场		《标准化养殖场 奶牛》（NY/T 2662—2014）
	肉牛场：存栏200头以上的肉牛规模育肥场		《标准化养殖场 肉牛》（NY/T 2663—2014）
	蛋鸡场：单栋存栏5 000只以上，全场存栏1万只以上		《标准化养殖场 蛋鸡》（NY/T 2664—2014）

续表

建设项目	适用范围	场址距离要求	数据来源
标准化养殖场	肉鸡场:单栋存栏5 000只以上,年出栏快大型白羽肉鸡10万只或黄羽肉鸡5万只以上	距离生活饮用水源地、居民区、主要交通干线、畜禽屠宰加工和畜禽交易场所500 m以上,其他畜禽养殖场1 000 m以上	《标准化养殖场 肉鸡》(NY/T 2666—2014)
	肉羊场:农区存栏能繁母羊100只以上或年出栏肉羊500只以上;牧区存栏能繁母羊250只以上或年出栏肉羊1 000只以上		《标准化养殖场 肉羊》(NY/T 2665—2014)
种猪场	种猪场新建工程、改(扩)建工程	距离水源地、养殖场(小区)、主要交通干线1 000 m以上;距离动物隔离场、无害化处理场、屠宰加工场、集贸市场、动物诊疗场所3 000 m以上	《种猪场建设标准》(NY/T 2968—2016)
种鸡场	种鸡饲养场	距离生活饮用水源地、动物饲养场、养殖小区和城镇居民区、文化教育科研等人口集中区域及公路、铁路等主要交通干线1 000 m以上;距离动物隔离所、无害化处理场所、动物和动物产品集贸市场、动物诊疗场所3 000 m以上	《种鸡场动物卫生规范》(NY/T 1620—2016)
种牛场	农区、半农半牧区舍饲、半舍饲模式下,种牛场(站)的建设	距离居民区和主要交通要道1 000 m以上;距离偶蹄动物养殖场、动物隔离场所、无害化处理场所、动物屠宰加工场所、动物和动物产品集贸市场、动物诊疗场所3 000 m以上;距离其他畜禽场1 000 m以上	《种牛场建设标准》(NY/T 2967—2016)
种公猪站	种公猪站建设	距离一般道路不小于500 m;距离铁路、高速公路、交通干线不小于1 000 m;距离其他畜禽场、兽医机构、畜禽屠宰场不小于2 000 m;距离居民区不小于3 000 m	《畜禽场场区设计技术规范》(NY/T 682—2003)
种羊场	农区、半农半牧区舍饲、半舍饲模式下,种母羊存栏300~3 000只的新建、改建及扩建种羊场(包括绵羊场和山羊场);牧区及其他类型羊场建设亦可参照执行	距离居民点、公路、铁路等主要交通干线1 000 m以上,距离其他畜禽场、畜产品加工厂、大型工厂等3 000 m以上	《种羊场建设标准》(NY/T 2169—2012)

续表

建设项目	适用范围	场址距离要求	数据来源
种兔场	肉用兔种兔场的新建、改建及扩建，毛用兔场、皮用兔场的建设可参照执行	距离居民点、公路、铁路等主要交通干线 1 000 m 以上，距离其他畜禽场、畜产品加工厂、大型工厂等 3 000 m 以上	《种兔场建设标准》(NY/T 2774—2015)

2. 用电供应

畜禽场生产、生活用电都要求有可靠的供电条件，一些畜禽生产环节如孵化、育雏、机械通风等电力供应必须绝对保证。因此，需了解供电源的位置、与畜禽场的距离、最大供电允许量、是否经常停电、有无可能双路供电等。通常，畜禽场要求有Ⅱ级供电电源，若只有Ⅲ级以下供电电源时，则需自备发电机，以保证场内供电稳定、可靠。为减少供电投资，应尽可能靠近输电线路，以缩短新线路架设距离。

3. 与周边环境协调

畜禽场和蓄粪池应尽可能远离周围住宅区，以最大限度地驱散臭味、减轻噪声和减少蚊蝇干扰；注意畜禽舍建筑和蓄粪池外观，可能的话，利用树木将其遮挡起来；建立安全护栏，为蓄粪池配备永久性的盖罩等，以便建立良好的邻里关系。建场的同时，最好规划一个粪便综合处理利用厂，化害为益。在开始建设之前，应获得市政、建设、环保等有关部门的批准，此外，还必须取得施工许可证。

任务二 设计畜禽场工艺

畜禽生产过程是互相联系、互相作用的，为了达到最大产出，必须合理设计畜禽场工艺，使各生产环节在共同生产目标的指导下最大限度地激发畜禽的生产潜能，提高劳动生产率和生产水平。畜禽场工艺设计包括生产工艺设计和工程工艺设计两个部分。生产工艺设计主要根据场区所在地的自然和社会经济条件，对畜禽场的性质和规模、畜群组成、生产工艺流程、饲养管理方式、水电和饲料等消耗定额、劳动定额、生产设备的选型配套、场区所在区域的气候和社会经济条件等加以确定，进而提出恰当的生产指标、耗料标准等工艺参数。工程工艺设计是根据畜禽生产所要求的环境条件和生产工艺设计提出的方案，主要是利用工程技术手段，依据安全和经济的原则，提出畜禽舍的基本尺寸、环境控制措施、场区布局方案、工程防疫措施等，为畜禽场工艺设计提供必要的依据。

一、设计畜禽场生产工艺

【教学案例】

小刘想建养猪场

小刘大学毕业后一直在养猪场工作，经过几年的学习，已经是该场的核心技术人员。

现在他打算找几个同学共同创业，建一个自繁自养的现代化养猪场，每月提供100头商品肥猪。

提问：

小刘应如何合理设计该养猪场的生产工艺？

畜禽场生产工艺设计主要是文字材料，它是畜牧技术人员根据有关规定制定的建场纲领，是进行畜禽场规划和畜禽舍设计的基本依据，也是畜禽场建成后实施生产技术、组织经营管理、实现和完成预定生产任务的决策性文件。良好的畜禽场生产工艺设计可以很好地解决各个生产环节的衔接问题，以充分发挥其品种的生产潜力，促进品种改良。畜禽场生产工艺设计主要包括以下7个方面的内容。

（一）畜禽场性质和任务

畜禽场按繁育体系一般分为原种场（曾祖代场）、祖代场、父母代场（繁殖场）和商品场4个类型。原种场是以选育优良畜禽品种为目的的畜禽场，向外提供祖代种畜、种蛋、精液和胚胎等，由于育种工作要求严格，所以必须单独建场，不允许进行纯系繁育以外的任何生产活动，一般由专门的育种机构承担。祖代场的任务是改良品种，运用从原种场获得的祖代产品繁殖培育下级畜禽场需要的优良品种。父母代场利用从祖代场获得的畜禽生产商品场所需的幼年畜禽或育成畜禽。商品场专门从事畜禽产品的生产。通常，祖代场、父母代场和商品场往往以一业为主，兼营其他性质的生产活动，如父母代奶牛场在选育中一定会生产商品奶，商品场在提供鲜奶的同时也会生产母犊，商品代猪场为了解决本场所需的种源，往往也饲养相当数量的父母代种猪。

（二）畜禽场的规模

畜禽场的规模尚无规范的描述方法，可以按存栏头（只）数计，也可按年出栏商品畜禽数计。如商品猪场和肉鸡、肉牛场按年出栏量计，种猪场也可按基础母猪数计，种鸡场则多按种鸡套数计，奶牛场则按产乳母牛数计，等等（表1-10—表1-13）。

表1-10 养猪场种类及规模划分（以年出栏商品猪头数定类型）

类型	年出栏商品猪头数/头	年饲养种母猪头数*/头
小型场	≤5 000	≤3 000
中型场	5 000~10 000	300~600
大型场	>10 000	>600

注：*实际生产中常将100头基础母猪称为1个规模。引自颜培实、李如治，《家畜环境卫生学》（第4版），2011。

表1-11 养鸡场种类及规模划分*

类别			小型场	中型场	大型场
种鸡场	祖代鸡场		<0.5	0.5~1.0	≥1
	父母代	蛋鸡场	<1	1~3	≥3
		肉鸡场	<1	1~5	≥5

续表

类别		小型场	中型场	大型场
商品鸡场	蛋鸡场	<5	5～20	≥20
	肉鸡场	<50	50～100	≥100

注：* 规模单位为万只、万鸡位；肉鸡规模为年出栏数，其余鸡场规模系成年母鸡鸡位。

引自颜培实、李如治，《家畜环境卫生学》（第4版），2011。

表1-12 奶牛场规模划分

类型	小型场	中型场	大型场
成年母牛头数/头	200～400	400～800	>800

引自《奶牛场建设标准》（DB37/T 308—2002）。

表1-13 种兔场建设规模（按存栏种母兔只数计）

类别		指标			
肉用兔种兔场	种母兔存栏量/只	1 000～2 000	2 000～3 000	3 000～4 000	4 000～5 000
	总存栏量/只	6 200～12 500	12 500～18 700	18 700～25 000	25 000～31 000
皮用兔种兔场	种母兔存栏量/只	800～1 500	1 500～2 000	2 000～3 000	3 000～4 000
	总存栏量/只	6 000～12 500	12 500～17 000	17 000～25 000	25 000～33 000
毛用兔种兔场	种母兔存栏量/只	1 500～2 500	2 500～4 000	4 000～6 000	6 000～8 000
	总存栏量/只	6 200～12 000	12 000～17 000	17 000～25 000	25 000～33 000

引自《种兔场建设标准》（NY/T 2774—2015）。

畜禽场性质和规模的确定，必须根据市场需求，并考虑生产技术水平、投资能力和各方面条件。一般来说，若资金充足，经营者又有一定的养殖经验，产品销路好、市场广阔，则可发展规模适当的种畜禽场，种畜禽场应尽可能纳入国家或地区的繁育体系，其性质和规模应与国家或地区的需求和计划相适应，建场时应慎重考虑。若上述条件不具备或不完善，可先小规模饲养，积累经验后再逐步发展壮大，切忌盲目追求高层次、大规模，否则很易导致投入产出不成比例、资金链断裂的严重后果。

（三）生产工艺流程

畜禽场生产工艺流程的确定，应满足以下原则：①符合畜禽生产技术要求；②利于畜禽场防疫卫生要求；③达到减少粪污排放量及无害化处理的技术要求；④节水、节能；⑤能够提高生产率。

1. 猪场生产工艺流程

现代化养猪场普遍采用全进全出制生产工艺，全年均衡生产。所谓全进全出制生产工艺是指同一批猪群同时转入或同时转出猪舍，按节拍转群，全年不分季节均衡生产。整个养猪生产按照猪的繁殖过程安排生产工艺，使生产有计划、有节奏地进行（图1-1）。

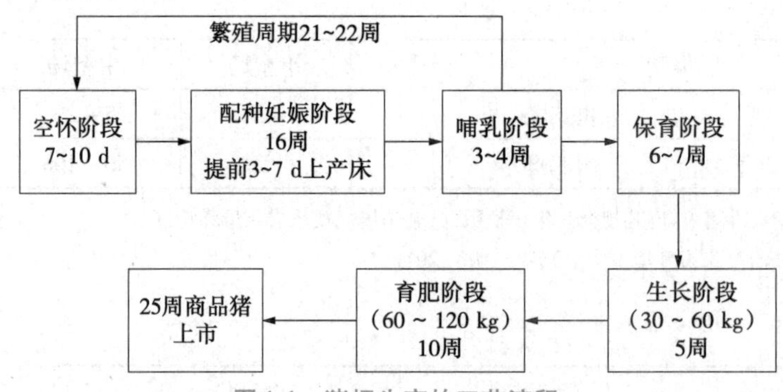

图 1-1　猪场生产的工艺流程

由于猪场的饲养规模不同、技术水平不同，不同猪群的生理要求也不一样，为了使生产和管理方便、系统化，提高生产效率，可以在不同的饲养阶段实施全进全出制生产工艺，主要有分段式饲养工艺和多点式饲养工艺。常用的分段式饲养工艺有三段式、四段式、五段式和六段式等，其流程、转群次数及特点见表 1-14。与分段式饲养工艺不同，多点式饲养工艺是指将断奶后的仔猪转移到单独的保育场和生长育肥场，由于哺乳期间抗体还很高，仔猪不易感染母猪携带的病原，但断奶后，母猪传染给小猪的概率增大，所以通常实行异地保育和育肥生产。一般要求各场区之间相隔 3 km 以上，至少 1 km。多点式饲养工艺流程的优点是仔猪健康水平较高、生长快、饲料报酬好、死亡率较低；缺点是猪场规模必须大到可同时进行两/三点生产，总体上可能需要更多成本。

表 1-14　常用的分段式养猪工艺的流程、转群次数及特点

工艺	三段式	四段式	五段式	六段式
流程	空怀及妊娠期→哺乳期→生长育肥期	空怀及妊娠期→哺乳期→保育期→生长育肥期	空怀配种期→妊娠期→哺乳期→保育期→生长育肥期	空怀配种期→妊娠期→哺乳期→保育期→育成期→育肥期
转群次数	2 次	3 次	4 次	5 次
特点	简单、适用于规模较小的猪场	便于采取措施提高成活率	能使断奶母猪短期内恢复体况、发情集中，便于发情鉴定、适时配种，适用于年出栏 5 000 头以上规模	可以最大限度地满足猪只生长发育的饲料营养以及环境管理的不同需求

在以上几种工艺流程中，全进全出的方式可以猪舍局部若干栏为单位转群，转群后需进行清洗消毒，但这种方式因其舍内空气和排水共用，难以切断传染源，严格防疫比较困难，所以有的猪场将猪舍按照转群猪的数量分隔成单元，以单元为单位实行全进全出，这种方式虽然有利于防疫，但是夏季通风、防暑困难，需要进一步完善。如果猪场规模在年出栏 3 万头以上，可以按每个生产节拍猪群的头数设计猪舍，全场以舍或部分以舍为单位实行全进全出，可以避免上述不足，是比较理想的。若猪场规模为年出栏 10 万头左右，可以考虑以场为单位实行全进全出，其生产工艺流程如图 1-2 所示，这样不但有利于防疫和管理，还可以避

免因猪场过于集中而给环境控制和粪污处理带来的压力。

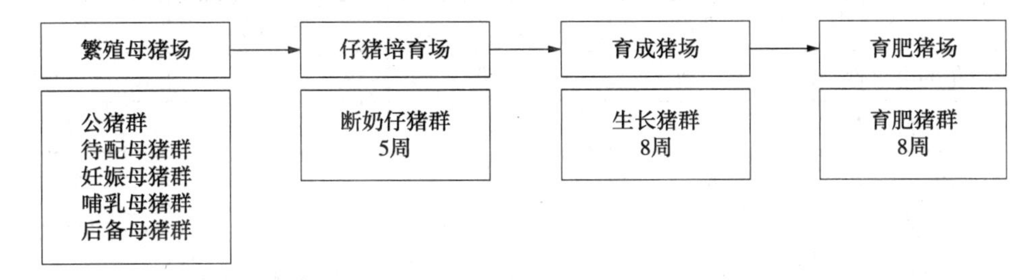

图 1-2　以场为单位实行全进全出的生产工艺流程

［颜培实、李如治,《家畜环境卫生学》(第 4 版),2011］

2. 鸡场生产工艺流程

鸡的生长过程划分为育雏期(0～6 周龄)、育成期(7～20 周龄)和产蛋期(21～76 周龄)。鸡场性质不同、鸡所处的生理阶段不同,其工艺流程也不同(图 1-3)。

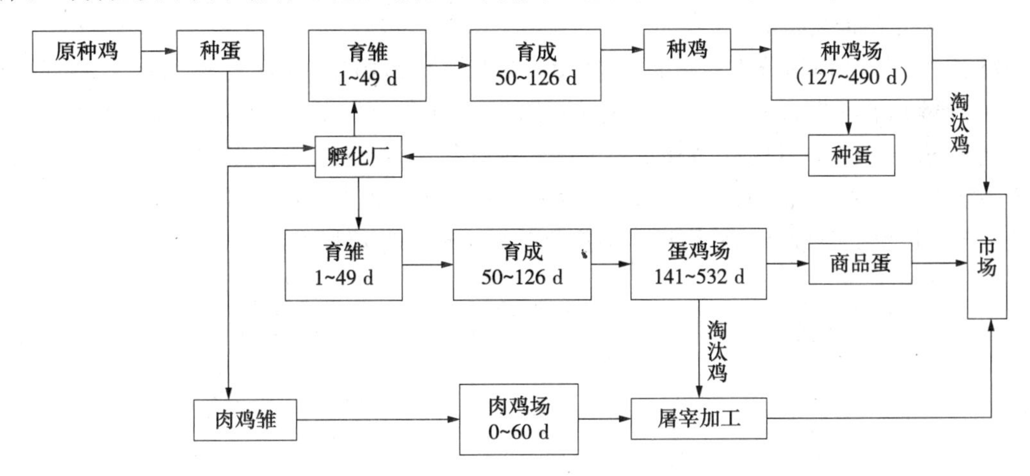

图 1-3　各种鸡场的生产工艺流程

养鸡工艺主要有一段式、二段式和三段式。一段式是指鸡由出壳到上市或淘汰都养在一栋鸡舍里。二段式是指将 0～20 周龄的鸡养在育雏、育成鸡舍内,21 周龄后转入产蛋鸡舍直至淘汰。三段式是将二段式中的育雏阶段(0～6 周龄)和育成阶段(7～20 周龄)的鸡分别在育雏舍和育成舍饲养。管理精细的饲养场,还采用四段式,即将产蛋期分成产蛋前期和产蛋后期,但这主要是饲料配方和管理上的变化,一般不转换鸡舍。各种工艺的比较见表 1-15。

表 1-15　几种养鸡工艺的比较

工艺	一段式	二段式	三段式	四段式
鸡舍	一种鸡舍	育雏育成舍→产蛋鸡舍	育雏舍→育成舍→产蛋鸡舍	育雏舍→育成舍→产蛋前期鸡舍→产蛋后期鸡舍
转群次数	0 次	1 次	2 次	3 次
鸡舍及设备利用效率	500 d 一周期	一般	高	最高

续表

工艺	一段式	二段式	三段式	四段式
鸡舍及设备的合理性	不合理	一般	较合理	合理
操作管理	简单	一般	一般	复杂
能耗	大	较大	节能	节能
饲养密度	小	小	适中	最大
应激程度	无	很小	有,影响不大	较大
劳动强度	小	较小	较大	大
防疫	不利	不利	较易	有利
环境控制	难	较难	便利	便利

3. 牛场生产工艺流程

奶牛的生长过程划分为初生犊牛期(0～2 月龄)、断奶犊牛期(3～6 月龄)、育成牛期(7～14 月龄)、青年期(15～24 月龄)及成年期(第 1 胎至淘汰)。成年期根据繁殖阶段可进一步划分为妊娠期、泌乳期、干奶期、围产期。现代奶牛生产中,普遍采用人工授精技术,一般奶牛场不养公牛。通常按一定区域建立种公牛站,将种公牛集中饲养,后备公牛由良种牛场经过严格选育提供或从国外引进。典型奶牛场生产工艺流程见图 1-4。

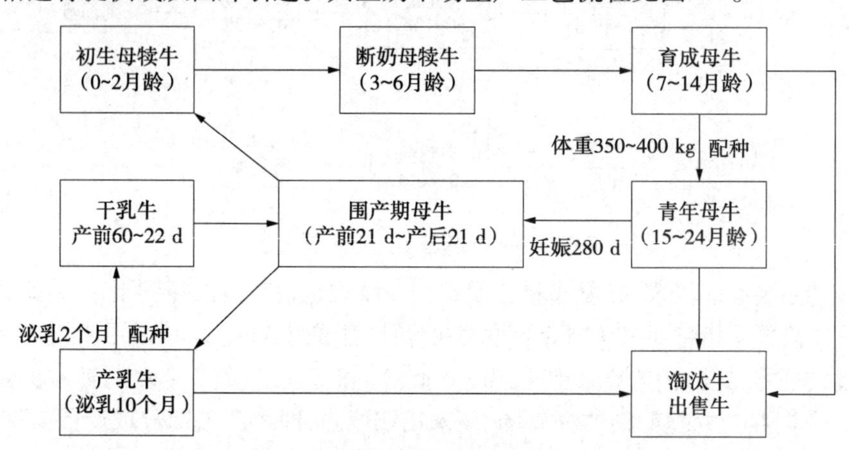

图 1-4　典型奶牛场生产工艺流程

肉牛生产工艺流程一般按初生犊牛(2～6 月龄断奶)→幼牛→生长牛(架子牛)→育肥牛(出栏前 3～6 个月)→上市进行划分。8～10 月龄时,须对公牛去势。通常,肉牛的短期快速育肥是以个体较大的架子牛开始的,育肥期一般为 3 个月,正常情况下可以实现年出栏 4 批。肉牛育肥场的规模可以按照年出栏数除以 4 计算。对于中长期育肥的肉牛场,饲养期一般为 6 个月或者 12 个月,其规模可以依据年出栏数和饲养期来计算。

(四)主要工艺参数

工艺参数是评价现代畜禽场生产能力、技术水平、饲料消耗率以及相应设置的重要根据。通常,这些工艺参数也是畜禽场投产后的生产指标和定额管理标准。工艺参数对整个设计及工艺流程组织都将产生很大影响。为此,必须对工艺参数反复推敲、谨慎确定。

1. 猪场主要工艺参数

规模化养猪场的工艺参数主要考虑猪群结构、繁殖周期、种猪生产指标、其他猪群生产指标等,表1-16是某万头猪场的生产工艺参数,供设计时参考。

表1-16　某万头猪场的工艺参数

指标	参数	指标	参数
妊娠期/d	114	育肥期成活率/%	98
哺乳期/d	21～35	育肥期末个体重/kg	90～100
断奶至发情时间/d	7～10	育肥期平均日增重/[g·(头·d)$^{-1}$]	640～700
母猪发情期受胎率/%	90	育肥猪全期耗料量/(kg·头$^{-1}$)	200～250
确认妊娠所需时间/d	21	公母猪比例(本交)	1∶25
母猪分娩率/%	85～95	种公母猪利用年限/年	3～4
母猪年产胎/次	2.1～2.4	种猪年更新率/%	33
经产母猪窝产仔数/头	11	后备公母猪选留率/%	10～25
经产母猪窝产活仔数/头	10	空怀妊娠猪286 d* 耗料量/(kg·头$^{-1}$)	700～800
仔猪初生个体重/kg	1.2～1.5	哺乳母猪79 d* 耗料量/(kg·头$^{-1}$)	350～400
仔猪哺乳时间/d	21～28	种公猪365 d耗料量/(kg·头$^{-1}$)	1 100
仔猪哺乳期成活率/%	94	后备公猪180～240日龄耗料量/(kg·头$^{-1}$)	180
哺乳仔猪断奶个体重/kg	6.5～8.0	后备母猪180～240日龄耗料量/(kg·头$^{-2}$)	150
哺乳仔猪平均日增重/(g·日$^{-1}$)	230～250	母猪周配种次数/次	1.2～1.4
哺乳仔猪全期耗料量/(kg·头$^{-1}$)	0.2～0.3	转群节律计算天数/d	7
仔猪培育天数/d	49	妊娠母猪提前进产房天数/d	7
仔猪培育期成活率/%	97	各猪群转群后空圈消毒天数/d	7
仔猪培育期末个体重/kg	25～30	每头成年母猪年提供商品猪头数/d	20～22
仔猪培育平均日增重/(g·日$^{-1}$)	370～480	生产人员平均养猪头数/(头·人$^{-1}$)	450～500
培育仔猪全期耗料量/(kg·头$^{-1}$)	30～40	在编人员提供商品猪数/(头·人$^{-1}$)	500～600
商品猪育肥天数/d	95～110	每平方米建筑提供商品猪数/(头·m^{-2})	0.9～1.0

部分数据引自陈清明、王连纯,《现代养猪生产》,1997。

2. 鸡场主要工艺参数

鸡场工艺参数主要根据鸡场的种类、性质、鸡的品种、鸡群结构、饲养管理条件、技术及经营水平等确定。种鸡场生产技术指标包括配种方式,公母比例,种鸡选留率,按入舍鸡计产蛋期(月)死淘率,产蛋率,平均每只鸡年产蛋数及蛋重,种蛋合格率、破损率、受精率、孵化率、出雏率,雏鸡雌雄鉴别率,育雏期成活率、标准体重,育成期死淘率、标准体重等。商品蛋鸡场生产技术指标除有关种蛋、孵化和公鸡的指标外,其他指标与种鸡场相同。商品肉仔鸡生产指标主要是成活率、日增重、上市体重、屠宰率、商品鸡合格率等。鸡场主要工艺参数一般可参考表1-17。

表1-17 鸡场主要工艺参数

指标	参数	指标	参数
一、来航型蛋用种母鸡体重及耗料		1~7周日耗料量/(g·只$^{-1}$)	10 渐增至 43
雏鸡(0~6或7周龄)		1~7周总耗料量/(g·只$^{-1}$)	1 316
7周龄体重/(g·只$^{-1}$)	480~560	育成鸡(8~18或19周龄)	
1~7周龄总耗料量/(g·只$^{-1}$)	1 120~1 274	18周龄体重/(g·只$^{-1}$)	1 270
育成鸡(8~18或19周龄,9~15周龄限饲)		18周龄成活率/%	97~99
18周龄体重/(g·只$^{-1}$)	1 135~1 270	8~18周日耗料量/(g·只$^{-1}$)	46 渐增至 75
8~18周龄总耗料量/(g·只$^{-1}$)	3 941~5 026	8~18周总耗料量/(g·只$^{-1}$)	4 550
产蛋鸡		产蛋鸡(21~72周龄)	
25周龄体重/(g·只$^{-1}$)	1 550	21~40周日耗料量/(g·只$^{-1}$)	77 渐增至 114
19~25周总耗料量/(g/只$^{-1}$)	3 820	21~40周总耗料量/(kg·只$^{-1}$)	15.2
40周龄体重/(g·只$^{-1}$)	1 640	41~72周日耗料量/(g·只$^{-1}$)	100 渐增至 104
26~40周总耗料量/(g·只$^{-1}$)	11 200	41~72周日总耗料量/(kg·只$^{-1}$)	22.9
60周龄体重/(g·只$^{-1}$)	1 730	四、中型蛋鸡体重及耗料	
41~60周总耗料量/(g·只$^{-1}$)	14 600	雏鸡(0~6或7周龄)	
72周龄体重/(g·只$^{-1}$)	1 780	7周龄体重/(g·只$^{-1}$)	515
61~72周总耗料量/(g·只$^{-1}$)	8 300	7周龄成活率/%	93~95
二、来航型蛋用种母鸡产蛋52周(22~73周龄)生产性能		1~7周日耗料量/(g·只$^{-1}$)	12 渐增至 43
平均饲养日产蛋率/%	73.1	1~7周总耗料量/(g·只$^{-1}$)	1 365
累计入舍鸡产蛋数/(枚·只$^{-1}$)	267	育成鸡(8~18或19周龄)	
种蛋率/%	84.1	18周龄体重/(g·只$^{-1}$)	1 440
累计入舍鸡产种蛋数/(枚·只$^{-1}$)	211	18周龄成活率/%	97~99
入孵蛋总孵化率/%	84.9	8~18周日耗料量/(g·只$^{-1}$)	48 渐增至 83
累计入舍鸡产母雏数/(只·只$^{-1}$)	89.7	8~18周总耗料量/(g·只$^{-1}$)	5 180
三、轻型蛋鸡体重及耗料		产蛋鸡(21~72周龄)	
雏鸡(0~6或7周龄)		21~40周日耗料量/(g·只$^{-1}$)	91 渐增至 127
7周龄体重/(g·只$^{-1}$)	530	21~40周总耗料量/(kg·只$^{-1}$)	16.4
7周龄成活率/%	93~95	41~72周日耗料量/(g·只$^{-1}$)	100 渐增至 114

续表

指标	参数	指标	参数
五、轻型和中型蛋鸡生产性能		26～42 周日耗料量/(g·只$^{-1}$)	161 渐增至 180**
21～30 周入舍鸡产蛋率/%	10 渐增至 90.7	66 周龄体重/(g·只$^{-1}$)	3 632～3 767
31～60 周入舍鸡产蛋率/%	90 减至 71.5	43～66 周龄日耗料量/(g·只$^{-1}$)	170 渐减至 136**
61～76 周入舍鸡产蛋率/%	70.9 渐减至 62.1	七、肉种鸡产蛋期(23～66 周龄)生产性能	
饲养日产蛋数/(枚·只$^{-1}$)	305.8	饲养日产蛋数/(枚·只$^{-1}$)	209
饲养日平均产蛋率/%	78.0	饲养日平均产蛋率/%	68.0
入舍鸡产蛋数/(枚·只$^{-1}$)	288.9	入舍鸡产蛋数/(枚·只$^{-1}$)	199
入舍鸡平均产蛋率/%	73.7	入舍鸡平均产蛋率/%	92
平均月死淘率/%	<1	入舍鸡产种蛋数/(枚·只$^{-1}$)	183
六、肉用种母鸡体重及耗料(常规鸡舍、限饲)		平均孵化率/%	86.8
雏鸡(0～7 周龄)		入舍鸡产雏鸡数/(只·只$^{-1}$)	159
7 周龄体重/(g·只$^{-1}$)	749～885	平均月死淘率/%	<1
1～2 周不限饲耗料量/(g·只$^{-1}$)	26～28	八、肉仔鸡生产性能(公母混养)	
3～7 周日耗料量/(g·只$^{-1}$)	40 渐增至 56*	1～4 周龄体重变化/(g·只$^{-1}$)	150 渐增至 1 060
育成鸡(8～20 周龄)		1～4 周龄累计饲料效率	1.41
20 周龄体重/(g·只$^{-1}$)	2 135～2 271	5～7 周龄体重变化/(g·只$^{-1}$)	1 455～2 335
8～20 周日耗料量/(g·只$^{-1}$)	59 渐增至 105*	5～7 周龄累计饲料效率	1.92
产蛋鸡(21～66 周龄)		8～10 周龄体重变化/(g·只$^{-1}$)	2 780 渐增至 3 575
25 周龄体重/(g·只$^{-1}$)	2 727～2 863	8～10 周龄累计饲料效率	2.43
21～25 周日耗料量/(g·只$^{-1}$)	110 渐增至 140*	全期死亡率/%	2～3
42 周龄体重/(g·只$^{-1}$)	3 422～3 557	胸囊肿发生率(垫料/镀塑网)	6.7/16.7

注：* 除 3 周龄隔日限饲外，4～25 周龄为周三、周日不喂的限饲法。

** 26～66 周龄为每日限饲。

引自杨宁,《现代养鸡生产》, 1994；李震钟,《畜牧场生产工艺与畜舍设计》, 2000。

3. 牛场主要工艺参数

牛场工艺参数主要包括牛群的划分、饲养日数、配种方式、公母比例、利用年限、生产性能指标及饲料定额等，可参考表 1-18。

表 1-18　奶牛场主要工艺参数

指标	参数	指标	参数
一、工艺指标		61～90 日龄	5 渐减至 4
性成熟月龄/月	6～12	91～120 日龄	4 渐减至 3
适配年龄/年	公:2～2.5;母:1.5～2	121～150 日龄	2
发情周期/d	19～23	四、饲料消耗定额/[(kg·(头·年)$^{-1}$]	
发情持续天数/d	1～2	犊牛(160～280 kg)	
产后第一次发情天数/d	20～30	混合精料	400
情期受胎率/%	60～65	青饲料、青贮饲料、青干草*	450
年产胎数/胎	1	块根	200
每胎产犊数/头	1	1 岁以下牛(体重 160～280 kg)	
泌乳期/d	300	混合精料	365
干乳期/d	60	青饲料、青贮饲料、青干草*	5 100
奶牛利用年限	8～10	块根	2 150
犊牛饲养日数(1～60 日龄)/日	60	1 岁以上牛(体重 240～450 kg)	
育成牛饲养日数(7～18 月龄)/日	365	混合精料	365
青年牛饲养日数(19～34 月龄)/日	488	青饲料、青贮饲料、青干草*	6 600
成年母牛淘汰率/%	8～10	块根	2 600
二、生产性能		500～600 kg 泌乳牛(产奶量 5 000 kg)	
奶牛中等水平 300 d 泌乳量		混合精料	1 100
第一胎/(kg·头$^{-1}$)	3 000～4 000	青饲料、青贮饲料、青干草*	12 900
第三胎/(kg·头$^{-1}$)	4 000～5 000	块根	7 300
第五胎/(kg·头$^{-1}$)	5 000～6 000	500～600 kg 泌乳牛(产奶量 4 000 kg)	
犊牛和育成牛中等水平体重		混合精料	1 100
出生重/(kg·头$^{-1}$)	公 38,母 36	青饲料、青贮饲料、青干草*	12 900
6 月龄体重/(kg·头$^{-1}$)	公 190,母 170	块根	5 700
12 月龄体重/(kg·头$^{-1}$)	公 340,母 275	450～500 kg 泌乳牛(产奶量 3 000 kg)	
18 月龄体重/(kg·头$^{-1}$)	公 460,母 370	混合精料	900
三、犊牛喂乳量/[(kg·(d·头)$^{-1}$]		青饲料、青贮饲料、青干草*	11 700
1～30 日龄**	5 渐增至 8	块根	3 500
31～60 日龄**	8 渐减至 6	400 kg 泌乳牛(产奶量 2 000 kg)	

续表

指标	参数	指标	参数
混合精料	400	混合精料	2 800
青饲料、青贮饲料、青干草*	9 900	青饲料、青贮饲料、青干草*	6 600
块根	2 150	块根	1 300
种公牛(体重 900～1 000 kg)			

注:＊青饲料、青贮饲料、青干草在表中为总量,三者各占1/3。

＊＊21 d 开始训练吃精、草料,31 d 开始训练吃干草。

数据引自本书编写组,《畜牧兽医技术数据手册》,1986;张文正,《畜牧生产常用数据手册》,1987。

(五)各种环境参数和建设标准

工艺设计中,应提供温度、湿度、通风量、风速、光照时间和强度、有害气体浓度、含尘量、微生物含量等舍内环境参数和标准(有关内容详见项目三)。畜禽舍建设标准包括畜禽场占地面积、场址选择、建筑物布局、圈舍面积、采食宽度、通道宽度、门窗尺寸、畜禽舍高度等(有关内容详见项目二)。

(六)饲养管理方式

1. 饲养方式

饲养方式是指为便于饲养、管理而采用的不同设备、设施(栏圈、笼具等),或每圈(栏)不同的容纳畜禽数,或不同的畜禽管理形式。饲养方式按饲养管理设备和设施的不同,可分为笼养、网栅饲养、漏缝地板饲养、板条地面饲养和地面平养;按每圈(栏)饲养的头(只)数,可分为群养和个体单养,群养时每群的头(只)数因畜禽种类不同而差别很大,家畜多为几头至几十头,家禽可达上千只;按管理形式可分为拴系(或限位栏)饲养、散放饲养、无垫草饲养和厚垫料饲养等。饲养方式的确定,需考虑畜禽种类、投资能力和技术水平、劳动生产率、防疫卫生、当地气候和环境条件、饲养习惯等,要多方权衡、认真研究,必要时应进行论证(有关内容详见项目四任务一)。

(1)猪场饲养方式

猪场多采用单栏和小群饲养,通常公猪、妊娠母猪和哺乳母猪单栏饲养,仔猪、育成和育肥猪以窝为单位饲养,后备母猪按每群 3～5 头饲养,采用自动喂料系统和自动饮水系统。猪舍地面为全漏缝或局部漏缝地板,多采用干清粪、水泡粪系统。近年来,欧洲一些国家采用舍饲散养工艺,即除公猪、哺乳母猪外,均按工艺流程分单元群养,群体大小视规模而定,50～200 头均可。该工艺充分考虑了猪的生物学特性和行为需要,在舍内设猪床、猪厕所、蹭痒架、咬链、玩具箱、淋浴设施等,猪群可进行自我管理。

(2)鸡场饲养方式

鸡场的饲养方式可分为笼养、网上平养、局部网上饲养和地面平养。一般种鸡场实行地面平养、局部网上饲养或不同形式的笼养,人工集蛋、集中清粪;蛋鸡场全程笼养,人工或机械集蛋，分期清粪；肉鸡场采用地面厚垫料饲养、网上平养或笼养，集中清粪，机械或人工喂料，自动饮水器给水。

(3)牛场饲养方式

奶牛场的饲养方式一般可分为拴系饲养、定位饲养、散放饲养。初生犊牛常以单笼饲养。相对而言，散放饲养管理较为粗放，能较好地满足牛的行为和福利需要，但牛舍内不能进行挤奶、治疗等作业，拴系牛舍内设有固定的牛床和颈枷，便于实行精细管理，可利用固定式管道挤奶系统在舍内直接挤奶。无论采用哪种形式，规模较大时多采用挤奶厅集中挤奶。

肉牛场主要有放牧、半舍饲和全舍饲三种饲养方式。放牧适用于牧草条件较好的草原地区，一般须配置简易牛棚、饮水槽和补饲槽。全舍饲主要用于没有放牧条件或有放牧条件的肉牛后期催肥，或为提高生产效率的肉牛生产，在固定牛舍和运动场内配有饲槽、水槽及草架。半舍饲方式介于两者之间，既可充分利用牧草资源，又能在归牧后进入牛舍补饲干草、青贮饲料和精料。

2. 饲喂方式

饲喂方式是指不同的投料方式，例如，采用弹簧式、塞盘式输料管或链环式料槽等机器喂饲，多用于猪和鸡；采用有槽饲喂，多用于猪、鸡、马和牛；采用料箱、料筒自由采食，多用于猪、鸡等。饲喂方式从劳动力角度划分，可分为人工和机械饲喂；从是否加水及加水多少划分，可分为干料、湿料和液态料饲喂；从采食时间上划分，可分为自由采食和定时分餐饲喂。具体采用何种饲喂方式应根据畜禽种类和畜群种类、投资能力、机械化程度等因素确定（有关内容详见项目四任务二）。

3. 饮水方式

水槽（常流式、浮子式、定时给水式、贮水式）饮水可用于各种畜禽，但不卫生、管理麻烦，我国的马、牛、羊场还常用，鸡场常流水槽已逐渐被淘汰。各种饮水器（杯式、乳头式、鸭嘴式、真空式、塔吊式饮水器等）可用于各种畜禽。猪、鸡多采用鸭嘴式或乳头式饮水器，牛、羊多采用杯式饮水器（有关内容详见项目四任务三）。

4. 清粪方式

传统的清粪方式一般为带坡度的畜床和与之配套的粪尿沟，尿和水由粪尿沟、地漏和地下排水管系统排至污水池，粪便则每天一次或几次以人工或刮粪板清除，此方式可用于各种畜禽舍，用于鸡舍时可不设粪尿沟。厚垫料饲养工艺，粪尿与垫料混合，一般在一个饲养周期结束后以人工或机械一次性清除，多用于肉鸡、猪、肉牛、散放式乳牛、羊等，此方式可提高劳动定额，减轻劳动强度，但因粪尿垫料发酵使舍内空气卫生状况差，也容易发生下痢、球虫及其他由垫料带来的传染病，且垫料来源一般也较困难，因此已逐渐被淘汰。高床笼养或网床饲养的鸡舍，粪便落至集粪坑或集粪沟内，一个饲养周期结束后以人工或机械一次清除，其优缺点与厚垫料方式相同，已逐渐被淘汰。以上几种清粪方式的共同特点是使粪污含水量一般低于80%，故便于处理、运输和利用。随着漏缝地板和网床饲养工艺的推广，水泡粪工艺已被普遍采用，其优点是用水量少，但因粪水在沟中积存1～2月才排放，容易造成舍内空气恶化，使用过程中应注意通风换气；水冲清粪由于耗水量大、降低了粪便的肥效、加大了污水处理系统负荷，因此已较少使用。采用何种清粪工艺，须考虑畜禽种类、投资和能耗、舍内环境卫生状况、粪污的处理和利用等(有关内容详见项目四任务四)。

(七)畜群结构和畜群周转

明确生产性质、规模、生产工艺以及各种相应的参数后,即可确定各类畜群类别的划分及其饲养天数,并计算出各类畜群的存栏头(只)数。如表1-19所示即为规模猪场猪群存栏结构。

表1-19 规模猪场猪群存栏结构 单位:头

猪群类别	100头基础母猪规模	300头基础母猪规模	600头基础母猪规模
成年种公猪	4	12	24
后备公猪	1	2	4
后备母猪	12	36	72
空怀妊娠母猪	84	252	504
哺乳母猪	16	48	96
哺乳仔猪	160	480	960
保育猪	228	684	1 368
生长育肥猪	559	1 676	3 352
合计	1 064	3 190	6380

引自《规模猪场建设》(GB/T 17824.1—2008)。

根据畜禽组成以及各类畜禽之间的功能关系,可制订出相应的生产计划和周转流程。为更形象地表达畜群组成和周转过程,可按照规定的生产流程和生产节拍,结合场地情况、管理定额、设备规格等,确定畜禽舍种类和数量,并绘制成周转流程图。如某10万只商品蛋鸡场,若雏鸡、育成鸡、蛋鸡的占栏天数(饲养天数加消毒天数)分别为52 d、104 d、416 d,则在每批蛋鸡的占栏天数内,育成鸡和育雏鸡恰可分别饲养4批和8批,故可设蛋鸡舍8幢、育成鸡舍2幢、雏鸡舍1幢,据此绘制出该鸡场鸡群周转和生产工艺流程图,如图1-5所示。

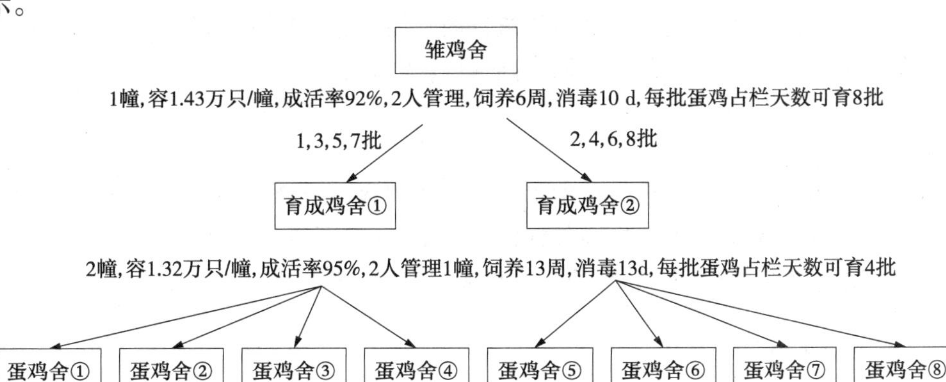

图1-5 某10万只商品蛋鸡场鸡群组成及周转流程图

(引自李震钟,《畜牧场生产工艺与畜舍设计》,2000)

二、设计畜禽场工程工艺

畜禽场工程技术是保证现代畜禽生产正常进行的重要手段，不仅建场前的场区规划与建筑设计、设备选型与配套以及建设中的工程施工需要依靠工程技术，建场后的饲养管理、环境控制等也离不开工程技术。为使畜禽场有良好的效益，在工程工艺设计时必须与生产工艺很好地结合，根据生产工艺提出饲养规模、饲养方式、饲养管理定额、环境参数等，对相关的工程设施和设备进行仔细推敲，以确保工程技术的可行性和合理性。在此基础上，确定各种畜禽舍的种类和数量，选择畜禽舍建筑形式和建设标准，确定单体建筑平面图、剖面图的基本尺寸和畜禽舍环境控制工程技术方案，同时在设计时应注意节约用地、用电，考虑动物福利，清洁生产、变废为宝，利用场地的地形地势进行隔离、绿化，保证环境自净等。

畜禽场工程工艺设计的主要内容如下。

（一）畜禽舍的种类和数量

畜禽舍的种类和数量是根据生产工艺流程中畜禽组成、占栏天数、饲养方式、饲养密度和劳动定额，综合考虑场地、设施规格等情况而确定的，可以根据畜群周转流程图和笼、栏饲养量与设备总成参数计算而得。如上述 10 万只商品蛋鸡场的每幢蛋鸡舍容鸡 1.25 万只，如采用长 1.9 m、宽 2.2 m 的三层笼（每笼 96 只），共需 130 架笼，可布置为 4 列 5 走道，则跨度约 12 m；在长度方向上每列布置 33 架笼，加值班室和横向通道各 3 m，则舍长约 69 m。如此做出的畜舍和总图设计，旨在估算畜禽场占地面积和建设投资等。在建筑设计和施工图设计过程中，还要对畜禽舍的各种尺寸和总体布局进行修改和调整。

（二）畜禽舍的平面尺寸和剖面尺寸

畜禽舍的平面尺寸包括畜禽舍跨度和畜禽舍长度两个方向尺寸，设计时应根据每栋畜禽舍的饲养密度、饲养管理方式、当地气候条件、建筑材料和建筑习惯等，合理安排和布置畜栏、笼具、通道、粪尿沟、食槽、附属房间等，从而确定畜禽舍跨度和长度。畜禽舍的剖面尺寸主要是根据生产工艺的特殊要求来确定建筑室内外高差、室内地面与粪沟的标高与坡度、设备高度、檐口或屋架底标高，窗的上下檐标高等（详见项目二任务三）。

（三）设备选型

饲养设备是畜禽场工程工艺设计中十分重要的内容，需根据研究确定工程工艺的要求，尽可能地做到配套。畜禽场设备主要包括饲养设备、饲喂设备、饮水设备、粪尿清除设备、通风设备、加热降温设备、照明设备、环境自动控制设备等（详见项目四）。

（四）畜禽舍环境控制技术

畜禽舍环境控制技术是畜禽工程技术的核心，主要包括通风方式和通风量的确定、保温与隔热材料的选择、光照方式与光照量的计算等（详见项目三）。畜禽舍环境控制技术方案应遵循经济、安全、适用的原则，尽可能利用工程技术来满足生产工艺所提出的环境参数。

（五）卫生防疫

严格的卫生防疫制度是保证畜禽生产顺利进行的关键。畜禽生产必须切实落实“预防为主、防重于治”的方针，严格执行《中华人民共和国动物防疫法》《家畜家禽防疫条例》及《家畜家禽防疫条例实施细则》。进行工程工艺设计时，应按照防疫要求，从场址选择、场区规划、建筑物布局、绿化、生产工艺、环境管理、粪污处理等诸方面全面加强卫生防疫，并加以详细说明。有关卫生防疫设施、设备配置，如消毒更衣淋浴室、隔离舍、兽医室、装卸台、消毒池等应尽可能合理和完备，并保证在生产中能方便、正常运行。

（六）粪污处理与利用技术

畜禽场的粪污处理与利用技术，不仅关系到畜禽场乃至整个农业生产的可持续发展，还关系着人类健康以及生存环境的可持续发展。近年来，沼气厌氧发酵法、快速发酵法、高温高压真空干燥法、塑料大棚好氧发酵法、高温快速烘干法、热喷膨化法、微波干燥法等均已在生产中开始应用，畜禽场应按各地条件选择适当的粪污加工处理方法，力求简单实用，可首先考虑将粪污作为肥料使用，其次规模化畜禽场处理粪污时还应尽可能使用较少的劳动力，同时，还要注意避免粪污带来的公害，如气味和污染等（详见项目五）。

在设计粪污处理方案时，应根据当地自然、社会和经济条件及无害化处理和资源化利用的原则，与环保工程技术人员共同研究确定粪污利用的方式和选择相应的排放标准，并据此提出粪污处理利用工艺，继而进行处理单元的设计和设备的选型配套，并作出投资概算和效益分析。

【技能训练1】

设计猪场生产工艺

【目的要求】

通过本次技能训练，学生能运用所学知识，结合生产实际，初步掌握设计养猪场生产工艺的方法。

【材料器具】

电脑、office 办公软件。

【方法步骤】

1. 确定饲养模式

猪场的饲养模式不仅要根据经济、气候、能源、交通等综合条件来确定，还要根据猪场的性质、规模、养猪技术水平来确定。如果规模较小，却采用定位饲养，则投资很高、栏位利用率低、每头出栏猪成本高。各类猪群的饲养方式、饲喂方式、饮水方式、清粪方式等都需要根据饲养模式来确定。饲养模式一定要符合当地的条件，不能照抄照搬；选择与其配套的设施设备的原则是：凡能提高生产水平的技术和设施应尽量采用，可用人工代替的机械设备可以暂缓采用，以降低成本。

2. 确定生产节拍

生产节拍也称繁殖节拍，是指相邻两群哺乳母猪转群的时间间隔（天数）。在一定时间内对一群母猪进行人工授精，使其受胎后及时组成一定规模的生产群，以保证分娩后形成确定规模的哺乳母猪群，并获得规定数量的仔猪。合理的生产节拍是全进全出工艺的前提，是有计划地利用猪舍、合理组织管理、均衡劳动生产的基础。

生产节拍包括1、2、3、4、7或10天制，可根据猪场规模而定。年产5万~10万头商品肉猪的大型企业多实行1或2天制，即每天有一批母猪配种、产仔、断奶、仔猪保育和肉猪出栏；年产1万~3万头商品肉猪的企业多实行7天制。7天制与其他生产节拍相比，有以下优点：①可减少待配母猪和后备母猪的头数，因为猪的发情期是21 d，是7的倍数；②可将繁育的技术工作和劳动任务安排在一周5天内完成，避开周末，因为大多数母猪在断奶后第4~6 d发情，配种工作可安排在3 d内完成。如从星期一到星期四安排配种，不足之数可按规定由后备母猪补充，这样可使生产的配种和转群工作全部在星期四之前完成；③有利于按周、按月和按年制订工作计划，建立有序的工作和休假制度，减少工作的混乱性和盲目性。

3. 确定工艺参数

为了准确计算猪群结构即各类猪群的存栏数、猪舍及各猪舍所需栏位数、饲料用量和产品数量，必须根据饲养的品种、生产力水平、技术水平、经营管理水平和环境设施等，实事求是地确定生产工艺参数。

4. 确定猪群组成及周转方式

在生产工艺流程中，饲养阶段的划分决定了猪群的组成类别，计算出每一类猪群的存栏数量就形成了猪群的结构。划分饲养阶段是为了最大限度地利用猪群、猪舍和设备，提高生产效率。下面以年产万头商品肉猪的猪场为例，介绍一种简单的猪群结构计算方法。

(1)年产总窝数

$$\text{年产总窝数}=\frac{\text{计划年出栏头数}}{\text{窝产仔数}\times\text{从出生至出栏的成活率}}=\frac{10\,000}{14\times 0.94\times 0.97\times 0.98}\approx 799^{①}(\text{窝/年})$$

其中，14表示窝产仔数14头，0.94表示哺乳仔猪成活率94%，0.97表示保育仔猪成活率97%，0.98表示育肥猪成活率98%。

(2)每个节拍转群头数

以7 d为一个节拍，相关工艺参数如下：

①产仔窝数 = 年产总窝数 ÷ 周数 ≈ 15窝/周，即每周分娩哺乳母猪数为15头，一年52周。

②妊娠母猪数 = 分娩哺乳母猪数 ÷ 分娩率 ≈ 17头，分娩率95%。

③配种母猪数 = 妊娠母猪数 ÷ 情期受胎率 ≈ 18头，情期受胎率92%。

④保育仔猪数 = 哺乳仔猪数 × 产仔窝数 × 窝产活仔数 ≈ 215头。

⑤生长育肥仔猪数 = 保育仔猪数 × 保育仔猪成活率 ≈ 196头。

⑥出栏肥猪数 = 生长育肥猪数 × 育肥猪成活率 ≈ 192头。

(3)各类猪群组数

生产以7 d为节拍，故猪群组数等于饲养的周数。

---

① 由于动物的特殊性，计算过程需要使用原始数据进行计算，而不能用每一步计算后的估测值进行下一步的计算。每一步的计算结果如果是动物的产出数据，小数点后如有数据，不论大小统一舍去；如果是动物的需求量，小数点后如有数据，不论大小统一在个位加1。

(4)猪群的结构

各猪群存栏数 = 每组猪群头数 × 猪群组数。

猪群的结构见表1-20，生产母猪的头数为343头，种猪年更新率33%，公猪、后备猪群的计算方法为：

①公猪数：343 ÷ 50 ≈ 7头，公母比例1∶50。

②后备公猪数：343 ÷ 50 × 33% ≈ 3头。

③后备母猪数：343 × 33% ÷ 52 ÷ 0.85 ≈ 3头/周，后备母猪利用率85%。

表1-20　万头猪场猪群的结构

猪群种类	饲养期/周	组数/组	每组头数/头	存栏数/头	备注
空怀配种母猪群	5	5	18	88	配种后观察28 d
妊娠母猪群	11	11	17	178	
哺乳母猪群	5	5	16	77	产前1周进产房
哺乳仔猪群	4	4	215	860	按出生活仔猪头数计算
保育仔猪群	6	6	202	1 213	按转入头数计算
生长育肥群	14	14	196	2 747	按转入头数计算
后备母猪群	8	8	3	21	8个月配种
公猪群	52	—	—	7	不转群
后备公猪群	12	—	—	3	9个月使用
总存栏数	—	—	—	5 208	最大存栏头数

5. 确定猪栏配备

猪场生产能否按照工艺流程进行，关键在于猪舍和栏位配置是否合理。猪舍的类型一般是根据猪场规模按猪群种类划分的，而栏位数需要准确计算，栏位数计算方法如下：

$$\text{各饲养群猪栏分组数} = \text{猪群组数} + \frac{\text{消毒空舍时间(d)}}{\text{生产节拍(d)}}$$

$$\text{每组栏位数} = \frac{\text{每组猪群头数}}{\text{每栏饲养量}} + \text{机动栏位数}$$

各饲养群猪栏总数 = 每组栏位数 × 猪栏组数

如果空怀待配母猪和妊娠母猪采用小群饲养，哺乳母猪采用限位栏饲养，消毒空舍时间为7 d，机动栏位数为1栏，则万头猪场的栏位数如表1-21所示。

表1-21　万头猪场各饲养猪栏配置数量(参考)

猪群种类	猪群组数/组	每组头数/组	每栏饲喂量/(头·栏$^{-1}$)	猪栏组数/组	每组栏位数/栏	总栏位数/栏
空怀配种母猪群	5	18	4~5	6	5~6	30~36
妊娠母猪群	11	17	1	12	18	216
哺乳母猪群	5	16	1	6	17	102
保育仔数群	6	202	9~11	7	20~24	140~168

续表

猪群种类	猪群组数/组	每组头数/组	每栏饲喂量/(头·栏$^{-1}$)	猪栏组数/组	每组栏位数/栏	总栏位数/栏
生长肥育群	14	196	9~10	15	21~23	315~345
公猪群(含后备)	—	—	1	—	—	11
后备母猪群	8	3	5~6	9	2	18

6. 确定饲养管理方式、设计参数及依据

确定饲养管理是采用人工方式还是机械化方式,以及机械化的程度。确定设计参数,设计参数包括环境参数、生理指标、建筑参数、热工系数等,为建筑设计提供依据。确定依据,如饲养密度参照《规模猪场建设》(GB/T 17824.1—2008)和《标准化规模养猪场建设规范》(NY/T 1568—2007)推荐的每个猪栏的饲养密度(表1-22)进行设计。

表1-22 每个猪栏的饲养密度

猪群类别		每栏饲养猪头数/头	每头占床面积/(m^2·头$^{-1}$)
种公猪		1	9.0~12.0
后备母猪		5~6	1.0~1.5
空怀、妊娠母猪	限位栏	1	1.3~1.5
	群饲	4~5	1.8~2.5
哺乳母猪		1	4.2~5.0
保育仔猪		9~11	0.3~0.5
生长育肥猪		9~10	0.8~1.2

7. 确定畜禽舍的种类和数量

本猪场最大所需栏位面积见表1-23。

表1-23 最大所需栏位面积

猪舍类型	公猪舍	后备母猪舍	空怀配种舍	妊娠舍	哺乳母猪舍	保育舍	生长育肥舍	合计
面积/m^2*	132	135	360	540	510	756	3 726	6 159
数量/栋	1	1	1	1	1	1	7	13

注:*表中猪舍面积在计算时均取表1-21和表1-22中相应数据范围的最大值。

【考核标准】

考核内容及分数	操作环节与要求	评分标准		考核方法	熟练程度	时限/min
		分值/分	扣分依据			
设计畜禽场(猪场、鸡场、牛场)生产工艺(随机考核一种畜禽场)(100分)	确定饲养规模	5	回答错误扣5分	分组操作考核	熟练掌握	90
	确定生产节拍	5	回答错误扣5分			
	确定工艺参数	20	参数选择不合理,每错一处扣2分,扣到20分为止			

续表

考核内容及分数	操作环节与要求	评分标准		考核方法	熟练程度	时限/min
		分值/分	扣分依据			
设计畜禽场(猪场、鸡场、牛场)生产工艺(随机考核一种畜禽场)(100分)	确定畜禽组成及周转方式	20	每计算错误1处扣2分,扣到20分为止	分组操作考核	熟练掌握	90
	确定猪栏(鸡笼、牛栏)配置数量	20	每计算错误1处扣2分,扣到20分为止			
	确定畜禽舍种类和数量	10	每计算错误1处扣2分,扣到10分为止			
	熟练程度	10	在教师指导下完成一处扣5分,扣到10分为止			
	完成时间	10	在规定的时间内完成,每超过5 min扣2分,扣到10分为止			

【作业习题】

拟建一个自繁自养的养猪场,规模为100头基础母猪,试设计该养猪场的生产工艺。

任务三　设计畜禽场总平面

畜禽场总平面设计主要解决全畜禽场建(构)筑物、道路在平面位置布局上的相对位置关系。畜禽场总平面设计的主要内容包括:根据畜禽场的生产联系、卫生防疫、环境管理等需要,进行合理的功能分区和总体布局;根据功能分区和生产工艺及朝向、日照、通风、防火、防疫等技术要求,进行各种建筑设施的布置;根据生产流程与防疫要求,合理组织场区交通运输,解决人、畜、货分流和净污道分置;根据地形地势状况和条件,合理进行场区竖向设计,确定建筑设施的高程和污水、雨水排放方向;综合研究建筑物、构筑物、工程设施之间的平面与空间关系,使之形成协调统一的工程系统。总平面设计是否合理,将直接影响基建投资、经营管理、生产组织、劳动生产率、经济效益、场区环境状况和卫生防疫。

【教学案例】

犯愁的老王

老王最近很犯愁,因为他准备修建一个养猪场,但不知道如何合理安排猪场的各种猪舍以及配套的设施设备。现已知猪场计划修建空怀配种猪舍、妊娠猪舍、分娩哺乳舍、保育猪舍、生长猪舍、育肥猪舍、装卸猪台、变配电室、发电机房、锅炉房、饲料库、物料库、车库、修理间、办公用房、食堂、宿舍、门卫值班室、场区厕所、淋浴消毒室、兽医化验室、病猪隔离舍,配备病死猪无害化处理设施、粪污贮存及无害化处理设施。

提问:

如何帮助老王进行合理布局?

一、影响畜禽场总平面设计的因素

根据畜禽生产的特点和要求,在进行畜禽场总平面设计时主要考虑以下几个因素。

1. 生产规模

畜禽场的生产规模直接决定着畜禽场占地面积,也决定着畜禽场平面布局和设计。因此,在进行畜禽场总平面设计时,必须考虑畜禽场的生产规模。

2. 工艺流程

畜禽场生产流程不同,与之配套的畜禽舍建筑物、构筑物、设施设备也就不同。因此,畜禽场的规划设计要考虑工艺流程的顺畅性和各建筑物的配套性。

3. 地形地势

地形地势直接影响场内建筑物位置及相互关系,也影响建筑物的施工建设,并对畜禽场平面布置产生很大影响。在进行总平面布局时要根据畜禽生产的有关要求,按照所选定的场址的地形地势进行科学合理的配置。

4. 水文气象

水文气象要素包括地下水位、历史洪水线、太阳辐射强度、全年主导风向、气温、气湿等。其不仅是畜禽生产中的重要环境内容,也是畜禽场建设需考虑的重要因素。为使畜禽场建设顺利进行、畜禽生产取得良好效益,在进行畜禽场规划设计时必须考虑当地的水文和气象条件。

5. 卫生防疫

畜禽传染病已经成为目前畜禽生产中的最大风险,建立和保持良好的畜禽生产环境条件、控制和预防各种畜禽疾病是畜禽生产过程中要考虑的主要问题。畜禽场的卫生防疫工作要从场地规划抓起,在进行畜禽场规划设计、建筑布局和建筑施工时,要根据环境和防疫的要求进行合理的设计,布置好各类畜禽舍的相对位置,确定建筑物的合理间距,设计防疫消毒通道,划分畜禽场内的污道和净道,搞好绿化规划等。

6. 交通运输

畜禽场建设所需的各种材料、畜禽生产所需要的各种原料、设置完善的卫生防疫设施以及畜禽产品都需要运进和运出。此外,畜禽舍之间、畜禽舍与饲料库之间、畜禽舍与粪污处理地之间均要进行运输。因此,畜禽场的总平面设计要考虑场内运输的便利性和卫生性。

7. 企业发展

畜禽场的规划设计不仅要考虑现在的生产需要,也要考虑畜禽场未来的发展需要。因此，在选址、确定区域和进行总平面布局时必须保留一定的发展余地和空间。可按照分阶段、分期、分单元建场的方式进行规划，以确保达到最终规模后总体的协调和一致。

8. 施工条件

畜禽场的规划设计是通过施工来实现的，这就要求畜禽场规划设计必须与施工条件相适应，在设计、布局和施工时必须考虑为施工创造条件，否则无法将设计转化为现实。一般建筑物应布置在比较平坦的地段，施工的起始地段应与外界公路相通，以便机械和建筑材料的运输。

二、畜禽场的功能分区及规划要求

畜禽场的功能分区是否合理，各区建筑物布局是否得当，不仅影响基建投资、经营管理、生产组织、劳动生产率和经济效益，而且影响场区的环境状况和防疫卫生。因此，认真做好畜禽场的分区规划、合理布局场区各建筑物十分必要。

功能分区又称场区区划，即将组成畜禽场的建设项目，按性质相同、功能相近、联系密切且对环境要求一致的原则，把不同的建（构）筑物划分成不同的功能区域。各养殖场主要建设项目构成见表1-24—表1-26。具有一定规模的畜禽场通常分为生活区、管理区、生产区和隔离区。各区的位置要从人畜卫生防疫和工作方便的角度考虑，要根据场地地势和当地全年主导风向，按规划图（图1-6）顺序安排各区，以减少或防止畜禽场产生的不良气味、噪声及粪尿污水对居民生活环境的污染。

表1-24 养猪场建设项目构成

生产设施	公用配套设施及管理和生活设施	防疫设施	粪污无害化处理设施
空怀配种猪舍、妊娠猪舍、分娩哺乳舍、保育猪舍、生长猪舍、育肥猪舍、装（卸）猪台	围墙、大门、场区道路、变配电室、发电机房、锅炉房、水泵房、蓄水构筑物、饲料库、物料库、车库、修理间、办公用房、食堂、宿舍、门卫值班室、场区厕所等	淋浴消毒室、兽医化验室、病死猪无害化处理设施、病猪隔离舍	粪污贮存及无害化处理设施等

引自《标准化规模养猪场建设规范》（NY/T 1568—2007）。

表1-25 鸡场建设项目构成

类别	生产建筑	辅助生产建筑	生活管理建筑
种鸡场	鸡舍、种蛋处置室	淋浴、更衣消毒室，化验室，兽药、疫苗贮存室，饲料加工、贮藏间，仓库，解剖室，无害化处理设施及焚烧炉，变配电室，水泵房，锅炉房，维修间等	办公室、生活用房、盥洗室、门卫值班室、围墙大门等
孵化厂	种蛋处置室、种蛋贮存室、种蛋消毒室、孵化室、移盘室、出雏室、雏鸡处置室		
商品肉鸡场	鸡舍		

引自《标准化肉鸡养殖场建设规范》（NY/T 1566—2007）。

表 1-26　牛场建设项目构成

类别	生产建筑设施	辅助生产建筑设施	生活与管理建筑
奶牛场	成乳牛舍、青年牛舍、育成牛舍、犊牛舍或犊牛岛、产房、挤奶厅	消毒门廊、消毒沐浴室、兽医化验室、急宰间和焚烧间、饲料加工间、饲料库、汽车库、修理间、变配电室、发电机房、水塔、水泵房、物料库、污水及粪便处理设施	办公用房、食堂、宿舍、文化娱乐用房、围墙、大门、门卫室、厕所、场区其他工程
肉牛场	母牛舍、后备牛舍、育肥牛舍、犊牛舍		

引自颜培实、李如治,《家畜环境卫生学》(第 4 版),2011。

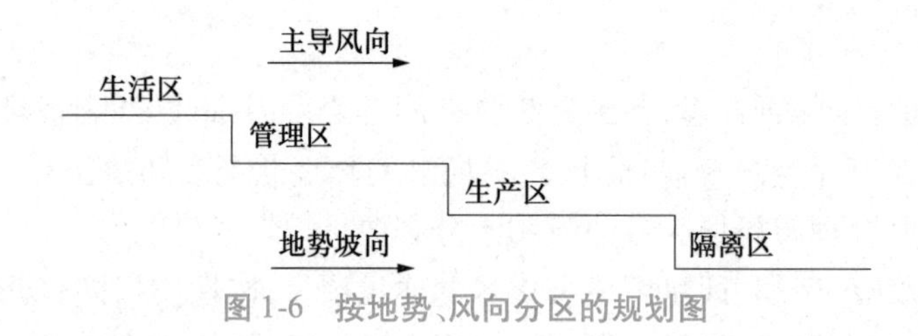

图 1-6　按地势、风向分区的规划图

1. 生活区及其规划要求

生活区即职工生活建筑区,区内建(构)筑物包括职工宿舍、办公室、会议室、食堂、文化娱乐室、传达室、警卫值班室、外来人员第一次更衣消毒室、车辆消毒设施房以及围墙和大门等。生活区建筑应在靠近场区大门内侧集中布置,且位于全场上风和地势较高的地段。

2. 管理区及其规划要求

管理区是进行畜禽场经营管理活动的功能区,包括技术办公室、供水房、供电房、供热房、维修房、仓库、饲料库、饲料加工间、青贮窖(池)等,其位置的确定,除考虑风向和地势外,还应紧靠生产区,与生活区没有严格的界限要求。饲料库的卸料口开在管理区内,仓库的取料口开在生产区内,若采用全自动喂料系统,卸料塔应布置在生产区四周、外墙内侧且靠近场外道路的位置,杜绝外来车辆进入生产区,保证生产区内外运料车互不交叉使用。饲料加工间应距生产区较远。青贮、干草、块根块茎多汁饲料及垫草等大宗物料的贮存场地应按照贮用合一的原则,紧靠生产区布置,设在生产区边缘、下风地势较高处,并且要求贮存场地排水良好,便于机械化装卸、粉碎加工、运输,同时,与周围建筑物的距离符合国家现行的防火规范要求。此外,贮存场地大小可参考青贮饲料密度 600 ~ 700 kg/m^3,饲用干草密度 70 ~ 75 kg/m^3 进行计算。

3. 生产区及其规划要求

生产区是畜禽场的核心,是畜禽养殖的主要场所,主要布置不同类型的畜禽舍及畜禽场与外界有直接物流关联的生产性建筑,如采精室、挤奶厅、乳品处理间、蛋库、孵化出雏间、装车台、选种展示厅等。生产区应设在畜禽场的中心地带,与其他区之间应用围墙或绿化隔离带分开,在生产区入口处还应设置第二次更衣消毒室和车辆消毒设施房,这些建筑的入口设置在生活区，出口设置在生产区内。与场外运输、物品交流较为频繁的有关设施必须布置在靠近场外道路的地方。装车台如装猪台应设计在靠近生长育肥猪舍附近，其入口与猪舍相通，出口与生产区外相通。

4. 隔离区及其规划要求

隔离区包括兽医诊疗室、病畜隔离室、尸坑或焚尸房、粪污处理区等，应设在场区的最下风向和地势较低处，与生产区之间应设置适当的卫生间距和绿化隔离带。隔离区与生产区、场区外都应设专用道路，同时应注意与隔离区内其他设施保持适当的卫生间距。

三、畜禽场建筑物的合理布局

科学地确定各种畜禽舍及设施的排列方式和次序，每栋建筑物和每种设施的位置、朝向和相互之间的间距就是畜禽场建筑物的合理布局。合理的布局对场区环境状况、卫生防疫条件、畜禽舍小气候状况、生产组织及基础投资等都有直接影响。因此，畜禽场建筑物应根据生产工艺流程、各建筑物之间的功能关系、小气候的改善、卫生防疫要求、防火要求、节约用地原则以及现场条件进行设计布局。为合理布局畜禽场建筑物，须先根据所规定的任务和要求，确定饲养管理方式、集约化程度和机械化水平、饲料需要量和饲料供应情况（饲料自产、购入和加工调制等），然后进一步确定各种建筑物的形式、种类、面积和数量。在此基础上综合考虑场地的各种因素，制订最好的布局方案。

（一）建筑物的排列

畜禽场建筑物通常横向成排、纵向成列，尽量做到整齐、紧凑、美观，设计成方形或近似方形，避免横向狭长或竖向狭长的布局，以免加大饲料、粪污运输距离，增加建场投资且造成管理和生产联系的不便。生产区内畜禽舍的布局，应根据场地形状、畜禽舍的数量和长度，酌情采用单列式、双列式或多列式。

1. 单列式

单列式布局使场区的净污道路分工明确，但会使道路和工程管线线路过长。此种布局是一种适合小规模畜禽场和狭窄场地的布置方式，场地宽度足够的大型畜禽场不宜采用。一般来说，畜禽舍数量在4栋以内宜采用单列式布置（图1-7）。

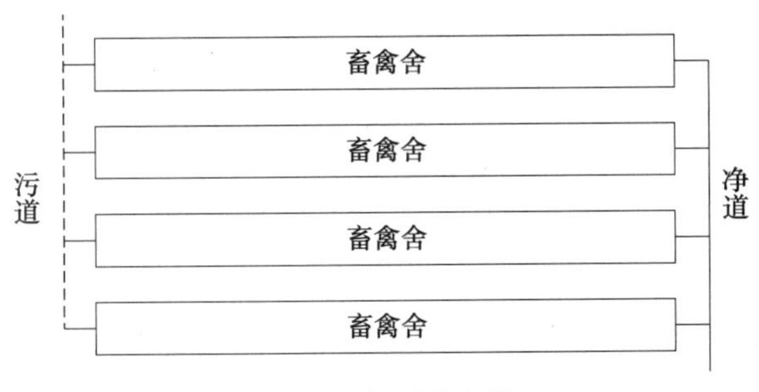

图1-7　单列式布局

2. 双列式

双列式布局是各种畜禽场最常使用的布置方式,其优点是既能保证场区净污道分流明确,又能缩短道路和工程管线的长度。一般来说,畜禽舍数量超过4栋时宜采用双列式布局,双列式布局中净道居中,污道在畜禽舍两边(图1-8)。

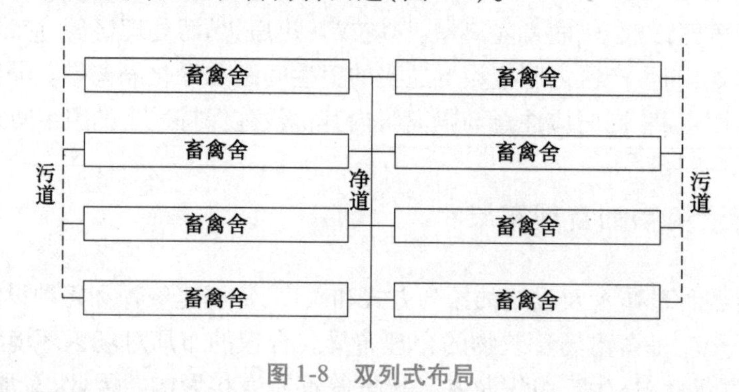

图1-8 双列式布局

3. 多列式

多列式布局在一些大型畜禽场使用,此种布置方式应重点解决场区道路的净污分道,避免因线路交叉而引起互相污染(图1-9)。

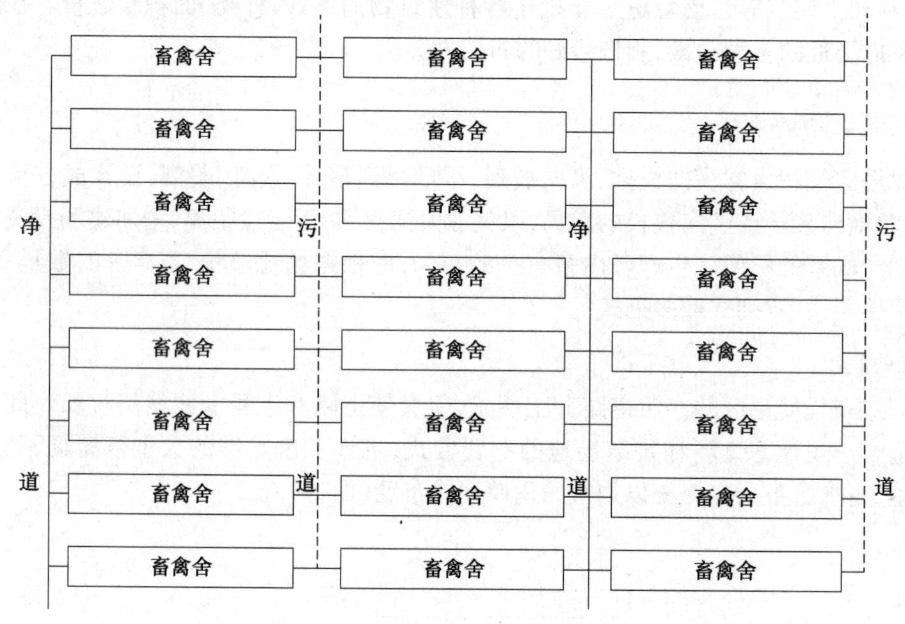

图1-9 多列式布局

(二)建筑物的位置

确定每栋建筑物和每种设施的位置时,主要考虑它们之间的功能关系、工艺流程及卫生防疫的要求。

1. 功能关系

功能关系是指建筑物及各种设施之间的相互关系。在安排其位置时，应将联系密切的建筑物和设施靠近安置，以便于生产联系（图 1-10）。如料库、饲料加工间、粪污处理场等与每栋畜禽舍都密切联系，其位置的确定应尽量使其至各栋畜禽舍的线路距离最短，同时要考虑净道和污道的分开布置及其他卫生防疫要求。

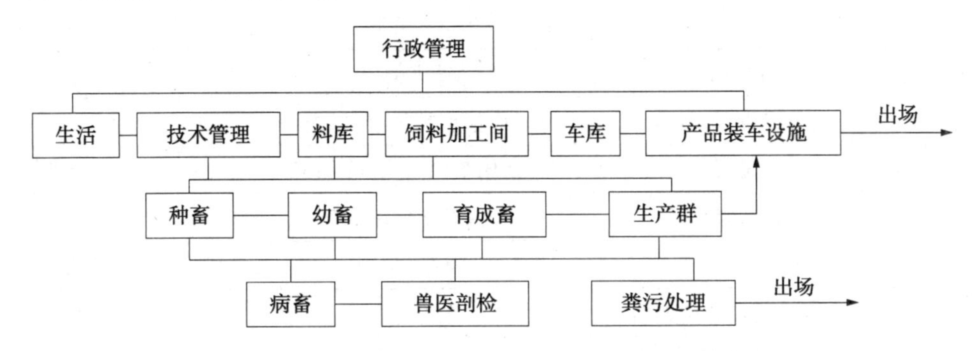

图 1-10　畜禽场建筑物和设施之间的功能关系模式图

2. 工艺流程

畜禽场设置建筑物位置时一般应按照工艺流程的顺序靠近排列。这样不但有利于防疫与管理，而且有利于环境控制和粪污处理。

3. 卫生防疫

考虑到卫生防疫要求，应根据场地地势和当地全年主导风向，将生活用房和办公室、种畜禽舍、幼畜禽舍布置在上风向和地势较高处，商品畜禽舍布置在下风向和地势较低处，病畜禽舍和粪污处理设施布置在最下风向和地势最低处。当地势与主导风向正好相反时，则可利用与主导风向垂直的对角线上的两“安全角”来布置防疫要求较高的建筑物。例如，养鸡场的孵化室和育雏室的卫生防疫要求较高，孵化室排出的绒毛、蛋壳、死雏等易污染周围空气与环境，育雏室内雏鸡因某些疾病在免疫接种后需较长时间才能产生免疫力（如马立克氏、鸡瘟疫苗需 2～3 周），如与其他鸡舍靠近安置，则易在产生免疫力之前发生感染。因此，对于孵化室和育雏室的位置主要考虑防疫安全，大型鸡场最好单设孵化室和育雏室，小型鸡场也应将孵化室和育雏室布置在防疫较安全又不污染全场的地方，并设围墙或隔离绿化带。若鸡场的主导风向为西北风而地势南高北低，则场地的西南角和东北角均为安全角，且不污染其他鸡舍。

（三）建筑物的朝向

确定畜禽场内建筑物的朝向时，主要考虑日照和通风效果。适宜的朝向一方面可以合理地利用太阳辐射能，避免夏季过多的热量进入舍内，而冬季则最大限度地允许太阳辐射能进入舍内以提高舍温；另一方面，可以合理利用主导风向，改善通风条件，以获得良好的畜禽舍环境。

1. 根据日照来确定畜禽舍朝向

我国地处北纬20°~50°,太阳高度角[①]冬季小,夏季大,无论防寒还是防暑,建筑物朝向均以南向或偏东、偏西45°以内为宜,这样冬季可使纵墙(南墙)和屋顶接收较多的辐射热,而夏季接收辐射热较多的是东西山墙,故冬暖夏凉,而东西向的畜禽舍与此相反,会冬冷夏热。全国部分地区建筑物朝向参考表1-27。

表1-27　全国部分地区建筑物朝向

地区	最佳朝向	适宜朝向	不宜朝向
北京	南偏东或西30°以内	南偏东或西45°以内	北偏西30°~60°
上海	南至南偏东15°	南偏东30°,南偏西15°	北、西北
石家庄	南偏东15°	南至南偏东30°	西
太原	南偏东15°	南偏东到东	西北
呼和浩特	南至南偏东,南至南偏西	东南、西南	北、西北
哈尔滨	南偏东15°~20°	南至南偏东或西15°	西、西北、北
长春	南偏东30°,南偏西10°	南偏东或西45°	北、东北、西北
沈阳	南、南偏东20°	南偏东至东,南偏西至西	东北东至西北西
济南	南、南偏东10°~15°	南偏东30°	西偏北5°~10°
南京	南偏东15°	南偏东20°,南偏西10°	西、东
合肥	南偏东5°~15°	南偏东15°,南偏西5°	西
杭州	南偏东10°~15°,北偏东6°	南、南偏东30°	北、西
福州	南、南偏东5°~10°	南偏东20°以内	西
郑州	南偏东15°	南偏东25°	西北
武汉	南偏西15°	南偏东15°	西、西北
长沙	南偏东9°左右	南	西、西北
广州	南偏东15°,南偏西5°	南偏东20°30′,南偏西至西	/
南宁	南、南偏西15°	南、南偏东15°~25°,南偏西5°	东、西
西安	南偏东10°	南、南偏西	西、西北
银川	南至南偏东23°	南偏东34°,南偏西20°	西、西北
西宁	南至南偏西23°	南偏东30°至南偏西30°	北、西北
乌鲁木齐	南偏西40°,南偏西30°	东南、东、西	北、西北
成都	南偏东45°至南偏西15°	南偏东45°至东偏西30°	西、北
昆明	南偏东25°~56°	东至南至西	北偏东或西35°

① 太阳高度角是指太阳光线与地平线的夹角。

续表

地区	最佳朝向	适宜朝向	不宜朝向
拉萨	南偏东 10°,南偏西 5°	南偏东 15°,南偏西 10°	西、北
厦门	南偏东 5°～10°	南偏东 20°30′,南偏西 10°	南偏西 25°,西偏北 30°
重庆	南、南偏东 10°	南偏东 15°,南偏西 5°	北、东、西
大连	南、南偏西 10°	南偏东 15°至南偏西至西	北、西北、东北
青岛	南、南偏东 5°～15°	南偏东 15°至南偏西 15°	西、北

引自冯春霞,《家畜环境卫生》,2001。

2. 根据畜禽舍通风要求确定朝向

畜禽舍布置与场区所处地区的主导风向关系密切,主导风向直接影响冬季畜禽舍的热量损耗和夏季舍内与场区的通风。在确定建场时,可向当地气象部门了解本地风向频率图确定主导风向。

从室内通风效果来看,如果畜禽舍纵墙与冬季主导风向垂直,则通过门窗缝隙和孔洞进入舍内的冷风渗透量很大,对保温不利;如果纵墙与冬季主导风向平行或形成 0°～45°夹角,则冷风渗透量大为减少,从而有利于保温(图 1-11)。如果畜禽舍纵墙与夏季主导风向垂直,则畜禽舍通风不均匀,窗户与窗户之间的旋涡风区较大,有害气体不易排出;如果纵墙与夏季主导风向形成 30°～45°夹角,则旋涡风区减小,通风均匀,有利于夏季防暑,排出污浊空气的效果也好(图 1-12)。从整个场区的通风效果看,亦是如此(图 1-13),当风向入射角为 0°时,畜禽舍背风面的旋涡区较大,有害气体不易排出;当风向入射角改为 30°～60°时,有害气体能顺利排出。

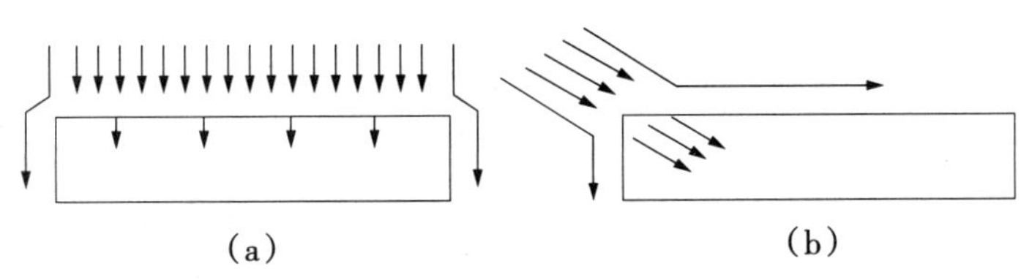

图 1-11　畜禽舍朝向与冬季冷风渗透量的关系

(a)主导风向与纵墙垂直,冷风渗透量大;(b)主导风向与纵墙成 0°～45°,冷风渗透量小

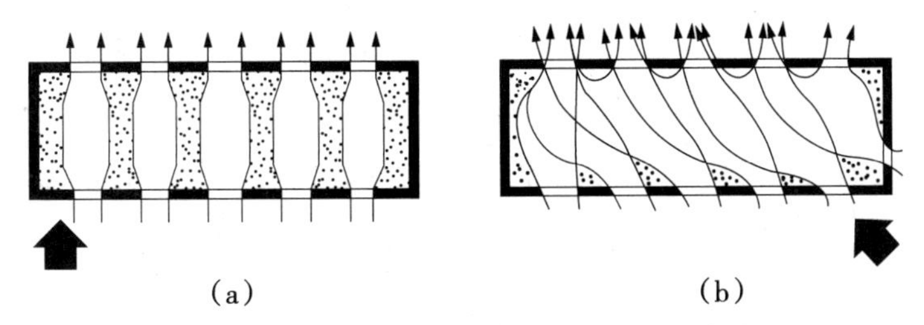

图 1-12　畜禽舍朝向与夏季舍内通风效果的关系

(a)主导风向与畜禽舍长轴垂直,舍内旋涡风区大;

(b)主导风向与畜禽舍长轴成 30°～45°夹角,舍内旋涡风区小

(李震钟,《家畜环境卫生学　附牧场设计》,1993)

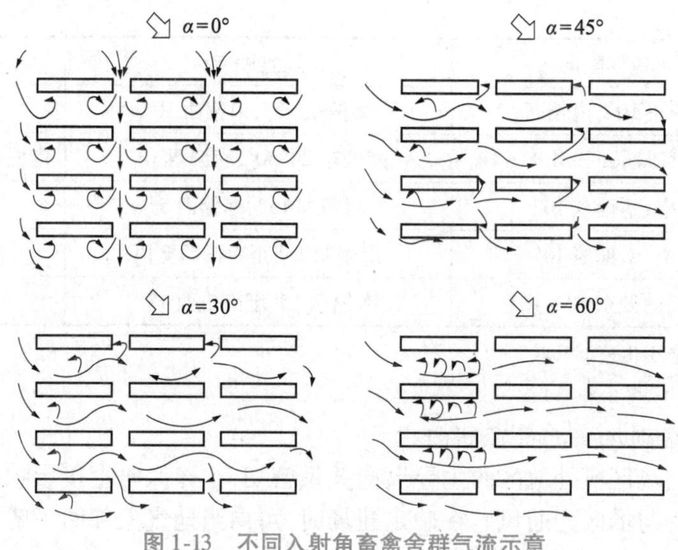

图 1-13　不同入射角畜禽舍群气流示意

（α 代表畜禽舍墙面法线与主导风向的夹角）

（四）建筑物的间距

两栋相邻建筑物纵墙之间的距离称为间距。具有一定规模的畜禽场，生产区内有一定数量和不同用途的建筑物。除个别畜禽舍采用连栋形式外，其余建筑物之间均有一定的距离要求。若距离过大，则会占地太多，浪费土地，并会增加道路、管线等基础设施投资，管理也不便。若距离过小，则会加大各舍间的干扰，对畜禽舍采光、通风、防疫等不利。适宜的建筑物间距应根据采光、通风、防疫和消防等综合考虑。

1. 根据日照确定间距

在我国，采光间距 L 应根据当地的纬度、日照要求以及畜禽舍檐口高度 H 求得。为了使南排畜禽舍在冬季不遮挡北排畜禽舍的日照，一般可按一年内太阳高度角最低的冬至日计算，而且应保证冬至上午 9 时至下午 3 时这 6 h 内畜禽舍南墙满日照，这就要求间距不小于南排畜禽舍的阴影长度，而阴影长度与畜舍高度和太阳高度角有关。因此，在我国绝大部分地区，朝向为南向的畜禽舍，当南排畜禽舍檐高为 H 时，畜禽舍采光间距 L 保持檐高的 3 ~ 4 倍就可以满足北排畜禽舍的上述日照要求。纬度越高的地区，系数取值越大，如在北纬 40° 地区（如北京），畜禽舍间距约为 2.5H，北纬 47° 地区（如黑龙江齐齐哈尔）间距则需 3.7H。

2. 根据通风要求确定防疫间距

根据通风要求确定畜禽舍间距时，应使下风向的畜禽舍不处于相邻上风向畜禽舍的旋涡风区内，这样，既不影响下风向畜禽舍的通风，又可使其免遭上风向畜禽舍排出的污浊空气的污染，有利于卫生防疫。据试验，当主导风向垂直于畜禽舍纵墙时，旋涡风区最大，约为其檐高 H 的 5 倍（图 1-14），当主导风向不垂直于纵墙时，旋涡风区缩小。可见，畜禽舍间距取檐高的 3 ~ 5 倍时，可满足畜禽舍通风排污和卫生防疫要求。

3. 根据建筑物的材料、结构和使用特点确定防火间距

现代畜禽舍的建造大多采用砖混结构、钢筋混凝土结构和新型建材围护结构，其耐火等

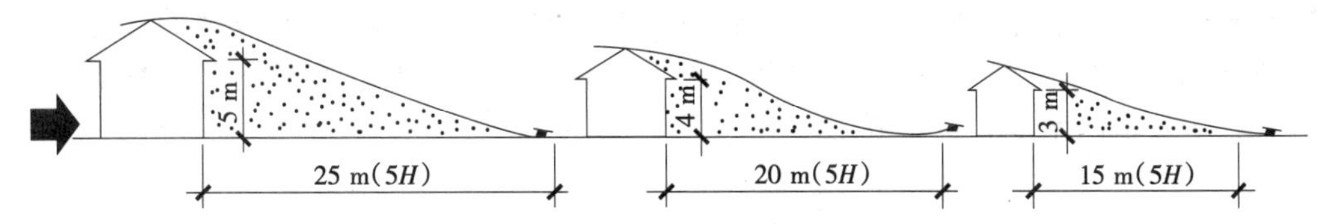

图 1-14　主导风向垂直于纵墙时畜禽舍高度与旋涡风区的关系

（常明雪,《畜禽环境卫生》,2007）

级为二至三级,所以可以参照民用建筑的标准设置,耐火等级为三级和四级的民用建筑间最小防火间距是 8 m 和 12 m。若有砖木结构建筑应取最大值。畜禽舍与干草棚等储藏易燃物品的设施间距应在 20 m 以上。

综上所述,畜禽舍间距主要由防疫间距来决定,间距在 $3H \sim 5H$ 时,可基本满足日照、通风、排污、防疫、防火等要求。间距的设计可参考表 1-28、表 1-29。

表 1-28　猪、牛舍防疫间距

单位:m

类别	同类畜舍	不同畜舍
猪场	12 ~ 15	15 ~ 20
牛场	12 ~ 15	15 ~ 20

引自颜培实、李如治,《家畜环境卫生学》(第 4 版),2011。

表 1-29　鸡舍防疫间距

单位:m

类别		同类鸡舍	不同类鸡舍	距孵化场
祖代鸡场	种鸡舍	30 ~ 40	40 ~ 50	100
	育雏、育成舍	20 ~ 30	40 ~ 50	50 以上
父母代鸡场	种鸡舍	15 ~ 20	30 ~ 40	100
	育雏、育成舍	15 ~ 20	30 ~ 40	50 以上
商品场	蛋鸡舍	12 ~ 20	25 ~ 30	300 以上
	肉鸡舍	12 ~ 20	25 ~ 30	300 以上

引自颜培实、李如治,《家畜环境卫生学》(第 4 版),2011。

四、道路规划

场内道路要求直而短,保证场内各生产环节方便地联系。生产区的道路应区分为净道(运送饲料、产品和用于生产联系的道路)和污道(运送粪污、病畜、死畜的道路)。净道和污道不得混用或交叉,以保证卫生防疫安全。管理区和隔离区应分别设与场外相通的道路。具体内容详见本项目任务四。

五、绿化规划

绿化应根据本地区气候、土壤等环境条件选择适合的树木花草进行。绿化应满足以下要求:①生活区和管理区应具有观赏和美化效果;②隔离区及粪污处理设施周围应布置绿化隔离带;③场区全年主导风向的上风侧围墙一侧或两侧应种植防风林带,围墙的其他部分种植绿化隔离带。树木与建筑物外墙、围墙、道路边缘及排水明沟边缘的最小距离不应小于0.5 m。具体内容详见本项目任务四。

六、畜禽场总平面规划设计示意图

下面列举不同类型的畜禽场总平面规划设计实例,供规划设计时参考。

1. 猪场总平面示意图

图1-15是黑龙江某父母代猪场总平面示意图。该猪场占地约93 400 m^2,建筑面积7 680 m^2,其中生产建筑面积6 750 m^2。一期工程设计规模为300头核心母猪,年产种猪2 400头,育肥猪2 900头。该地区夏季主导风为南风和西南风,冬季主导风为西北风。猪场西侧是奶牛场,饲料加工等生产辅助功能另行集中解决,因此场区总体布局是南侧为主入口、门卫室、选猪舍、办公室和变配电室等,其中选猪台位于东南角,外部选购种猪的人员和车辆不用进入场内;中部为生产区,猪舍采用双列布置,中间为净道,东西两侧为污道,东侧按生产工艺流程从北往南依次排列公猪及配种舍、母猪舍、仔猪舍、育成猪舍,西侧主要是育肥猪舍和预留发展用地;场区最北端是与西侧奶牛场合建的临时堆粪场,与生产区用围墙和50 m的绿化隔离带隔开;兽医室和病猪舍位于场区东侧不好利用的三角形地带。

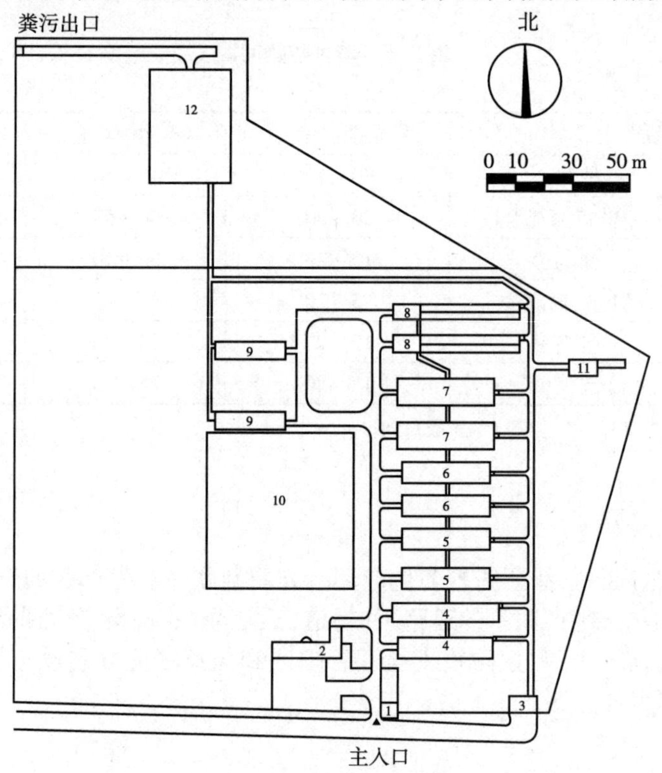

图1-15 黑龙江某父母代猪场总平面示意图

[颜培实、李如治,《家畜环境卫生学》(第4版),2011]

1—门卫室;2—办公室;3—选猪舍;4—种猪育成猪舍;5—仔猪舍;6—分娩舍;7—母猪舍;8—公猪及配种舍;9—育肥舍;10—预留发展用地;11—兽区室及病猪舍;12—堆肥区

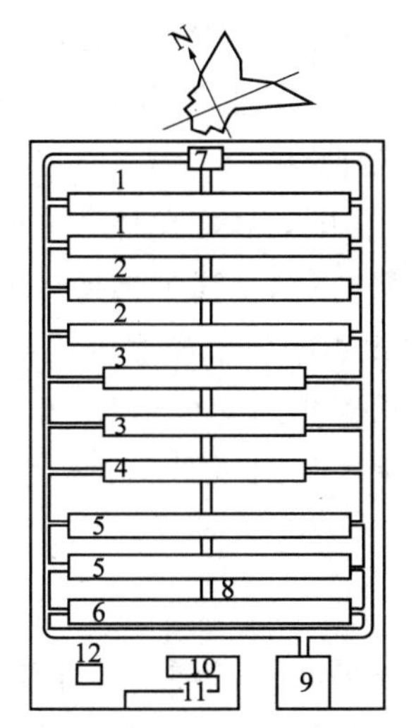

图 1-16 深圳华宝猪场总平面图

1—育肥舍;2—生长舍;3—断奶仔猪舍;4—分娩舍;5—妊娠舍;6—配种舍;
7—卸猪台;8—赶猪道;9—饲料库;10,11—办公室及消毒室;12—变配电室
[刘继军、贾永全,《畜牧场规划设计》(第二版),2018]

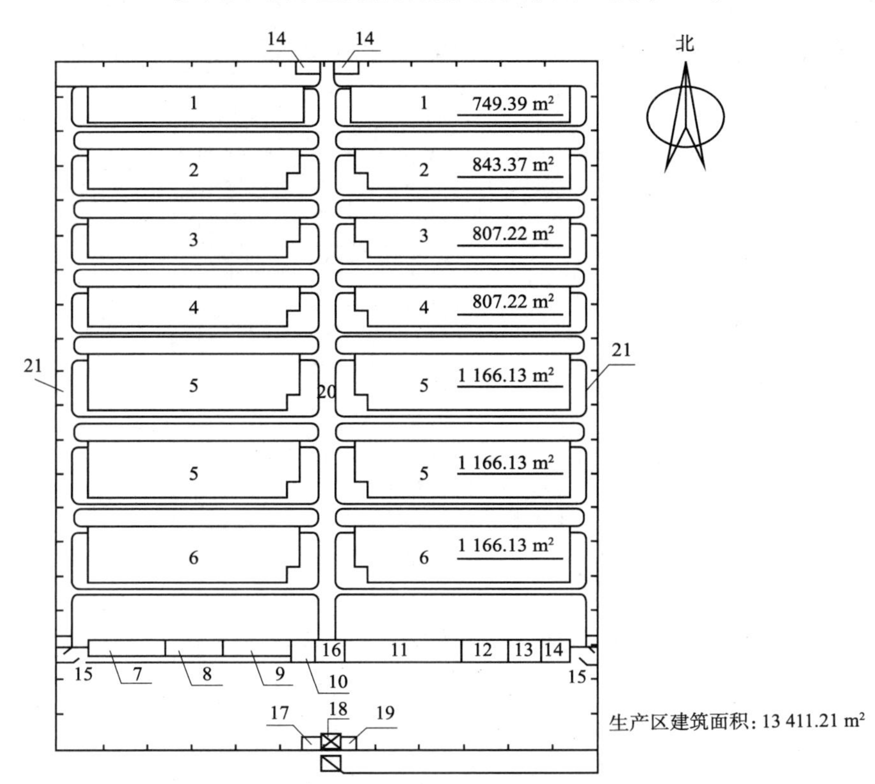

图 1-17 天津某万头猪场总平面图

1—配种猪舍;2—妊娠猪舍;3—产房;4—仔猪保育舍;5—待售及育肥猪舍;6—测定猪舍;
7—行政与技术用房;8—食堂;9—宿舍;10—消毒淋浴更衣室;11—饲料库;12—车库;13—变配电室;14—厕所;
15—选猪台;16—进生产区消毒通道;17—门卫间;18—车辆消毒池;19—消毒间;20—净道;21—污道
(李保明、施正香,《设施农业工程工艺及建筑设计》,2005)

图 1-16 是深圳华宝猪场总平面布置。该猪场年出栏量 15 000 头，该地区主导风为东北风和东南风，按生产工艺流程从南往北依次排列配种舍、妊娠舍、分娩舍、断奶仔猪舍、生长舍和育肥舍等。饲料库设置在场区西南角。

图 1-17 是天津某万头猪场总平面图。猪场总体布局是南侧为生活区和管理区，布置主入口、门卫间、选猪舍、办公室和变配电室等，其中选猪台位于东南角和西南角，外部选购种猪的人员和车辆不用进入场内；北侧为生产区，猪舍采用双列式布局，中间为净道，东西两侧为污道，按生产工艺流程从北往南依次排列配种猪舍、妊娠猪舍、产房、仔猪保育舍、待售及育肥猪舍和测定猪舍；堆粪场地另择地点，不在场区内。生产区和管理区生产区之间用围墙和建筑物完全分隔。

2. 鸡场总平面示意图

图 1-18 是北京某原种鸡场规划平面示意图。饲养规模为 10 000 套曾祖代成年种鸡。该鸡场地处京郊平原地区，全场占地面积约 26 700 m^2，建筑面积约 8 000 m^2，其中生产建筑面积 6 400 m^2。根据场地地势平整，形状基本规则，南北长、东西短的地形特点，结合该地区夏季主导风为南风和西南风、冬季主导风为西北风的气候条件，场区的总体规划布局是北侧为生产区，布置原种鸡舍、测定鸡舍、育成鸡舍、育雏鸡舍，禽舍排列采用单列式，西侧为净道，东侧为污道，最东北端设临时粪污场，其中育雏鸡舍单独布置于生产区西侧，有道路和绿

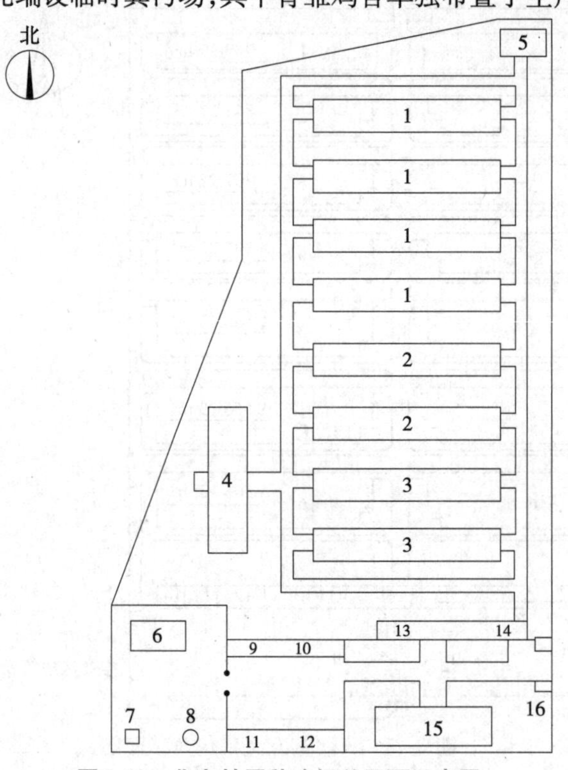

图 1-18　北京某原种鸡场总平面示意图

1—原种鸡舍；2—测定鸡舍；3—育成鸡舍；4—育雏鸡舍；5—粪污场；6—锅炉房；7—水泵房；8—水塔；9—浴室；10—维修间；11—车库；12—食堂；13—孵化厅；14—更衣消毒室；15—办公楼；16—门卫室

［颜培实、李如治，《家畜环境卫生学》（第 4 版），2011］

化带隔离；南侧为办公与生产辅助区，设置孵化厅、消毒更衣室、办公楼、库房、锅炉房、水泵房等，其中锅炉房位于场区的西南角，对生产区和辅助生产区影响最小。

图 1-19 是深圳华宝肉鸡场总平面示意图。根据场地地势平整，形状基本规则，南北短、东西长的地形特点，结合该地区主导风向，场区的总体规划布局是东侧布置种鸡舍、种鸡中雏舍、种鸡育雏舍，其中孵化厅单独设置于生产区最南端，西侧布置肉鸡中雏鸡、肉鸡育雏鸡、肉鸡舍，鸡舍排列采用双列式和多列式，中间设有防洪沟以及饲料库、发变配电室、物料库；西南端设有办公宿舍、食堂和接待室等。

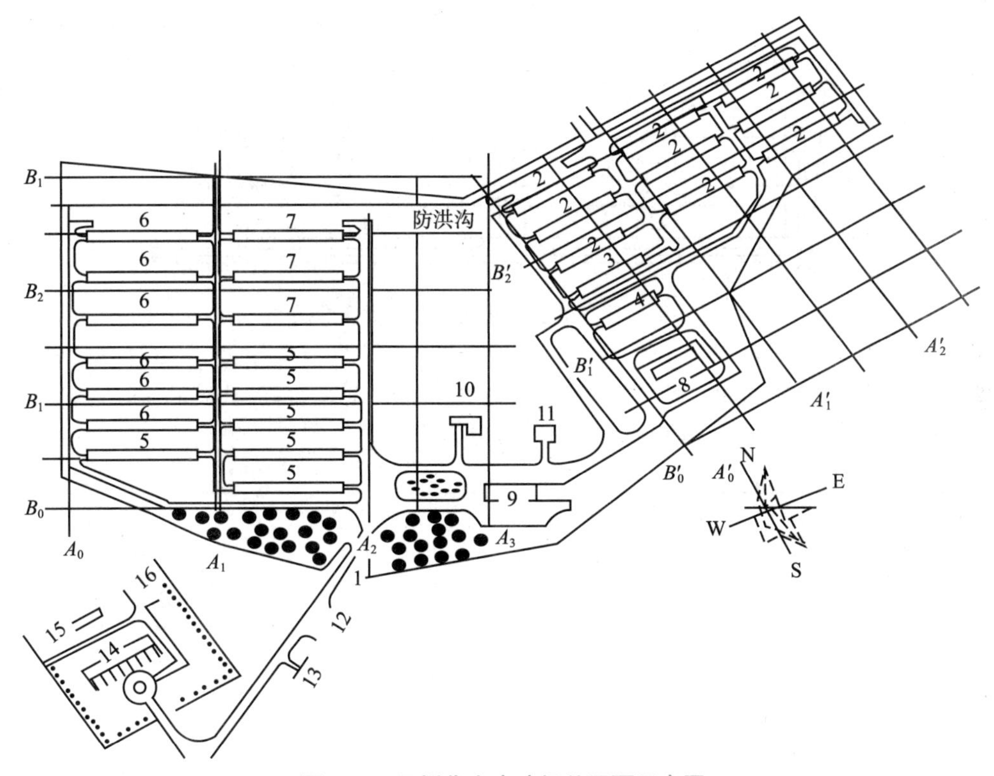

图 1-19　深圳华宝肉鸡场总平面示意图

1—大门消毒室；2—种鸡舍；3—种鸡中雏舍；4—种鸡育雏；5—肉鸡舍；6—肉鸡中雏舍；7—肉鸡育雏舍；8—孵化厅；9—饲料库；10—发变配电室；11—物料库；12—车库；13—兽医化验舍；14—办公宿舍；15—食堂；16—接待室

［刘继军、贾永全，《畜牧场规划设计》（第二版），2018］

图 1-20 是天津某蛋鸡规划总平面布置图。该鸡场是专业场，不设孵化部分。该场地处天津市郊平原地区，根据场地地势平整、形状不很规则的特点，结合该地区气候条件和对外交通条件综合考虑，场区的总体规划布局是：南侧为生产区，布置产蛋鸡舍，采用四列式布局，设两条净道，东、西、中三条污道；最西北端设育雏鸡舍、育成鸡舍及其污道出口；北侧为办公与生产辅助区，设置办公室、库房、锅炉房、水泵房等，与场外道路直接联系。

3. 奶牛场总平面示意图

图 1-21 是某 500 头成乳牛群良种繁育场总平面示意图，场区占地约 80 000 m^2。场区内不设青贮设施，所需的青贮饲料由场外配送，精料也由场外饲料厂提供成品，场区只设精料

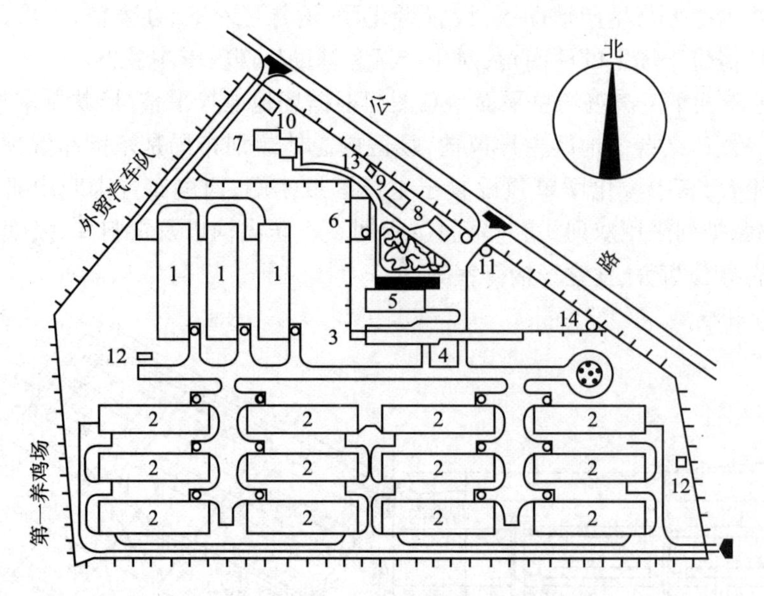

图 1-20　天津某蛋鸡场规划总平面布置图

1—育成鸡舍;2—蛋鸡舍;3—变配电室;4—蛋库及消毒淋浴间;5—办公室;6—食堂;7—锅炉房;8—车库;9—维修间;10—清粪车;11—门卫间;12—厕所;13—电石库;14—化验药品库

(李保明、施正香,《设施农业工程工艺及建筑设计》,2005)

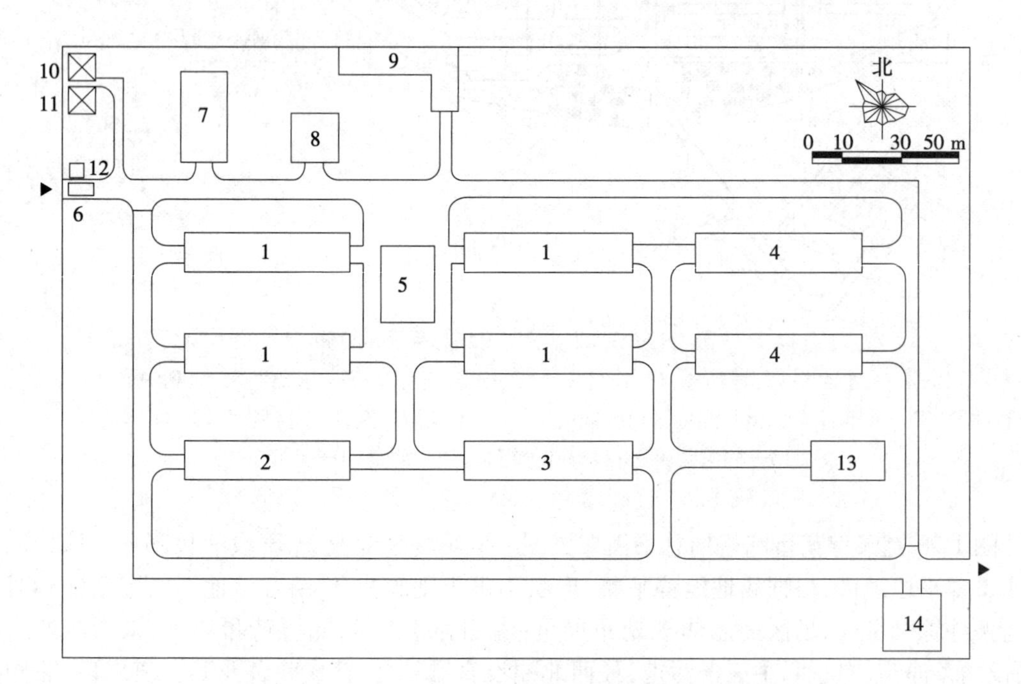

图 1-21　某 500 头成乳牛群良种繁育场总平面示意图

1—成乳牛舍;2—干奶牛舍;3—产房;4—育成牛舍;5—挤奶厅;6—消毒池;7—草料棚;8—饲料库;9—办公楼;10—变配电室;11—水泵房;12—门卫室;13—兽医室;14—堆粪场

[颜培实、李如治,《家畜环境卫生学》(第 4 版),2011]

成品库。挤奶厅中设有胚胎生产技术室,主要进行种牛超排、取卵及鲜胚分割等技术处理。场区内的道路分净道、污道,为确保消防需要,整个场区道路形成环行通道,平时采用隔离栏杆保证净污道严格分开,运送饲草饲料、牛奶及其他场区所需物品的车辆由与净道相通的西门出入,粪污及牛只由与污道相连的东门出入。工作人员则通过办公楼的消毒更衣室进入场区。

图 1-22 为某奶牛场平面布置图,该场以向外供应鲜奶和幼牛为主,场内不饲养公牛,规模为各种不同年龄阶段的母牛共计 400 头,其中基础母牛占 65% ~70% 。牛全部舍饲,饲料为青贮料、干草和精料。场地由北向南略有坡度,当地的主导风为西南风,办公室、食堂、宿舍布置在上风向并靠近大门处,饲料调制间和青贮窖靠近大门且布置在牛舍端墙之间的净道附近,运料车不进入生产区,生产区运料车取料方便且不用出生产区。粪场设在全场下风向的东北角,既不污染牛场也便于通过连接粪场的道路运至场外。

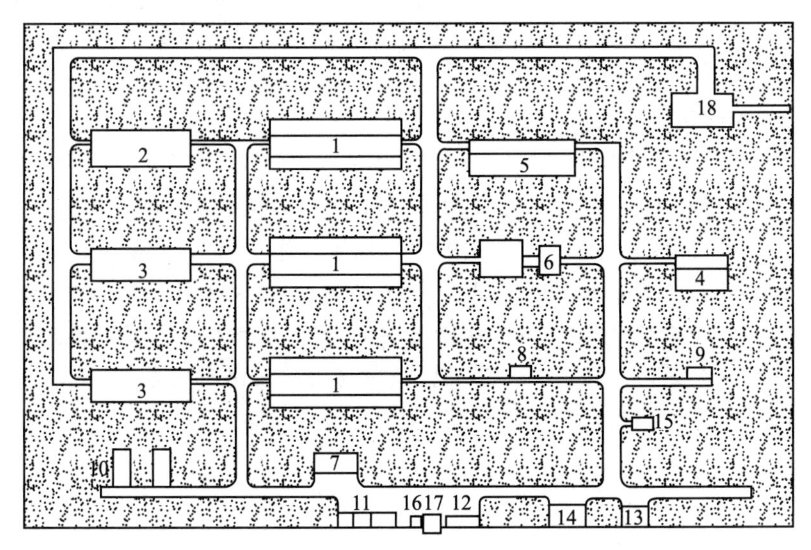

图 1-22 某奶牛场平面布置图

1—成年奶牛舍;2—犊牛舍;3—青年牛和后备牛舍;4—病牛舍;5—产房;6—挤奶厅;7—饲料调制间;8—人工授精室;9—兽医室;10—青贮窖;11—车库、水电房、机修房;12—办公室;13—食堂;14—宿舍;15—厕所;16—门卫室;17—车辆消毒池;18—粪场

(李震钟,《畜牧场生产工艺与畜舍设计》, 2000)

【技能训练 2】

识读畜禽场总平面设计图

【目的要求】

通过本次技能训练,学生能认识并读懂畜禽场总平面图,具备判断(评价)畜禽场设计是否符合畜禽场经营管理和环境卫生要求的能力,对不符合要求的设计,能提出合理建议,修正设计或施工方案。

【材料器具】

畜禽舍总平面参考图。

【内容方法】

畜禽场所有建筑物的布局图,即总平面图。总平面图表示一个工程的总体布局,主要表示原有和新建畜禽舍等的位置、标高、道路、建筑物、地形、地貌等。作为新建畜禽场建筑物定性、施工放线、土方施工以及施工总平面布置的依据,总平面图的基本内容有:①表明新建筑区的总体布局。如批准地号范围、各建筑物的位置、道路及管网的布置等。②确定各建筑物的平面位置。③表明建筑物首层地面的绝对标高,舍外地坪、道路的绝对标高,说明土方填挖情况,地面坡度及排水方向。④用指北针表示房屋的朝向,用风向玫瑰图表示常年风向频率和风速。⑤根据工程的需要,有时还有水、暖、电等管线总平面图,各种管线综合布置图,道路纵横剖面图以及绿化布置图等。

总平面图的识读方法如下:

1. 确认图纸的名称

图纸的名称通常载于右下角的图标框中,根据注明可知该图属于何种类型和在整套图中属于哪一部分。

2. 识读图例和说明

总平面图上一般都标有图例(表1-30)和文字说明,包括风向玫瑰图、南北线、等高线和比例尺等。熟悉图例和说明,即可从总平面图中看到畜禽场全部建筑物的种类、数量和大致的位置、安排。根据南北线可以看出各建筑物的设置方向。风向玫瑰图是用来表示该地区的主导风方向的,一般与南北线绘于一起。等高线可以表示出场地地面的高低起伏状况。根据比例尺,可以了解全场的面积和建筑物之间的距离、位置。图1-23是某畜禽场的总平面图,当地的主导风向是西北风,由图可以看出,该场由东北向西南倾斜,设计者考虑了这些条件,由北向南依次安排了畜禽场的生活区、生产区和隔离区。

表1-30 部分图例及说明

名称	图例	说明
风向玫瑰图	N	一般用8个或16个罗盘方位表示。玫瑰图上所表示的风向,是指外面吹向地区中心的。图示上黑实线表示全年主导风向,细虚线表示7、8、9三个月的风向。按上北下南绘制
指北针		在总平面图或底层平面图中,一般都画有指北针,可以根据指北针来判断新建建筑物的朝向。指北针用细实线绘制,圆的直径为24 mm,箭头的尾端宽度为直径的1/8
等高线	a b c a b c	等高线是地面上高度相等的各点所组成的连线,是不规则的曲线,其形状随地形而变。 等高线的特点:①同一等高线上的各点高度相等;②每一等高线必自行闭合,或在一图范围以内闭合,或在此图以外闭合;③等高线越密表示地势越陡,越疏则越平坦,等高线间水平距离相等者,表示坡度相同;④从具有等高线的地形图上,不仅可了解地面的起伏,而且可计算该地的平均坡度

续表

名称	图例	说明
墙体	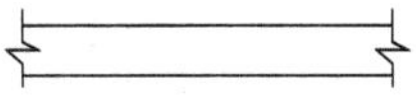	应加注文字或填充图例表示墙体材料，在项目设计图纸说明中列材料图例给予说明
隔断	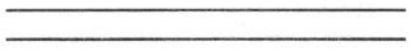	包括板条抹灰、木制、石膏板、金属材料等隔断；适用于到顶与不到顶隔断
通风道	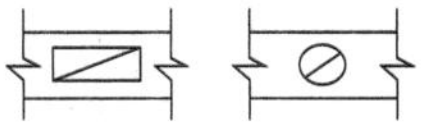	通风道与墙体为同一材料，其相接处墙身线应断开
空门洞	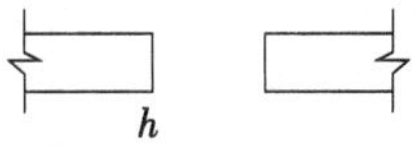 *h*	*h* 为门洞高度
单扇门（包括平开或单面弹簧）	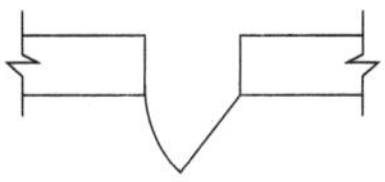	门的名称代号为 M；图例中平面图下为外、上为内；平面图上门线应 90°或 45°开启，开启弧度宜绘出
双扇门（包括平开或单面弹簧）		—
检查孔	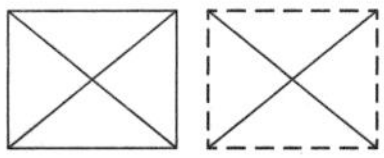	左图为可见检查孔，右图为不可见检查孔
孔洞	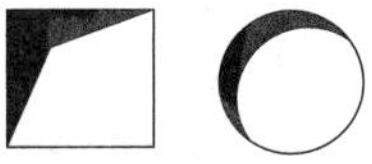	阴影部分可用涂色代替
坑槽	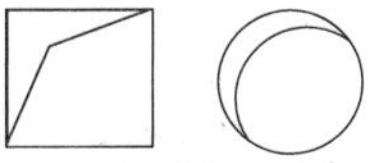	—
坡道	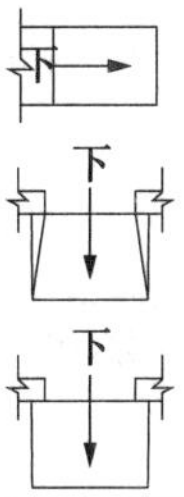 下 下 下	—
单层外开上悬窗		1. 窗的名称代号为 C； 2. 立面图中的斜线表示窗的开启方向，实线为外开，虚线为内开；开启方向线交角的一侧为安装合页的一侧，一般设计图中可不表示； 3. 图例中剖面图所示左为外，右为内，平面图所示下为外，上为内； 4. 平面图和剖面图上的虚线仅说明开关方式，在设计图中不需表示； 5. 窗的立面形式应按实际绘制； 6. 小比例绘图时，平面、剖面的窗线可用单粗实线表示
单层中悬窗	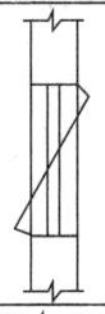	
单层内开下悬窗		

续表

名称	图例	说明
立转窗		
单层内开平开窗		—
单层外开平开窗		
双层内外平开窗		
推拉窗		—
百叶窗		

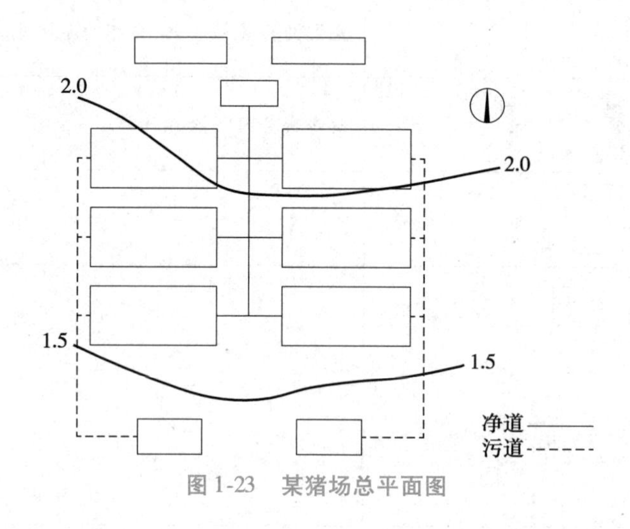

图 1-23　某猪场总平面图

3. 了解场区概况

场区概况包括场区的范围、场区的划分、场地的地形地势(高程和坡度)、周围的环境、全年和冬夏季主导风向、道路规划及绿化的配置、房舍幢数、占地面积和建筑系数等。

4. 了解每种建筑物具体情况

每种建筑物具体情况包括每幢房舍的层数、朝向、平面形状、轮廓尺寸、所处位置、室内外标高,与其他建筑物的关系和相互间的距离等。

5. 了解其他细部

其他细部包括畜禽舍周围道路的分类(场内外净道、污道)、宽度、布置及路面材料、做法;场区地面排水的方式(排水沟、自由排水)、排水沟的布置、排水方向等;畜禽舍与生活区、管理区、隔离区的相对位置、距离及该区附属用房的种类、位置、尺寸等;防疫消毒用房及设施的种类和位置；畜禽舍周围的绿化布置等。

【考核标准】

考核内容及分数	操作环节与要求	评分标准		考核方法	熟练程度	时限/min
		分值/分	扣分依据			
1. 识读图纸 2. 评价图纸 (100分)	确认图纸名称	20	随机选取10个总平面图让学生识读，每错一个扣2分	现场提问+单人考核	熟练掌握	25
	确认图的比例尺、方位、主导风向	20	每确认错误一种扣2分，扣到20分为止			
	看图的方法	10	阅读步骤每错一处扣2分			
	对图纸的分析评价是否正确合理	30	评价结果每错误一处扣4分，扣到30分为止			
	熟练程度	10	在教师指导下完成一处扣5分，扣到10分为止			
	完成时间	10	在规定的时间内完成，每超过5 min扣2分，扣到10分为止			

【作业习题】

教师提供一份总平面图，学生进行识读、分析、评价。

【技能训练3】

设计畜禽场规划布局方案

【目的要求】

通过本次技能训练，学生能初步运用所学知识，结合生产实际，在设计环境卫生、生产工艺、畜禽场的性质及规模等过程中表达自己的思路，并初步绘制出畜禽场规划布局方案的设计图。

【材料用具】

①鸡、牛、猪和羊场总平面规划布局参考图。

②计算器、圆规、直尺、绘图板、纸、铅笔、橡皮、刀等。

【内容方法】

1. 绘图知识

建筑工程图是一种用图形精确表示某种技术构思或意图的语言，是以一定的形象表示一定的物体，并注有尺寸，按国家公认的规则、符号、图形绘制出来的图。

(1)线条的使用。可见轮廓用实线(——)、拟建的建筑物和不可见轮廓部分用虚线(……)、对称的物体则用对称轴线(即中心线—·—)。

(2)比例。畜禽场的实际尺寸很大，不可能按实际尺寸画在纸上，因此制图时常将实物缩小，一般畜禽场场总平面图形多用1∶500、1∶1 000、1∶2 000的比例尺。

(3)图例。图样是用特定的符号——图例构成的。看图必须懂得图例，明白每条线、每个符号的意义，才能清楚地了解建筑物的结构、配置等情况。建筑工程图常用图例见表1-31。

(4)等高线。用来表示地面的高低起伏。等高线是连地面上高度相等的各点所组成的曲线,其形状随地形而变。

表1-31　建筑工程图常用图例

名称	图例	说明
自然土壤		包括各种自然土壤、黏土等
素土夯实		—
沙、灰土及粉刷材料		—
砂砾石及碎砖三合土		—
石材		包括岩石及贴面、铺地等石材
方整石、条石		本图例表示砌砖
毛石		
普通砖、硬质砖		在比例小于或等于1:50的平、剖面中不画斜线,可在底图背面涂红表示
非承重的空心砖		在比例较小的图面中可不画图例,但须注明材料
瓷砖或类似材料		包括面砖、马赛克及各种铺地砖
混凝土		—
百叶窗		—
高窗		—
单层固定窗		立方图中的斜线,表示窗扇开关方式。单虚线表示单层内开,双虚线表示双层内开;单实线表示单层外开,双实线表示双层外开
单层外开上悬窗		
单层中悬窗		
单层内开下悬窗		

续表

名称	图例	说明
单层外开平开窗	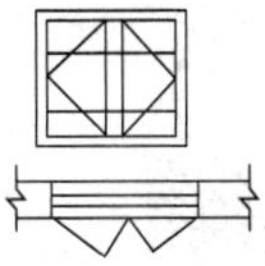	1. 立方图中的斜线，表示窗扇开关方式。单虚线表示单层内开，双虚线表示双层内开；单实线表示单层外开，双实线表示双层外开 2. 平、剖面图中的虚线，仅说明开关方式，在设计图中可不表示 3. 窗的名称代号为 C
单层垂直旋转窗	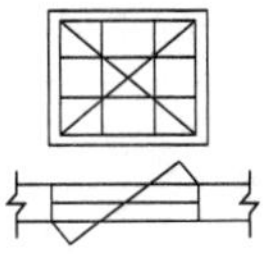	
双层固定窗	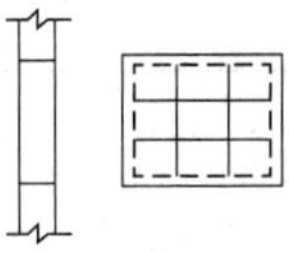	
双层内外开平开窗	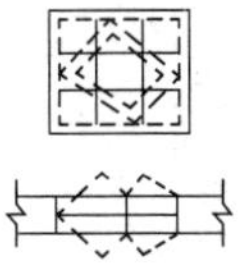	
水平推拉窗	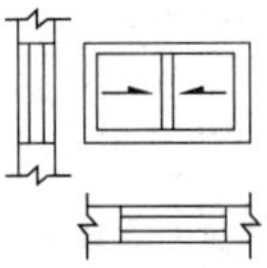	
钢筋混凝土	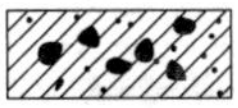	1. 在比例小于或等于 1∶100 的图面中不画图例，可在底图上涂黑表示 2. 剖面图中如画出钢筋时，可不画图例
加气混凝土	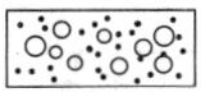	—
加气钢筋混凝土	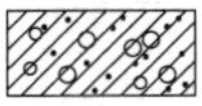	—
毛石混凝土		—
花纹钢板	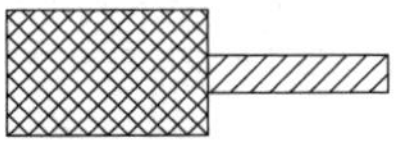	立面斜线为 60°
金属网	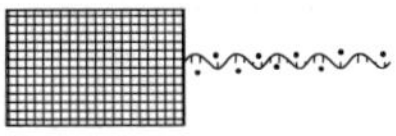	—
木材		—
胶合板	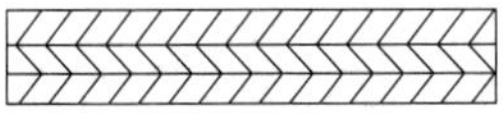	1. 应注明“×层胶合板” 2. 在比例较小的图面中，可不画图例，但须注明材料

续表

名称	图例	说明
矿渣、炉渣及焦渣		—
多孔材料或耐火砖		包括泡沫混凝土、软木等材料
菱苦土		—
玻璃		必要时可注明玻璃名称，如磨砂玻璃、夹丝玻璃等
松散保温材料		包括木屑、木屑石灰、稻壳等
纤维材料或人造板		包括麻丝、玻璃棉毡、矿棉毡、刨花板、木丝板等
防水材料或防潮层		应注明材料
橡皮或塑料		底图背面涂红
金属		—
水		—
土墙		包括土筑墙、土坯墙、三合土墙等
板条墙		包括钢丝网墙、苇箔墙等
木栏杆		全部用木材制作的栏杆
金属栏杆		全部用金属制作的栏杆
通风道		—
空门洞		—
单扇门		门的名称代号为 M
双扇门		
对开折门		
单扇推拉门		
双扇推拉门		
墙内单扇推拉门		

续表

名称	图例	说明
墙内双扇推拉门		门的名称代号为M
单扇双面弹簧门		
双扇双面弹簧门		
单扇内外开双层门		
双扇内外开双层门		
转门		

2. 方法步骤

(1)查地形图上的山丘、河流、森林、铁路、公路及工业区和住宅区所在地，并测量相互间的距离。

(2)绘出详图。不同的建筑物其主要的结构和所用材料不同；道路的主次、大小和性质不同；为了明确表示出来，需要绘制放大的各类尺寸详细的图纸，这样的图纸就称为详图，也叫大样。

(3)说明书。说明书用来说明场内各种建筑物的性质、施工方法、建筑材料使用方法等，补充图中文字说明不足。说明书分一般说明书及特殊说明书两种。但有些建筑设计图纸，以图纸上扼要的文字说明代替了文字说明书。

(4)比例尺的使用及保护。为避免视觉误差，在测量图纸上的尺寸时，常使用比例尺。测量时比例尺与视线应保持水平；为减少推算麻烦，取比例尺上的比例与图纸上的比例一致；测量两点或两线之间距离时，应沿水平线测量，两点之间距离以取其最短的直线为宜。

【考核标准】

考核内容及分数	操作环节与要求	评分标准		考核方法	熟练程度	时限/h
		分值/分	扣分依据			
设计畜禽场总平面规划布局图(100分)	识别图例，包括等高线、风向玫瑰图等	20	随机选取10个图例让学生识别，每错一个扣2分	现场提问+分组操作考核	熟练掌握	3
	确认地形图	10	距离确认每错一处扣2分，扣到10分为止			
	绘出详图	50	每绘制错误一处扣2分，扣到50分为止			

续表

考核内容及分数	操作环节与要求	评分标准		考核方法	熟练程度	时限/h
		分值/分	扣分依据			
设计畜禽场总平面规划布局图(100分)	熟练程度	10	在教师的指导下完成一处扣5分,扣到10分为止	现场提问+分组操作考核	熟练掌握	3
	完成时间	10	在规定的时间内完成,每超过5 min扣2分,扣到10分为止			

【作业习题】

根据以下提供的条件,结合所学知识,绘制一份商品猪场规划布局设计图。

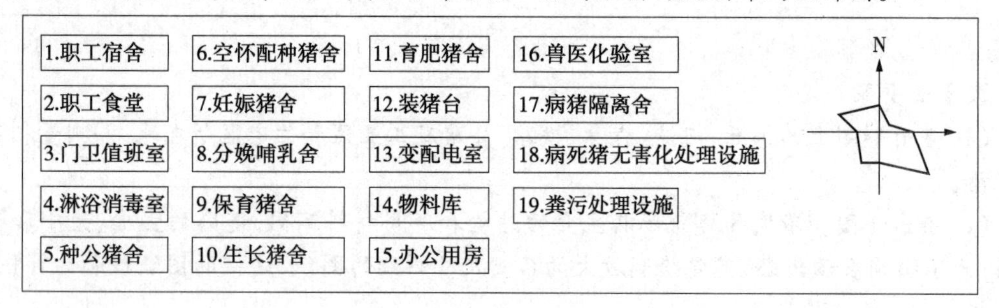

任务四　规划畜禽场基础设施

一、防护设施

为保证畜禽场防疫安全,避免污染,应规划好畜禽场防疫设施。

1.场界

为了防止场外人员、车辆及其他动物进入场区,有效地切断外界污染因素,畜禽场场界要划分明确,防护设施必须严密,四周应建较高的围墙或坚固的防疫沟,必要时可往沟内放水,但这种防疫沟造价较高也很费工。

2.功能区

各个功能区之间应用较小的围墙隔离,或结合绿化培植隔离林带,防止外来人员、车辆随意出入生产区。

3. 入口处

在畜禽场大门、生产区入口处和各畜禽舍入口处，应设相应的消毒设施，如车辆消毒池、脚踏消毒槽、喷雾消毒室、更衣换鞋间、淋浴间等，对进入场区的车辆、人员进行严格消毒。车辆消毒池设在畜禽场大门入口处，消毒池宽与大门相同，长等于进场大型机动车轮一周半长。在大门、人行边门、生活区、生产区和畜舍入口处，可设洗手盆、脚踏消毒槽、喷雾消毒室以及紫外线消毒室对进入人员进行消毒。对人员进行紫外线灯消毒时，最好安装定时通过指示器（定时铃声），应强调安全时间（3 ~ 5 min），通过式（不停留）紫外线杀菌灯照射时间太短达不到安全的目的。对于规模化畜禽场，在进入生活区、生产区之前还应设计专用的人员更衣、淋浴、消毒建筑。

二、道路设置

道路设置不仅关系到场内外运输、场地造价，还具有卫生意义。

1. 道路分类

畜禽场道路包括与外部交通道路联系的场外主干道和场区内部道路。场外主干道担负着全场的货物、产品和人员的运输任务，其路面最小宽度应能保证饲料等运输车辆的通行。场内道路是联系饲养工艺过程及场外交通运输的路线，其功能不仅是运输，同时也具有卫生防疫作用，因此道路规划设计要满足分流与分工、联系简洁、路面质量、路面宽度、绿化防疫等要求。场内道路按功能可分为净道和污道，净道用于人员出入、运输饲料，污道用于运输粪污、病死畜禽；按道路的作用可分为主干道、次干道、辅助道、引道、人行道（表 1-32）。路面宽度根据用途和车宽决定，只考虑单向行驶时，可取其较小值，但须考虑回车道、回车半径及转弯半径。

表 1-32 畜禽场道路分类

类型	适应范围
主干道	用于主要出入口及车流频繁地段
次干道	用于生产舍与舍之间的交通运输
辅助道	用于生产辅助区的变电所、水泵房、水塔；生产区的污道、消防道等
引道	建（构）筑物出入口；与主、次干道，辅助道相连接的道路
人行道	仅供工作人员或自行车行走

引自刘继军、贾永全，《畜牧场规划设计》（第二版），2018。

2. 道路构造及设计标准

场内道路构造应符合平坦坚固、宽度适当、坡度平缓、曲线段少、经济合理、节约能源的原则。路面材料可根据条件修成柏油、混凝土、砖石或焦渣路面，也可选用沙土路面、条石路面，优先选择沙石路面和混凝土路面，保证晴雨通车和防尘。

净道路面最小宽度要保证饲料运输车辆的通行，宜用水泥混凝土路面，也可选用整齐的石块或条石路面。污道路面宜用水泥混凝土,也可用碎石、砾石、石灰渣土路面。与畜禽舍、饲料库、产品库、兽医建筑物、贮粪场等连接的道路一般是次干道,各种道路主要技术指标及做法见表1-33。

表1-33 道路主要技术指标及做法

道路名称	路面宽度/m	路肩宽度/m	最小转弯半径/m	最大纵向坡度/%	最小纵向坡度/%	横向坡度/%
主干道	3.5~7.0	1~1.5	9~12	6~8	0.2	1~1.5
次干道	3~4.5	1	9	8	0.2	1~1.5
辅助道	3.0	1	9	8	0.2	1.5~2
引道	3	0	0	8	0.2	
人行道	2		0		0.2	2~3

引自刘继军、贾永全,《畜牧场规划设计》(第二版),2018。

3.道路规划设计要求

首先,道路规划设计应与场区总平面布置、竖向设计、绿化等协调一致,各种道路两侧应留有绿化和排水明沟所需的地面;其次,应适应生产工艺流程,路线尽量简洁,以保证场内外运输畅通;最后,必须满足畜禽生产特色要求,净道可按次干道考虑,污道可按辅助道考虑,应分别有出入口,保证不得交叉,生活区与外部相连道,可按主干道考虑,管理区之间联系可按辅助道考虑。道路一般与建筑物长轴平行或垂直布置,场内道路至相邻建(构)筑物最小距离见表1-34。

表1-34 场内道路至相邻建(构)筑物最小距离

位置	至相邻建(构)筑物最小距离	最小距离/m
畜禽舍外墙	当建筑物面向道路一侧无出入口时	1.5
	当建筑物面向道路一侧有出入口且有单车引道时	8.0
	当建筑物面向道路一侧有出入口但无单车引道时	3.0
建筑物外墙	消防车至建筑物外墙	5~25
围墙	当围墙有汽车出入口时,出入口附近	6.0
	当围墙无汽车出入口而路边有照明电杆	2.0
	当围墙无汽车出入口而路边无照明电杆	1.5
绿化	乔木(至树干中心线)	1~1.5
	灌木(到灌木丛边缘)	1.0
装卸台边缘	当汽车平行站台停放	3.0~3.5
	当汽车垂直站台停放	10.5~11.0

引自刘继军、贾永全,《畜牧场规划设计》(第二版),2018。

此外，畜禽场道路布置形式不能采用工厂的环状布置形式，一般采用枝状尽端式布置法，枝干为生产区的主送饲道，枝杈为通向各畜禽舍出入口的车道（引道），见图1-24，这种布置形式比较灵活，适用于山地或平缓地，可将各畜禽舍有机地联系起来。另外，为解决车的掉头问题，可根据场地地形在尽端设回车场，回车场的形式见图1-25。

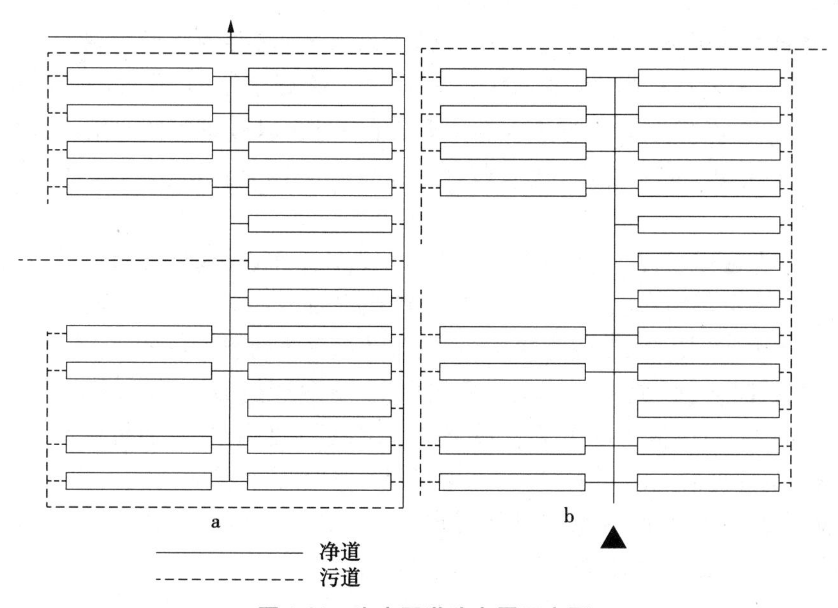

图1-24　生产区道路布置示意图

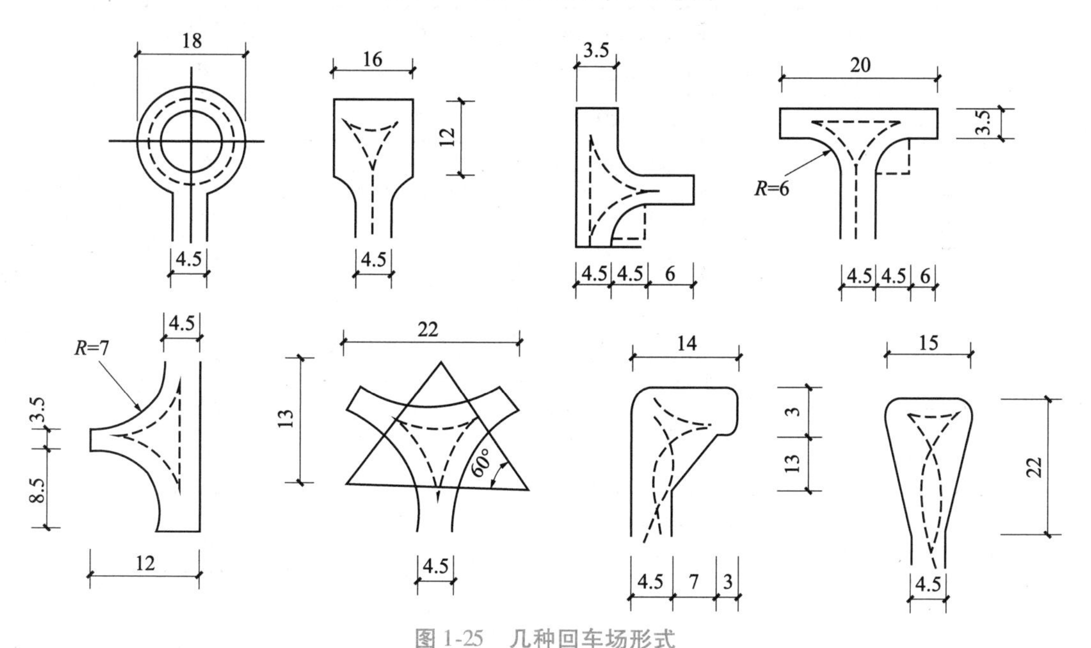

图1-25　几种回车场形式

［刘继军、贾永全，《畜牧场规划设计》（第二版），2018］

三、给排水系统

1. 给水系统

大部分畜禽场均远离城镇,不能利用城镇给水系统,需要独立的水源,一般是自己打井和建设水泵房、水处理车间、水塔、输配水管道等。因规模较小,畜禽场管网布置可以采用树枝状管网,干管布置方向应与给水的主要方向一致,以最短距离向用水量最大的畜舍供水,管线长度尽量短,减少造价,管线布置时充分利用地形、重力自流,管网尽量沿道路布置。

为了充分地保证用水,在计算畜禽场用水量及设计给水设施时,必须按单位时间内最大用水量来计算。畜禽场用水量为生活用水、生产用水及消防和灌溉等其他用水量的总和。生活用水包括饮用、洗衣洗澡及卫生用水,一般可按照每人每日 40 ~60 L 计算;生产用水包括畜禽饮用、饲料调制、畜体清洁、饲槽与用具刷洗、畜舍清扫等所消耗的水,各种畜禽每日用水量可参考表 1-35;其他用水包括消防、灌溉和不可预见用水等,消防用水是一种突发用水,可利用畜禽场内外的江河湖塘等水源,也可停止其他用水保证消防用水;绿地灌溉用水可以利用经过处理后的污水,在管道计算时也可不考虑;不可预见用水包括给水系统损失、新建项目用水等,可按总用水量的 10% ~14% 考虑。

表 1-35　各种畜禽每日用水量

种类	舍饲期用水量 /(L·头$^{-1}$)或(L·只$^{-1}$)	放牧期用水量 /(L·头$^{-1}$)或(L·只$^{-1}$)
乳牛	70 ~ 120	60 ~ 70
育成牛	50 ~ 60	50
犊牛	30 ~ 50	30
种母马	50 ~ 75	50
种公马、役马	60	50
马驹	40 ~ 50	25
带仔母猪	75 ~ 100	50
妊娠母猪、公猪	45	40
育成猪	30	25
幼猪、肥猪	15 ~ 20	15
成年母羊	10	5
羔羊	5	3
成年鸡	1	—
火鸡	1	—
雏鸡	0.5	—

续表

种类	舍饲期用水量 /(L·头$^{-1}$)或(L·只$^{-1}$)	放牧期用水量 /(L·头$^{-1}$)或(L·只$^{-1}$)
鸭	1.25	—
鹅	1.25	—
兔	3	—

引自冀行键,《家畜环境卫生》,2001。

2. 排水系统

排水系统由排水管网、污水处理站、出水口组成。排水主要是指雨雪水、生活污水、生产污水(畜禽粪污和清洗废水)。雨水量的估算根据当地降雨强度、汇水面积、径流系数计算,具体参见城乡规划中的排水工程估算法。生活污水主要来自职工的食堂和浴厕,其流量不大,一般不需计算,或可按照目前城镇居民污水排放量(一般与用水量一致)进行计算,生活污水管道可采用最小管径 150 ~200 mm。畜禽场最大的污水量是畜禽生产过程中的生产污水,生产污水量因饲养家畜种类、饲养工艺与模式、生产管理水平、地区气候条件等不同而不同,其估算是以在不同饲养工艺模式下,单位规模的畜禽饲养量在一个生长生产周期内所产生的各种生产污水量为基础定额,乘以饲养规模和生产批数,再考虑地区气候因素加以调整。几种畜禽大致的粪尿产量见表 1-36。

表 1-36　几种畜禽的粪尿产量(鲜量)

种类	体重/kg	每头(只)每天排泄量/kg			平均每头(只)每年排泄量 /×10^3 kg		
		粪量	尿量	粪尿合计	粪量	尿量	粪尿合计
泌乳牛	500 ~ 600	30 ~ 50	15 ~ 25	45 ~ 75	14.6	7.3	21.9
成年牛	400 ~ 600	20 ~ 35	10 ~ 17	30 ~ 52	10.6	4.9	15.5
育成牛	200 ~ 300	10 ~ 20	5 ~ 10	15 ~ 30	5.5	2.7	8.2
犊牛	100 ~ 200	3.0 ~ 7.0	2.0 ~ 5.0	5.0 ~ 12.0	1.8	1.3	3.1
种公猪	200 ~ 300	2.0 ~ 3.0	4.0 ~ 7.0	6.0 ~ 10.0	0.9	2.0	2.9
空怀、妊娠母猪	160 ~ 300	2.1 ~ 2.8	4.0 ~ 7.0	6.1 ~ 9.8	0.9	2.0	3.2
哺乳母猪	—	2.5 ~ 4.2	4.0 ~ 7.0	6.5 ~ 11.2	1.2	2.0	3.2
培育仔猪	30	1.1 ~ 1.6	1.0 ~ 3.0	2.1 ~ 4.6	0.5	0.7	1.2
育成猪	60	1.9 ~ 2.7	2.0 ~ 5.0	3.9 ~ 7.7	0.8	1.3	2.1
育肥猪	90	2.3 ~ 3.2	3.0 ~ 7.0	5.3 ~ 10.2	1.0	1.8	2.8
产蛋鸡	1.4 ~ 1.8	0.14 ~ 0.16			55 kg		
肉用仔鸡	0.04 ~ 2.8	0.13			到 10 周龄 9.0 kg		

引自颜培实、李如治,《家畜环境卫生学》(第 4 版),2011。

场内排水系统,多设置在各种道路的两旁及畜禽运动场的周边,采用斜坡式排水管沟,尽量减少污物积存及被人、畜禽损坏。排放过程中应采用分流排放方式,即雨水和生产生活污水分别采用两个独立系统,且为了整个场区的环境卫生和防疫需要,生产与生活污水一般采用暗埋管渠(冻土层以下,以免因受冻而阻塞)将污水集中排到粪污处理站,若暗埋管沟排水系统超过 200 m,中间应增设沉淀井以免污物淤塞影响排水,沉淀井不应设在运动场中或交通频繁的干道附近,距供水水源至少应有 200 m 以上的间距;雨雪水一般设置明沟排放,不要将雨水排入需要专门处理的粪污系统中,尽量减少污水处理费用,但由于雨雪水中也有场地中的零星粪污,有条件的畜禽场也可以采用暗埋管沟(暗管道的最小直径为 150 mm),如采用方形明沟,其最深处不应超过 30 cm,沟底应有 1% ~2% 的坡度,上口宽 30 ~60 cm,排水明沟可采用砖砌明沟和混凝土砌明沟两种形式(图 1-26)。

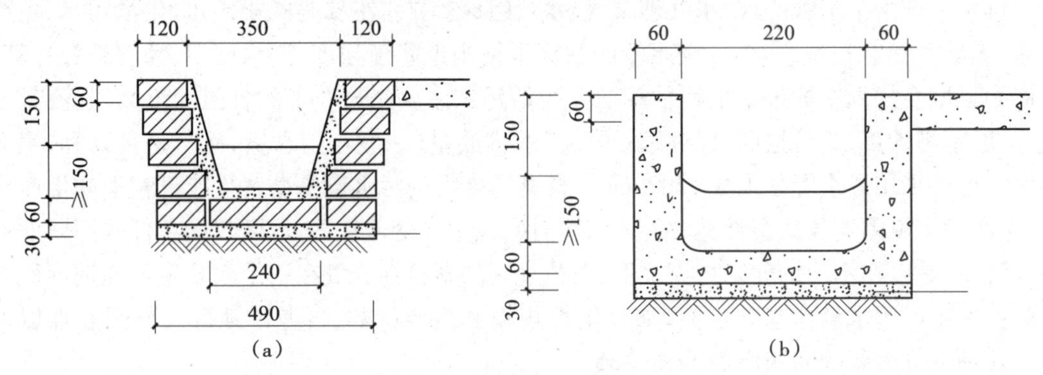

图 1-26　排水明沟(单位:mm)

(a)砖砌明沟;(b)混凝土砌明沟

(赵云焕、刘卫东,《畜禽环境卫生与牧场设计》,2007)

四、采暖工程

采暖工程必须保证畜禽生产需要和工作人员的办公和生活需要。成年畜禽一般尽量利用和提高外围护结构热阻,或合理提高饲养密度等方法来增加保温能力和产热量,除严寒地区外,尽量避免采暖;幼年动物如鸡场的育雏室、猪场的哺乳舍与仔猪培育舍、牛场中的产房与犊牛舍、羊场中的产房与羔羊舍,均需要稳定、安全的供暖保证。根据不同的畜禽在不同生长阶段需要的舍内温度,参考建设地区的工业和民用建筑采暖规范的室外设计温度来计算畜舍的采暖负荷。工作人员的办公与生活空间采暖与普通民用建筑采暖相同。由此估算全场的采暖负荷,并根据供暖方式的不同来确定供暖设备选型(详见项目四任务五)。

五、电力电信工程

电力电信工程规划就是需要经济、安全、稳定、可靠的供配电系统和快捷、顺畅的通信系统,保证畜禽场正常生产运营和与外界市场的紧密联系。畜禽场的供配电系统由电源、输电线路、配电线路、用电设备构成,规划主要内容包括用电负荷估算、电源与电压选择、变配电所的容量与设置、输配电线路布置。

畜禽场用电负荷包括办公楼、职工宿舍、食堂等辅助建筑和场区照明等生活用电以及畜禽舍、饲料加工、孵化、清粪、挤奶、供排水、粪污处理等生产用电。照明用电量根据各类建筑照明用电定额和建筑面积计算,用电定额与普通民用建筑相同,生活电器用电根据电气设备额定容量之和,并考虑同时系数求得。生产用电根据生产中所使用的电力设备的额定容量之和,并考虑同时系数、需用系数求得。在规划初期可以根据已建的同类畜禽场的用电情况来类比估算。

畜禽场电源和电压选择及变配电所的设置应尽量利用周围已有的电源,若没有可利用的电源,则需远距离引入或自建。孵化厅、挤奶厅等地方不能停电,因此为了确保畜禽场的用电安全,一般场内还需要自备发电机,防止外界电源中断使畜禽场遭受巨大损失。畜禽场的使用电压一般为220/380 V,变电所或变压器的位置应尽量居于用电负荷中心,最大服务半径要小于500 m。

六、粪污处理工程

设计或运行一个畜禽场粪污处理系统,必须对粪便的性质,粪便的收集、转移、贮存及施肥等问题加以全面的分析、研究。粪污处理工程除了满足处理各种畜禽每日粪便排泄量外,还须将全场的污水排放量一并加以考虑。粪污处理工程主要规划的内容应包括:粪污收集(清粪)、粪污运输(管道和车辆)、粪污处理场的选址及其占地规模的确定、处理场的平面布局、粪污处理设备选型与配套、粪污处理工程构筑物(池、坑、塘、井、泵站等)的形式与建设规模。规划原则是首先考虑作为农田肥料的原料,其次要避免对周围造成公害,且要充分考虑畜禽场所处的地理与气候条件,严寒地区的堆粪时间长,场地要大,且收集设计与输送管道要防冻,另外还需要考虑投资问题。粪污处理后要达到《城市污水处理厂污水污泥排放标准》(CJ 3025—1993)才能排放。处理后的污水可作为中水循环使用,亦可作为浇灌用水,污泥可用作有机肥料。粪污处理技术详见本书项目五任务一,所需设施设备详见本书项目四任务四。

七、绿化工程

搞好畜禽场绿化,不仅可以调节小气候,减弱噪声,净化空气,起到防疫和防火等作用,而且可以美化环境。绿化应根据本地区气候、土壤和环境功能等条件,选择适合当地生长的树木、花草进行,场区绿化率不低于20%。

1. 绿化带

绿化带具有防疫、隔离、美化环境的作用,应设置在隔离区、粪污处理区以及围墙一侧或两侧。在场界周围种植乔木和灌木混合林带,如属于乔木的大叶杨、旱柳、垂柳、钻天杨、榆树以及常绿针叶树等;属于灌木的紫穗槐、刺榆、醋栗和榆叶梅等。特别是场界的北、西侧,更应加宽这种混合林带(宽度达10 m以上,一般至少种5行),以起到防风阻沙的作用。场区隔离林带主要用以分隔场内各区及防火，如在生产区、住宅区及生产管理区的四周都应有这种隔离林带，一般可用北京杨、大青杨(辽杨)、榆树等，其两侧种灌木(种植2~3行，总宽度3~5 m)，必要时在沟渠的两侧各种植1~2行，以便切实起到隔离作用。

2. 道路绿化

场区内外道路两旁，一般种1~2行，常用树冠整齐的乔木或亚乔木(如槐树、杏树、唐槭等)，可根据道路的宽窄选择树种的高矮。在靠近建筑物的采光地段，不应种植枝叶过密、枝干过于高大的树种，以免影响畜禽舍的自然采光。

3. 运动场遮阴林

在运动场的南及西侧，应设1~2行遮阴林。一般可选枝叶开阔、生长势强、冬季落叶后枝条稀少的树种，如北京杨、加拿大杨、大青杨、槐、枫及唐槭等；也可利用爬墙虎或葡萄树来达到同样的目的。运动场内种植遮阴树时，可选用枝条伸展、树冠开阔的果树类，以增加遮阴、观赏及经济价值，但必须采取保护措施，以防畜禽损坏。

【复习题】

1. 在选择畜禽场场址时，要考虑哪些问题？
2. 简述畜禽场规划设计的重要性。
3. 畜禽场生产工艺设计的主要内容有哪些？
4. 如何合理进行畜禽场规划和布局？
5. 结合采光、通风、防疫和防火这几个方面的要求，简述畜禽场的畜禽舍朝向、间距应如何确定。
6. 在畜禽场内，应该有哪些卫生设施？
7. 根据当地的实际情况，试设计一个畜禽场(猪、禽或牛场)的总平面图，并在图中标示出绿化。

项目二　设计畜禽舍建筑

【知识目标】

- 掌握畜禽舍的类型及其特点；
- 掌握畜禽舍的建筑结构；
- 掌握畜禽舍设计建造的设计原则和方法；
- 熟悉不同畜禽舍的类型特点及适用范围；
- 熟悉畜禽舍建筑设计图及绘制方法。

【技能目标】

- 能够初步设计各类畜禽舍结构；
- 能够初步设计并绘制畜禽舍平面图、立面图和剖面图。

畜禽舍建筑设计是根据畜禽场生产工艺要求，制订的畜禽舍建设的蓝图，包括建筑设计和技术设计。

建筑设计是以工艺设计为依据，在选定的场址上进行合理的分区规划和建筑物、构筑物以及道路等的布局，绘制畜禽场总平面图；在畜禽场总体设计的基础上，根据工艺设计的要求，设计各种房舍的式样、尺寸、材料及内部布置等，绘制各种房舍的平面图、立面图和剖面图，必要时绘制用于表达房舍局部构造、材料、尺寸和做法的建筑详图。建筑设计的全部图纸包括畜禽场总平面图和各种房舍的平面、立面、剖面图以及建筑详图，统称为建筑施工图。建筑设计涉及畜牧专业知识，因此，需要畜牧技术人员参与。

技术设计包括结构设计和设备设计。结构设计就是根据建筑设计的要求，设计和绘制每种房舍的基础、屋面、梁、柱等承重构件的平面图和构造详图，这些图纸统称为结构施工图；设备设计则是根据工艺设计、建筑设计和结构设计的要求，设计和绘制场区及各种房舍的给排水、供暖、通风、电气等管线的平面布置图、立体布置图以及各种设备和配件的详图，这些图纸统称为设备施工图。技术设计必须由工程设计人员承担。

任务一　畜禽舍建筑构造常识

【教学案例】

畜禽舍建造的问题

重庆某养猪场保育猪舍夏季出现猪只整体采食量下降、腹泻、眼睛发红等情况。该猪舍约200 m^2,有两个窗户(每个窗户约4 m^2),舍内有8个风扇用于降温,饲养员偶尔采用喷淋方式降温。

提问:

1. 该养猪场猪只发病的原因是什么?
2. 该猪舍属于什么类型,需要怎么改进?

一、畜禽舍的类型

畜禽舍按四周墙壁的严密程度可分为封闭舍、开放舍和半开放舍、棚舍等三大类型。畜禽舍的根本作用在于给畜禽提供一个适宜的环境。尤其是舍饲动物,其与畜禽舍环境的关系更为密切。不同类型的畜禽舍所起的作用、产生的效果是不同的。这是因为畜禽舍的形式不同,保温、隔热、通风换气、采光等的效果也不同,自然就带来了畜禽舍小气候条件的差别。畜禽舍小气候是指由于畜禽舍外围护结构及人畜的活动而形成的畜禽舍内空气的物理状况,主要指畜禽舍空气的温度、湿度、光照、气流、空气质量等状况。

(一)封闭舍

封闭舍是由屋顶、墙壁以及地面构成的全封闭状态的畜禽舍,通风换气仅依赖于门、窗和通风设备,具有良好的隔热能力,便于人工控制舍内环境。这种畜禽舍主要的特点是抵御外界不良因素的能力较强,能使舍内保持一个较理想的空气环境。根据封闭畜禽舍有无窗户,可以将封闭畜禽舍分为有窗式封闭舍和无窗式封闭舍。

有窗式封闭畜禽舍四面有墙,纵墙上设窗,跨度可大可小(图2-1)。跨度小于10 m时,可开窗进行自然通风和光照,或进行正压机械通风,亦可关窗进行负压机械通风。由于关窗后封闭较好,采取供暖、降温措施的效果较半开放式好,耗能也较少。

无窗式封闭畜禽舍也称"环境控制舍",四面设墙,墙上无窗,进一步提高了畜禽舍的密封性和与外界的隔绝程度,但通风、光照、供暖、降温、排污、除湿等,均靠设备调控,无窗式封闭畜禽舍在国外应用较多,且多为复合板组装式,它能创造较适宜的舍内环境,但土建和设备投资较大,耗能较多(图2-2)。

图 2-1　有窗式封闭舍

图 2-2　无窗式封闭舍

(二)开放舍和半开放舍

开放舍和半开放舍又称开敞舍和半开敞舍。开放舍是指上有屋顶,三面有墙,一面无墙的畜禽舍(图 2-3)。这种畜禽舍的优点是有利于采光节能,保持舍内空气清新,管理方便,造价较低;缺点是受外界气候的影响较大,不便于进行环境控制,防寒能力不如封闭舍。

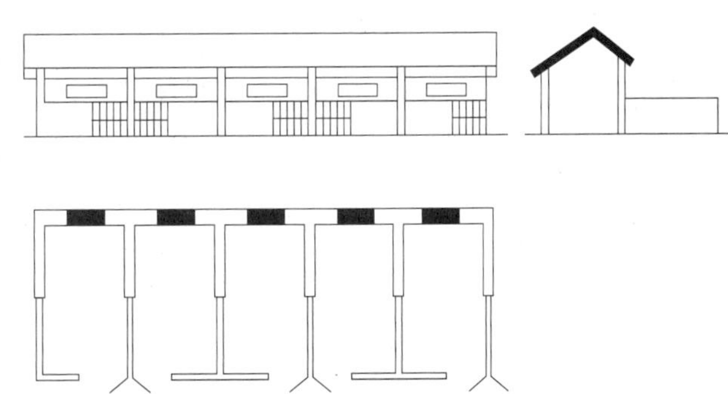

图 2-3　开放舍

半开放舍是三面有墙,一面仅有半截墙的畜禽舍,多用于单列小跨度畜禽舍(图 2-4)。这类畜禽舍的开放部分在冬天可加以遮挡形成封闭舍。半开放式畜禽舍外围护结构具有一定的隔热能力。由于有一面墙为半截墙、跨度小,因而通风换气良好,白天光照充足,一般不需人工照明、人工通风和人工采暖设备,基建投资小,运转费用小,但通风不如开放舍。

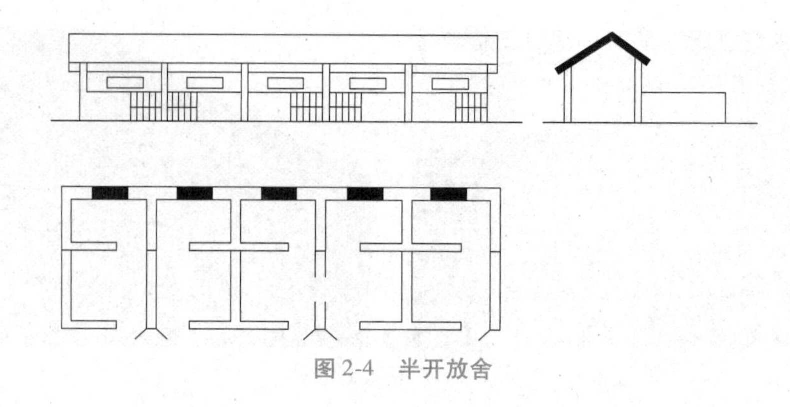

图 2-4　半开放舍

（三）棚舍

棚舍四周无墙，有棚顶（图 2-5）。其优点是结构简单、容易施工、耗材少、造价低，能够保证舍内空气清新，易于管理；缺点是受外界气候的影响较大，不便于进行环境控制，防寒能力较差。

图 2-5　棚舍

二、畜禽舍的结构

畜禽舍的结构是指畜禽舍构件或配件的组成和相互结合的方式和方法。畜禽舍的主要结构包括基础、墙体、屋顶、吊顶、地面、门窗等（图 2-6）。根据主要结构的形式和材料不同，畜禽舍的结构可分为砖结构、钢筋混凝土结构和混合结构。

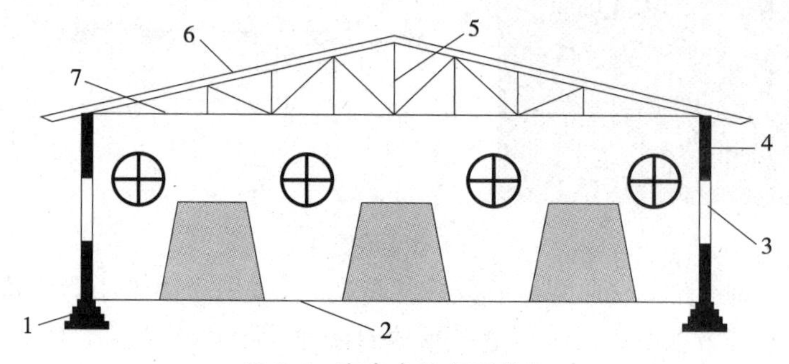

图 2-6　畜禽舍的主要结构

1—基础；2—地面；3—窗；4—墙体；5—屋架；6—屋顶；7—吊顶

畜禽舍的墙体、屋顶、门、窗和地面构成了畜禽舍的外壳,称为畜禽舍“外围护结构”。畜禽舍以其外围护结构为界而使舍内空间不同程度地与外部隔开,形成不同于舍外环境状况的畜禽舍小气候。因而,畜禽舍内小气候在很大程度上取决于畜禽舍外围护结构状况。

(一)地基和基础

任何建筑物都要建在土层或岩石上,土层受到压力后就会产生压缩变形,其压缩程度比其他一些建筑材料如砖、混凝土大得多。为了控制建筑物的下沉及保证其稳定,需要将建筑物与土壤接触部分的底面积适当扩大,也就是要比柱和墙身的断面尺寸大一些,以减少建筑物与土的接触面积上的压强。建筑物埋在地下的这一部分承重结构称为基础,承受由基础传下来的荷载的土层或岩层称为地基(图 2-7),地基不属于畜禽舍的基本结构。

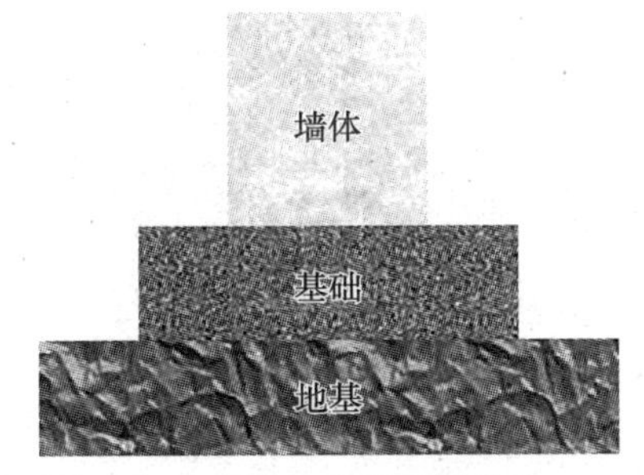

图 2-7 地基和基础的关系

1. 地基

直接承载基础的土层称为天然地基,经过加固处理后承载基础的地基称为人工地基。

天然地基应是质地均匀、结实、干燥且组成一致、压缩性小而均匀(不超过 2 ~ 3 cm)、抗冲刷力强、膨胀性小、地下水位在 2 m 以下,并无侵蚀作用的土层。砂砾、碎石、岩性土层以及有足够厚度且不受地下水冲刷的砂质土层是良好的天然地基。黏土和黄土含水多时,土层较软,压缩性和膨胀性均较大,如不能保证干燥,则不适宜作天然地基。

2. 基础

基础是整个建筑物的支撑点。基础必须具有坚固、耐久、防潮、防冻和抗机械作用等特点。

一般基础应比墙宽,加宽部分常做成阶梯形,称“大放脚”。基础通过“大放脚”来增大底面积,使压强不超过地基的承载力。基础的地面宽度和埋置深度应根据畜禽舍的总荷载、地基的承载力、土层的冻胀程度及地下水位状况等计算确定。基础埋置深度应在土层最大冻结深度以下,但应避免将基础埋置在受地下水浸湿的土层中。按基础垫层使用材料的不同,基础可以分为灰土基础、碎砖三合土基础、毛石基础、毛石混凝土基础等。目前,在畜禽舍建筑中,已经采用了钢筋混凝土与石块组合的混合结构作基础。

为保证建筑物的安全和正常使用,必须要求基础和地基都有足够的强度与稳定性。基础是建筑物的组成部分,它承受建筑物的上部荷载,并将这些荷载传给地基,地基不是建筑物的组成部分。基础的强度与稳定性既取决于基础的材料、形状与底面积的大小以及施工的质量等因素,还与地基的性质有着密切的关系。地基的强度应满足承载力的要求。

因此,对于畜禽舍建筑来说,基础和地基是为畜禽舍上部结构服务的,共同保证畜禽舍的坚固、耐久和安全,要求其必须具备足够的强度和稳定性,防止畜禽舍因沉降(下沉)过大和产生不均匀沉降而引起裂缝和倾斜。

(二)墙体和柱

1. 墙体

墙体是基础以上露出地面的、将畜禽舍与外部空间隔开的外围护结构,是畜禽舍竖直方向的主要构件,起分隔、围护和承重等作用,具有隔热、保温、隔声等功能(图 2-8)。其中,承受屋顶荷载的墙称为承重墙;分隔舍内房间的墙称为隔断墙或隔墙;直接与外界接触的墙统称为外墙,不与外界接触的墙称为内墙,外墙之两长墙称为纵墙或主墙,两短墙称为端墙或山墙。对墙体的主要功能要求如下:

图 2-8　墙体

①保温、隔热。结合房屋的节能要求,通过热工计算,确定墙体的材料、构造形式,进行热反射或吸收等面层处理。

②隔声。墙体应有隔声性能,以免受墙外噪声的干扰。

③防火。选用难燃烧材料,以便在失火时将火灾控制在一定范围内并延缓疏散通道受灾,防止在构造上出现被火焰穿透的缝隙。墙体的耐火性以耐火极限为标准,须根据建筑防火规范进行设计。用黏土砖、硅酸盐砖或轻混凝土砌块砌筑的墙,钢筋混凝土墙板和加气混凝土墙板都有较好的耐火性能。

④防潮和防水。墙脚、墙顶和墙身,包括墙面、门窗孔洞、缝隙和构造连接部位等都需考虑防潮、防水的要求,一般采用构造防水(防潮)和材料防水(防潮)两种处理方式,也可两者兼用。墙体外露部分的压顶、窗台的斜水面滴水线槽等,都是构造防水措施。墙体使用掺防水剂的水泥砂浆、沥青及其制品、有机涂料等都是材料防水措施。

畜禽舍常用的墙体材料有砖、石、土、混凝土等。在畜禽舍建筑中,也有采用双层金属板中间夹聚苯板或岩棉等保温材料的复合板块作为墙体,效果较好。

2. 柱

柱是根据需要设置的房舍承重构件(图 2-9)。用于立贴梁架、敞棚、房舍外廊等的承重时,一般采用独立柱,可为木柱、砖柱、钢筋混凝土柱等;用于加强墙体的承重能力或稳定性时,则做成与墙合为一体但凸出墙面的壁柱。柱的用材、尺寸及其基础均须计算确定。独立柱的定位一般以柱截面几何中心与平面纵、横轴线相重合;壁柱的定位则纵向以墙的定位轴线为准，横向以柱的几何中心与墙的横向轴线相重合。

图 2-9 柱

（三）屋顶

屋顶是畜禽舍顶部的承重构件和围护构件，主要作用是承重、保温隔热和防太阳辐射、雨、雪。屋顶由支承结构（屋架）和屋面组成。支承结构承受着畜禽舍顶部包括自重在内的全部荷载，并将其传给墙或柱；屋面起围护作用，可以抵御降水和风沙的侵袭、隔绝太阳辐射等，以满足生产需要。屋顶对畜禽舍的冬季保温和夏季隔热都有重要意义。屋顶的保温与隔热作用比较重要，因为舍内上部空气温度高，屋顶内外实际温差总是大于外墙内外温差；而其面积一般也大于墙体。屋顶除了要求防水、保温、承重外，还要求不透气、光滑、耐久、耐火、简单、结构轻便、造价便宜。任何一种材料不可能兼有防水、保温、承重三种功能，所以正确选择屋顶、处理好三方面的关系，对畜禽舍环境的控制极为重要。

屋顶形式繁多，在畜禽舍建筑中常用的有以下几种（图 2-10）：

①单坡式屋顶。屋顶只有一个坡向，跨度较小，结构简单，造价低廉，可就地取材。因前面敞开无坡，采光充分，舍内阳光充足、干燥。缺点是净高较低，不便于工人在舍内操作，前面易刮进风雪。故单坡式屋顶只适用于单列舍和较小规模的畜禽群。

②双坡式屋顶。双坡式屋顶是最基本的畜禽舍屋顶形式，目前在我国使用最为广泛。这种形式的屋顶可适用于较大跨度的畜禽舍和各种规模的不同畜禽群，同时有利于保温和通风，且易于修建，比较经济。

③联合式屋顶。这种屋顶在前缘增加一个短椽，起挡风避雨作用，适用于跨度较小的畜禽舍。与单坡式屋顶相比，采光略差，但保温能力大大提高。

④钟楼式和半钟楼式屋顶。这是在双坡式屋顶上增设双侧或单侧天窗的屋顶形式，以加强通风和采光，这种屋顶多在跨度较大的畜禽舍采用。其屋架结构复杂，用料特别是木料投资较大，造价较高。这种屋顶适用于气候炎热或温暖地区及耐寒怕热畜禽的畜禽舍，如奶牛舍。

⑤拱顶式屋顶。拱顶式屋顶是一种省木料、省钢材的屋顶，一般适用于跨度较小的畜禽舍。它有单曲拱与双曲拱之分，后者比较坚固。这类屋顶造价较低，但屋顶保温、隔热效果差，在环境温度达 30 ℃以上时，舍内闷热，畜禽焦躁不安。

⑥平顶式。随着建材工业的发展，平顶式屋顶的使用逐渐增多。其优点是可充分利用屋顶平台，节省木材；缺点是防水问题较难解决。

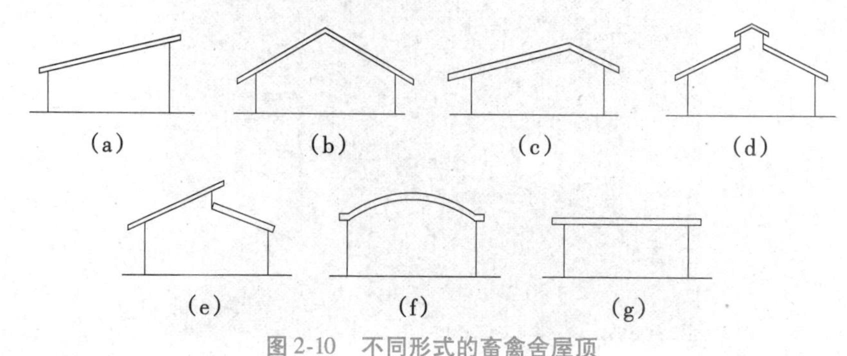

图 2-10　不同形式的畜禽舍屋顶

(a)单坡式；(b)双坡式；(c)联合式；(d)钟楼式；(e)半钟楼式；(f)拱顶式；(g)平顶式

(四)地面

地面也称为地平，指单层房舍的地表构造部分，多层房舍的水平分隔层称为楼面。有些畜禽直接在畜禽舍地面上生活(包括躺卧休息、睡眠、排泄)，所以畜禽舍地面也称为畜床。畜禽舍地面质量不仅会影响舍内小气候与卫生状况，还会影响畜禽体及产品(奶、毛)的清洁，甚至影响畜禽的健康及生产力。

1. 地面的基本要求

地面是畜禽舍建筑的主要构件。畜禽舍地面的作用，不同于工业与民用建筑，特别是采用地面平养的畜禽舍，其特点是畜禽的采食、饮水、休息、排泄等生命活动和一切生产活动，均在地面上进行，因此，畜禽舍地面必须经常冲洗、消毒。除家禽外，猪、牛、马等有蹄类家畜对地面有破坏作用，而坚硬的地面易造成蹄部伤病和滑跌，因此，畜禽舍地面必须坚固、保温、不滑，无造成外伤的隐患、有一定的弹性坡度，防水，便于清洗、消毒，耐腐蚀。

地面的防水和防潮性能对地面本身的导热性和舍内卫生状况影响很大。地面潮湿是畜禽舍空气潮湿的主要原因之一。在地面透水的畜禽舍和地下水位高的地区，可使畜禽舍地面水和地下水渗入地面下土层，导致地面导热能力增强，这样的地面冬季温度过低，容易导致畜禽受凉、冻伤。因此，必须对地面进行防潮处理。

平坦、有弹性且不滑也是畜禽舍地面的基本要求。坚硬的地面易引起畜禽，尤其是家畜疲劳及关节水肿。地面太滑或不平时，易造成家畜滑倒而引起骨折、挫伤及脱臼，且不利于清扫和消毒。因此，地面排水沟应有一定的坡度，以保证洗涤水及尿水顺利排走。牛舍和马舍地面的坡度要求为1%～1.5%，猪舍要求为3%～4%。

2. 常见畜禽舍地面类型

畜禽舍地面可分实体地面和漏缝地板两类。根据使用材料的不同，实体地面有素土夯实地面、三合土地面、砖地面、混凝土地面(图 2-11)等；漏缝地板有混凝土漏缝地板(图 2-12)、塑料漏缝地板(图 2-13)、铸铁漏缝地板(图 2-14)等。

素土夯实地面、三合土地面和砖地面保温性能较好，造价低，但吸水性强，不坚固，易被破坏，故除家禽和羊等家畜的小型饲养场外，已较少采用。

混凝土地面或缝隙地板除保温性能和弹性不理想外，其他性能均符合畜禽生产要求，造价也相对较低，故被普遍采用。铸铁漏缝地板的缺点与混凝土漏缝地板相同且造价较高。塑料漏缝地板各种性能均较好，但造价也高。

图 2-11　混凝土地面

图 2-12　混凝土漏缝地板

图 2-13　塑料漏缝地板

图 2-14　铸铁漏缝地板

实体地面的构造一般分为基层、垫层和面层。混凝土地面在土质较好的情况下可直接以夯实素土作基层，否则可铺 50～70 mm 厚碎石作基层，然后浇捣 50～80 mm 厚 150 号混凝土作垫层，再用 1∶2 水泥砂浆 20～25 mm 厚作面层。

漏缝地板的制作，除以混凝土为材料者可经计算确定截面尺寸、配筋并支模预制外，其余均由工厂定型生产。无论何种漏缝地板的设计和制作，除选择性能好的材料和保证所需强度外，还须确定板条与缝隙宽度的适宜比例（表 2-1）。

表 2-1　畜禽的漏缝地板尺寸

畜禽种类		缝隙宽/mm	板条宽/mm
牛	10 d～4 月龄	25～30	50
	5～8 月龄	35～40	80～100
	9 月龄以上	40～45	100～150
猪	哺乳仔猪	10	40
	保育猪	12	40～70
	生长猪	20	70～100
	育肥猪	25	70～100
	种猪	25	70～100

续表

畜禽种类		缝隙宽/mm	板条宽/mm
绵羊	羔羊	15～25	80～120
	肥育羊	20～25	100～120
	母羊	25	100～120
鸡	种鸡	25	40

引自刘继军、贾永全,《畜牧场规划设计》(第二版),2018。

(五)门和窗

门和窗均属非承重的建筑配件。门的主要作用是交通和分隔房间,有时兼有采光和通风作用;窗户的主要作用是采光和通风,同时还具有分隔和围护作用。

1. 门

畜禽舍门有外门与内门之分,舍内分间的门和畜禽舍附属建筑通向舍内的门叫内门,畜禽舍通向舍外的门叫外门。畜禽舍门按开启形式可分为平开门、折门、弹簧门和推拉门;按门的材料可分为木门、金属门;按每樘门的门扇数可分为单扇门、双扇门、四扇门。畜禽舍的外门一般要考虑管理用车的通行,其宽度应按所用车的宽度确定,一般单扇门宽0.9～1.0 m,双扇门宽1.2 m以上,当宽度在1.5 m以上时,宜考虑用折门或推拉门,门高一般为2.1～2.4 m。在门的材料选择上,木门密封和保温性能均较好,但作畜禽舍大门则坚固程度较差,可酌情在门扇下部两面包1.2～1.5 m高的铁皮;金属门的优缺点与木门相反。

畜禽舍内专供人出入的门一般高2.0～2.4 m,宽0.9～1.0 m;供人、畜、手推车出入的门一般高2.0～2.4 m,宽1.4～2.0 m;供牛自动饲喂车通过的门高和宽均约为3.2～4.0 m。供家畜出入的圈栏门高取决于隔栏高度,宽度一般为:猪0.6～0.8 m;牛、马1.2～1.5 m;羊小群饲养为0.8～1.2 m,大群饲养为2.5～3.0 m;鸡0.25～0.30 m。门的位置可根据畜禽舍的长度和跨度确定,一般设在两端墙或纵墙上,若畜禽舍在纵墙上设门,最好设在向阳背风的一侧。

在寒冷地区为加强门的保温作用,通常设门斗以防冷空气直接侵入,并可缓和舍内热能的外流。门斗的深度应不小于2.0 m,宽度应比门大出1.0～1.2 m。畜禽舍门应向外开,门上不应有尖锐突出物,不应有门槛、台阶。为了防止雨雪水淌入舍内,畜禽舍地面应高出舍外20～30 cm,舍内外以坡道相连。

2. 窗

由于畜禽舍窗户多设在墙或屋顶上,是墙与屋顶失热的重要部位,因此窗的面积、位置、形状和数量等,应根据不同的气候条件和畜禽的要求,进行合理设计。考虑到采光、通风与保温的矛盾,在寒冷地区,窗的设置必须统筹兼顾。

畜禽舍窗户的功能是通风和采光。按开启形式可分为平开窗、转窗、推拉窗;按使用材料可分为木窗、金属窗、硬塑窗等。平开窗分单扇、双扇和多扇,其构造简单,在畜禽舍中采用较多，外开时不占舍内面积，并便于安装纱窗。转窗按其铰链的安装位置，可分为装在窗上部的上悬窗、装在窗中部的中悬窗和装在窗下部的下悬窗。转窗窗扇均水平旋转，开启时窗扇均须向外倾斜，以防雨水进入舍内；上悬窗开启时不占舍内空间，中悬窗占的较少，故畜禽舍采用较多。推拉窗可分为左右推拉的推窗和上下推拉的拉窗，前者多用于窗两侧空间均不宜被侵占的部位，如单元式猪舍的走廊隔墙等处。

（六）其他结构和配件

1. 过梁和圈梁

过梁是设在门窗洞口上的构件（图 2-15），起承受洞口以上构件质量的作用，有砖（砖拱）、木板、钢筋和钢筋混凝土过梁。

图 2-15　过梁

圈梁是加强房舍整体稳定性的构件，设在墙顶部、中部或地基上（图 2-16）。畜禽舍一般不高，圈梁可设于墙顶部（檐下），沿内外墙交圈制作，采用钢筋砖圈梁和钢筋混凝土圈梁。一般来说，砖过梁高度为 24 cm；钢筋砖过梁和钢筋砖圈梁高度为 30～42 cm，钢筋混凝土圈梁高度为 18～24 cm。过梁和圈梁的宽度一般与墙厚等同。

图 2-16　圈梁

2. 吊顶

吊顶又叫天棚、顶棚、天花板，为屋顶底部的附加构件，一般用于坡屋顶，是将畜禽舍与屋顶下空间隔开的结构，起保温、隔热、有利通风、提高舍内照度、缩小舍内空间、便于清洗消毒等作用（图 2-17）。根据使用材料的不同，在畜禽舍中可采用纤维板吊顶、苇箔抹灰吊顶、玻璃钢吊顶、矿棉吸声板吊顶等。

图 2-17　吊顶

任务二　设计畜禽舍的原则与方法

畜禽舍的设计是畜禽舍环境控制与管理的基础。畜禽舍设计、建造和管理的目的是为畜禽创造既符合其生理要求又可进行高效生产的环境。畜禽舍既不同于工业厂房，也有别于民用住房，其特点是：在畜禽舍内活动的对象是饲养密度大的动物，这些动物不仅在舍内饮水、采食、生产，而且还在舍内排泄。由于畜禽的活动和畜禽舍外围护结构的封闭作用，畜禽舍内温度、水汽、灰尘、有害气体和噪声等显著高于舍外环境，而畜禽舍内的风速和光照则低于舍外环境。这样，就增加了畜禽舍空气环境改善和控制的难度。但是，只要我们根据畜禽的生物学特点，结合当地自然气候条件，选择适当的材料，确定适宜的畜禽舍形式与结构，进行科学设计、合理施工，采用舍内环境控制设备和科学的管理，就能够为畜禽生产和活动创造良好的环境。

一、设计畜禽舍的原则

设计畜禽舍时，应遵循以下原则。

1. 创造适宜的环境

适宜的环境可以充分发挥畜禽的生产潜力，提高饲料利用率。因此，修建畜禽舍时，应根据当地气候特点和生产要求，选择畜禽舍的类型和构造方案，满足畜禽对各种环境条件的要求，包括温度、湿度、通风、光照和空气质量等。

2. 符合畜禽生产工艺要求

生产工艺是指畜禽生产上采取的技术措施和生产方式，包括畜禽群体的组成和周转方式、饲料的转运和饲喂、饮水、粪便清理等，此外，还包括称重、疫苗注射、采精输精、接产护理等技术措施。修建畜禽舍必须与本场生产工艺相配合，否则，将会给生产造成不便，甚至导致生产无法进行。

3. 严格卫生防疫，防止疫病传播

通过合理修建畜禽舍，为畜禽创造适宜的环境，可防止或减少疫病发生。此外，修建畜禽舍时，还应注意卫生要求，以利于兽医防疫制度的执行。例如畜禽舍的朝向、设备消毒措施、合理安置污物处理设施等。

4. 在满足生产要求的情况下，应注意降低生产成本

在满足以上 3 项要求的前提下，修建畜禽舍还应尽量降低工程造价和设备投资，以降低生产成本，加快资金周转。因此，修建畜禽舍要尽量利用自然界的有利条件（如自然通风、自然光照等），尽量就地取材，采用当地建筑施工习惯，适当减少附属用房面积。在设计畜禽舍时，一方面要反对追求形式、华而不实的铺张浪费现象，另一方面也要反对片面强调因陋就简的错误认识。因为将畜禽舍建造得过于简陋，起不到保温和隔热的作用，在冬季，畜禽舍温度过低，畜禽吃进去的饲料全被用于维持体温，没有生长发育的余力，有的反而掉膘，形成“一年养半年长”的现象，甚至发生严重的冻伤；在夏季，舍温过高，畜禽处于热应激状态，也难以进行正常的生产。

此外，畜禽舍的设计方案必须是通过施工能够实现的，否则，方案再好而施工技术上不可行，也只能是空想的设计。

二、设计畜禽舍的方法

【教学案例】

猪舍面积的设计

小王想自己修建一个小型猪场，现已找到猪场地址，可利用面积有 1 000 m^2。

提问：

如何根据相关生产工艺，确定妊娠母猪舍、产仔舍、保育舍、生长育肥舍的面积？

（一）畜禽舍类型和方位选择

畜禽舍类型的选择应根据当地的气候条件、建场的规模、经济状况和建筑习惯，以及畜禽舍的特点综合考虑。如无窗式封闭舍适用于经济实力雄厚的大型养殖场；而有窗式封闭舍，跨度可大可小，可用于一般养殖场。

畜禽舍的方位直接影响畜禽舍的温度、采光和通风。由于我国处于北纬 20°~50°，太阳高度角冬季小、夏季大，故畜禽朝向均以向南或南偏东、偏西 45°以内为宜。在选择畜禽舍方位时，还应考虑地形及其他条件。

（二）畜禽舍面积标准

畜禽舍面积应根据饲养规模、饲养方式、自动化程度，结合畜禽的饲养密度标准来确定。

1.鸡舍面积标准

鸡舍的面积因鸡的品种、体型以及饲养工艺的不同而差异很大。目前国内没有统一标准,因此要依据实际情况灵活设计鸡舍(表2-2)。

表2-2 种鸡场和商品肉鸡养殖场饲养密度

鸡舍类型		饲养密度
种鸡舍	后备鸡	10~20只/ m^2
	成鸡(平养)	4~8套/ m^2
	成鸡(笼养)	15~20只/ m^2
商品肉鸡舍		25~35 kg/ m^2

引自《标准化肉鸡养殖场建设规范》(NY/T 1566—2007)。

2.猪舍面积标准

猪舍面积应以猪的特性和生理要求为依据,以达到环境卫生好、利用价值高为目的。我国在1999年颁布了中小型集约化养猪场的建设标准,在2008年对其进行修订颁布了《规模猪场建设》(GB/T 17824.1—2008),其中明确规定了猪只的饲养密度(表2-3)。

表2-3 猪只的饲养密度

猪群类别	每栏饲养猪头数/头	每头占床面积/(m^2·头$^{-1}$)
种公猪	1	9.0~12.0
后备公猪	1~2	4.0~5.0
后备母猪	5~6	1.0~1.5
空怀妊娠母猪	4~5	2.5~3.0
哺乳母猪	1	4.2~5.0
保育仔猪	9~11	0.3~0.5
生长育肥猪	9~10	0.8~1.2

3.牛舍面积标准

牛舍面积要根据饲养方式、牛群大小以及每头牛所占的面积进行确定,同时还应考虑舍内环境和动物福利等因素。《标准化养殖场 肉牛》(NY/T 2663—2014)建议:每头存栏牛所需牛舍建筑面积6~8 m^2,其他附属建筑面积2~3 m^2;采用自由散栏饲养的牛舍建筑面积,成母牛10 m^2/头以上,青年牛8 m^2/头以上,育成牛6 m^2/头以上,犊牛2 m^2/头以上,设置产房,配置产栏,产栏面积16 m^2/头以上,奶牛牛栏面积也可参考表2-4。

表 2-4 奶牛牛栏面积

饲养方式	牛的类别	面积/(m^2·头$^{-1}$)
拴系式饲养	种公牛	3.3
	成乳牛	1.9~2.5
	临产牛	3.3
	产房	6
	青年牛	1.6~2.0
	育成牛	1.2~1.3
	犊牛	0.6~0.8
散栏式饲养	大牛种	2.6~2.8
	中牛种	2.2~2.6
	小牛种	1.8~2.4
	青年牛	1.8~2.3
	8~18 月龄	1.4~1.8
	5~7 月龄	1.1
	1.5~4 月龄	0.9

引自刘继军、贾永全,《畜牧场规划设计》(第二版),2018。

(三)设计畜禽舍的外围护结构

畜禽舍的外围护结构主要包括墙、屋顶、门、窗和地面等,进行这些外围护结构设计时,首先考虑保温防寒、隔热防暑、采光照明、通风换气等要求,以便合理设计畜禽舍的墙壁、屋顶、天棚和地面的结构,选择适宜的材料,以及确定门窗和通风口的数量、尺寸和安装位置等。

(四)设计畜禽舍的内部结构

1. 设计畜禽舍的平面

畜禽舍的平面设计应根据每栋畜禽舍的饲养密度、饲养管理技术、当地气候条件、建筑材料和建筑习惯等,合理安排和布置栏圈、笼具、通道、粪尿沟、食槽、附属房间等,从而确定畜禽舍跨度、间距和长度。

(1)栏圈或笼具的布置

栏圈或笼具一般沿畜禽舍的长轴纵向排列,可分为单列式、双列式、多列式。列数越多畜禽舍跨度越大,梁或屋架尺寸也越大,可以通过减少通道来减少建筑面积,但不利于自然采光和通风。如果采用短轴横向排列,则有利于自然采光和通风,但是增加了建筑面积。因此，采用何种排列方式，需根据场地面积、建筑情况、人工照明、机械通风、供暖降温等条件来决定。

确定了栏圈或笼具的排列方式后，如果采用栏圈或笼具等定型产品，则根据每栏（笼）容纳畜禽数量和每栋畜禽舍的畜禽总数算出所需栏（笼）数；同时考虑通道、粪尿沟、食槽、水槽、附属房间等的设置，初步确定畜禽舍跨度、长度，最终绘制出平面图。如果采用的栏圈或笼具不是定型产品，则要根据每圈头数和每头采食宽度，确定栏圈或笼具宽度，以保证畜禽采食时不拥挤，避免争斗。各类畜禽地面采食宽度见表2-5。

表2-5　各类畜禽地面采食宽度

畜禽种类	生长和生理阶段	采食宽度/(cm·头$^{-1}$)或(cm·只$^{-1}$)
牛	拴系饲养	30~50
	3~6月龄犊牛	60~100
	青年牛	110~125
	散放饲养成年乳牛	50~60
猪	20~30 kg	18~22
	30~50 kg	22~27
	50~100 kg	27~35
	自动饲槽自由采食群养	10
	成年母猪	35~40
	成年公猪	34~45
蛋鸡	0~4周龄	2.5
	5~10周龄	5
	11~20周龄	7.5~10
	20周龄以上	12~24
肉鸡	0~3周龄	3
	3~8周龄	8
	8~16周龄	12
	17~22周龄	15
	产蛋母鸡	15

引自冯春霞，《家畜环境卫生》，2001。

（2）畜禽舍通道的布置

沿长轴纵向布置栏圈或笼具时，其宽度应根据用途、使用工具、操作内容等确定，双列或多列布置时，应靠纵墙布置栏圈或笼具。畜禽舍纵向通道宽度见表2-6。

表 2-6　畜禽舍纵向通道宽度

畜禽舍种类	通道用途	宽度/cm
牛舍	饲料饲喂	120 ~ 140
	粪污清理及管理	140 ~ 180
猪舍	饲料饲喂	100 ~ 120
	粪污清理及管理	100 ~ 150
鸡舍	饲喂、捡蛋	笼养 80 ~ 90
	清粪、管理	平养 100 ~ 120

引自冯春霞,《家畜环境卫生》,2001。

(3)畜禽舍附属房间的设置

畜禽舍一般应设置饲料间存放饲料,牛舍还应设置草棚存放青贮饲料或青绿饲料。为了加强管理,畜禽舍内还应设置值班室。

2. 设计畜禽舍的剖面

畜禽舍的剖面设计主要是确定畜禽舍各部位、各结构配件、各设备和设施的高度尺寸。

舍内地平一般应比舍外地平高 30 cm,场地低洼时,可提高至 45 ~ 60 cm。畜禽舍大门前应设置坡道(坡道不大于 15%),以保证畜禽和车辆的进出。舍内地面应有一定的坡度,以防止积水潮湿。

饲槽、水槽、饮水器安装高度及畜禽舍隔栏高度,因畜禽种类、品种、年龄不同而异。

(1)饲槽、水槽、饮水器的高度

鸡饲槽和水槽的高度一般应使槽上缘与鸡背同高;猪、牛饲槽和水槽底部可与地面同高或稍高于地面。猪用饮水器的高度见表 2-7。

表 2-7　猪饮水器的高度

生长阶段	高度/cm
仔猪	10 ~ 15
生长猪	25 ~ 35
育肥猪	30 ~ 40
成年母猪	45 ~ 55
成年公猪	50 ~ 60

引自常明雪、刘卫东,《畜禽环境卫生》(第二版),2011。

(2)隔栏的设置

不同种类的畜禽隔栏高度不同,具体见表 2-8。

表 2-8　畜禽隔栏高度

种类	高度/m
成年鸡	≥2.5
哺乳仔猪	0.4~0.5
育成猪	0.6~0.8
育肥猪	0.8~1.0
空怀母猪	1.0~1.1
怀孕后期及哺乳母猪	0.8~1.0
成年公猪	1.3
成年母牛	1.3~1.5

引自常明雪、刘卫东,《畜禽环境卫生》(第二版),2011。

（五）设计畜禽运动场

畜禽运动场的设计,既关系畜禽的健康,也影响畜禽生产性能的正常发挥。舍外运动能改善种公畜(禽)的精液品质,提高母畜(禽)的受胎率、减少难产,促进幼畜(禽)的生长发育,因此,有必要给畜禽设计运动场。

舍外运动场应选在背风向阳的地方,一般利用畜禽舍间距,也可在畜禽舍两侧分别设置。要求场地平坦、稍有坡度,外围应设排水沟以便排水;场内最好设置饮水设施;运动场两侧及南侧应设遮阳棚或种植树木;运动场四周应设围栏或围墙,高度可参考数据:牛 1.2 m、羊 1.1 m、猪 1.1 m、鸡 1.8 m;运动场面积可按照每头(只)所占舍内平均面积的 3~5 倍计算,也可参考数据:成年牛 ≥25 m^2/头、青年牛 ≥20 m^2/头、育成牛 ≥15 m^2/头、犊牛 ≥8 m^2/头、羊 4 m^2/头、种公猪 30 m^2/头、后备猪 5 m^2/头。

三、各地区畜禽舍建筑设计特点及要求

各地区气候不同,畜禽舍建筑的设计应有所调整。炎热地区应以通风、遮阳、隔热、降温为主;寒冷地区应以防寒、保暖为主。

（一）北方地区

北方地区主要包括关中、关东、华北和东北等地区。这些地区每年 11 月份到第二年 3 月份,气温都非常低。因此畜禽舍建筑必须考虑防寒和保暖。

①应尽量减少建筑物外墙的面积。在保证舍内空气状况良好的情况下,尽量降低舍内高度。

②冬季通过墙体散失的热量占整个畜禽舍总失热量的 35%~40%。墙体的保温隔热能力,取决于所用建筑材料的性质和墙的厚度。保温和隔热能力在设计施工上是相同的,选用的建筑材料是一致的,应尽可能选用隔热性能好的材料,以保证最高的保温设计。现代畜禽

建筑多采用双层金属板中间夹聚苯板或岩棉等保温材料的复合板块作为墙体，其使用效果更佳。用空心砖代替普通黏土砖作墙体材料，可使墙体热阻值提高41%，用加气混凝土块可使墙体热阻值提高6倍，采用双层墙体也可大大提高墙体的热阻值。为增强反光能力和保持清洁卫生，墙的外表面与内表面粉刷成白色，一是可防止舍内温度散失，二是可提高外表面的反射能力和热散失率。

③窗户的面积不能太大，面积过大不利于畜禽舍的保温、隔热；面积太小影响采光效率，光照不足影响畜禽的健康。

④畜禽舍由地面损失的热量可达总失热量的12%～17%，因此选择地面建筑材料时，必须注意导热性。

⑤天棚和屋顶的失热量最多，一方面是由于其面积较大，另一方面是因为舍内热空气在屋顶和天棚处聚集，热量易通过屋顶和天棚散失，因此天棚要求保温、隔热、不透水、不透气。

（二）南方地区

南方地区大致包括华南、中南和西南地区。

这些地区气温普遍较高，特别是夏季，炎热潮湿。因此畜禽舍的设计要有利于夏季的自然通风。必要时采用机械通风，屋顶应注意隔热设计，也可以采取垂直绿化和遮阳措施。

另外，这些地区一般雨水较多，屋顶需进行严密有效的防水处理，坡度一般不小于25%，并设置防水卷材，屋顶的排水应能适应本区雨季长、雨量较大的特点。外墙质量要能防止雨水渗透，墙基需有防潮层，舍内地面高出舍外地面30～45 cm。

在沿海大风地区，应注意减少建筑物的受风面积，畜禽舍或其他建筑物的短轴与大风风向垂直，长轴与大风风向平行。开放或半开放式畜禽舍或其他生产辅助用房，尤其应注意强大气流的直接冲击或由强大气流引起的吸力的作用。

任务三　设计畜禽舍建筑图

【教学案例】

改造猪舍的问题

某养殖公司老板改造旧猪舍——扩大规模。由于自己懂得一些建筑专业知识，所以该老板没有绘制具体的施工图就根据自己的想法开始了改造，结果修了不实用，又拆掉，返工数次，浪费了大量的时间和资金，建筑工人也苦不堪言。

提问：

1. 改造猪舍需要绘制哪些建筑图？
2. 猪舍外形结构和内部布局需要注意哪些方面？

一、建筑图基本表示方法

畜禽舍建筑图的基本表示方法有平面图、剖面图、立面图等。

1. 建筑平面图

建筑平面图,简称平面图,是将新建建筑物或构筑物的墙、门窗、楼梯、地面及内部功能布局等建筑情况,以水平投影方法和相应的图例组成的图纸。它是假想用一水平的剖切面在房舍适当的高度(一般在门、窗台以上)作水平剖切后,移去上部后用正投影法对剖切面以下部分所作的水平投影图。它反映房屋的平面形状、大小和布置,墙、柱的位置、尺寸和材料,门窗的类型和位置等。图 2-18 所示是一栋单层房屋的平面图。

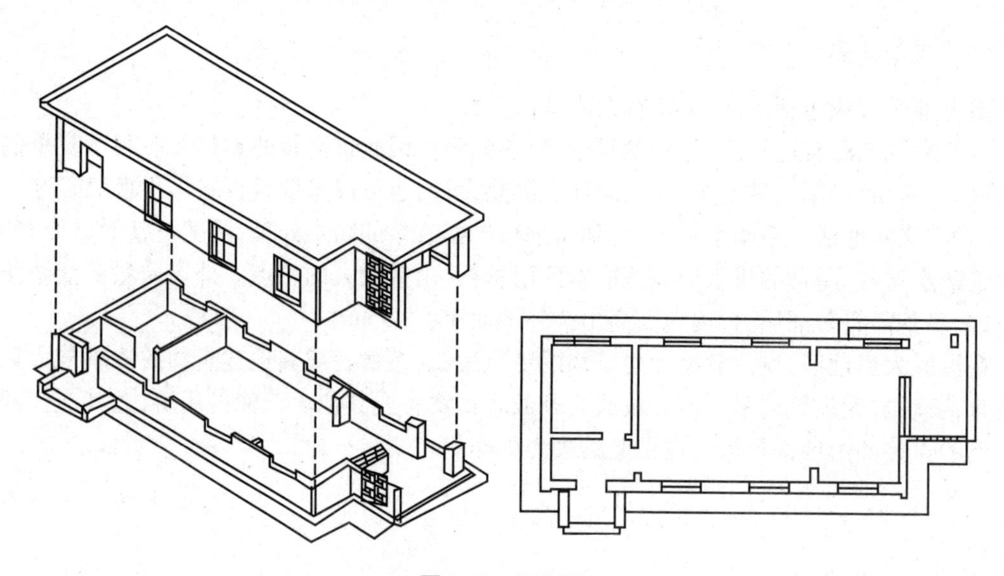

图 2-18　平面图

[乐嘉龙,《学看建筑施工图》(第二版),2018]

建筑平面图作为建筑设计、施工图纸中的重要组成部分,反映建筑物的功能需要、平面布局及其平面构成关系,是决定建筑立面及内部结构的关键环节。所以说,建筑平面图是新建建筑物的施工及施工现场布置的重要依据,也是设计及规划给排水、强弱电、暖通设备等专业工程平面图和绘制管线综合图的依据。

2. 建筑立面图

建筑立面图是在与房屋立面相平行的投影面上所作的正投影图,简称立面图。其中反映主要出入口或比较显著地反映房屋外貌特征的那一面立面图,称为正立面图。其余的立面图相应地称为背立面图、侧立面图。通常立面图也可按房屋朝向来命名,如南北立面图、东西立面图,若建筑各立面的结构有丝毫差异,则都应绘出对应立面的立面图来诠释所设计的建筑。图 2-19 所示是一栋单层房屋的两个立面图。

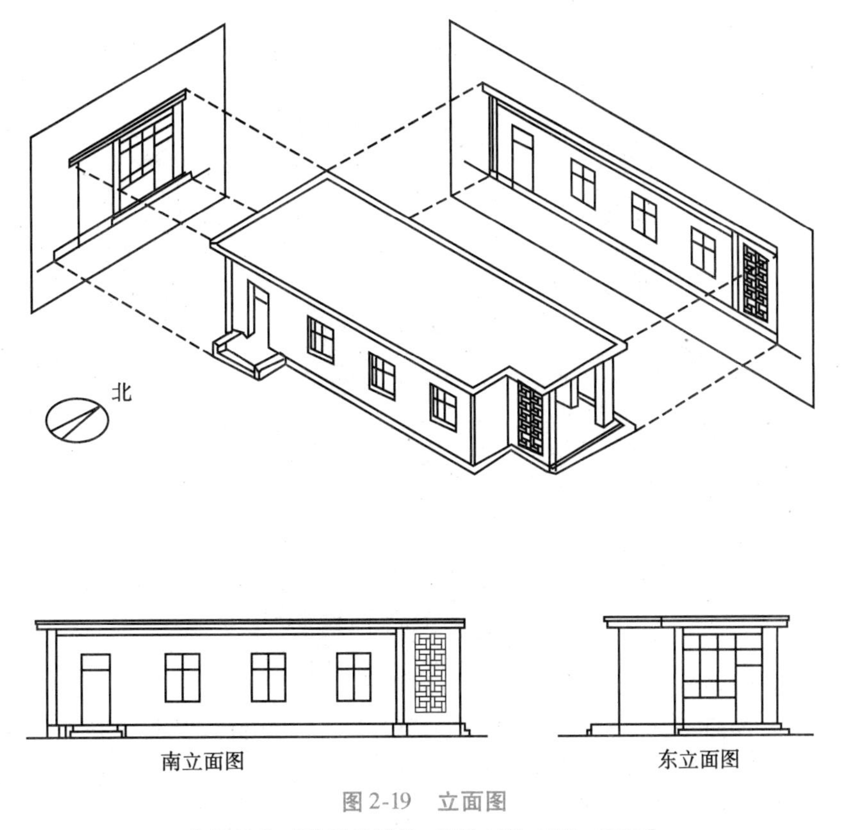

图 2-19　立面图

［乐嘉龙,《学看建筑施工图》(第二版),2018］

立面图主要表明建筑物外部形状及装饰,包括屋顶、墙面、门窗、台阶、坡道、雨罩、屋顶通风管、烟囱等的形状、位置和其中主要部分的材料和做法。

3. 建筑剖面图

建筑剖面图,指的是假想用一个或多个垂直于外墙轴线的铅垂剖切面,将房屋剖开,所得的投影图,简称剖面图。剖面图用以表示房屋内部的结构或构造形式、分层情况和各部位的联系、材料及其高度等,如室内外地坪的高度、门窗洞高度、各种设备和设施的高度、沟槽的深度、檐口及屋顶的形式。剖面图是与平、立面图相互配合的不可缺少的重要图样之一。图 2-20 所示是一栋单层房屋的两个方位的剖面图。

剖面图的数量是根据房屋的具体情况和施工实际需要而决定的。剖切面一般横向,即平行于侧面,必要时也可纵向,即平行于正面。其位置应选在能反映房屋内部构造比较复杂与典型的部位,并应通过门窗洞的位置。

综上,平、立、剖面图相互之间既有区别,又紧密联系。平面图可以说明建筑物各部分在水平方向上的布置,但不能说明建筑物的高度。立面图能说明建筑物外形的高度、长度或宽度,但无法表明它的内部关系。而剖面图则能说明建筑物内部高度方向的布置情况。因此,只有通过平、立、剖面三种图相互配合才能说明建筑物的全貌。

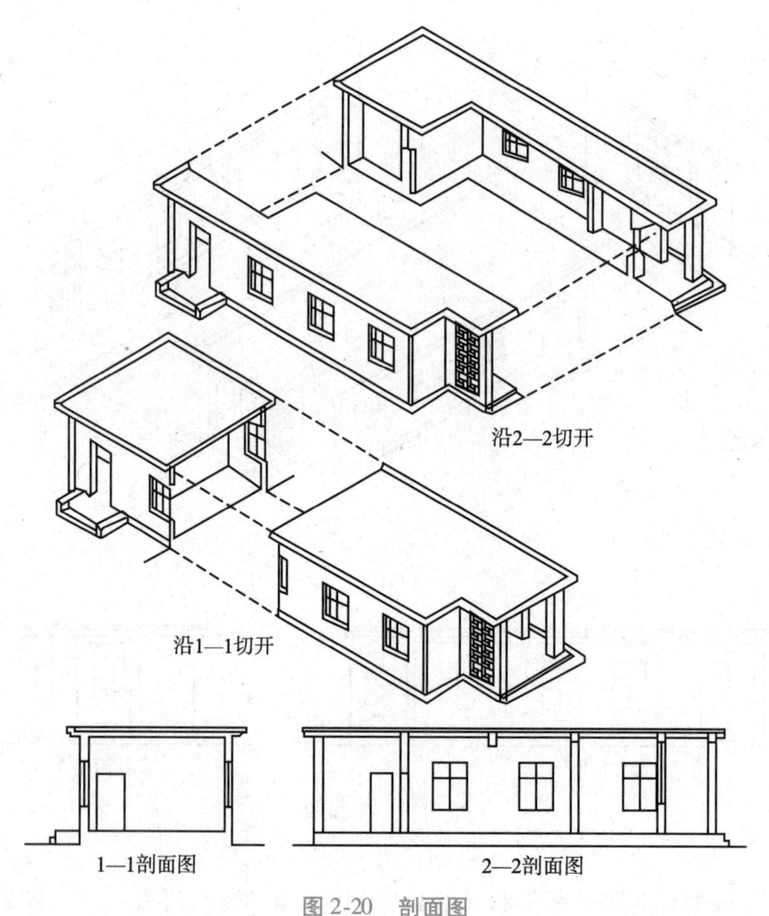

图 2-20　剖面图

［乐嘉龙,《学看建筑施工图》(第二版),2018］

二、设计鸡舍建筑

(一)设计鸡舍建筑的基本要求

鸡舍建筑设计应满足如下要求：

①满足鸡舍功能,适应鸡舍对环境的要求,为鸡的生长、发育、繁殖、健康和生产创造良好的环境条件。

②适合工厂化生产的需要,有利于集约化经营管理,提高经济效益;减轻饲养人员劳动强度,满足机械化、自动化所需条件或留有余地。

③符合总平面布置要求,与周围建筑物、场区环境相协调,考虑总体环境美学效果。

④便于饲料、产品和废弃物等的运输。

(二)鸡舍建筑类型

鸡舍建筑类型通常以开放式和封闭式为主。

1. 开放式鸡舍

开放式鸡舍依靠自然通风,采光则是自然光照加人工补充光照。可采用卷帘帐幕作为墙体,靠卷起和放下帐幕调节鸡舍内的温度。鸡舍的高度一般要求在2.4 m以上,炎热地区要求更高一些。鸡舍的长度和宽度根据饲养量、设备规格、操作方便性和地形而定。开放式鸡舍造价低,设计、建材、施工工艺与内部设置等条件要求较为简单。但鸡舍受外界环境的影响较大,温度调节效果不明显,尤其是不易控制光照,不能很好地控制鸡的性成熟日龄,生产的季节性极为明显,不利于均衡生产和保证市场的正常供给,在寒冷地区也不适用。

2. 封闭式鸡舍

封闭式鸡舍包括有窗鸡舍和无窗鸡舍两种,有窗鸡舍主要根据天气变化通过开闭窗户来调节舍内温度及通风换气,辅以风机、照明灯等环境控制设备;无窗鸡舍利用人工或微电脑等控制设备调节鸡舍的内部环境,以达到鸡的最佳生长条件需要。无窗鸡舍的通风完全靠风机进行,夏季使用湿帘通风系统降温,冬季一般不专门供应暖气,而是靠鸡体本身散发的热量,使舍内温度维持在比较适宜的范围之内。鸡舍内的采光是根据不同日龄的鸡对光照的需要,通过随时调整采光设备的光照强度和照明时间完成。

封闭式鸡舍具有较好的保温隔热能力,可以消除或减少严寒酷暑、狂风、暴雨等一些不利的自然因素对鸡群的影响,能够人为地控制鸡的性成熟日龄,为鸡群提供较为适宜的生活、生产环境;鸡舍四周密闭良好,基本上可杜绝由自然媒介传入疾病的途径;可人为地控制光照,有利于控制鸡的性成熟和刺激产蛋,也便于对鸡群实行限制饲喂、强制换羽等措施;鸡体活动受到限制和在寒冷季节鸡体热量散发减少,因而饲料报酬有所提高。

封闭式鸡舍建筑与设备投资高,有较高的建筑标准,需要较多的附属设备;饲养密度高,鸡只彼此互相感染疾病的概率大;通风、照明、饲喂与饮水等全部依靠电力,要求必须有可靠的电源,否则若遇停电,将会对养鸡生产造成严重的影响。

(三)设计鸡舍结构

1. 设计鸡舍外形结构

(1)朝向

鸡场的朝向是指鸡舍的长轴与地球经线是平行还是垂直。鸡场朝向应根据当地的气候条件、地理位置、鸡舍的采光及温度、通风、排污等情况确定。

(2)长度和跨度

鸡舍长度和跨度应根据饲养规模、每次进鸡数量、人员管理、机械设备运转能力等全面考虑。跨度指所设计鸡舍的宽度,与鸡舍类型和舍内的设备安装方式有关。笼养鸡舍要根据安装列数和走道宽度来决定鸡舍的跨度。一般开放式或半开放式鸡舍,以自然通风和光照为主,鸡舍的跨度不宜过大,有窗自然通风的鸡舍跨度以6.0~9.5 m为宜,这样舍内空气流通较好,机械通风鸡舍的跨度以12 m左右为宜。鸡舍的长度没有严格的限制,但考虑到设备安装和工作方便,一般以50~80 m为宜,鸡舍过短影响机械效率的充分发挥,鸡舍利用不经济,鸡舍过长则机械设备制作、安装难度较大。笼养鸡舍长度除鸡笼长度外,还要考虑生产操作所需要的空间。

(3)高度

鸡舍的高度应根据饲养方式、清粪方法、跨度与气候条件确定。若跨度不大、平养方式或在不太热的地区,鸡舍不必太高,一般鸡舍屋檐高度 2.2 ~2.5 m;跨度大、夏季较热的地区,又是多层笼养,鸡舍的高度为 3.0 m 左右,或者最上层的鸡笼距吊顶 1.0 ~1.5 m 为宜;若为高床密闭式鸡舍(图 2-21),由于下部设有粪坑,故高度一般为 4.5 ~5.0 m。

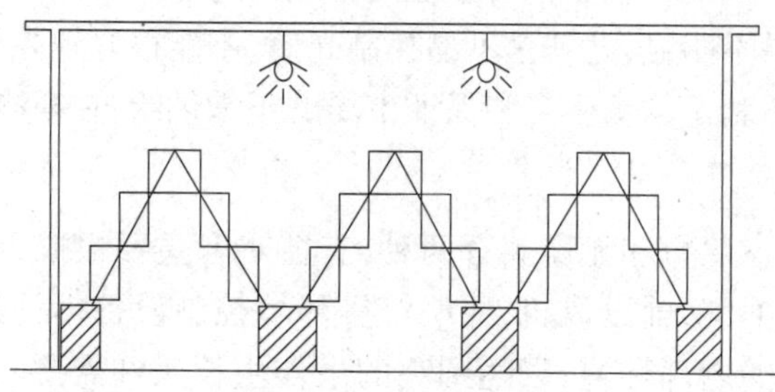

图 2-21　高床密闭式鸡舍

(4)屋顶

屋顶由屋架和屋面两部分组成,要求隔热性能好,屋面要能防风、防雨、不透水,并且隔绝太阳辐射。在我国,常用瓦、石棉瓦或苇草等建造屋顶。鸡舍的屋顶形式有多种,要考虑鸡舍的跨度、建筑材料、气候条件、鸡场规模以及可达到的机械化程度等因素。单坡式鸡舍,一般跨度较小,适合小规模养鸡;双坡式和平顶式鸡舍跨度较大,适合大规模机械化养鸡。

(5)墙壁

墙壁是鸡舍的围护结构,直接与自然界接触,其冬季失热量仅次于屋顶,因而要求墙壁建筑材料的保温隔热性能良好,能为舍内创造适宜的环境条件。此外,墙体还起承重作用,其造价占鸡舍总造价的 30% ~40%。墙壁建筑还要注意防水、便于洗刷和消毒。我国鸡舍一般采用 24 cm 厚的砖墙体,外面用水泥抹缝,内壁用水泥或白灰挂面,在墙的下半部挂 1.0 m 多高的水泥裙。

(6)门窗

门的大小应以舍内所有的设备及舍内工作的车辆便于进出为度。一般单扇门高 2.0 m,宽 1.0 m;两扇门,高 2.0 m,宽 1.6 m 左右。寒冷地区应设置门斗,门斗的深度应为 2.0 m,宽度比门大 1.0 ~2.0 m。

窗的大小和位置直接关系到舍内光照情况,与通风和舍温的保持也有很大关系。鸡舍的窗户应设在前后墙上,前窗应高大,离地面可低些,一般窗下框距地面 1.0 ~1.2 m,窗上框高 2.0 ~2.2 m,这样便于采光。后窗应小些,为前窗面积的 1/3 ~2/3,离地面可高些,以利于夏季通风。采光系数指窗户有效面积与地面面积之比,商品蛋鸡舍为 1 :(10 ~15),种鸡舍为 1 :(5 ~10)。密闭式鸡舍不设窗户,只设应急窗和通风进出气孔。

(7)地面

由于地面直接与土层接触,易传热并被水渗透,其保温隔热性能对鸡舍内环境影响很大,因此,要求舍内地面高于舍外地面,并有较高的保温性能,坚实,不透水,便于清扫消毒。目前,国内鸡舍常见的是水泥地面,其优点是便于管理和操作;缺点是传导散热多,不利于鸡舍保温。为增加地面的保温隔热性能,可采用复合式地面,即在土层上铺混凝土油毡防潮层,其上再铺空心砖,然后以水泥砂浆抹面。这种隔热地面虽然造价较高,但保温效果好。

(8)鸡舍内过道

鸡舍内过道是饲养员每天工作和观察鸡群的场所,过道的宽度必须便于饲养人员行走和操作。过道的位置根据鸡舍的跨度而定。跨度比较小的平养鸡舍,过道一般设在鸡舍的一侧,宽度 1.0 ~1.2 m;跨度大于 9.0 m 时,过道设在中间,宽度 1.5 ~1.8 m,以便于采用小车送料。笼养鸡舍无论跨度多大,过道位置都依鸡笼的排列方式而定,一般鸡笼之间的过道宽度为 0.8 ~1.0 m。

2.设计鸡舍内部布局

(1)平养鸡舍

平养鸡舍一般用于饲养种鸡、育雏鸡或育成鸡。由于这种鸡舍占地面积大、饲养量小,所以,在平面设计时,要重点考虑如何合理利用空间,特别是一些必要机械设备的布置。

根据走道与饲养区的布置形式,平养鸡舍分为无走道平养鸡舍、单走道单列式平养鸡舍、中走道双列式平养鸡舍、双走道双列式平养鸡舍、双走道四列式平养鸡舍等。

①无走道平养鸡舍:饲养区内无走道,只是利用活动隔网分成若干小区,以便控制鸡群的活动范围,提高平面利用率。鸡舍长度由饲养密度和饲养定额来确定;跨度没有限制。这种鸡舍不设专门走道,舍内面积利用率高。管理鸡群时饲养人员进入鸡栏既不如有走道鸡舍操作方便,也不利于防疫。

②单走道单列式平养鸡舍:鸡舍的长度主要考虑供料线的要求。舍内走道约 1.0m 宽,饲养人员在走道上操作,管理方便,不经常进入栏内,有利于鸡群防疫。但走道所占鸡舍面积的比例较大,使鸡舍有效利用面积较低,适于跨度较小的种鸡舍采用。

③中走道双列式平养鸡舍:这类鸡舍的跨度通常较单列单走道式大。平面布置时,将走道设在两列饲养区之间,走道为两列饲养区共用,利用率较高,比较经济。

④双走道双列式平养鸡舍:在鸡舍南北两侧各设一走道,配置一套饲喂设备和一套清粪设备即可。虽然走道面积增大,但可以根据需要开窗,窗户与饲养区由走道隔开,有利于防寒和防暑。

⑤双走道四列式平养鸡舍:这种平面布置适用于大跨度鸡舍,走道利用充分。有效面积利用率高,兼具以上几种形式的优缺点。跨度加大之后,若采用自然通风易造成舍内空气质量差,故需要配置机械通风设备。

(2)笼养鸡舍

笼养鸡舍鸡笼的列数与平养鸡栏的形式大致相同,需留出一定宽度的走道。

①鸡笼呈"M"形排列(图 2-22),走道数比笼列数多一个,鸡笼与鸡舍长轴平行排列。笼列之间,以及笼列和墙之间均设置操作走道。大型鸡场、大跨度鸡舍采用此种排列较多。

②鸡笼呈"W"形排列(图 2-23),走道数与笼列数相同。鸡笼仍然纵向排列,中间的鸡笼也是整架鸡笼,不同的是靠近两边侧墙各安装一列半架笼,所以按整列笼计算,与走道数相同。如二列二走道、三列三走道式。小跨度鸡舍采用此种排列较多。

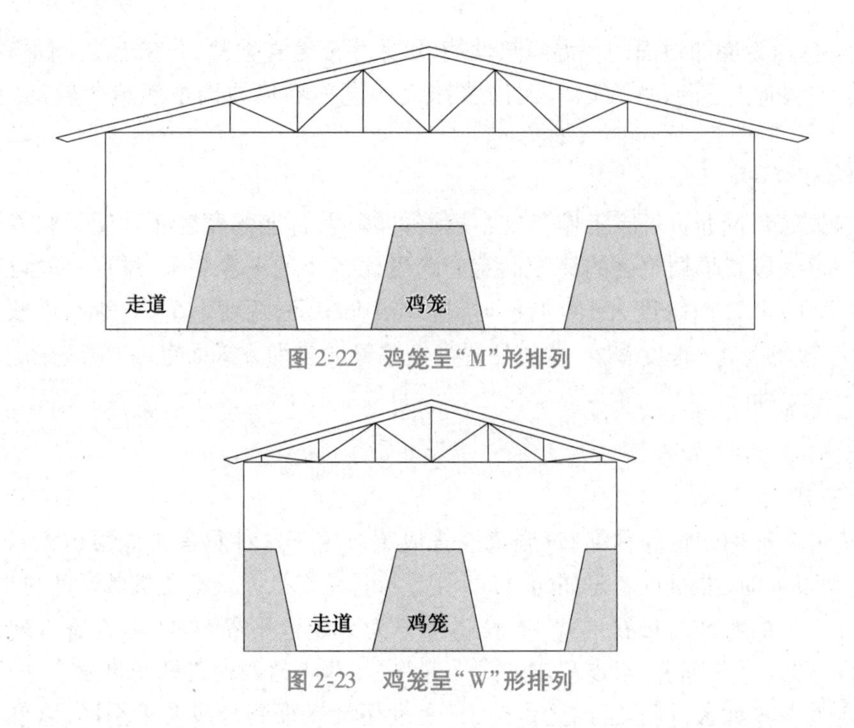

图 2-22　鸡笼呈“M”形排列

图 2-23　鸡笼呈“W”形排列

(四)设计鸡舍建筑平面

养鸡场饲养工艺包括饲养方式、工艺阶段划分流程、鸡的品种、饲养技术、技术经济指标及管理定额的确定等。鸡舍建筑应根据饲养工艺设计,根据鸡笼、网、栏等饲养设备尺寸和数量,以及鸡舍走道数量与宽度确定鸡舍的跨度;根据饲养管理定额与总规模配套确定每栋鸡舍应容纳的鸡的数量、机械设备所占长度与机械设备操作时所占的操作空间,进而确定鸡舍的长度,最终确定鸡舍的面积。

鸡舍的平面面积包括使用面积、辅助面积与结构面积,三部分合计即建筑面积。使用面积包括养鸡面积与走道面积,即饲养间的全部可用面积,也称饲养面积;辅助面积包括用来短时间存放饲料、鸡蛋及人员值班的工作间面积,一般设置在靠近净道的鸡舍首端;结构面积指墙与方柱等构体所占面积。

评定平面设计合理性的指标,称为平面系数或使用系数,用字母 K 表示,有:

$$K = \frac{\text{使用面积}}{\text{建筑面积}} \times 100\%$$

通常鸡舍的 K 值应大于等于 85% 。

鸡舍的形状(长与宽)与总面积,主要取决于场地条件、建筑形式、鸡群规模、设备规格、笼或网栏的布置、走道的数量与宽窄等因素。

鸡舍的平面布置确定后,绘制出平面图。图中应标明建筑物形状、各组成部分的尺寸、鸡舍的跨度和长度、舍内外标高和坡度、门窗位置等。图 2-24 所示为蛋鸡育雏舍和育成舍平面图。

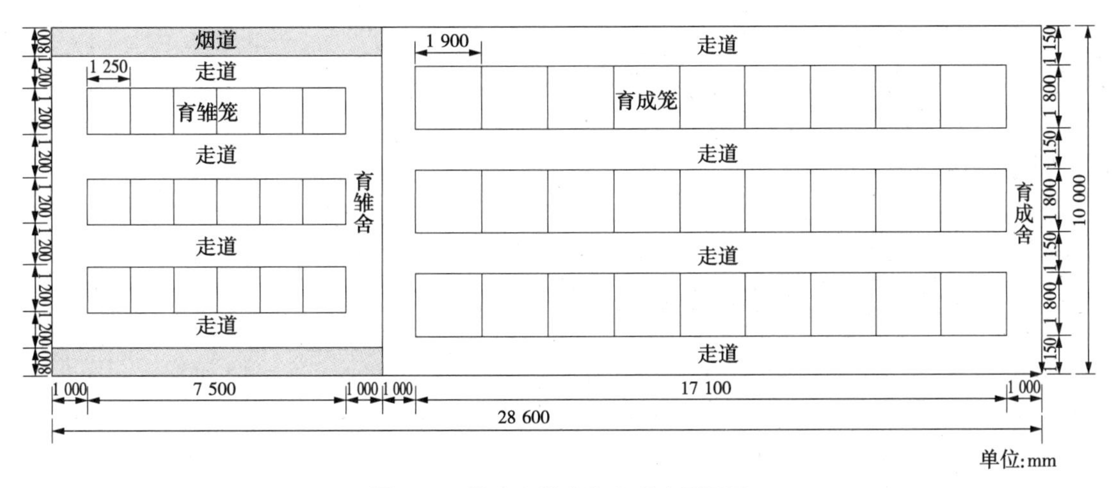

图 2-24 蛋鸡育雏舍和育成舍平面图

(五)设计鸡舍建筑剖面及立面

剖面设计是指根据生产工艺需要,确定鸡舍的剖面结构与尺寸等。

剖面设计主要包括舍内净高(地面或走道至屋架下弦底线的高度,相当于屋梁下缘或顶棚高度)、结构高度(如板或梁的厚度)、屋架起脊的高度、粪坑深度与宽度以及舍内空间的组合利用情况等。笼养鸡舍笼顶至顶棚之间的距离,自然通风时应不少于 1.0 m,机械通风时不少于 0.8 m;网上平养时,网面至顶棚距离应在 1.7 m 以上。

剖面图上应标示出图形尺寸线、各部分高度及建筑部分标高等。图 2-25 和图 2-26 所示分别为蛋鸡育雏舍和育成舍剖面图。

立面设计主要是指设计鸡舍四壁(正面、背面与两个侧面)的外观平视图,包括鸡舍外形、总高度及门、窗、通风孔、台阶的位置与尺寸等。

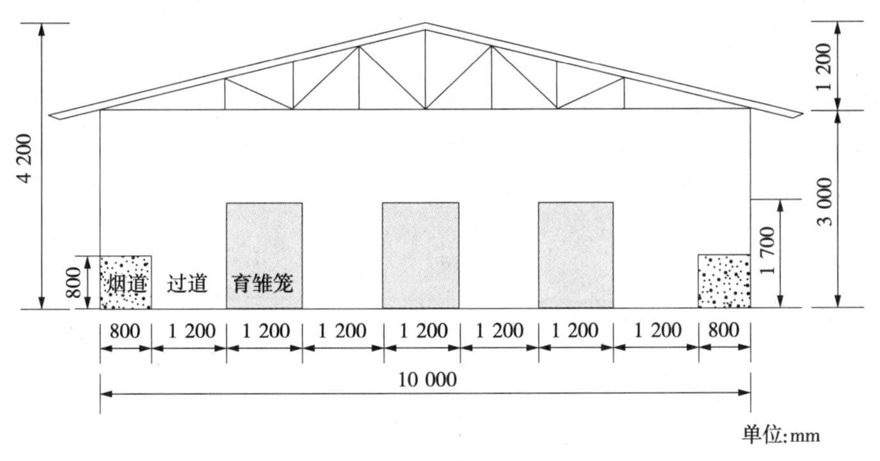

图 2-25 蛋鸡育雏舍剖面图

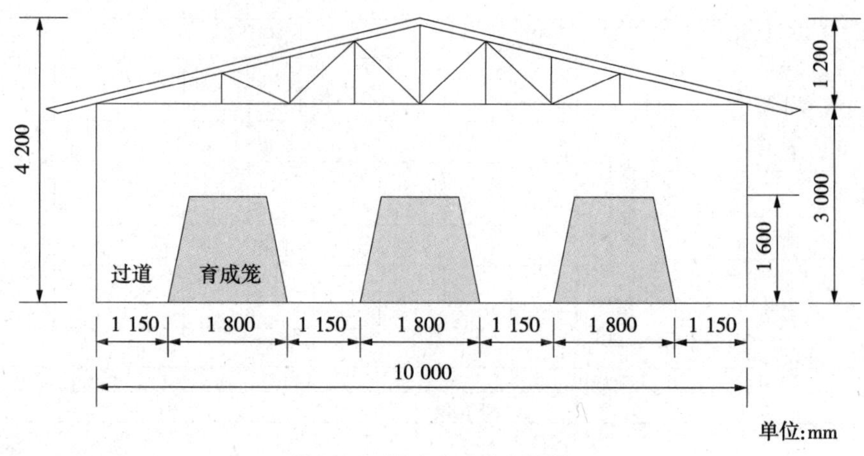

图2-26　蛋鸡育成舍剖面图

三、设计猪舍建筑

(一)设计猪舍建筑的基本要求

1.符合猪的生物学特性

应根据猪对温度、湿度等的要求设计猪舍,一般猪舍温度最好保持在10~25 ℃,相对湿度保持在45%~75%。为了保持猪群健康,提高猪群的生产性能,一定要保证舍内空气清新、光照充足,尤其是种公猪更需要充足的阳光,以激发其旺盛的繁殖机能。

2.适应当地的气候及地理条件

各地的自然气候及地区条件不同,对猪舍的建筑要求也有差异。雨量充足、气候炎热的地区,主要应注意防暑降温;干燥寒冷的地区,应考虑防寒保温。

3.便于实行科学的饲养管理

猪舍建筑应充分符合养猪生产工艺流程,做到操作方便,降低劳动生产强度,提高管理定额,充分提供劳动安全和劳动保护条件。

(二)猪舍建筑类型

用于养猪生产的猪舍类型繁多,大概可分为如下几种:

1.开放式猪舍

开放式猪舍可由两个山墙、后墙、支柱和屋顶组成,正面无墙为敞开状,通常敞开部分朝南。这种猪舍结构简单,投资少,通风透光,排水好,但受自然条件影响较大。

2.半开放式猪舍

半开放式猪舍的东西两侧山墙及北墙均为完整垒到屋顶的墙体,南侧墙体多为1.0 m左右的半截墙。敞开部分在冬季可加以遮挡形成封闭状态,从而改善舍内小气候。我国北方地区为弥补半开放式猪舍冬季保温性能差的缺点，采用塑料薄膜覆盖的办法，使猪舍形成一个密封的整体，有效地改善了冬季猪舍的环境条件。

3. 封闭式猪舍

通过墙体、屋顶等围护结构形成全封闭状态的猪舍形式，具有较好的保温隔热性能，便于人工控制舍内环境。有窗猪舍也属封闭式猪舍。

（三）设计猪舍结构

1. 设计猪舍外形结构

(1)朝向

确定猪场建筑物朝向时主要考虑光照和通风。冬季严寒或夏季炎热地区，应根据当地冬季或夏季主导风向来选择猪舍的朝向。详见项目三任务四。

(2)长度和跨度

猪舍纵向总长度根据生产工艺和场区总平面布置要求，一般控制在 45 ~ 75 m 较合适。采用机械设备时，猪舍长度还要考虑与设备生产能力配套，猪舍过短利用效率低，猪舍过长不便于饲养管理，同时在温差较大且变化频繁的地区和严寒地区控制猪舍总长度，可避免因温差和砌体干缩引起的墙体竖向裂缝，并可防止排粪沟和地面因增加伸缩缝而造成渗漏。

猪舍跨度通常按建筑模数选用 9 ~ 15 m 跨度。跨度过小，会相对增加单位面积投资成本，但跨度过大又会降低自然通风和采光效果，尤其自然通风的猪舍，跨度以不超过 15 m 为好。机械通风的猪舍跨度可加大到 18 m 以上，但跨度过大同样会增加梁、柱等构件的造价。

(3)高度

猪在舍内的活动空间是地面以上 1.0 m 左右的高度，该区域内的空气环境（温度、湿度和空气质量）对猪的影响最大，而工作人员在舍内的适宜操作空间是地面以上 2.0 m 左右的高度。为了使舍内保持较好的空气环境，必须有足够的舍内空间，若空间过大不利于冬季保温，空间过小不利于夏季防暑，故猪舍高度一般为 2.2 ~3.0 m。由于对流作用，热空气上升，猪舍上部的空气温度通常高于猪只活动区。因此，在以冬季保温为主的寒冷地区，适当降低猪舍高度有利于提高猪舍保温性能；而在以夏季隔热为主的炎热地区，适当增加猪舍高度有利于猪产生的热量迅速散失，同时又使得通过屋顶传到猪舍的太阳辐射不易到达猪只的活动区，因而增强猪舍的降温隔热性能。

(4)墙壁

墙壁是将猪舍与外部空间隔开的主要外围护结构。对墙壁的要求是坚固耐久和保暖性能良好，而材料决定了墙壁的坚固性和保暖性能。

(5)屋顶

屋顶的作用是防止降水和保温隔热。屋顶的保温与隔热作用比墙大，是猪舍散热最多的部位，因而要求结构简单、经久耐用、保温性能好。采用草料建造屋顶，造价低，保温性能好，但其不耐久，易腐烂。瓦顶的保温性能不及草顶，但坚固耐用。目前，规模化猪场多采用带有保温层的彩钢瓦，两边是彩钢，中间带有 100 mm 或 150 mm 聚酯保温层。

（6）门和窗

门通常设在畜禽舍两端墙，正对中央通道，便于运入饲料和清粪。双列猪舍门的宽度不小于 1.3 m，高度 2.0 m 左右；单列猪舍要求宽度不小 1.0 m，高度 1.8 ~ 2.0 m。猪舍门应向外打开。在寒冷地区，通常设门斗加强保温，防止冷空气侵入，并缓和舍内热空气外流。门斗的深度应不小 2.0 m，宽度应比门大出 1.0 ~ 1.2 m。猪舍窗户距地面 1.1 ~ 1.3 m，窗顶距屋顶 40 ~ 50 cm，两窗间隔为固定宽度的 2 倍左右。在寒冷地区，应兼顾采光与保温，在保证采光系数的前提下，尽量少设窗户，并少设北窗，多设南窗，以能保证夏季通风为宜。

2. 设计猪舍内部布局

（1）单列式

单列式猪舍的猪栏呈一字排列，靠墙设饲喂走道（图 2-27），舍外可设或不设运动场，跨度较小，结构简单，省工省料，造价低，但不适于机械化管理。

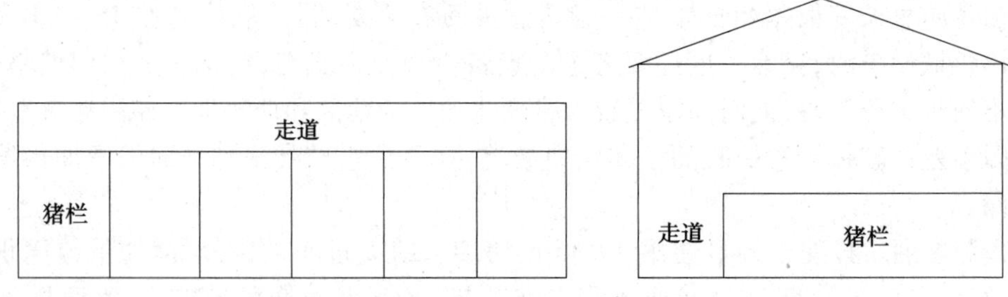

图 2-27　单列式猪舍

（2）双列式

双列式猪舍的猪栏排成两列，中间设一走道（图 2-28），有的还在两边设清粪道，猪舍建设面积利用率高，保温好，管理方便，便于使用机械。大多数规模猪场采用双列式。

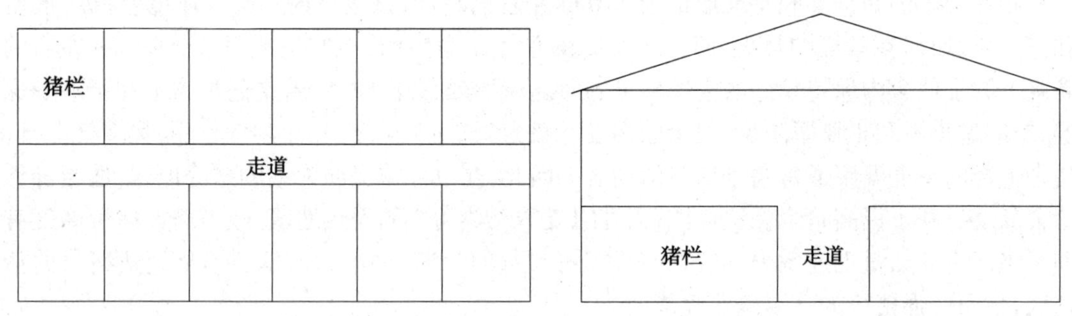

图 2-28　双列式猪舍

（3）多列式

多列式猪舍的猪栏排列成三列及以上（图 2-29），优点是建设面积利用率更高、容纳猪更多、保温性更好、运输线更短、管理更方便；缺点是采光不好、舍内阴暗潮湿、通风不好，必须辅以机械、人工控制通风、光照及温湿度。

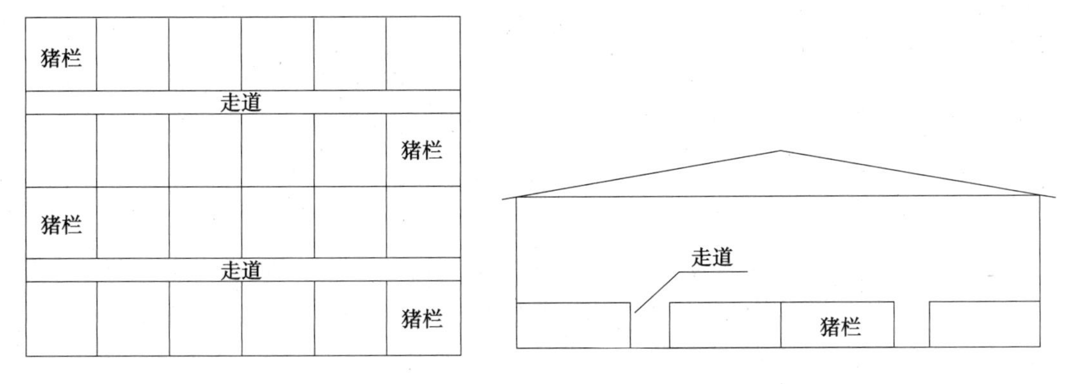

图 2-29 多列式猪舍

(四)设计猪舍建筑平面

猪舍建筑平面设计主要要解决的问题是根据不同生长和生理阶段猪的特点,合理布置猪舍圈栏、猪舍跨度和长度、门窗和通风洞口等。

1. 猪舍圈栏的布置

根据工艺设计确定每栋猪舍应容纳的猪占栏头数、饲养工艺、饲养设备选型,考虑饲养定额、场地允许的猪舍长度等,以确定圈栏排列方式(单列、双列或多列)。如设备是定型产品,可直接按排列方式计算圈栏所占的总长度和跨度;如是非定型设备,则须按每圈容纳头数、猪占栏面积和采食宽度标准,确定圈栏的宽度(长度方向)和深度(跨度方向)。如饲槽沿猪舍长轴布置,则须按采食宽度先确定圈栏宽度。

2. 猪舍跨度和长度计算

猪舍的跨度主要由圈栏尺寸及其布置方式、过道尺寸及其数量、清粪方式与粪沟尺寸、建筑结构类型及其构件尺寸等决定。猪舍长度由工艺流程、饲养规模、饲养定额、机械设备利用率、场地地形等综合决定,大约为 70 m。值班室、饲料间等附属空间一般设在猪舍一端,这样有利于场区建筑布局时满足净污分离的要求。

选用标准设施和定型设备时,可以根据设施与设备尺寸及其排列计算猪舍跨度和长度。若选用非标准设施和非定型设备,则需根据具体设施与设备的布置来综合考虑。

3. 门窗和通风洞口的平面布置

门的位置主要根据饲养人员的工作路线和猪只转群路线设置。供人、猪、手推车出入的门宽 1.2 ~ 1.5 m,门外设坡道,外门设置应避开冬季主导风向或加门斗;双列猪舍的中间过道应用双扇门,宽度不小于 1.5 m;围栏门宽度不小于 0.8 m,一律向外开启。

窗的设置应考虑采光和通风要求,采光要多,通风换气要好,但冬季散热和夏季传热多,不利于保温防暑。采光系数:种猪舍要求 1 : 8 ~ 1 : 10,育肥舍要求 1 : 15 ~ 1 : 20。通风口的设计应根据当地的气候条件,计算夏季最大通风量和冬季最小通风量需求,组织室内通风流线,决定其大小、数量和位置。

4. 其他设施平面设置

建筑平面设计还应该与其他专业工程设计配合，把饲养设备、给排水设备、环境控制设备、粪沟、管线洞口等设备与设施的位置在建筑平面中表达或预留。

5. 各类猪舍建筑平面图示例

(1)公猪舍

公猪舍多采用单圈饲养，保证其充足的运动，防止公猪过肥，对其健康和提高精液品质、延长公猪使用年限等均有好处。猪栏面积一般是6～8 m^2/栏，栏的宽度不应小于2.4 m。公猪舍的围栏、圈门等设施必须坚固，栏高为1.2～1.4 m，栏门宽0.8 m。栅栏结构可以是混凝土或金属，便于通风和管理人员观察和操作。公猪舍平面图见图2-30。

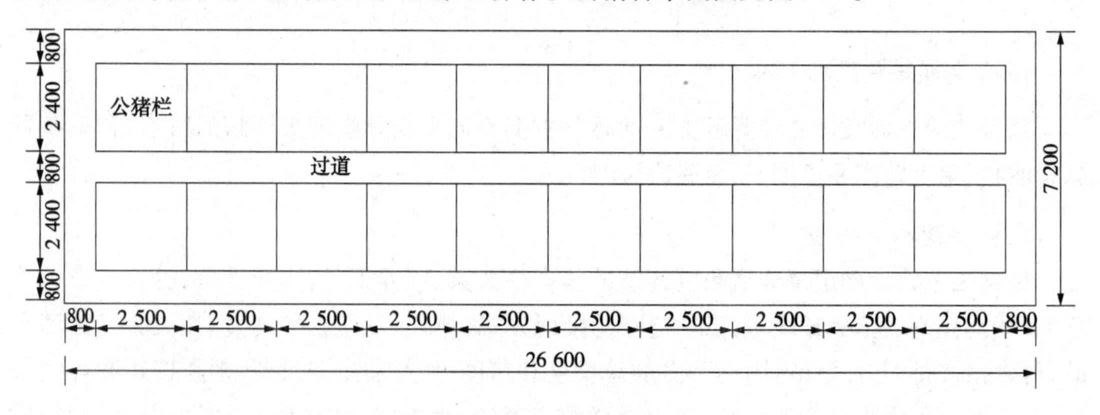

图2-30　公猪舍平面图

(2)母猪舍

母猪舍又分为妊娠母猪舍和分娩母猪舍(产房)，均可参考育肥猪舍的外形与结构。一般妊娠母猪舍常采取限位栏饲养模式；分娩母猪舍常采用产床进行饲养，对保暖性能要求较高。

①妊娠母猪舍。妊娠母猪舍可采用单列式、双列式或多列式结构。猪舍跨度8～15 m，猪舍墙高3.0 m，屋脊高4.2～4.5 m，屋檐高3.0～3.2 m。限位栏长度一般是220 cm，宽度60～65 cm，高度100～120 cm。妊娠母猪舍平面图见图2-31。

②分娩母猪舍。生产中多采用对尾式和对头式产房结构，此种方式效率高，其猪舍建筑也可充分利用空气对流原理，采用双列式猪舍，坐北朝南，猪舍跨度为8～15 m，猪舍墙高3.0 m，屋脊高4.2～4.5 m，屋檐高3.0～3.2 m。南北面可采用上窗和地窗，窗户开启可使用升降卷帘。分娩母猪舍平面图见图2-32。

(3)保育猪舍

刚断奶的仔猪转入保育舍内饲养，仔猪将面临断奶和从依赖母猪生活过渡到保育舍内完全独立生活的双重应激。由于仔猪对环境的适应能力差，对疾病的抵抗力较弱，容易感染疾病，因此，保育舍一定要为仔猪提供一个清洁、干燥、温暖、空气清新的生长环境(要求有专门的饲养台和垫料区)。保育猪舍一般采用双列式结构，坐北朝南，猪舍跨度为8～15 m，猪舍墙高3.0 m，屋脊高4.2～4.5 m，屋檐高3.0～3.2 m。南北面可采用上窗和地窗，窗户开

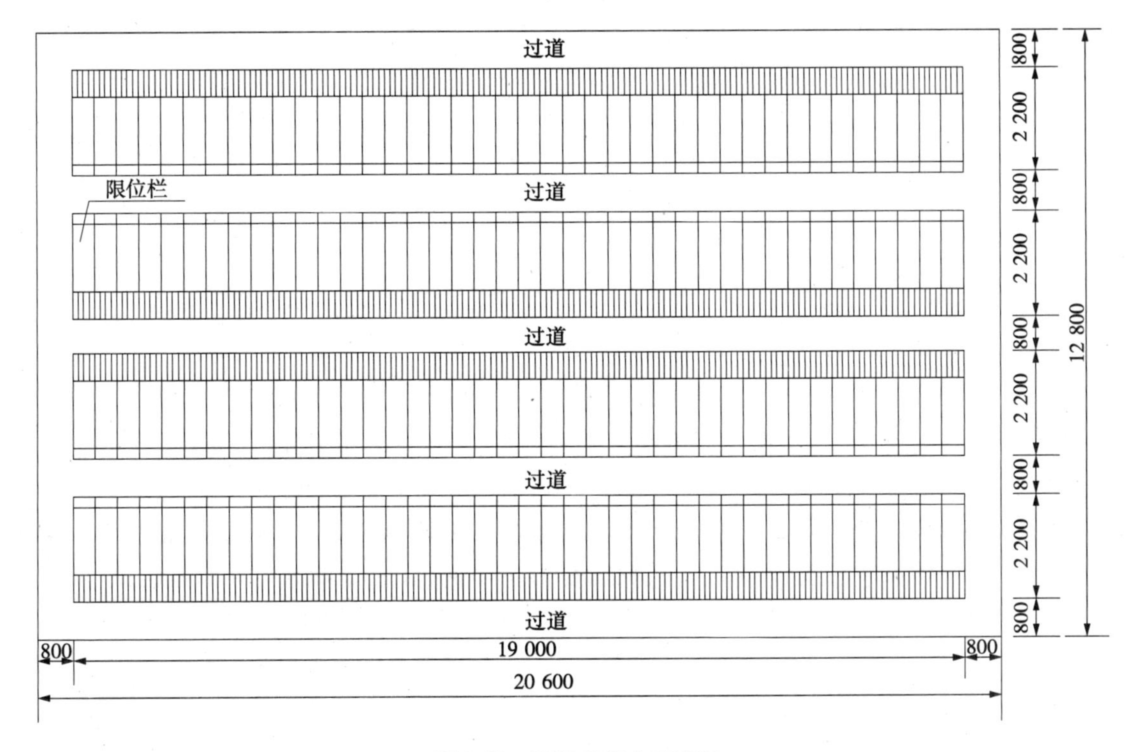

图 2-31 妊娠母猪舍平面图

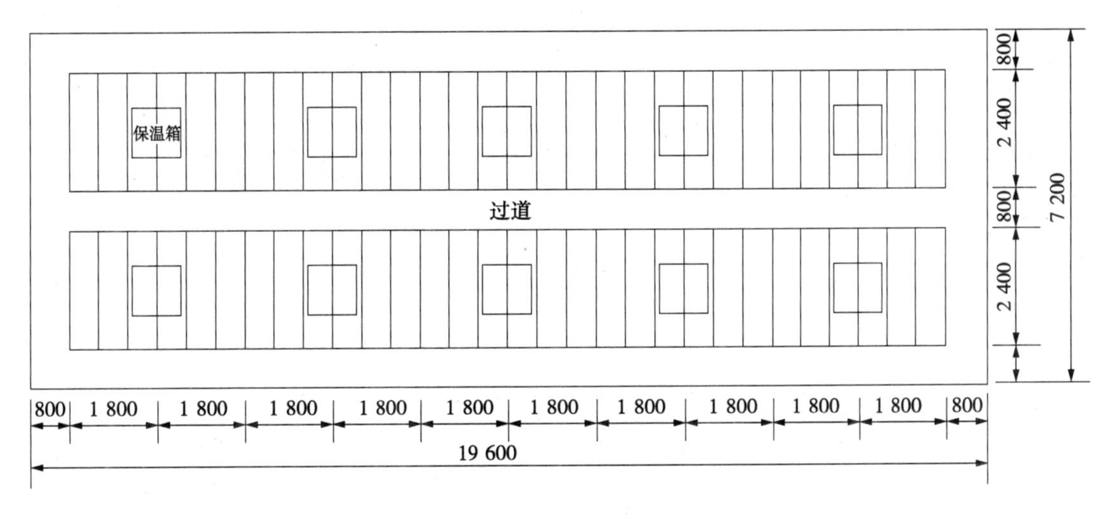

图 2-32 分娩母猪舍平面图

启可使用升降卷帘，为补充光照，屋顶南面可采用两张保温隔热板配合一张阳光板的方式增加采光。保育猪舍平面图见图 2-33。

(4)生长育肥猪舍

生长育肥猪舍的要求不高，单列式或双列式均可，但生物环保养猪法以单列式结构较适合，能保证充足的阳光，猪只活动区域大。单列式育肥猪舍后墙内侧应留出 1.0 m 宽的人行道，用铁栏隔开，铁栏内侧留出 1.2 ~ 1.5 m 宽的水泥平台，放置一体式水料桶，供猪自由采

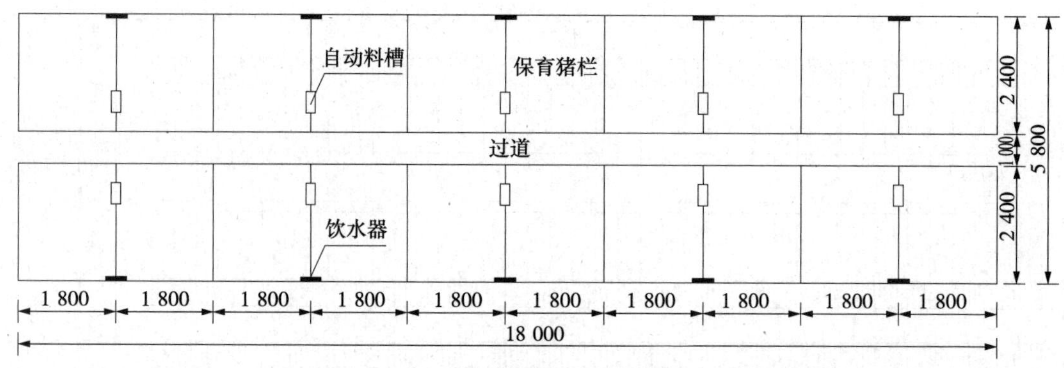

图 2-33　保育猪舍平面图

食和夏天乘凉，剩余空间为发酵床。发酵床每隔 4.0～5.0 m 用铁栅分圈，每圈放置一个水料桶。双列式猪舍每栏面积 40～60 m^2，每头猪以占地 0.8～1.0 m^2 为宜。生长育肥猪舍应坐北朝南，猪舍跨度为 8～12 m，猪舍屋檐离发酵床面高度为 2.2～2.5 m；南面采用立面全开放卷帘或大窗结构，窗户高 2.0 m，宽度在 1.6 m 左右；北面采用上窗和地窗，也可采用与南面同样模式的窗户，屋顶设通风口。生长育肥猪舍平面图见图 2-34。

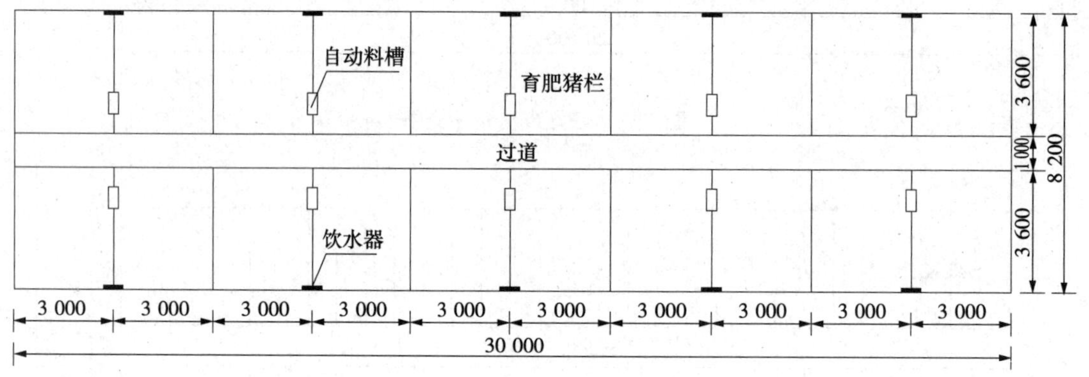

图 2-34　生长育肥猪舍平面图

（五）设计猪舍建筑剖面及立面

1. 设计猪舍建筑剖面

猪舍剖面设计主要解决剖面形式、建筑高度、室内外高差及采光通风洞口设置问题。根据工艺、区域气候、地方经济、技术水平等选择平屋顶、单坡、双坡或其他剖面形式。在剖面设计时，需要考虑猪舍净高、窗台高度、室内外地面高差以及猪舍内部设施与设备高度、门窗与通风洞口的位置等。

一般单层猪舍的净高取 2.4～2.7 m；炎热地区为了有利于通风，可取 2.7 m；寒冷地区为了利于防寒，可取 2.4 m。窗台的高度不低于靠墙布置的栏位高度。公、母猪猪栏高度分别不少于 1.2 m 和 1.0 m，如采用定型产品则根据其产品说明书设计。

舍内外地面高差一般为 0.3 m，舍外坡道坡度为 1/8～1/10。值班室、饲料间的地面应高于送料道 20～50 mm，送料道比猪床高 20～50 mm。此外，猪床、清粪通道、清粪沟、漏缝地板等处的标高应根据清粪工艺与设备需要来确定。门洞口的底标高一般同所处的地平面标高，猪舍门外一般高 2.0～2.4 m，双列猪舍的中间过道上设门时，高度不小于 2.0 m。窗台标高一般取 0.8～0.9 m，窗下设置风机时，风机洞口底标高一般要高出舍内地面 0.1 m 左右；纵向通风时，风机底部距离舍内地面 0.3 m 左右。猪舍剖面图见图 2-35—图 2-39。

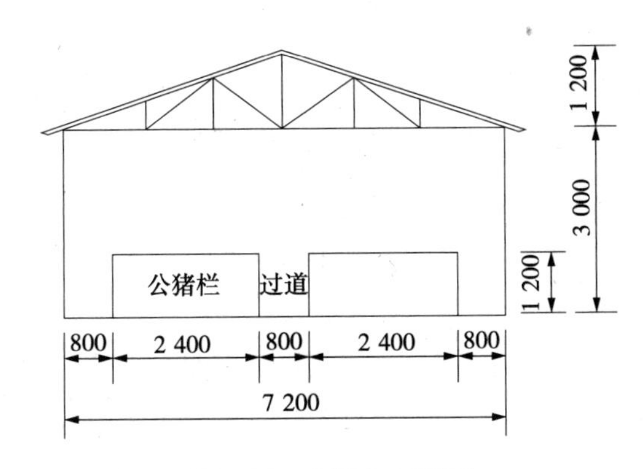

图 2-35　公猪舍剖面图

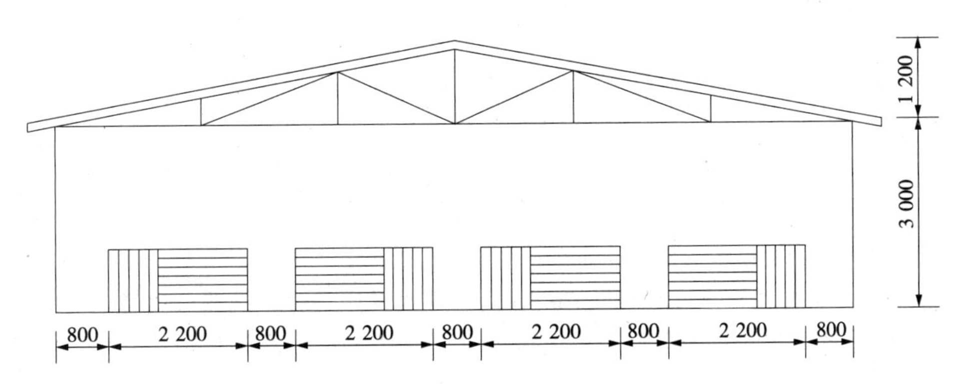

图 2-36　妊娠母猪舍剖面图

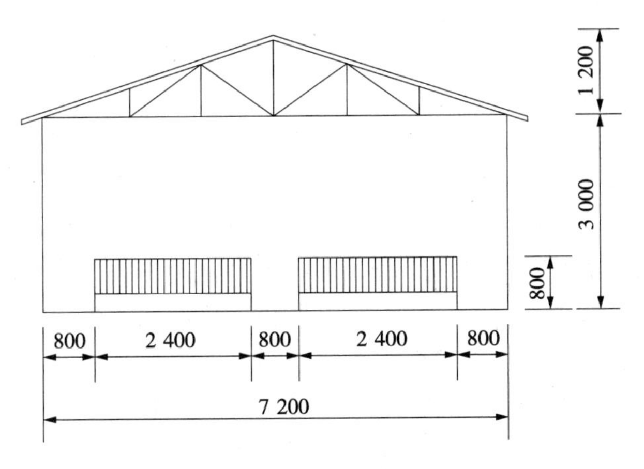

图 2-37　分娩母猪舍剖面图

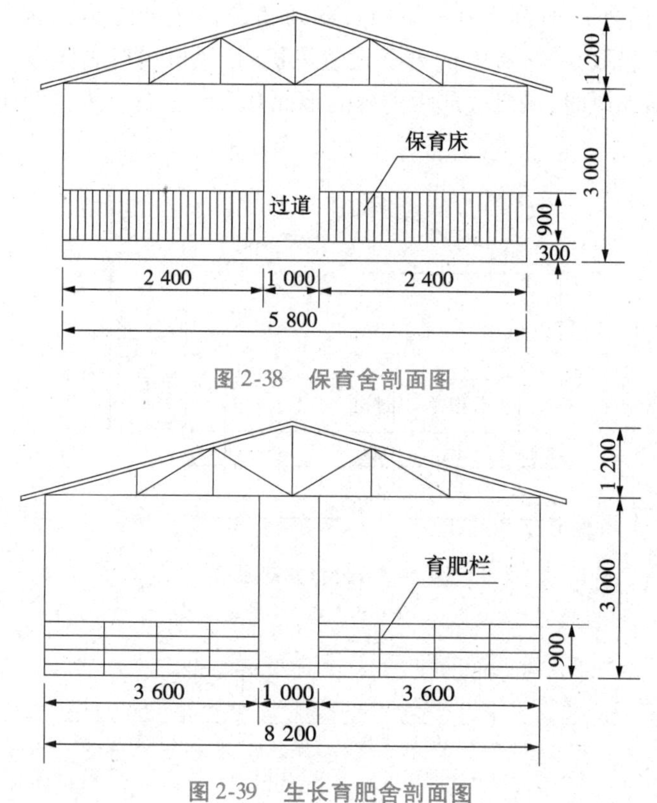

图 2-38　保育舍剖面图

图 2-39　生长育肥舍剖面图

2. 设计猪舍建筑立面

猪舍的功能在平、剖面设计中已经基本解决,立面设计是对建筑造型的适当调整。为了兼顾美观,有时要调整在平、剖面设计中已解决了的窗的高低、大小问题。

四、设计牛舍建筑

(一)设计牛舍建筑的基本要求

①创造一个适宜的环境,使牛的生产潜力得到充分发挥,提高饲料利用率。

②满足合理的生产工艺要求,包括牛群的组成及饲养方式、周转方式、草料的运送和贮备、粪的清理、污物的放置、饮水、采精、配种、疾病防治、生产护理、测量、称重等。

③必须符合卫生防疫要求,减少或防止外界疫病的传入及流行性疾病的传播和扩散,便于兽医工作者的操作和防疫制度的执行。

④建筑物要坚固、牢靠,防火、防灾、防盗。地面处理要合理、防滑,不能有锐角突起,以保证牛的安全健康。

(二)牛舍建筑类型

牛舍可分为封闭式牛舍、半开放式和开放式牛舍及棚舍。

1. 封闭式牛舍

封闭式牛舍是指四周均有墙壁的牛舍,这种牛舍适合我国北方寒冷地区,有利于冬季防寒保暖;根据当地主导风向决定牛舍朝向,一般坐北向南,前后有窗,南面窗户大,有利于采光,北面窗户小,便于保暖,冬天舍内温度可以保持 10 ℃以上,夏天借助自然通风和风扇等降温。主导风向和牛舍的长度决定开门的方向及位置,一般在南面中间开门,门前设运动场。

2. 半开放式和开放式牛舍

半开放式和开放式牛舍三面有墙,向阳一面有半截墙或全部敞开,有顶棚,在敞开一侧设有围栏,开敞部分在冬季可以遮栏,形成封闭状态。单侧或三侧封闭墙上加装窗户,夏季开放能通风降温,冬季关闭可保持舍内温度,使舍内小气候得到改善。这类相对封闭式牛舍,造价低,节省劳动力,适用于我国南方地区。

3. 棚舍

棚舍即为四周无墙壁,仅用围栏围护的牛舍。这种牛舍只能克服或缓和某些不良环境因素的影响,如挡风、避雨雪、遮阳等,不能形成稳定的小气候,但由于其结构简单、施工方便、造价低廉,利用越来越广泛。从使用效果来看,在我国中部和北方等气候干燥的地区棚舍应用效果较好,但在炎热、潮湿的南方应用效果并不好,因为棚舍是一个开放系统,几乎无法防止辐射热,人为控制性和操作性不好,不能很好地强制吹风和喷水,蚊蝇的防治效果差。

(三)设计牛舍建筑图

泌乳牛群是奶牛场中所占比例最大的牛群,一般要占整个牛群的50%左右,泌乳牛舍的设计,直接关系到泌乳牛群的健康和产奶量。设计时首先要满足采食位和卧栏的适当比例,最好是 1∶1,这样能有效缓解奶牛的采食竞争,降低牛群中位次的影响。

1. 泌乳牛舍

(1)设计泌乳牛舍建筑平面

根据采食位的列数和牛舍跨度要求,可将泌乳牛舍分为单列式牛舍和双列式牛舍。

①单列式牛舍。单列式牛舍只有一排采食位,如设卧栏,则卧栏位于采食位的一侧,如图 2-40—图 2-42 所示。牛舍跨度一般为 12 m 左右,长度以 60 ~ 80 m 为宜。

单列式牛舍跨度小,建造容易,通风采光良好;但每头奶牛占地面积较大,比双列式多 6% ~10% ,此外,散热面积较大,适于建成敞开型牛舍。

②双列式牛舍。双列式牛舍有两排采食位,根据奶牛采食时的相对位置,可分为对头式饲喂牛舍和对尾式饲喂牛舍。对头式饲喂牛舍是泌乳牛舍最常用的布置方式,如图 2-43、图 2-44 所示。牛舍中间设一条纵向饲喂通道,两侧牛群对头采食,每侧根据卧栏的设置设相对应的清粪道。根据牛群大小,卧栏可布置为单列、双列或多列。

双列式牛舍便于实现饲喂的现代化,易于观察奶牛的采食情况,方便奶牛进出卧栏。如果牛舍长度较长,要增加横向通道,将一列卧栏分为几个单元,以减少奶牛采食行走的距离。每个单元的卧栏数最好与挤奶厅的挤奶栏位数相匹配,方便挤奶。原则上要求每个单元的

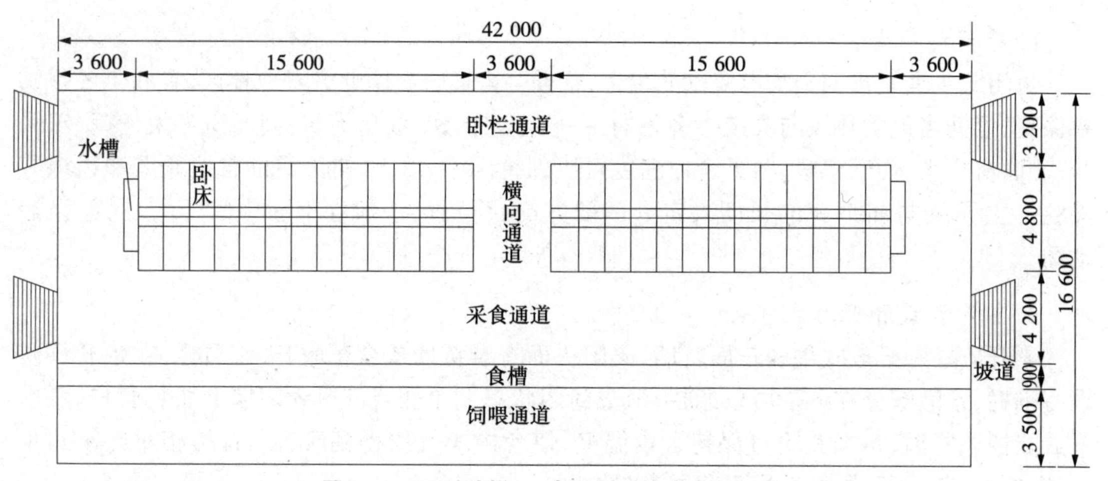

图 2-40　两列卧栏 52 牛位对头式牛舍平面图

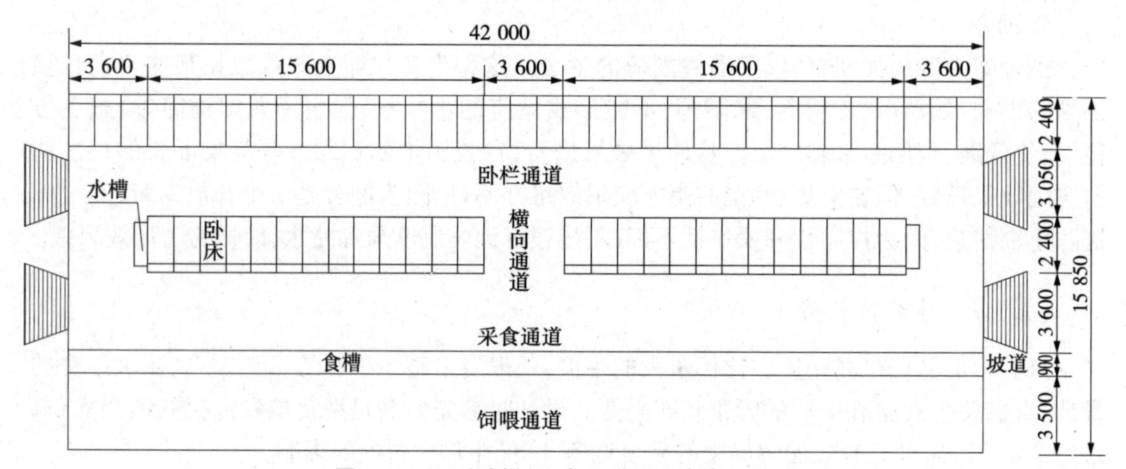

图 2-41　两列卧栏 61 牛位对尾式牛舍平面图

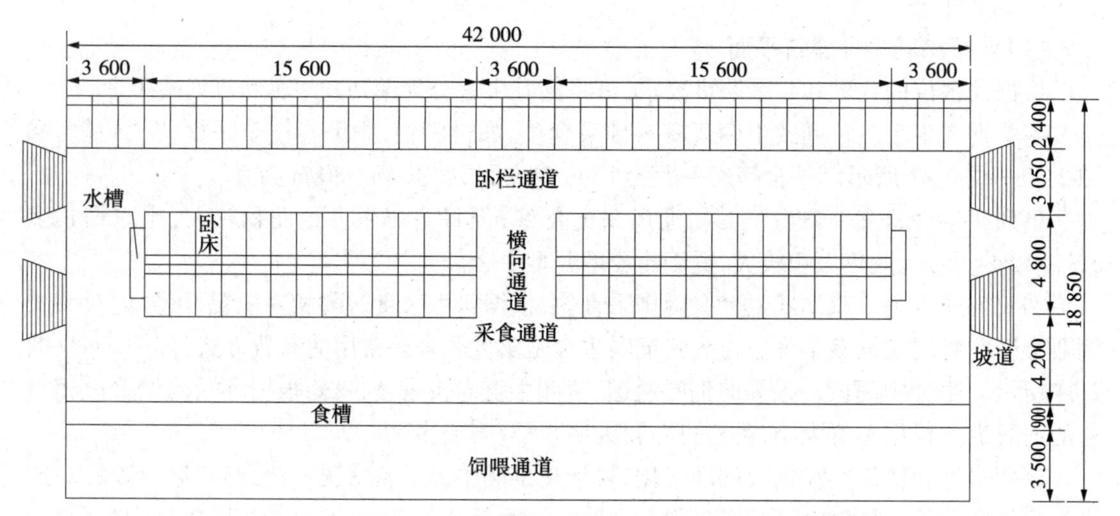

图 2-42　三列卧栏 87 牛位牛舍平面图

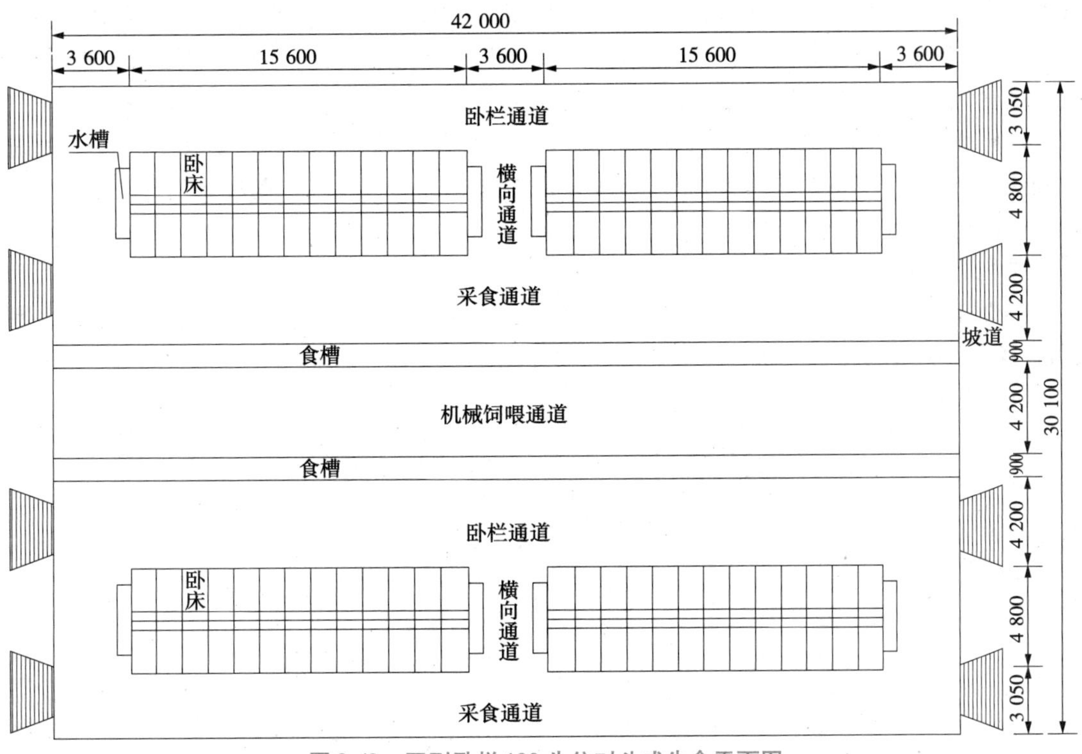

图 2-43　四列卧栏 120 牛位对头式牛舍平面图

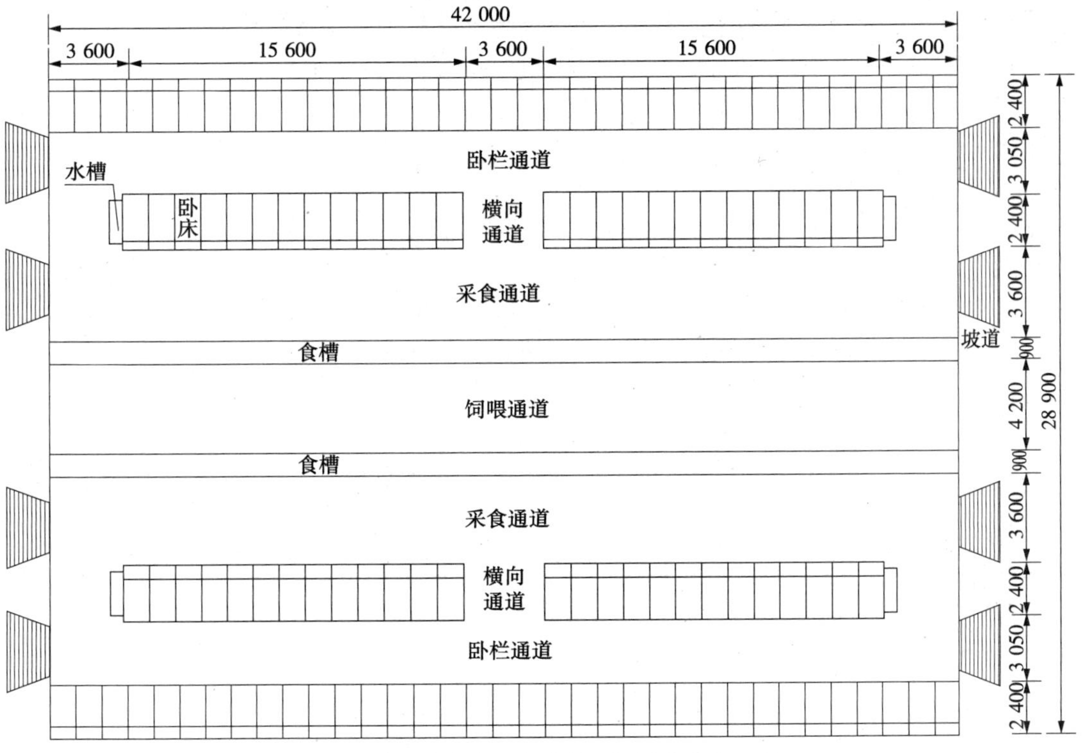

图 2-44　四列卧栏 122 牛位对尾式牛舍平面图

长度不多于20个卧栏的宽度。如果采用挤奶后集中采食，设计时则要保证每头奶牛都有采食位，每个采食位的宽度以75～80 cm为宜；如果完全自由采食，则可按照牛群数量的90%设计采食位，采食位的宽度不小于65 cm。

对尾式饲喂牛舍常见于拴系式饲养工艺的牛舍，也常用于产牛舍。牛舍中间设一条纵向粪道，两侧各有一条饲喂通道，卧栏布置在饲喂通道和粪道之间。此种布置便于观察、处理产牛的情况。

（2）设计泌乳牛舍建筑剖面

泌乳牛舍剖面设计要解决牛舍高度、采光、通风以及牛舍的内部构造等问题，如图2-45—图2-49所示。

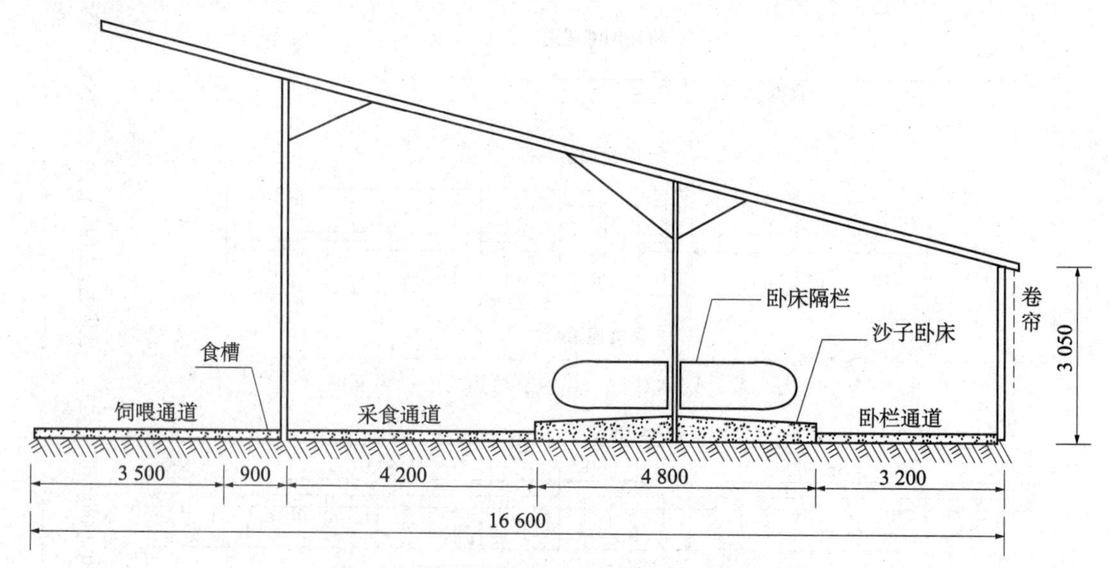

图2-45　两列卧栏52牛位对头式牛舍剖面图

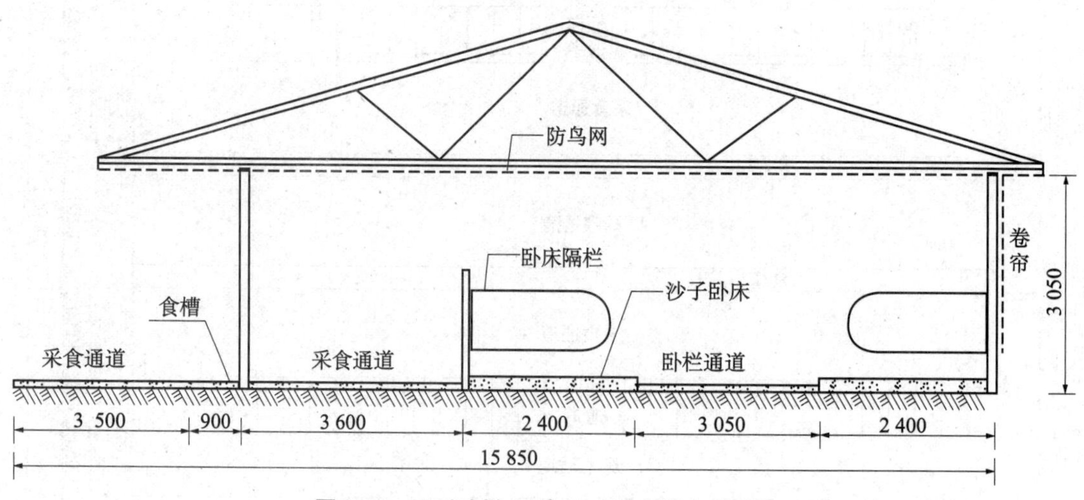

图2-46　两列卧栏61牛位对尾式牛舍剖面图

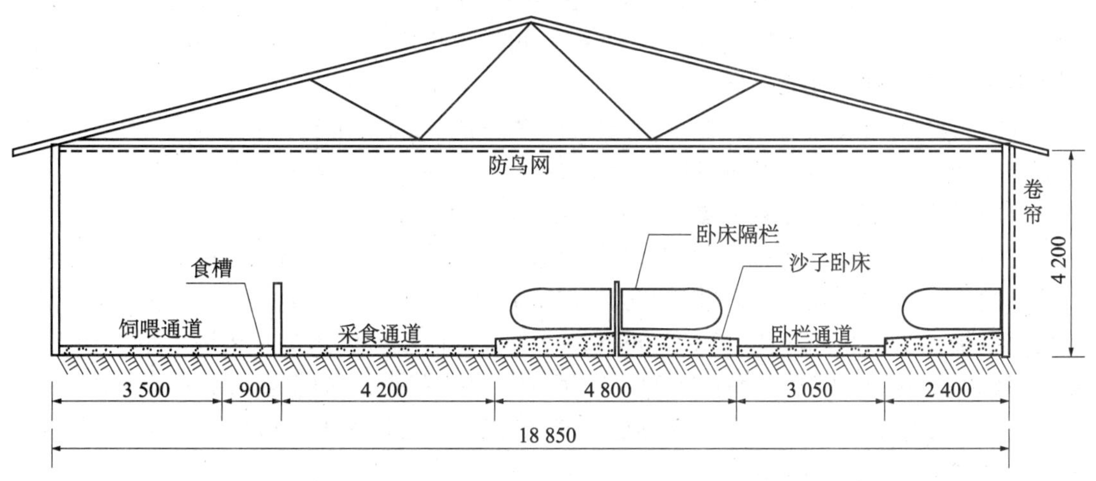

图 2-47　三列卧栏 87 牛位牛舍剖面图

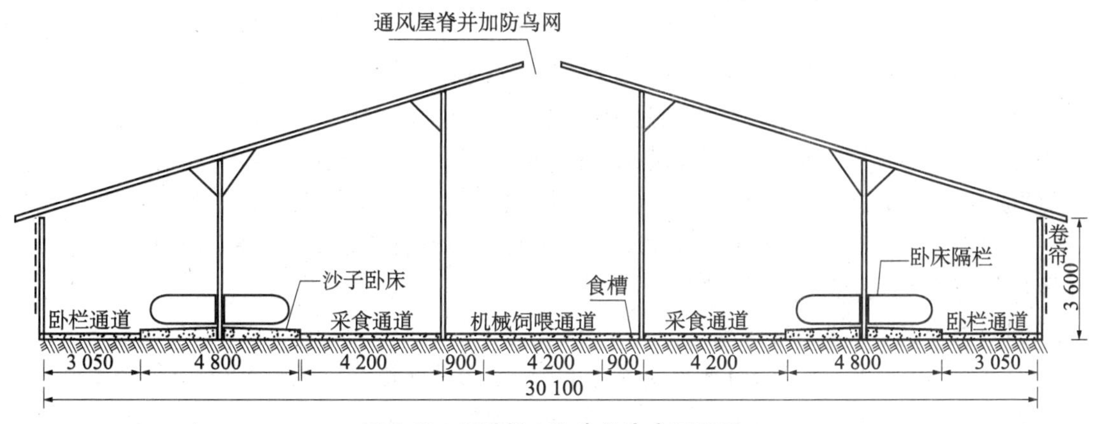

图 2-48　四卧栏 120 牛位牛舍剖面图

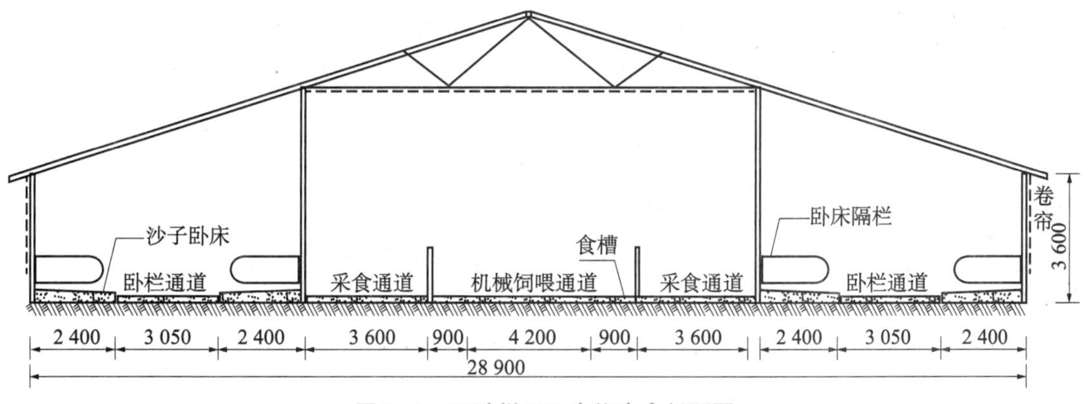

图 2-49　四卧栏 122 牛位牛舍剖面图

①墙体设计：牛舍一般采用单跨单层房舍。舍内地坪标高±0.000，檐高一般不小于 3.6 m，可按照当地气候状况和牛舍的跨度适当抬高或降低。根据牛场所在地气候状况及选用的墙体材料来设计墙厚。若采用砖混结构，寒冷地区一般采用 370 mm 厚的墙，必要时增

加保温板;较温暖的地区通常采用240 mm厚的墙。泌乳牛舍墙体可以采用卷帘,卷帘牛舍通风、采光效果好,牛舍投资低,除严寒地区外,可广泛推广。严寒地区采用卷帘,可能导致牛舍温度过低,奶牛产奶量下降。

②窗的设计:根据牛舍采光要求,有窗式牛舍采光系数(窗地比)要达到1∶10~1∶12。由于奶牛体格较大,窗台的高度一般设为1.2~1.5 m。窗户一般采用塑钢推拉窗或平开窗,也可以用卷帘窗,窗的尺寸要根据舍内面积和牛舍开间决定。

③门的设计:牛舍门包括3种,即饲喂通道的门、通往运动场和挤奶通道的门、清粪通道的门。饲喂通道的门和清粪通道的门的宽度和高度要根据其采用的工艺及设备决定。如果采用小型拖拉机饲喂和清粪,2 400 mm×2 400 mm的门就可以满足。如果采用TMR车饲喂,饲喂通道的门一般设计为宽3 600~4 000 mm,高度根据设备确定。通往运动场和挤奶通道的门宽可根据牛群大小、预计牛群通过时间确定,一般宽度为2 400~6 000 mm;如果只考虑牛通过,门的高度为1 600 mm即可。

④舍内外地坪:为了防止舍外雨水等进入舍内,通常舍内地坪高于舍外地坪20~30 cm。门口设计防滑通道,坡度一般为1∶7~8。

⑤内部设计:泌乳牛舍的剖面图中要给出屋顶材料、屋顶坡度(泌乳牛舍一般是1/4~1/3)、屋架特点、风帽的安装尺寸等,还要给出圈梁、过梁的厚度和位置、墙体材料等。剖面图中也要给出牛舍的特殊构造,比如卧床的高度、坡度、卧栏隔栏的形状以及它们的安装尺寸,颈枷的高度和安装位置,食槽的高度和大小,各种过道、粪沟的宽度和位置,地面做法等。

⑥通风口:包括通风屋脊和檐下通风口。一般通风屋脊的宽度为牛舍跨度的1/60,檐下通风口的宽度为牛舍跨度的1/120。

(3)设计泌乳牛舍建筑立面

牛舍的功能在平、剖面设计中已经基本解决,立面设计是对建筑造型进行适当调整。为了美观,有时候要调整在平、剖面设计中已解决了的窗的高低与大小问题。在可能的条件下也可以适当进行装修。

泌乳牛舍的立面图中,要标注内外地坪高差,门窗、屋顶的高度,屋顶、挑檐的长度(一般为300~500 mm)等。如需要加风帽,则要标注风帽的位置和间距。此外,立面图中要标明墙体所用材料。

2. 青年牛与育成牛舍

青年牛与育成牛舍,卧床数一般为存栏青年牛头数的1.1倍。青年牛与育成牛舍的设计,除了卧栏的尺寸和泌乳牛舍不同外,其余均相同。一般情况下,青年牛与育成牛舍的卧栏宽为1.0~1.1 m,卧栏的长度则由青年牛从卧床上站立时的前冲方式决定,正前冲时卧栏的长为2.2~2.4 m,侧前冲时则为2.0~2.1 m。育成牛卧栏宽度为0.8~1.0 m,卧栏长度为1.6~2.0 m。

3. 干乳牛舍

干乳牛舍的设计可以分为两种。

第一种与泌乳牛舍相似,只是卧栏宽度稍大于泌乳牛舍(一般130 cm左右),卧栏个数最好富余10%。为了方便饲养员观察,卧栏多采用对尾式布局。这种布局具有很多优点,如头胎青年牛产犊后能很快习惯使用卧栏；设计合理、管理良好的卧栏能大大减少奶牛乳房炎的发病率；需要的垫草较少。但是这种牛舍投资较高，且卧栏数量一定，灵活性较差。

第二种采用通栏饲养干乳牛，牛舍的布局与3～6月龄犊牛通栏饲养的布局相似。采用这种饲养方式，至少要为每头干乳牛提供4.5～9.5 m^2 的休息区，并铺设好的垫草。牛舍正面应该避开冬季盛行风向，以西南或东南为好，这样既能增加冬季阳光射入量，又能避开夏季烈日。冬季气候温和的地区，为了保证良好的通风效果，一般要设计檐下通风口，若设计通风屋脊效果会更好。

4. 产牛舍

产牛舍可采用拴系式饲养和散栏式饲养两种方式。

(1)拴系式饲养

我国目前多采用这种方式饲养待产母牛，且牛舍设计较简单。每头牛有独立的饮水槽和采食位。卧栏位于牛舍的一侧，其宽度一般为1.4 m左右，长度与泌乳牛舍相似，以2.1～2.4 m为宜。为了便于观察，一般采用对尾式布局。产栏位于牛舍的另一侧，产栏尺寸一般为3.6 m×3.6 m。

(2)散栏式饲养

采用散栏方式饲养待产母牛时，散栏式卧栏和产栏的设计尺寸与拴系式饲养方式的相似。这种布局能很方便地将待产母牛转入产栏内，但是要求饲养员勤观察待产母牛。

5. 犊牛舍

一般规模较大的牛场均设有单独的犊牛舍或犊牛栏。犊牛舍要求清洁干燥、通风良好、光线充足、防止贼风和潮湿。目前常用的犊牛栏主要有单栏(笼)、群栏和室外犊牛栏等几种。

单栏(笼)一般长130 cm、宽80～110 cm、高110～120 cm。犊牛出生后即在单栏(笼)中饲养，每犊一栏，隔离管理，一般1月龄后才过渡到通栏。

通栏饲养的犊牛应按大小进行分群。采用散放自由牛床式的通栏饲养，群栏的面积根据犊牛的头数而定，一般每栏饲养5～15头，每头犊牛占地面积1.8～2.5 m^2，栏高120 cm。通栏的一侧或两侧设置饲槽并装有栏栅颈枷，以便在喂乳时或其他必要情况下对牛只进行固定。舍内通栏布局既可为单排栏，亦可为双排栏，每栏设自动饮水器，以便犊牛随时能喝到清洁的饮水。在气候温和的地区或季节，犊牛出生后3 d即可饲养在室外犊牛栏。室外犊牛栏的前面设一运动场，运动场由直径为1.0～3.0 cm的钢筋围成栅栏状，围栏长300 cm、宽120 cm、高90 cm。围栏前设喂乳槽和饮水桶，以便犊牛在小范围内活动、采食饮水。室外犊牛栏设备简单、投资少、犊牛成活率高，但劳动生产率较低。

【技能训练4】

绘制畜禽舍建筑图

【目的要求】

了解畜禽舍建筑图的基本知识，初步学会绘制拟建畜禽舍的方案设计图。

【材料器具】

纸、铅笔、橡皮、刀、绘图仪、绘图板、尺、圆规等。

【内容方法】

1. 确定数量

对各栋房舍统筹考虑，确定绘制图样的数量，防止重复和遗漏，在需要的前提下，图样数量尽量少。

2. 绘制草图

根据工艺设计要求和实际情况，把酝酿成熟的设计思路绘成草图。草图虽不按比例，不使用绘图工具，但图样内容和尺寸应力求详尽，细到可画至局部(如一间、一栏)。根据草图再绘成正式图纸。

3. 适当比例

各种图样的常用制图比例见表2-9，并考虑图样的复杂程度及其作用，以能清晰表达其主要内容为原则来决定所用比例。

表2-9 图样的常用制图比例

图名	常用制图比例	必要时可增加的比例
总平面图	1∶500,1∶1 000,1∶2000	1∶2 500,1∶5 000,1∶10 000
总图专业的断面图	1∶100,1∶500,1∶1 000,1∶2000	1∶500,1∶5 000
平面、立面、剖面图	1∶50,1∶100,1∶200	1∶150,1∶300
次要平面图	1∶300,1∶400	1∶500
详图	1∶1,1∶2,1∶5,1∶10,1∶20,1∶25,1∶50	1∶3,1∶4,1∶30,1∶40

引自冯春霞，《家畜环境卫生》，2001。

4. 图纸布局

每张图纸都要根据需绘制内容、实际尺寸和所选用的比例，并考虑图名、尺寸线、文字说明、图标等，有计划地安排这些内容所占图纸的大小及其在图纸上的位置。要做到每张图纸上的内容主次分明，排列均匀、紧凑、整齐；同时，在图幅大小许可的情况下，应尽量保持各图样之间的投影关系，并尽量把同类型、内容关系密切的图样集中在一张图纸上或顺序相连的几张图纸上，以便对照查阅。一般应把比例相同的一栋房舍的平、立、剖面图绘在同一张图纸上，房舍尺寸较大时，也可在顺序相连的几张图纸上分别绘制。按上述内容计划布局之后，即可确定所需图幅大小。

5. 绘制图样

绘制图样的顺序：先绘出平面图，再绘出剖面图；再根据投影关系，由平面图引线确定正、背立面图纵向各部的位置；然后按剖面图的高度尺寸，绘出正、背立面图；最后由正、背立面图引线确定侧立面图各部的高度，并按平、剖面图上的跨度、方向、尺寸，绘出侧立面图。

6. 说明书

说明书用来说明建筑物的性质、施工方法、建筑材料的使用等，以补充图中文字说明的不足。说明书有一般说明书和特殊说明书两种。有些建筑图纸上的扼要文字说明就代替了文字说明书。

7. 比例尺的使用

为了避免视觉上的误差，在测量图纸上的尺寸时，常使用比例尺。测量时比例尺与眼睛视线应保持水平；测量两点或两线之间距离时，应沿水平线测量，两点之间的距离以取其最短的直线为宜；比例尺上的比例与图纸上的比例应尽量一致，可减少推算麻烦。

【考核标准】

<table>
<tr><th rowspan="2">考核内容及分数</th><th rowspan="2">操作环节与要求</th><th colspan="2">评分标准</th><th rowspan="2">考核方法</th><th rowspan="2">熟练程度</th><th rowspan="2">时限/min</th></tr>
<tr><th>分值/分</th><th>扣分依据</th></tr>
<tr><td rowspan="3">绘制猪舍、牛舍、鸡舍建筑图纸(随机考核1种)(100分)</td><td>①平面图
②立面图
③剖面图</td><td>80</td><td>①结构不完整一次扣5分，扣到15分为止
②结构不合理一次扣5分，扣到15分为止
③比例不正确一次扣5分，扣到15分为止
④尺寸不清楚一次扣5分，扣到35分为止</td><td rowspan="3">分组操作考核</td><td rowspan="3">熟练掌握</td><td rowspan="3">45</td></tr>
<tr><td>规范程度</td><td>10</td><td>操作不按绘图要求，每处扣2分，扣完为止</td></tr>
<tr><td>完成时间</td><td>10</td><td>在规定的时间内完成，每超5 min扣1分，扣完为止</td></tr>
</table>

【作业习题】

绘制一份500头育肥猪舍的平面图、立面图和剖面图。

【复习题】

1. 畜禽舍的类型有哪些？各自有什么优缺点？
2. 畜禽舍的外围护结构主要有哪些部分？
3. 畜禽舍设计的原则和方法有哪些？
4. 简述畜禽舍的平面图、立面图和剖面图。

项目三　改善畜禽舍环境

【知识目标】

- 了解畜禽舍环境的基本知识，掌握畜舍环境控制的基本概念、基本理论和应用技术；
- 了解畜禽舍温度、湿度、通风及采光的参数变化对畜禽生产性能的影响；
- 了解畜禽舍内的有害气体、微生物和尘埃的来源和危害；
- 掌握控制畜舍内温度、湿度、通风、采光、有害气体、微生物和微粒的措施；
- 了解水源的种类和卫生特点，生活饮用水的常规指标及限值；
- 掌握畜禽饮用水卫生的控制措施，饮用水的消毒和净化方法；
- 了解饲料中污染物的来源和危害，熟悉常见畜禽饲料中的有毒有害成分，掌握控制饲料卫生的措施。

【技能目标】

- 能够对畜禽舍内温度、湿度、风速及光照进行控制和管理；
- 能够对舍内氨气、二氧化碳和硫化氢的浓度以及舍内粉尘进行测定；
- 能够对水样进行采集并对其化学性状、微生物指标进行检验；
- 能够对饲料中有毒成分进行检验。

【教学案例】

夏季羊为什么爱生病？

河北某肉羊养殖场夏季频繁出现腐蹄病、腹泻、采食量下降，部分羊只出现中暑等现象。该羊场为半开放式羊舍，无通风、隔热设备，无有效隔离疫病和控制疫病传播的养殖防疫工程。饲养员采用湿帘风机或者喷淋方式降温，粪便清理不及时，羊舍内阴暗潮湿。

提问：

1. 该肉羊养殖场疾病频发的原因是什么？
2. 羊舍内小环境如何改进，具体方案是什么？

畜禽舍内环境是动物赖以生存的物质基础，基本由三大类组成，即物理因子、化学因子和生物因子。物理因子主要体现在光照、气温、湿度等方面。化学因子主要是通过营养物质与供水条件来影响畜禽。生物因子范围很广，主要是畜禽机体内外的生物条件，如细菌、病毒、寄生虫等。各个因子之间不是孤立的，而是相互联系、相互制约的，环境中任何一个因子的变化，都必将引起其他因子不同程度的改变，因此舍内环境因子对畜禽舍的生态作用，通常是各个因子组合在一起的综合作用。

随着畜禽业的规模化发展，近几年，不少国家暴发了流行性动物疫病，与此同时，动物疾病种类越来越多，畜禽舍空气质量和疾病的预防，成为当前环境控制及疫病预防技术要解决的重要问题之一。畜禽舍内环境与畜禽养殖生产密切相关。恶劣的畜禽舍环境可使畜禽生产性能下降，饲养成本增加，还会诱发多种疾病，甚至造成畜禽死亡。只有在适宜的环境下，才能发挥畜禽的最大生产潜力，因此，了解畜禽舍的环境因子的有效参数，掌握畜禽舍环境控制方法，可有效缓解由于畜禽舍环境因素造成的饲养成本增加、疫病防控弱等问题。畜禽舍环境控制主要包括控制畜禽舍温度、控制畜禽舍湿度、控制畜禽舍通风、控制畜禽舍采光、控制畜禽舍空气卫生、控制饮水卫生以及控制饲料卫生等七方面的内容。

任务一　控制畜禽舍温度

畜禽舍环境的控制主要取决于温度的控制。温度是对畜禽影响最大的物理因子，其直接或间接地影响畜禽的健康和生产力。当舍内温度过高时，畜禽机体散热受阻，体内蓄热，体温升高，机体代谢率提高，采食量下降，出现喘息甚至中暑；当舍内温度过低时，机体散热量增加，为维持体温，就必须提高代谢率，增加机体产热量，因而造成饲料消耗量增多。畜禽舍防寒、隔热的目的就是要克服大自然寒暑的影响，使畜禽舍维持在适合畜禽发挥正常生理功能的适宜温度范围。目前，规模化养殖企业已把控制畜禽舍的温度作为提高饲料营养成分利用率的有效手段。保温隔热畜禽舍是畜牧生产现代化的重要标志，在实际生产中，应结合当地条件，借鉴国内外先进的科学技术，采用适宜的环境控制措施，改善畜禽舍小气候，同时饲养管理得当，才能取得预期效果。各种畜禽舍内的标准温度参数参考表3-1。

表3-1　各种畜禽舍的标准温度参数

畜舍类别	温度/℃	畜舍类别	温度/℃
分娩母牛舍	16(14～18)	公母羊舍，后备羊舍	5(3～6)
犊牛舍		母羊分娩舍	15(12～16)
20～60日龄	17(16～18)	公羊采精舍	15(13～17)
60～120日龄	15(12～18)	马舍	7～20
1岁以上小牛舍	12(8～16)	马驹舍	24～27
青年和成年牛舍		兔舍	14～20
拴系散养饲养	10(8～10)	空怀妊娠前期母猪舍	15(14～16)
散放厚垫料饲养	6(5～8)	公猪舍	15(14～16)

续表

畜舍类别	温度/℃	畜舍类别	温度/℃
妊娠后期母猪舍	18(16~20)	火鸡舍	12~16
哺乳母猪舍	18(16~18)	鸭舍	7~14
后备猪舍	16(15~18)	鹅舍	10~15
育肥猪舍		鹌鹑舍	20~22
断奶仔猪	22(20~24)	雏火鸡舍	
165 日龄前	18(14~20)	1~20 日龄:笼养	35~37
165 日龄后	16(12~18)	地面平养	22~27(伞下22~35)
雏鸡舍		雏鸭舍	
1~30 日龄:笼养	20~31	1~10 日龄:笼养	22~31
地面平养	24~31	地面平养	20~22(伞下26~35)
31~60 日龄:笼养	18~20	11~30 日龄	20~18(伞下26~35)
地面平养	16~18	31~35 日龄	16~14
61~70 日龄:笼养	16~18	雏鹅舍	
地面平养	14~16	1~10 日龄:笼养	20
71~150 日龄	14~16	地面平养	20~22(伞下30)
成年禽舍		31~65 日龄	18~20
鸡舍:笼养	18~20	66~240 日龄	14~16
地面平养	12~16		

引自常明雪,《畜禽环境卫生》, 2007。

一、畜禽舍类型与舍内温度控制

畜禽舍的作用是为畜禽提供一个适宜的生长环境,根据畜禽不同生理阶段的需求和当地的气候条件,确定适宜的畜禽舍类型尤为重要。从舍内环境控制的角度出发,根据人工对畜禽舍环境调控程度,可将畜禽舍分为棚舍、开放式或半开放式畜禽舍以及封闭式 3 种畜禽舍(有关内容详见项目二)。

1. 棚舍与舍内温度控制

棚舍是一种防暑的有效形式,其棚顶可以防止日晒,而四周敞开可使空气流通。棚舍以长轴东西向配置,可为畜禽提供最长的暴露在北侧凉爽天气的时间,同时棚下阴影的移动也最少,长轴南北向配置不利于遮阳。棚舍高度视畜禽种类和当地气候条件而定,猪舍(高)2.5 m 左右,牛舍(高)3.5 m 左右,潮湿多云地区宜较低,干燥地区可较高。若跨度不大,棚顶宜呈单坡、南低北高,顶部刷白色,底部刷黑色较为合理。

气温高时,棚舍只能隔绝太阳的直接辐射,却不能使棚下的空气温度进一步降低。为了进一步提高棚舍的防暑效果,在棚舍内采用冷水通风装置,利用蒸发冷却效应,并装入其他现代化设备,使外界空气进入棚内时,温度有所下降,可达到良好的防暑效果。寒冷的季节,由于棚顶隔绝了太阳的直接辐射,棚内得不到外来热量,而四周又是完全敞开,对冷风的侵袭没有什么防御能力,防寒能力低。当外界气温达到-1 ℃时,棚舍内仅能维持3 ℃,而封闭舍内可达13 ℃,可见棚舍的御寒能力低,冬季对畜禽有不利影响,可导致饲料报酬低、健康水平下降等。为了提高棚舍的使用效果,克服其控温能力较差的弱点,需做好棚顶的保温隔热设计,并在畜禽舍前后设置卷帘,利用亭檐效用和温室效应,使舍内夏季通风好、冬季保温较好。

棚舍在一定程度上控制环境条件,改善了畜禽舍的保温隔热能力,适用于炎热地区各种动物生产和温暖地区的成年猪、鸡、牛、羊生产,或冬季较短、寒流较弱地区,某些耐寒性较强的畜禽(如肉牛、奶牛)饲养。

2. 开放式和半开放式畜禽舍与舍内温度控制

利用正面全部敞开或有半截墙的开放式或半开放式畜禽舍(图3-1),可保证冬季阳光照射,在夏季只照到屋顶。墙体在冬季起挡风作用,因此,这种畜禽舍防寒能力不如封闭舍,防暑能力低于棚舍,可在全部敞开面可以附设卷帘、塑料薄膜或阳光板形成封闭状态,增加抗寒能力,也可在后墙开窗户加强空气对流,提高防暑能力,从而改善舍内小气候;适用于冬季不太冷而夏季不太热的地区,饲养各种成年畜禽,特别是耐寒的牛、绵羊、马、鸡和兔等。

图3-1 半开放式羊舍

3. 封闭式畜禽舍与舍内温度控制

封闭式畜禽舍主要的优点是抵御外界不良因素的能力较强,具有较好的保温隔热能力,利用现代化的设施设备可使舍内保持一个较理想的空气环境(图3-2);缺点是由于墙壁和屋顶等外围护结构呈封闭形式,舍内的粉尘、水汽、有害气体等浓度较高,若不及时进行有效通风,容易引发畜禽呼吸道疾病,尤其在冬季,通风和保温往往形成对立,导致呼吸道疾病发病率更高。封闭舍内最重要的环境因子是温度,而决定舍内温度高低的关键因素是热量,封闭舍的热量主要来源于畜体散发的体热、人的活动、机械运动、生产过程中的产热以及舍外传入的热量。正是这些热量使舍内外温度呈现显著差异。

舍内空气温度分布不均匀,以垂直方向看,一般天棚和屋顶附近较高,地面较低。若天棚和屋顶保温能力强,垂直温度分布很有规律且差异不大,如某保温情况较好的四层笼养育

图 3-2　封闭式猪舍

雏舍，1—4 层的平均温度分别为 29.5 ℃、30.2 ℃、30.4 ℃、31.4 ℃。若天棚和屋顶保温能力差，舍内的热量很快向上散失，就有可能出现相反情况，即天棚和屋顶附近温度较低，地面附近较高，如某保温情况较差的三层笼养蛋鸡舍，1—3 层的温度范围由下到上递减，分别是 19.0～23.9 ℃、12.0～21.9 ℃、14.8～19.9 ℃。按环境条件要求，地面附近到天棚附近的温差不能超过 2.5～3 ℃，也就是说高度每升高 1 m，温差不超过 0.5～1.0 ℃。从水平方向看，一般中央高，四周温度低，畜禽舍的跨度越大，中央与四周的温差越明显。靠近门、窗和墙壁地带温度较低，中间则较高。在冬季要求墙壁内表面附近温度同舍中央的温差不超过 3 ℃，当舍内空气潮湿时，此温差不宜超过 1.5～2.0 ℃。掌握了畜禽舍气温的上述规律，对于畜禽舍设置温度控制设备，合理安置畜禽等具有重要意义。例如在笼养的育雏室内，应设法把日龄较小、体质较弱的雏鸡安置在上层，初生仔猪怕冷，可安置在畜禽舍中央。

封闭舍冬季防寒较易，夏季防暑较难，因此应特别注意加强封闭舍的防暑降温措施。一般来说，封闭舍适用于我国东北、华北、西北等寒冷地区，在黄河、长江流域以南，则应注意加强夏季的隔热防暑，可安装风机、水帘用于降温。

二、畜禽舍朝向与舍内温度控制

畜禽舍朝向不仅影响采光，而且与冷风侵袭有关。畜禽舍通过朝向利用日照温度，来调节畜禽舍温度。北方地区天气寒冷，为了让畜禽舍在冬季获得充足的阳光，提高舍内温度，多采用坐北朝南、东西延长的畜禽舍建造朝向。冬季太阳高度角较小，这种建造形式可促使阳光更深地进入畜舍，提高畜舍温度；同时夏季温度较高，太阳角度较大，阳光进入畜禽舍的程度较浅，从而达到防暑效果。

在保证日照调节与温度的基础上，当地实际主导风向也是影响舍内温度的重要因素之一。主导风向不仅能对畜禽舍热损耗造成影响，也会对通风状况造成影响，进而影响整个畜禽舍的环境状况，尤其是温度。冬季主导风向对畜禽舍迎风面所造成的压力，使墙体细孔不断由外向内渗透寒气，导致畜舍温度下降，失热量增加，是冬季畜禽舍的冷源。如夏季盛行东南风，冬季多为东北风或西北风的地区，畜禽舍朝向应为南偏东或南偏西，最好为南偏东 15～25°。因此在设计畜禽舍朝向时，应根据当地风向频率，结合防寒、防暑要求，确定适宜朝向。

三、畜禽舍结构与舍内温度控制

【教学案例】

封闭未必是好事

东北某肉牛养殖场为封闭式牛舍，双坡式屋顶，四周有空心砖墙、水泥地面，墙壁上有渗水出现，舍内阴暗潮湿，夏季频繁出现腐蹄病、腹泻、采食量下降，部分牛只出现中暑等。

提问：

1. 该牛场疾病频发的原因是什么？
2. 舍内小环境如何改进，方案是什么？

畜禽舍的结构合理与否，决定畜禽舍控制环境能力的大小。畜禽舍的基本结构包括屋顶、天棚、墙体、地面、门窗和基础等，其中屋顶、天棚和外墙是影响畜舍温热环境的主要结构。因此，选择适当的建筑材料，使外围护结构总热阻值达到基本要求，是畜禽舍温度控制的关键措施。

1. 屋顶

屋顶是畜禽舍上部的外围结构，具有防止雨雪和风沙侵袭以及隔绝强烈的太阳辐射热的功能，保证畜禽舍冬季保温、夏季隔热。因热空气向上走，导致舍内上部空气温度高，冬季屋顶内外温差大于外墙温差，屋顶单位面积的失热多于外墙。由此可见，屋顶的保温隔热对舍温影响很大。常用的屋顶温度控制设计可从以下几方面考虑。

（1）屋顶类型

屋顶的形式繁多，单坡式能最大限度接受日照，舍内阳光充足；双坡式使用广泛且保温效果较好；联合式保温能力优于单坡式；钟楼式和半钟楼式适用于气候炎热和温暖地区及耐寒怕热家畜的畜禽舍；拱顶式保温隔热能力差。常用的屋顶类型详见项目二。

（2）保温隔热材料

屋顶选择导热系数小的材料，以加强保温隔热。一些新型的保温材料已经在畜禽舍屋顶上广泛应用，如中间夹聚苯板的双层彩钢复合板、透明的阳光板、钢板内喷聚乙烯发泡等。图3-3为采用透明阳光板进行环境温度控制的畜禽舍。

图3-3　透明阳光板畜舍

(3)合理的结构

在实际应用中,选用一种材料往往不能保证最有效地保温隔热,因此,需要综合几种材料的特点形成较大的热阻从而达到良好的保温隔热效果,即从结构上充分利用几种材料合理确定多层结构屋顶,其方法是在屋顶的最下层铺设导热系数小的材料,其上为蓄热系数比较大的材料,最上层为导热系数大的材料。采用此种结构,当屋顶受太阳辐射变热后,热量传到蓄热系数大的材料层而蓄积起来,在向下传导时,受到阻抑,从而缓和热量向舍内进一步传播;当夜晚来临时,被蓄的热又可通过上层导热系数大的材料层迅速散失,这样白天可避免舍内温度升高而过热。但这种结构只适宜夏热冬暖地区,在夏热冬寒地区,则将上层导热系数大的材料换成导热系数小的材料较为有利。

(4)增强屋顶反射

通过增强屋顶反射能力可减少太阳辐射热。屋顶表面的颜色深浅和光滑程度,决定其对太阳辐射热的吸收与反射能力。浅色、光滑的屋顶对辐射热吸收少而反射多,深色、粗糙的屋顶对太阳辐射热吸收多而反射少。如深黑色、粗糙屋顶太阳辐射热吸收系数为0.86,红色、光滑屋顶为0.56,而白色、光滑屋顶仅为0.26。因此采用浅色、光滑屋顶,可减少太阳辐射热向舍内的传递,是有效进行隔热的措施。

(5)利用空气隔热

空气用于屋面的隔热,通常通过通风屋顶来实现,在以防暑为主的地区将屋顶做成双层,靠中间空气层的气流流动将顶层传入的热量带走,阻止热量传入舍内,在夏季可起到很好的隔热作用,如图3-4所示。其特点是空气不断从入风口进入,穿过整个间层,再从排风口排出。在空气流动过程中,把屋顶空间由外面传入的热量带走,从而降低了温度,减少了辐射和对流传热,有效地提高了屋顶的隔热效果。对于间层要求①尽量短直,同时应具有适宜高度(12~20 cm);②间层内壁必须光滑以减少空气阻力;③间层进风口尽量与夏季主导风向一致,排风口应设在高处,以充分利用风压与热压,通风屋顶更适宜夏热冬暖地区,冬季较冷地区可将风口封闭以利于保温。在夏热冬暖地区,考虑通风问题,一般屋顶到天棚的高度坡屋顶为1.2~2 m,平屋顶为2 m左右;在北方,高度不宜太大,常在1 m左右。

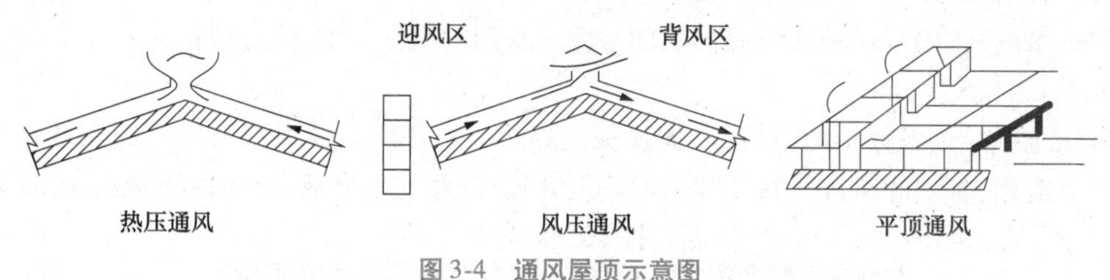

图3-4　通风屋顶示意图

[引自李如治,《家畜环境卫生学》(第三版),2003]

2. 天棚

天棚的主要功能是在冬季防止舍内热量大量从屋顶处排出,在夏季阻止强烈的太阳辐射热传入舍内,它的作用在于使屋顶与畜禽舍空间之间形成一个不流动的空气缓冲层。一栋8~10 m跨度的畜禽舍,其天棚的面积几乎比墙的总面积大一倍,而18~20 m跨度时大2.5倍。在双列牛舍中通过天棚失热可达36%,而四列牛舍可达44%,可见天棚对畜禽舍环境控制的重要意义。在天棚铺足够的保温层(炉灰、锯末、玻璃棉、膨胀珍珠岩、矿棉等),是加大天棚热阻值的有效方法。同时,天棚也利于通风换气,如采用负压纵向通风的畜禽舍,天棚可大大减少过风面积,显著提高通风效果。

天棚在选材时要因地制宜,尽量使用当地价廉、热阻值高的材料,常用的有混凝土板、木板等。在我国农村畜禽舍中常常可见到草泥,甚至篦席等简易天棚。只要使用得当,这类天棚同样可以获得较好的保温隔热效果。因此,良好的天棚对于炎热和寒冷地区畜禽舍环境控制都具有重要作用。

3. 墙体

墙在畜禽舍保温上起着重要的作用。冬季墙体失热量要占畜舍总失热量的35% ~ 40%,仅次于屋顶和天棚。因此,寒冷地区必须加强墙体的保温设计。需要注意的是,炎热地区多采用开放式或半开放式畜禽舍,在这种情况下,墙体的隔热没有实际意义。在夏热冬寒地区需兼顾保温隔热,在炎热地区大型封闭式畜禽舍的墙体应按照屋顶的隔热原则进行设计,尽量减少太阳辐射。

墙体的保温隔热能力取决于所用的建筑材料的特性与厚度。设计时,应根据有关的热工要求,结合材料和习惯做法确定,尽可能选用隔热性能好的材料,如选用空心砖代替普通红砖,墙体的热阻值可提高41%,而用加气混凝土块则可提高6倍。国内目前一般使用的墙体材料多是空心砖或黏土砖,可根据各地的气候条件和各类畜禽舍的环境要求选用不同厚度的砖墙。开放式、半开放式畜禽舍一般1砖墙,封闭式畜舍可采用空斗墙,封闭式和北方寒冷地区畜舍可用1.5砖墙。此外,必须对墙体采取严格的防潮、防水措施。受潮不仅可使墙体导热快,造成舍内潮湿,而且会影响墙体寿命。

4. 门窗

门窗的热阻值较小,同时门窗开启及缝隙会造成冬季的冷风渗透、失热量较多,对保温防寒不利。因此,在寒冷地区,在保证采光和通风的前提下,尽量少设门,也可在大门外添设门斗。寒冷地区要注意门的保温,可设双层门,有必要时还可加挂门帘。

窗户多设在纵墙或屋顶上,是外围护结构中保温隔热性能最差的部分。窗户的数量、大小、形状、位置不仅对舍内的光照具有重大的意义,而且直接影响舍内温度及舍内小气候。所以在设置窗户时,应根据不同的气候条件和畜禽舍要求合理设计。如寒冷地区采光、通风与保温是主要矛盾,所以在保证采光系数和夏季通风的基础上应适当少设窗,窗户面积也不宜过大,也可设双层窗或临时加塑料薄膜、窗帘等;在温暖地区主要是保证通风,可适当多设窗(地窗、天窗)和加大窗户面积,但也不宜过大,要根据具体情况,因时因地制宜。

5. 地面

地面的保温隔热性能,直接影响地面平养畜禽的体热调节,也关系到舍内热量的散失,因此,地面的保温很重要。如果在选用材料及结构上能有保证,当家畜躺在地面(畜床)上时,地热能被地面蓄积起来,而不致传导散失,在家畜站起后大部分热能发散至舍内空气中。这不仅有利于地面保温,而且有利于舍温调节。有材料证明:奶牛在一天内有50%的时间躺在牛床上,中间起立12 ~14次,整个牛群起立后,舍温可升高1 ~2 ℃。地面的防水隔热性能对地面本身的导热性和舍内小气候状况、卫生状况的影响也很大。若地面水分渗入地面下土层,会使地面导热能力增强,从而导致畜体躺卧时失热增多,同时微生物容易繁殖,污水腐败分解也易使空气污染。

畜禽舍地面的选择可参考项目二任务一。目前养殖场采用的地面分为实体地面和漏缝地板两种。石地面和水泥地面不保温,且硬,但便于清扫和消毒。砖地面和木质地面保暖,便于清扫与消毒,但成本高,适合寒冷地区。饲料间、产房可用水泥或砖铺地面,便于消毒。漏缝地板在国内亚热带地区已普遍使用。在生产中,应根据当地的条件尽可能采用有利于保温的地面,如在畜禽的畜床上加设木板或塑料垫等,以缓解地面散热。

四、畜禽舍防寒与保温措施

【教学案例】

冬日暖"炉"护生长

仔猪在保育补饲期间,必须做好保温工作,以降低冷应激带来的影响。目前普遍采用红外线保温灯、保温箱为仔猪局部供暖。根据猪的习性,其大部分时间躺卧,因此只对躺卧区的温度进行合理控制,而无须对整栋猪舍进行温度控制,实现养猪环境的节能控制。

提问:

1. 对仔猪保温有哪些因地制宜的方法,各有何特点?
2. 如何控制仔猪保温室的温度,阐述其原理、方法及注意事项。

低温环境下,畜禽生长发育缓慢,饲料转化率低,对疾病的抵抗力下降,发病率显著升高。尤其是在初生和幼龄阶段,由于幼畜的体温调节系统尚未发育完全,对环境温度的要求较高。环境温度不仅影响畜禽的生产性能和健康状况,而且会影响动物行为和福利,产生环境应激综合征,甚至对畜禽产品质量产生不良影响。我国南北气候差异大,具有明显的季风气候特点,特别是北方地区冬季寒冷、昼夜温差大,因此,加强畜禽舍的防寒保暖不可忽视。

1. 加强畜禽防寒管理

在不影响饲养管理及舍内卫生的前提下,适当加大饲养密度,可辅助性防寒保暖,同时加强畜禽舍结构的严密性,控制通风换气量,防止贼风。在寒冷地区,尤其要注意湿度的控制和及时清除粪便和污水,尽量避免舍内潮湿,还可通过在躺卧区铺设木板或垫料(图 3-5)的方式改善冷地面的温热特性。另外,还可通过提高日粮能量水平,有助于畜禽抵抗严寒。

(a)

(b)

图 3-5　畜禽舍保温措施

(a)铺设垫料;(b)铺设木板

2. 加强畜禽舍人工供暖

畜禽舍采暖是畜牧生产中重要的工程技术措施。在采取各种防寒措施仍不能达到要求时,需人工供暖。采暖系统分为集中供暖系统、分散供暖系统和局部供暖。使用时应根据畜禽的生理需要、采暖设备投资、能源消耗等情况,综合考虑投入与产出的经济效益而定。

(1)集中供暖

集中供暖是由一个集中的采暖设备对整个畜禽舍进行全面供暖,使舍温达到适宜的温度,主要由热源(如锅炉房)将热媒(热水、蒸汽或热空气)通过管道输送至各房舍的散热器(暖气片),也可在地面下铺设热水管道,利用热水将地面加热。在电力充足地区,还可在地面下埋设电热线加热地面。采用这种采暖设备时,必须由设计部门根据采暖热负荷计算散热器、采暖管道及锅炉数量,畜牧兽医工作者应提供舍温要求值、畜禽产热量、通风需要等相关参数。集中供暖能保证全场供暖均衡、安全和方便管理,但一次性投资太大,适用于大型畜禽场。

(2)分散供暖

分散供暖是指每个需要采暖的建筑或设施自行设置供暖设备,如热风炉、空气加热器和暖风机。分散供暖系统投资较小,可以和冬季畜禽舍通风相结合,便于调节和自动控制,缺点是采暖系统停止工作后余热小,室温降低较快,中小型畜禽场可采用。

(3)局部供暖

利用供暖设备对畜禽舍局部进行加热,主要用于猪场分娩舍、鸡场育雏舍。育雏阶段所占饲养面积小,如果整舍加温浪费多,且易导致饲料变质,温度调控难,因此需要局部加热来满足幼龄动物的需求。据资料报道,肉仔鸡舍适宜温度见表 3-2。

表 3-2　肉仔鸡舍的适宜温度

周龄/周	1～2	2	3	4	5	6
育雏器温度/℃	33～35	29～32	26～29	24～26	21～24	18～21
室温/℃	24	24	22	20	18	18

局部供暖可通过火炉、火炕、火墙、烟道、保温伞、红外加热设备、保温箱或局部安装加热地板来实施局部供暖(图 3-6)。目前在生产中普遍应用的局部供暖设备为红外线灯作热源的保温箱或保温伞。仔猪一般一窝一盏(125 W)红外线灯,在母猪分娩舍采用红外线照射仔猪比较合理,既可保证仔猪所需较高的温度,又不致影响母猪。育雏阶段,主要采用保温

(a)

(b)

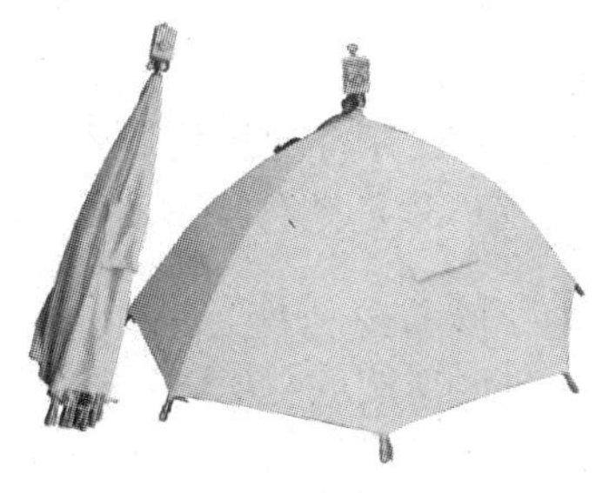

(c)

图 3-6　畜禽舍不同的局部加热方式

(a)红外线灯加温;(b)加热管道加温;(c)育雏伞

伞进行局部加热，一般每800～1 000只雏一个，根据饲养量选择不同功率的保温伞设备，且保温区温度与红外线灯悬挂的高度和距离有密切的关系，红外线灯悬挂高度越高，地面温度越低。红外线灯育雏优点是：育雏量大，雏鸡可在伞下自由活动选择适温区，换气良好，使用方便；但是其缺点是：育雏费用高，热量不大，需有保温性好的育雏舍或在育雏舍内另设加温设施，如火炉等帮助升高舍温。

五、畜禽舍防暑与降温措施

【教学案例】

"护卫"鸡群健康

某鸡场为封闭式成年蛋鸡舍，夏季鸡舍温度平均32 ℃，鸡群死亡率升高，产蛋率下降，蛋重减轻，破蛋率上升。鸡舍外围护结构人字形屋顶，墙体为370 mm厚清水砖墙，内面石灰粉刷；屋顶70 mm钢筋混凝土预制板，上刷石油沥青一道，50 mm厚蛭石混凝土保温层。

提问：

1. 造成鸡场产蛋率下降、死亡率升高的原因。
2. 鸡场的隔热设计有何缺点。
3. 鸡场如何进行鸡舍小气候的改善。

高温对畜禽的健康和生产力的危害大于低温，一般畜禽是耐寒怕热的。因此，应采取有效措施，做好防暑降温工作，减小高温对畜禽的影响。

（一）畜禽舍的防暑措施

1. 遮阳与绿化

遮阳可使从不同方向通过外围护结构传入舍内的热量减少17%～35%，是阻挡太阳光直接进入舍内的有效措施。一般采用水平挡板和垂直挡板遮阳方式，此外，还可通过加长挑檐、搭凉棚、挂草帘、绿化等措施达到遮阳的目的。

绿化不仅可以遮阳，而且对缓和太阳辐射、降低舍外空气温度也具有一定的作用，如茂盛的树木能挡住50%～90%的太阳辐射热，草地上的草可遮挡80%的太阳辐射，绿化地面的辐射热比未绿化地面低4～5倍。因此，在畜禽舍周围种植树木（树干要超过3 m，以防影响通风）、藤蔓植物（如丝瓜、葡萄等）、草皮、蔬菜等是夏季防暑的有效措施。

2. 隔热与通风

将屋顶做成双层，靠中间空气层的流动将顶层传入的热量带走，阻止热量传入舍内，可以达到防暑的目的。夏热冬冷的地区，可采用双坡式吊顶，在两山墙上设通风口，夏季通风防暑，隔热效果明显；冬季关闭百叶窗可保温。实体屋顶与通风屋顶隔热效果见表3-3。另外，外围护结构的隔热设计增加散热量，地面使用空心砖与混凝土结合的结构，或在地面上使用热阻大、防水耐磨的垫层或垫草，均可达到防暑降温的目的。

表 3-3　实体屋顶和通风屋顶隔热效果的比较

屋顶做法		舍外气温 /℃		综合温度 /℃		结构热阻 /($m^2 \cdot K \cdot W^{-1}$)	热性能指标	总衰减度	总延迟时间 / h	内表面温度 /℃	
		最高	平均	最高	平均					最高	平均
实体屋顶	25 mm 黏土方砖	34.0	29.5	62.9	38.1	0.135	1.44	3.7	4	37.6	30.8
	20 mm 水泥砂浆										
	100 mm 钢筋混凝土										
通风屋顶	25 mm 黏土方砖	34.0	29.5	62.9	38.1	0.11	1.22	16.8	4	26.2	24.7
	20 mm 水泥砂浆										
	100 mm 钢筋混凝土										

引自李如治,《家畜环境卫生学》, 2003。

3. 增强反射能力

浅色、光滑的外围护结构比色深、粗糙的表面辐射热吸收少反射多,可减少辐射热向舍内传递,是有效的隔热措施之一。夏天为了防暑,可将屋顶和墙壁的外侧刷白,减少屋顶和墙壁对太阳辐射热的反射能力,是有效的隔热措施之一。

4. 降低饲养密度

降低饲养密度可减少畜禽体热的散发。另外还可通过在日粮中适当添加油脂、减少蛋白质含量或添加抗应激添加剂如维生素 E 等,来降低畜禽热增耗,缓解热应激。

(二)畜禽舍的降温措施

【教学案例】

舍温高,鸡受罪

某肉鸡养殖场夏季 30 ~ 40 日龄鸡只采食量下降,鸡只展开翅膀,张口喘气,饮水增加,生长减缓,死亡率高达 30%,舍内空气污浊,呛鼻,湿度大。该养殖场为封闭式鸡舍,舍内温度控制设施只有湿帘和通风设施,但是通风设施风速及风向把握不准,降温效果差,舍内温湿度探头损坏现象普遍,显示系统不能发挥应有的功能。

提问:

1. 该鸡场鸡只死亡率高的原因是什么?
2. 舍内空气温度应控制在什么范围,方案如何改进?

在炎热的夏季,外围护结构隔热、遮阳和绿化措施往往不能满足家畜要求,为避免或缓解热应激而引起生产力下降等问题,可采取必要的防暑设备与设施,以增加通风换气量或直接用制冷措施对舍内温度进行调整。

1. 蒸发降温

蒸发降温主要是通过促进畜体蒸发散热和环境蒸发降温的措施对畜禽舍内进行降温的方法，通常采用喷淋、喷雾、滴水或在进风口处悬挂湿帘等方法。蒸发降温在干热地区效果好，而在高温高湿地区舍温低于 32 ℃时效果降低（舍内温度高于 32 ℃时，由于饱和水汽压升高，难以达到饱和，故降温效果显著）。

喷淋和喷雾是用机械设备向畜禽体和畜禽舍喷水，借助汽化吸热而达到畜禽体散热和畜禽舍降温的目的（图 3-7）。当舍内温度超过 30 ℃时，可通过安装在天棚的固定或旋转的高压喷头对畜禽舍空间进行喷雾，雾滴蒸发带走热量，使得舍内温度下降 4 ~ 6 ℃；也可使用高压式低雾量喷雾器（流量 2 L/h）向畜禽体上直接喷雾，每隔 2 h 一次，可明显降低舍温。喷淋降温一般用于家畜，对奶牛、肉牛和猪一般喷淋 1 min，隔 30 min 再喷。当然间歇喷淋时间和蒸发效果与空气温度和湿度有关，为取得最好的蒸发散热效果，应迅速喷湿畜体，即停止喷淋，待畜体变干后，再开始喷淋，这也可通过时间继电器与热敏元件实现自动控制。对畜体喷淋（水滴粒径大）优于喷雾（雾化的细滴），喷雾不易润湿皮肤且还会使舍内湿度增高进而抑制蒸发散热，但喷雾具有定期向畜舍消毒的功能。生产中，一般将喷淋和喷雾系统与机械通风相结合，可获得更好的降温效果。

滴水降温是将降温喷头换成滴水器，通常安装在畜禽肩颈部上方 300 mm 处，将水直接滴到畜禽肩颈部，以既可使肩颈部湿润又不使水滴到地上为宜，比较适宜的滴水时间间隔为 45 ~ 60 min。滴水降温主要用于分娩猪舍，这是因为母猪多采用定位饲养，活动受到限制，且刚出生的仔猪不能淋水，仔猪保温箱需要防潮。

蒸发垫降温也叫湿帘通风系统（图 3-8）。将湿帘放置在进风口的位置，气流通过时，水分蒸发吸热，降低进入舍内气流的温度。据报道，当舍外气温在 28 ~ 38 ℃时，湿帘可降低舍温 2 ~ 8 ℃。但是，当舍外湿度超过 75% 后，湿帘可降低舍温 2 ℃，效果不理想。因此，在干旱地区，湿帘通风降温系统效果更为理想。

图 3-7　喷雾降温

图 3-8　蒸发垫降温

2. 通风降温

高温时，可打开所有的门窗，为加大舍内通风换气量和气流速度，也可启用电扇或排风扇等。

(1) 屋顶通风

屋顶通风是指不需要机械设备而借不同气体之间的密度差异，使舍内空气上下流动，从而使舍内废气能够及时从屋顶上方排出舍外。屋顶通风可大大降低舍内的废气浓度，确保舍内空气新鲜，减少呼吸道疫病等发生率；对于采用了地脚通风窗和漏粪地板的畜禽舍，屋顶通风使外界新鲜凉爽空气从舍地脚通风窗进入直吹至畜禽体，带走散发的热量和排出的废气，起明显的降温作用，特别是在夏季冲洗圈后效果尤为明显。屋顶通风可以选择在屋顶开窗、安装屋顶无动力风扇或屋顶风机等方式。

(2)横向通风

横向通风一般为自然通风或在墙壁上安装风扇，主要用于开放式和半开放式畜禽舍通风。为保证舍内顺利通风，必须从场地选择、畜禽舍布局和方向以及设计方面加以充分考虑，最好使畜禽舍朝向与当地主导风向垂直，这样才能最大限度地利用横向通风。横向通风的进风口一般由玻璃窗和卷帘组成，安装卷帘时要使卷帘与边墙有 8 cm 左右的重叠，这样能防止贼风进入；同时要在卷帘内侧安装防蝇网，防止苍蝇、老鼠等进入，以保证生物安全；卷帘最好能从上往下打开，可以让废气从卷帘顶端排出，平衡换气和保温。

(3)纵向通风

纵向通风通常采用机械通风，分正压纵向通风和负压纵向通风两种。一般来说，正压纵向通风主要用于密闭性较差的畜禽舍；负压纵向通风则用于密闭性好的畜禽舍，通过风扇将舍内空气强行抽出，形成负压，使舍外空气在大气压的作用下通过进气口进入舍内。通风时风扇与畜禽之间要预留一定距离(一般 1.5 m 左右)，避免邻近进风口风速过大对畜禽造成不利影响。纵向通风畜禽舍长度不宜超过 60 m，否则通风效果会变差。

3. 机械制冷

机械制冷即空调降温，利用储存在高压密闭循环管中的液态制冷剂(常用氨或氟利昂)，在冷却室中汽化，吸收大量热量，然后在制冷室外又被压缩为液态而释放出热量，实现了热能转移而降温。这种降温方式不会影响空气中水分的变化，也叫“干式冷却”，这种降温方式还包括干冰(液态 CO_2)降温。这种方法效果最好，但是成本很高，因此，只在少数种蛋库、畜产品冷冻库、种畜舍中应用。

任务二　控制畜禽舍湿度

【教学案例】

鸡舍毒素——湿度

某肉鸡养殖场，100 m^2 舍内饲养了 5 000 只 50 日龄的肉仔鸡，舍内气味呛鼻，人进去睁不开眼，平均舍温 38 ℃，平均湿度 85%，一些鸡只发生腺胃炎、传染性法氏囊病、球虫病，生长速度下降，部分鸡只发生腹水症及接触性皮炎。通风系统仅是窗户和门口的风扇。舍内有的水管不断滴水，且粪尿 3 d 清理一次。

提问：

1. 夏季如何改善鸡舍的舍内湿度、温度？
2. 引起疾病发生的原因是什么，有何改进措施？
3. 引起舍内湿度增加的原因有哪些？

畜禽舍湿度是指畜禽舍空气中水分含量的多少，即畜禽舍内空气中实际水汽压与该温度下饱和水汽压的比值，通常使用相对湿度 RH 来表示。湿度是畜禽舍重要的环境参数之一。一般来说，50% ~70% 的相对湿度对于动物的生理机能是比较适宜的，但冬季在畜禽舍要保持这样的湿度水平较困难。低湿和高湿均不利于畜禽生长，一般认为畜禽舍相对湿度超过 75% 为高湿，相对湿度低于 40% 为低湿。但不同畜禽及畜禽的不同生理阶段对湿度的最高耐受限度是不同的，如成年牛舍、育成舍最高限度为 85%，犊牛舍、分娩舍、公牛舍为 75%，成年猪舍、后备猪舍为 65% ~75%，混合猪舍、肥猪舍为 75% ~80%，鸡舍为 60% ~75%，绵羊圈为 80%，产羔间为 75%。猪舍相对湿度范围见表 3-4。

表 3-4　猪舍相对湿度

猪舍类别	舒适范围/%	高临界/%	低临界/%
种公猪舍	60 ~ 70	85	50
空怀妊娠母猪舍	60 ~ 70	85	50
哺乳母猪舍	60 ~ 70	80	50
哺乳仔猪保温箱	60 ~ 70	80	50
保育猪舍	60 ~ 70	80	50
生长育肥猪舍	65 ~ 75	85	50

注：表中数值代表的是猪床上 0.7 m 处的湿度值。在密闭式有采暖设备的猪舍，其适宜的相对湿度比上述数值低 5% ~8%。

引自《规模化猪场环境参数及环境管理》（GB/T 17824.3—2008）。

畜禽舍内水分 70% ~75% 来自畜禽本身呼吸代谢作用，10% ~25% 来自外界空气流通，10% ~25% 来自地面、墙壁、水槽、饲料、垫草及排泄物的水分蒸发等。影响舍内湿度的因素主要包括外界空气的湿度、饮水系统、排水系统、通风、温度及饲养密度等。

一、畜禽舍内湿度的监测

目前畜禽舍多采用悬挂干湿球温度计或数字温湿度计来监测舍内温湿度的情况，但是存在实时性差和测量误差大等弊端。现代化的畜禽舍环境监测系统将多种环境指标传感器结合在一起，实现舍内环境多点连续监测，能够实时监测湿度、温度和有害气体等多种环境指标，降低测量误差，实现数据的自动分析处理和超阈值自动报警，为科学饲养管理提供方法。如一种基于 Java Web 的鸡舍环境远程监测系统，工作人员可通过 PC 端或智能终端，查看鸡舍环境实时数据，其中相对湿度估计最大误差为 2.3%，实现了对畜禽舍湿度的实时监测，并根据监测数据对环境进行优化调控，可根据对畜禽舍科学监测数据，对舍内湿度进行有效的调控，如人工加湿或人工除湿等。

二、畜禽舍湿度调控

1. 加湿措施

低湿会对畜禽健康产生影响，湿度较低时，易引起呼吸道疾病，加大皮肤与黏膜干裂、引起啄癖、异食癖。常用的增湿方法主要是洒水、喷雾、带畜消毒等。规模化畜禽场可以在舍内安装加湿喷头，喷雾粒径要细。小型畜禽场可以采用人工喷雾加湿，应采用少量、多次的方法进行，喷头向上，距离畜禽有一定高度，使雾滴均匀落下。带畜禽消毒也是提高舍内湿度的有效措施，选用低浓度无刺激性或刺激性小的消毒液进行喷雾不仅可以增加空气湿度、减少灰尘，同时还能杀灭空气中的病原微生物。另外还可在舍内放置水盘等，增加空气湿度。

2. 除湿措施

高温高湿易加剧热应激，而低温高湿又会加剧冷应激，常温下，高湿环境易使畜禽舍垫料发霉，滋生病原微生物和寄生虫，增加畜禽患病的概率，同时高温还会影响建筑物的使用寿命和增加维修保养费用。

（1）改善畜禽舍环境

随着畜禽饮水量及排泄量加大，舍内湿度增加，可以使用除湿器、吸附剂以及合理通风等方式降低舍内湿度。夏季畜禽舍使用水帘降温的同时易造成舍内湿度过大，高温高湿加剧热应激，因此，水帘应间断启动，以降低舍内湿度。选择合适的垫料并及时清除舍内粪便、更换潮湿垫料或使用生石灰等吸附剂不仅能够调节湿度还能改善舍内空气质量。试验证实，按时清扫畜舍，增加垫草量，能使舍内相对湿度降低 4.21%。为了降低猪舍内的湿度和保持清洁，可训练猪按时到排粪区排粪。应该注意的是，降低舍内空气湿度，必须采取综合措施，如在冬季舍外温度较低，畜禽舍通风较少，易造成湿度过大，适当通风能够带走舍内部分水分，但是，在增加舍内通风量的同时还应注意提高畜禽舍内的温度，以防止冷应激。

（2）适宜的饲养密度

饲养密度不仅影响畜禽舍内的空气质量，还影响畜禽舍内的湿度。饲养密度大，畜禽排泄的粪尿多，呼出的水汽也多，舍内湿度也就高，因此控制适宜的饲养密度可以改善畜禽舍湿度。

美国家禽协会、英国皇家动物保护协会等建议肉鸡饲养密度范围分别为 0.07 m^2/只（36 kg/m^2），0.073 m^2/只（30 kg/m^2），体重以出栏体重计，欧盟立法限制最大饲养密度为 0.073 m^2/只（30 kg/m^2），丹麦与荷兰的肉鸡饲养密度为 40 kg/m^2，欧洲密集鸡舍可达 45～54 kg/m^2，黄羽肉鸡参考饲养密度见表 3-5，不同生长阶段的羊的适宜饲养密度见表 3-6。

表 3-5　黄羽肉鸡饲养密度

日龄/d	平均密度/（只·m^{-2}）	笼养密度/（只·m^{-2}）
1～30	30	45～60
31～60	15	25～30
61～100	8	12～15

引自杨宁，《家禽生产学》，2002。

表 3-6 羊的饲养适宜密度

羊别	面积/(m^2·只$^{-1}$)	羊别	面积/(m^2·只$^{-1}$)
春季产羔母羊	1.1~1.6	成年羯羊和育成公羊	0.7~0.9
冬季产羔母羊	1.4~2.0	1岁育成母羊	0.7~0.8
群养公羊	1.8~2.25	去势羔羊	0.6~0.8
种公羊(独栏)	4~6	3~4月龄羔羊	占母羊面积的20%

引自张英杰、刘月琴,《肉羊无公害标准化养殖技术》,2009。

(3)排水与防潮

畜禽每天排出的粪尿量很大,日常饲养管理所产生的污水很多,粪尿和污水导致舍内潮湿,容易滋生细菌,增加畜禽感染疫病的概率。因此,合理设置畜禽舍的排水系统,及时清除粪尿和污水是降低湿度的重要措施。传统的清粪排水设施主要有粪尿沟、排出管和粪水池,现代畜禽饲养将畜禽舍修成漏缝地面,下面是粪沟或储粪池,可以对畜禽舍湿度进行改善;利用垫草具有吸收水分和有害气体的作用,采用网床、高床培育仔猪和幼猪,高床笼养蛋鸡等方式,均可有效改善畜禽舍的湿度;另外,舍内饮用水是畜禽舍湿度增加的重要来源,应加强对饮水系统的管理,防止水位过高或乳头饮水器漏水,减少畜禽饮水时外渗。此外,经常通风也可降低舍内湿度,夏季通风还可起到降温的作用,但冬季需同时注意舍内保暖。

【技能训练5】

测定畜禽舍温度、湿度指标

【目的要求】

通过本次技能训练,学生应了解干湿球温度计测定原理,掌握测定仪器的使用方法及根据现场状况进行测量点、测量方法的选择及测定数据的处理。

【材料器具】

普通干湿球温度表、通风干湿球温度表

【内容方法】

1.畜禽舍温度的测定

(1)温度单位

摄氏温度(℃)和华氏温度(℉),它们之间换算公式如下:

$$\text{摄氏温度} = \frac{\text{华氏温度} - 32}{1.8}$$

摄氏温度规定(℃):在标准大气压下,纯水的冰点为0℃,沸点为100℃,中间划分100等份,每份为1℃。

华氏温度规定(℉):在标准大气压下,纯水的冰点为32℉,沸点为212℉,中间划分180等份,每等份为1℉。

(2)测量点和时间的选择

①测量点的选择。畜禽舍气象指标的测定高度与位置,以畜禽最大感受位置为准。

牛舍:固定于各列牛床上方0.5~2.0 m处;散养舍固定于休息区。

猪舍:安装在舍中央猪床中部0.2~0.5 m处。

笼养鸡舍:笼架中央高度,中央通道正中鸡笼的前方。

平养鸡舍:鸡床上方0.2 m处。

所测数据应具有代表性。测量点应根据实际情况,合理布点,一般在平面上可采用三点斜线式或五点梅花式测定点,即除中央测点外,沿舍内对角线于舍两角取2点共3个点,或在舍四角取4个点共5个点进行测定。

除中央一点,其余各点距离墙面应不少于25 cm。每个点又可设3个垂直方向的点,即距离地面10 cm、0.5 cm和天棚下20 cm共3处。

②时间的选择。可采用四点温度测量法,即观测时间为每天2:00、8:00、14:00、20:00。

2. 畜禽舍湿度的测定

(1)普通干湿球温度表测湿度(图3-9)

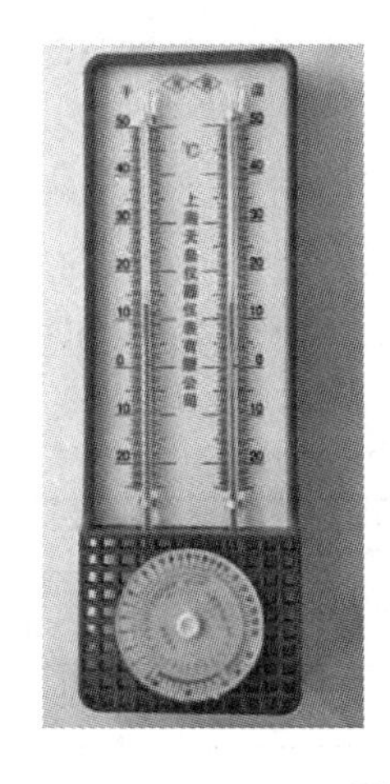

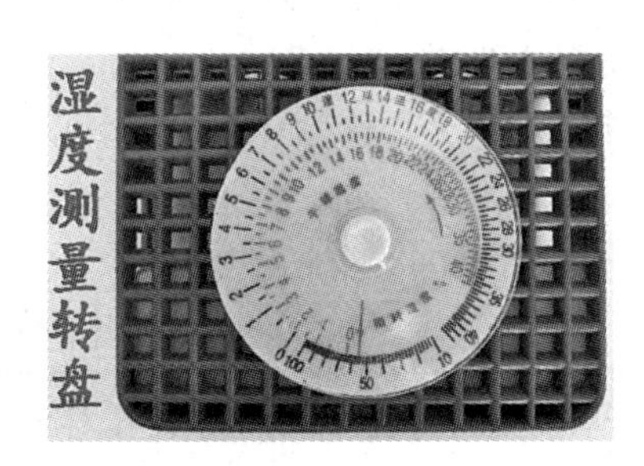

图3-9 干湿球温度表

原理:利用并列两温度计,在一支的球部用湿润纱布包裹,由于湿纱布上水分蒸发散热,使湿球上温度比干球上温度低,其相差度数与空气中相对湿度成一定比例。

步骤:

①将湿球温度计纱布湿润后固定于测量点约10 min后,先读湿球温度,再读干球温度,计算二者差数。

②转动干湿球温度计上的圆滚筒,在其上端找出干、湿球温度的差数。

③在实测湿球温度的水平位置作水平线与圆筒竖行干湿差相交点度数,即相对湿度百分数。

(2)通风干湿球温度表测量湿度

原理:两支完全相同的水银温度计并列在金属架内,在仪器的上端安装了一个带发条或电动的风扇,观测时进行通风,使温度表的球部保持一定风速,并在温度计球部设置发射能力强的双金属套管,既通风又可使温度表不受辐射热的影响,结果较准确。通风干湿球温度表分为机械通风干湿表和电动通风干湿表两种,其刻度的最小分值不大于0.2 ℃,测量精度±3%,测量范围为10%~100% RH。

步骤：

①用吸管吸取蒸馏水送入湿球温度计套管盒，湿润温度计感应部的纱条。注意夏季在观测前 4 min、冬季在观测前 15 min 用吸管吸取蒸馏水送入湿球温度计套管盒，湿润温度计感应部的纱条。

②将通风器发条上满（如为电动通风干湿表则通上电源），使通风器转动，放置于观测点。夏季应在观测前 15 min、冬季应在观测前 30 min，将仪器放置在观测点，使仪器和环境温度保持一致。

③通风 5 min 后读干、湿温度计所示温度。读数时先读干球温度，再读湿球温度，先读小数后读整数。然后根据读数查表求得相对湿度。

④结果计算：

$$e = E' - \alpha(t - t')p$$

式中 e——水汽压，hPa；

E'——湿球所示温度下的饱和水汽压（表 3-7）；

α——系数（因气流而定，表 3-8）；

t——干球温度，℃；

t'——湿球温度，℃；

p——测定时的气压，hPa。

表 3-7　不同温度时的最大水汽压　　单位：hPa

℃	0.0	0.1	0.2	0.3	0.4	0.5	0.6	0.7	0.8	0.9
−5	4.2	4.2	4.1	4.1	4.1	4.1	4.0	4.0	4.0	3.9
−4	4.5	4.5	4.5	4.5	4.4	4.4	4.3	4.3	4.3	4.2
−3	4.9	4.9	4.9	4.8	4.7	4.7	4.7	4.6	4.6	4.6
−2	5.3	5.2	5.1	5.1	5.1	5.1	5.0	5.0	5.0	4.9
−1	5.7	5.6	5.6	5.5	5.5	5.5	5.4	5.4	5.3	5.3
0	6.1	6.2	6.2	6.3	6.3	6.4	6.4	6.5	6.5	6.6
1	6.6	6.6	6.7	6.7	6.8	6.8	6.9	6.9	7.0	7.0
2	7.1	7.1	7.2	7.2	7.3	7.3	7.4	7.4	7.5	7.5
3	7.6	7.6	7.7	7.7	7.8	7.9	7.9	8.0	8.0	8.1
4	8.1	8.2	8.2	8.3	8.4	8.4	8.5	8.5	8.6	8.7
5	8.7	8.8	8.8	8.9	9.0	9.0	9.1	9.2	9.2	9.3
6	9.3	9.4	9.5	9.5	9.6	9.7	9.7	9.8	9.9	9.9
7	10.0	10.1	10.1	10.2	10.3	10.3	10.4	10.5	10.5	10.6
8	10.7	10.8	10.8	10.9	11.0	11.3	11.1	11.2	11.3	11.4
9	11.4	11.5	11.6	11.7	11.7	11.8	11.9	12.0	12.1	12.2

续表

℃	0.0	0.1	0.2	0.3	0.4	0.5	0.6	0.7	0.8	0.9
10	12.2	12.3	12.4	12.5	12.5	12.6	12.7	12.8	12.9	13.0
11	13.1	13.1	13.2	13.3	13.4	13.5	13.6	13.7	13.8	13.9
12	13.9	14.0	14.1	14.2	14.3	14.4	14.5	14.7	14.7	14.8
13	14.9	15.0	15.1	15.2	15.3	15.4	15.5	15.6	15.7	15.8
14	15.9	16.0	16.1	16.2	16.3	16.4	16.5	16.6	16.7	16.8
15	16.9	17.0	17.1	17.3	17.4	17.5	17.6	17.7	17.8	17.9
16	18.1	18.2	18.3	18.4	18.5	18.6	18.7	18.9	19.0	19.1
17	19.2	19.3	19.5	19.6	19.7	19.8	20.0	20.1	20.2	20.3
18	20.5	20.6	20.7	20.9	21.0	21.2	21.3	21.4	21.5	21.7
19	21.8	21.9	22.1	22.2	22.3	22.5	22.6	22.8	22.9	23.0
20	23.3	23.3	23.5	23.6	23.8	23.9	24.2	24.2	24.4	24.5
21	24.7	24.8	25.0	25.1	25.3	25.4	25.6	25.7	25.9	26.1
22	26.2	26.4	26.5	26.7	26.9	27.0	27.2	27.3	27.5	27.7
23	27.9	28.0	28.2	28.4	28.5	28.7	28.9	29.1	29.2	29.4
24	29.6	29.8	29.9	30.1	30.3	30.5	30.7	30.9	31.0	31.2
25	31.4	31.6	31.8	32.0	32.2	32.3	32.5	32.7	32.9	33.1
26	33.3	33.5	33.7	33.9	34.1	34.3	34.5	34.7	34.9	35.1
27	35.3	35.5	35.8	36.0	36.2	36.4	36.6	38.8	37.0	37.3
28	37.5	37.7	37.9	38.1	38.4	38.6	38.8	39.0	39.2	39.5
29	39.7	39.9	40.2	40.4	40.6	40.9	41.1	41.3	41.6	41.8

引自常明雪,《畜禽环境卫生》, 2007。

表 3-8　湿度表的系数值

气流速度/(m·s^{-1})	系数值 α	气流速度/(m·s^{-1})	系数值 α
0.13	0.001 30	0.80	0.000 80
0.16	0.001 20	2.30	0.000 70
0.20	0.001 10	3.00	0.000 68
0.30	0.001 00	4.00	0.000 67
0.40	0.000 90		

引自常明雪,《畜禽环境卫生》, 2007。

$$r = \frac{e}{E} \times 100\%$$

式中　r——相对湿度,%;

e——水汽压,hPa;

E——干球所示温度下的饱和水汽压(表3-7)。

【考核标准】

考核内容及分数	操作环节与要求	评分标准		考核方法	熟练程度	时限/d
		分值/分	扣分依据			
1.测定温度 2.测定湿度 (100分)	位置及高度选择	40	位置及高度不准确一次扣5分,扣到40分为止	分组操作考核	熟练掌握	1
	读取数据的时间选择	20	读取数据的时间不准时一次扣5分,扣到20分为止			
	读取数据的方法	20	操作不规范,一次扣4分			
	熟练程度	10	在教师指导下完成一处扣5分,直至扣完10分为止			
	完成时间	10	未当天完成扣10分			

【作业习题】

选择一间畜禽舍进行温度、湿度的测定,并分析测量过程中数据产生误差的原因。

任务三　控制畜禽舍通风

【教学案例】

做个牛舍环境评价师

黑龙江某育肥牛场,牛舍坐北朝南,屋顶为双坡式,夏季将南北墙壁敞开,底部仅有30 cm高的矮墙,冬季将敞开部分用单层塑料膜密封,牛舍两端有门。牛舍为低举架舍,檐口高度280 cm,木质屋架,沿屋脊有6个高出屋脊70 cm的排气管。外界平均气温为-24 ℃,相对湿度为76%,平均风速1.1 m/s,无降水。经测定舍内表面温度-4.7 ℃,气流速度0.02 m/s,CO_2浓度7 399 mg/m^3,舍内24 h平均相对湿度为94.3%。

提问:

1. 牛舍内的环境参数是否符合标准?
2. 如果不符合如何进行改进?

通风是指在气温高的情况下,通过加大气流使动物体感舒适,缓解高温对家畜的不良影响。通风的同时,将畜禽舍污浊的空气、尘埃、微生物和有害气体排出,保障舍内空气清新,即为换气,通风和换气是相辅相成的,是控制畜禽舍环境的重要手段,在任何季节都是必要的。但是,畜禽舍风速过大或者贼风,往往会给畜禽造成感冒等呼吸道疾病。因此,畜禽舍通风换气应该满足以下要求:排出畜禽舍内多余的水汽,使空气的相对湿度保持在适宜的范围,防止水汽在物体表面凝结;维持适宜的气温;要求畜禽舍内气流稳定、均匀、无死角、不形成贼风;减少畜禽舍空气中的微生物、灰尘及畜禽舍内产生的氨气、硫化氢和二氧化碳等有害气体。

夏季畜禽舍通风应尽量排出较多的热量和水汽,以减少家畜的热应激,增加动物的舒适感。而冬季由于舍外气温较低,畜禽舍的通风换气效果主要受舍内温度的制约。舍内温度升高,可加大通风量来排出舍内畜体、垫草或潮湿物体中的水分;舍内温度低,冬季舍外温度低于舍内,换气时必然导致畜禽舍温度剧烈下降,使空气相对湿度增加,甚至出现水汽在外围护结构发生结露,此情况下,如果不及时补充热源,就无法进行有效的通风换气。因此在寒冷地区,畜禽舍通风的控制取决于畜禽舍外围护结构的保温、防潮性能,也取决于畜禽舍内热源的补充情况。合理的通风设计,可保证畜禽舍的通风量和风速,并合理组织气流,使之在舍内均匀分布。

一、畜禽舍通风量的计算

确定合理的通风换气量是组织畜禽舍通风换气最基本的依据。通风换气量的确定可根据通风换气参数、舍内二氧化碳含量、水汽含量和热量来计算,得到的通风换气量不同,达到的目的也不同。

(一)根据畜禽舍通风换气参数计算通风量

通风换气参数是畜禽舍通风设计的主要依据,国内外科研人员通过试验,为各种家畜制订了通风换气参数(表3-9—表3-12),可供参考。在确定了通风换气参数后,必须计算畜禽舍的换气次数。畜禽舍的换气次数是指1 h内换入新鲜空气的体积与畜舍容积之比。一般规定,畜舍冬季换气保持2~4次/h,一般不应多于5次,以防舍内气温下降。

表3-9　各类猪舍通风换气参数(每头)

类别	周龄	体重/kg	换气量/($m^3 \cdot min^{-1}$)		
			冬季		夏季
			最低	正常	
哺乳母猪	0~6周龄	1~9	0.6	2.2	5.9
育肥猪	6~9	9~18	0.04	0.3	1.0
	9~13	18~45	0.04	0.3	1.3
	13~18	45~68	0.07	0.4	2.0
	18~23	68~95	0.09	0.5	2.8

续表

类别	周龄	体重/kg	换气量/($m^3 \cdot min^{-1}$)		
			冬季		夏季
			最低	正常	
繁殖母猪 种公猪	20～23	100～115	0.06	0.6	3.4
	32～52	115～135	0.08	0.7	6.0
	52	135～230	0.11	0.8	7.0

引自安立龙,《家畜环境卫生学》, 2004。

表 3-10　牛舍、羊舍和马舍通风换气参数　　单位:m^3/min

家畜种类	单位体重/kg	换气量	
		冬季	夏季
肉用母牛	454	2.8	5.7
阉牛(舍内漏缝地板)	454	2.1～2.3	14.2
乳用母牛	454	2.8	5.7
绵羊	只	0.6～0.7	1.1～1.4
肥育羔羊	只	0.3	0.65
马	454	1.7	4.5

引自安立龙,《家畜环境卫生学》, 2004。

表 3-11　鸡舍的通风换气参数　　单位:$m^3/(min \cdot 只)$

季节	成年鸡	青年鸡	育雏鸡
春	0.27	0.22	0.11
夏	0.18	0.14	0.07
秋	0.18	0.14	0.07
冬	0.08	0.06	0.02

引自安立龙,《家畜环境卫生学》, 2004。

表 3-12　不同种类畜禽的推荐适宜风速

动物种类	体重/kg	夏季风速/($m \cdot s^{-1}$)	冬季风速/($m \cdot s^{-1}$)
哺乳母猪	145	0.4	0.2
仔猪	1.5	0.4	0.25
生长育肥猪	25～80	0.6	0.3
成年猪	150～180	1.0	0.3
肉鸡	—	1.0～2.0	0.25
蛋鸡	—	1.0～2.5	0.2～0.5
奶牛	—	2.9～4.0	0.5

引自《畜禽舍纵向通风系统设计规程》(GB/T 26623—2011)。

(二)根据二氧化碳含量计算通风换气量

二氧化碳作为家畜营养物质代谢的终产物,与空气有害气体含量密切相关。因此,二氧化碳含量可以间接反映舍内空气的污浊程度。各种家畜二氧化碳的呼出量可查相关资料获得。用二氧化碳含量计算通风量的原理为:根据舍内家畜产生的二氧化碳总量,求出每小时需由舍外导入多少新鲜空气,可将舍内聚集的二氧化碳稀释至规定的范围。其公式为:

$$L=\frac{mk}{C_1-C_2}$$

式中　L——通风换气量,m^3/h;

k——每头家畜的二氧化碳产量,L/(h·头);

m——舍内家畜的数量,头;

C_1——舍内空气中二氧化碳允许的含量,1.5 L/m^3;

C_2——舍外大气中二氧化碳含量,0.3 L/m^3。

根据 CO_2 计算的通风量,往往不足以排出舍内产生的水汽,故其只适用于温暖干燥地区。按此通风量进行通风只能保证舍内的 CO_2 浓度不超标。在潮湿地区或寒冷地区,应根据水汽和热量来计算通风量。

(三)根据水汽含量计算通风量

家畜机体、畜禽舍潮湿物体表面、饮水设备等均会产生水分蒸发,这些水汽如不及时排出,就会聚集引发舍内相对湿度增加,舍内潮湿,因此,需要借助通风换气系统不断将水汽排出。通过由舍外导入比较干燥的新鲜空气,以置换舍内的潮湿空气,根据舍内外空气所含水分之差,求得排出舍内产生的水汽所需要的通风换气量。其计算公式为:

$$L=\frac{Q}{q_1-q_2}$$

式中　L——通风换气量,m^3/h;

Q——家畜在舍内产生的水汽量与由潮湿物面蒸发的水汽量之和,g/h;

q_1——舍内空气湿度保持适宜范围时所含的水汽量,g/m^3;

q_2——舍外大气中所含水汽量,g/m^3。

由潮湿物体表面蒸发的水汽,通常按家畜产生水汽总量的10%(猪舍按25%)计算。但这种估算不能代表实际情况,在条件允许的条件下,应按照生产的实际情况估算舍内产生的水汽量。

根据水汽计算的通风换气量,一般大于用二氧化碳含量计算得出的通风换气量。因此,在寒冷、潮湿的地区用这种方法比较合理。但要实现有效通风换气,畜禽舍还必须具备良好的隔热性能。如果隔热效果不好,水汽在外围护结构表面凝结,则会破坏畜禽舍通风换气。

(四)根据热量计算通风换气量

根据热量计算通风换气量的方法也称为热平衡法,即畜禽舍通风必须在适宜的舍温中进行。其计算公式为：

$$Q = \Delta t\left(L \times 1.3 + \sum KF\right) + W$$

式中 Q——家畜产生的可感热，kJ/h；

Δt——舍内空气温差，℃；

L——通风换气量，m^3/h；

1.3——空气热容量，kJ/(m^3 · ℃)；

$\sum KF$——通过外围结构散失的总热量，kJ/(h · ℃)；

K——外围护结构总传导散热系数，kJ/(m^3 · h · ℃)；

F——外围护结构的面积，m^2；

$\sum$——各外围护散失热量相加符号，即应分别根据墙、屋顶、门、窗和地面的 K 值与 F 值来求出 $\sum KF$；

W——地面及潮湿物体表面蒸发水分所消耗的热能，按家畜总量的10%（猪舍按25%）计算。

其计算公式可转化为：

$$L = \frac{Q - \sum KF \times \Delta t - W}{1.3 \times \Delta t}$$

由上式可以看出，根据热量计算通风换气量，实际是根据舍内的余热计算通风换气量，这个通风量只能用于排出多余的热能，不能保证在冬季排出多余的水汽和污浊空气。畜禽舍余热多，通风换气量就大，余热少，通风换气量就小。

畜禽舍建筑具有良好的保温隔热设计，不仅是保证通风换气顺利进行的关键，也是建立理想畜禽舍环境的可靠保证。尤其是我国黄河以北地区，如东北、内蒙古自治区北部等寒冷地区，畜禽舍的保温隔热设计尤为重要。

二、畜禽舍自然通风控制

（一）自然通风的原理

自然通风主要依靠舍外风所造成的自然风压和舍内外空气温度差所造成的热压，迫使空气进行流动，从而改变舍内空气环境。气流作用于建筑物表面而形成的压力即风压，迎风面形成正压，背风面形成负压，气流由正压口流入，由负压口排出。只要气流存在，建筑物开口两侧就有压差，就必然可进行自然通风[图3-10(a)]。通过进、排风口（主要指畜禽舍门窗）来对畜禽舍进行通风的方式，主要是针对开放式和半开放式畜禽舍。

热压作用的自然通风，是由于畜舍上下均有通风口时，舍外低气温空气由下口流入畜禽舍，舍内空气受热密度变小，上升靠近屋顶和天棚处，形成较高的正压区即畜舍上部气压大于舍外，畜禽舍下部的空气不断变热上升，形成负压区，畜禽舍外较冷的空气不断地通过下风口进入畜舍，形成气流，周而复始形成热压作用的自然通风，如图[3-10(b)]所示。在冬季，进行自然通风时，风压和热压往往同时发生；夏季舍内外温差小，在有风时风压作用大于热压作用，无风时，自然通风效果差。

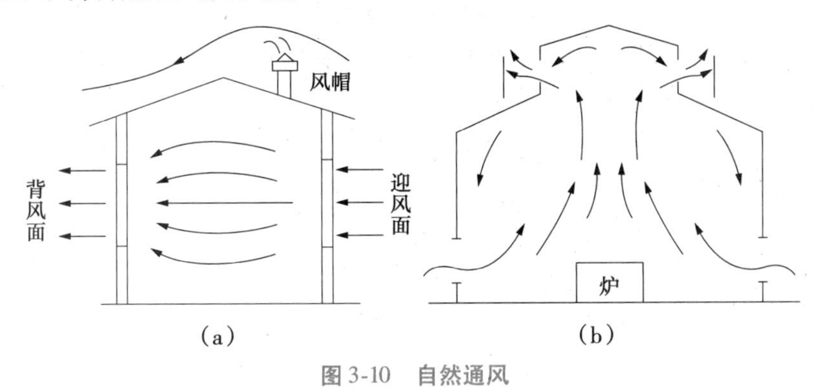

图 3-10 自然通风

(a)风压作用下的自然通风；(b)热压作用下的自然通风

(二)自然通风设计

在无管道自然通风系统中，在靠近地面的纵墙上设置地窗，可增加热压通风量，这样在夏季，地面也可形成“穿堂风”和“扫地风”，更有利于防暑降温。地窗可设置在采光窗之下，按采光面积的50% ~70%设计成卧式保温窗。如果还不能满足夏季通风的要求，可在半钟楼式畜禽舍一侧或钟楼式畜禽舍的两侧设置天窗或设置宽0.3 ~0.5 m的通风屋脊，增加热压通风。

冬季通风为防止冷风直接吹向畜体，可将进风口设置于背风侧墙的上部，使气流进入舍内后先与上部热空气混合后再下降，气流不经预热，依靠“贴附作用”使其分布均匀。小跨度的畜禽舍，冬季防寒要关闭采光窗和地窗，一般不设天窗或屋顶风管，可在南墙上设外开下悬窗作排风口，可每窗设1个或隔窗设1个，控制启闭或开启角度来调节通风量。大跨度畜禽舍(7 ~8 m以上)，应设置顶风管作排风口，风管要高出屋顶1 m以上，下端要到达舍内不低于0.6 m，上口设风帽，防止刮风时倒风或进风雪，下口设接水盘，防止风管内凝水或结冰。管内设置调节阀来控制风量的大小。风管直径以0.3 ~0.6 m为宜。据畜禽舍所需通风面积确定风管数量，风管均匀分布于畜禽舍内。

三、畜禽舍机械通风控制

机械通风是利用通风设备提供动力，迫使舍内外空气进行交换的一种通风方式。送入空气可经过加热或冷却，也可加湿或减湿处理，排出空气可进行净化除尘，不污染环境。

按照通风作用范围的大小，机械通风可分为全面通风和局部通风。全面通风是对整个畜禽舍进行通风换气，可采用轴流式风机离心式风机，局部通风是指利用局部气流形成良好的空气环境，可采用吊扇和圆周扇等进行通风。按通风造成的畜禽舍内气压变化，机械通风可分为负压通风、正压通风和联合通风。

【教学案例】

羊舍如何冬暖夏凉

江淮地区低温高湿，最常见的羊舍为双坡顶有窗式封闭舍，采暖设备为油汀式电暖气，采用负压风机与电暖气相结合的方式为羊舍通风换气。舍内饲养安徽白山羊育成羊186只，饲养密度为1只/m^2。每隔两个小时通风1次，每次通风时负压风机工作10 min，其余时间关闭，电暖气全天24 h供暖。

提问：

1. 试为其设计夏季通风系统。
2. 试为其设计冬季保温方案并提出注意事项。

①负压通风。负压通风又叫排气式通风，是利用风机将封闭舍内污浊的空气抽出，新鲜的空气通过进风口或气管流入舍内，而形成内外气体交换，使舍内空气污染物的浓度达到卫生标准的要求。其优点是通风设备简单、投资少、管理费用低、效率高，在生产中广泛采用；缺点是要求畜禽舍封闭程度好，否则气流难以分布均匀，易造成贼风。根据风机安装的位置，负压通风系统可分为屋顶排风式、侧壁排风式、地下风道排风式等(图3-11)。

屋顶排风式。将风机安装在屋顶，将舍内污浊的空气、灰尘从屋顶上部排出，新鲜空气由侧墙风管或风口自然进入。这种通风方式适用于温暖和较热地区，跨度在12～18 m以内的畜禽舍或2～3排多层笼鸡舍使用，如果停电，可进行自然通风。

侧壁排风式。将风机安装在一侧纵墙上，进气口设置在另一侧纵墙上或将风机安装在两侧纵墙上，进气口设置在屋顶上。这种通风方式适用于跨度在20 m以内的畜禽舍或有5排笼架的鸡舍，尤其对两侧有粪沟的双列猪舍最适用，但是不适用于多风地区。

地下风道排风式。适用于畜禽舍内建筑设施较多如猪舍内的实体围栏、鸡舍内多排笼架，宜采用此种排风方式进行通风。

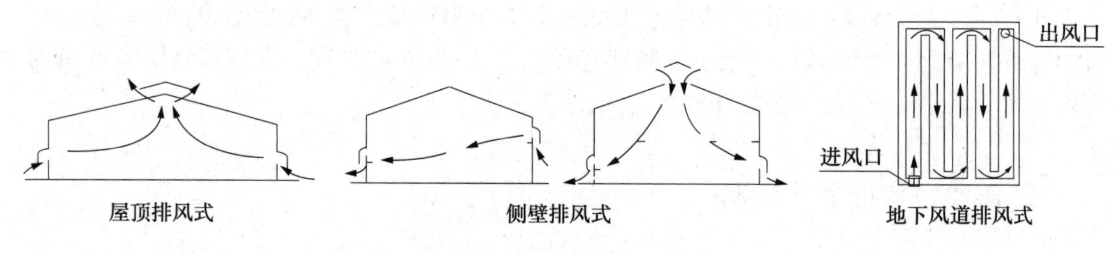

图3-11　负压排风系统

②正压通风。正压通风也叫进气式通风或送风，即通过风机将舍外新鲜空气强制送入舍内，使舍内气压增高，舍内污浊空气经风口或风管自然排出的换气方式(图3-12)。其优点是可对进入的空气进行加热、冷却及过滤等处理，是畜禽舍内适宜温湿状况和清洁空气的保障。但是这种通风方式复杂、造价高、管理费用大。

屋顶送风式。风机安装在屋顶，通过管道送风，舍内污浊气体由两侧壁风口排出，这种通风方式，适用于多风或气候极冷或极热地区。

侧壁送风式。分为一侧壁或两侧壁送风,一侧壁送风易形成“穿堂风”,适合于炎热地区的畜禽舍和跨度小于 10 m 的畜禽舍。两侧壁送风则适合于大跨度的畜禽舍。

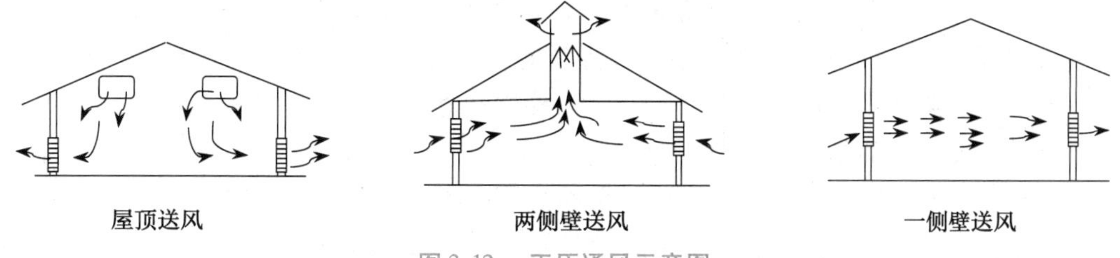

图 3-12 正压通风示意图

③联合通风。联合通风是同时采用机械送风和机械排风的通风方式(图 3-13)。在封闭式畜禽舍内,尤其是无窗的封闭畜禽舍内,往往需要采用联合式机械通风系统。其通风效果优于单纯的正压或负压通风。一种是将风机安装在墙壁较低处的进风口处,将舍外新鲜空气送入畜禽舍的畜禽活动区,畜禽舍上部的排风机将聚集在畜禽舍上部的污浊空气抽走。这种通风方式有助于通风降温,适用于温暖和较热地区。另一种是将风机安装在畜禽舍上部,通过进气口将新鲜的空气送入舍内,排气口设在畜禽舍下部,排风机从下部将污浊的空气抽走。这种方式可避免在寒冷季节冷空气直吹畜禽体,便于预热、冷却或过滤空气,适用于寒冷地区或炎热地区使用。

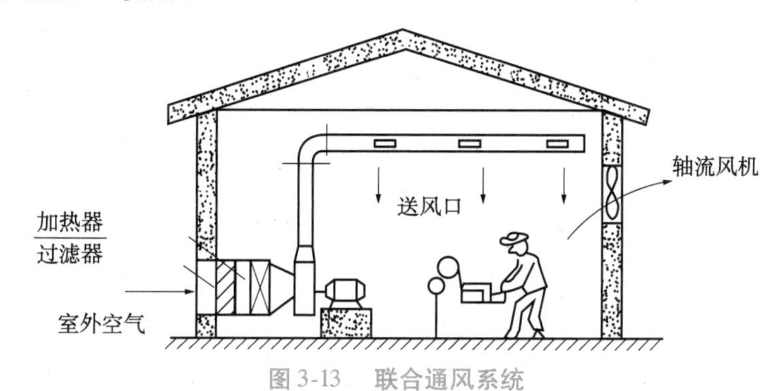

图 3-13 联合通风系统

据气流在舍内的流动方向,可将畜禽机械通风分为横向通风和纵向通风。

①横向通风。横向通风是将风机安装在一侧纵墙上,进气口设置在另一侧纵墙上,气流沿畜禽舍横轴方向流动(图 3-14),适用于跨度小的畜禽舍。

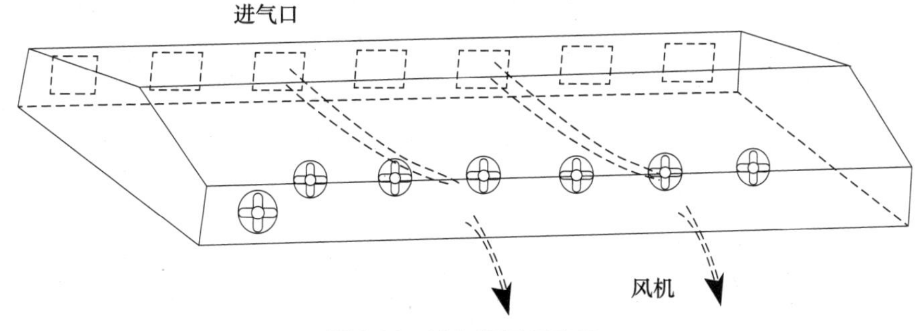

图 3-14 横向通风示意图

②纵向通风。纵向通风是将风机安装在畜禽舍一端的山墙或一侧山墙附近的纵墙上，进气口则设置在另一侧山墙或另一侧山墙附近的纵墙上，气流沿畜禽舍纵轴流动(图3-15)，适用于大跨度和具有多列笼具的畜禽舍。如果畜禽舍纵轴距离过大，则可考虑将风机安装在两端或中部，进气口设置在中部或两端，将其他门窗关闭，使畜禽舍内污浊的空气沿纵轴排出舍外。换气量及排风机型号、数量的选择，根据畜禽舍内饲养畜禽的数量及不同的季节而定。夏季主要解决的是畜禽散热降温问题，要以热量来计算畜禽舍最大通风量，以加大空气流动速度，促进家畜的蒸发散热和传导散热。夏季畜禽舍内风速以1.0～1.5 m/s为宜。冬季以保温为主，依据畜禽舍内二氧化碳的量来计算最小换气量，冬季畜禽舍内风速不超过0.3 m/s。

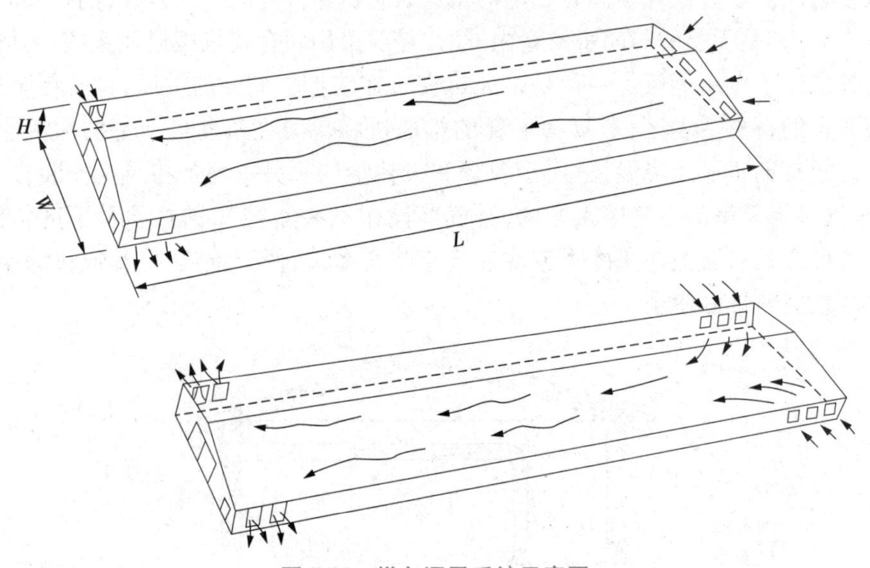

图3-15　纵向通风系统示意图

纵向负压通风具有如下优点：①提高舍内平均风速。舍内平均风速比横向通风的平均风速高5倍以上，实测证明，纵向通风舍内夏季风速可达1.0～2.0 m/s。②气流分布均匀。进入舍内的空气均沿一个方向平稳直线流动，因此，气流在畜禽舍纵向各断面的速度可保持均匀一致，无死角。③改善空气环境。结合排污设计来组织畜禽舍气流，将进气口设在净道侧，排气口设在污道侧，可避免畜禽舍间的交叉影响。有研究显示，合理设计纵向通风，舍内环境细菌数量下降70%，噪声由80 dB下降至50 dB，NH_3、H_2S和尘埃量均有所下降，保证了生产区空气清新。④节能、降低费用。可采用大流量节能风机，排风量大，使用台数少，因此可节约设备投资及安装、维修费用20%～35%，节约电能及运行费用40%～60%。⑤提高养殖效益。采用纵向通风，可使饲料报酬提高，死亡率下降。因此，在实际生产中，多采用负压纵向通风来调节畜禽舍内环境。

我国畜禽业通风模式从以自然通风为主逐步发展到现在的封闭式畜禽舍横向与纵向自由转换通风模式，不同季节和畜禽舍类型其通风模式各有不同。夏季炎热，应在纵向通风模式的基础上辅以湿帘降温系统；春秋昼夜温度变化较大，舍内通风应根据外界温度变化转换合适的通风模式；冬季寒冷，应采用横向通风“最小通风量”模式。“最小化”通风是通过温度感应控制仪器配合通风时间控制器，人为经验设定一个上限温度，当传感器温度低于设定温度，通风时间控制器控制风机执行“最小化”通风模式；当传感器温度高于设定温度，控温仪器控制风机进行通风，当温度下降到设定温度以下时，通风时间控制器再次控制风机运作；如此往复循环。“最小化”通风可以较好地解决保温与通风的平衡及保持环境良好。

【技能训练6】

测定气流

【目的要求】

要求学生熟悉畜禽舍气流测定的仪器和设备，了解不同气流测定的特点和区别，学会正确使用气流测定仪，在测定过程中，了解气流测定的注意事项等。

【材料器具】

方向仪、热球式电风速仪

【内容方法】

1. 测定风向

(1)测定舍外风向

常用风向仪直接测定风向。方向仪是一个尾部分叉，可以旋转的箭形仪器，安装在垂直的主轴上。当起风时，压力加于分叉的尾部，因此前端指针就正指着气流的来向(风向)，如指针向东南即为东南风。为了表明某地区、一定时间内不同风向频率，可根据气象台的记录资料绘制成风向频率图(风向玫瑰图)(图3-16)。某方向的风向频率为某风向的风在一定时间内出现的次数占各方向在该时间内出现的次数之和的百分比。风向频率图有年、季、月等，可以表明在某地方一定时间内的主导风向，其对于畜禽场场址的选择，确定建筑物的布局及畜禽舍设计都有重要的参考价值。

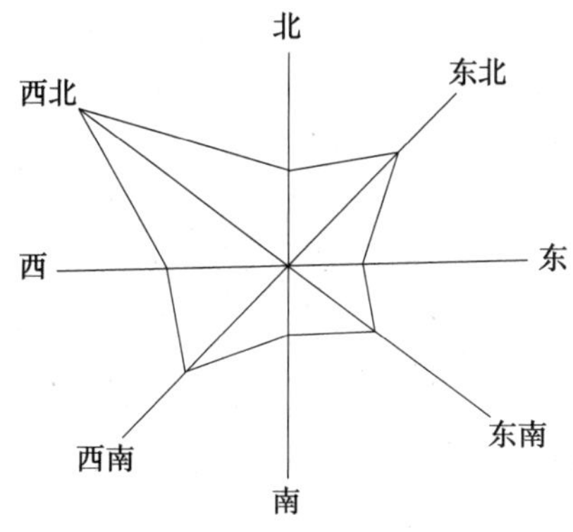

图3-16　某地风向频率图

(2)测定舍内风向

畜禽舍内气流较小，可用氯化铵烟雾来测定，即用两个口径不等的玻璃皿(杯)，其中一个放入氨液，另一个加入浓盐酸，各20～30 mL，将小玻璃皿放入大玻璃皿中，立即产生氯化铵烟雾而指示舍内气流的方向；也可用蚊香、纸烟点燃后的烟流指示舍内气流方向。

2. 测定风速

风速即为风在单位时间内的行程，单位m/s。可根据风速将风分为13级，用这些等级

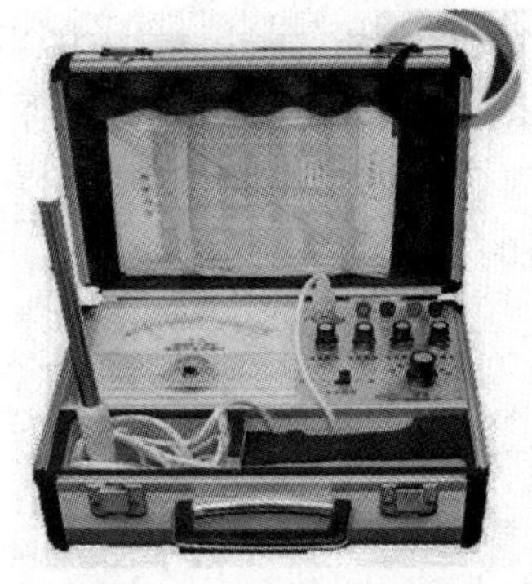
图 3-17　热球式电风速仪

表示风的强弱。舍内风由门窗的开关、通风、缝隙、畜禽的呼吸及散发的体热引起。冬季保温能力好的畜禽舍在密闭时,因各个部位的空气温差小,空气运动的速度一般不超过 0.25 m/s,但保温能力不好的畜禽舍,空气运动的速度可达 0.6 m/s 以上。

热球式电风速仪是一种新型测量风速的仪表(图 3-17),可测量 0.05~10.0 m/s 的微风速,是一种低风速测量仪器,由热球式测杆探头和测量仪表两部分。其原理是,仪器的探头部装有热电偶的热端,利用热电偶在不同风速时热端散热量大小不同,其温度下降的程度不同,风速小时则下降的程度小,反之,下降的程度大。下降程度的大小通过热电偶在电表上表示出来,根据电表读数查校正曲线即求得实际风速。

测定步骤:

①将校正开关置于"断"的位置。

②插上测杆,测杆垂直放置。将校正开关置于"满度"位置,慢慢调整"满度"旋钮,使表的指针在满度位置。

③将校正开关置于"零位"位置,调整"粗调"和"细调"两旋钮,使电表指针在零点位置。

④轻轻拉动测杆塞,使测杆探头露出,测杆拉出的长短,可根据需要选择。将探头上的红点面向来风方向,读取电度表指针的读数。

⑤每测量 5~10 min 后,需要重复②—④步骤进行校正工作。

⑥测量完毕,将测杆塞压紧,使探头密闭于测杆内,并将校正开关置于"断"的位置。仪表不用时,应将电池取出,以免电池潮解而损坏仪表。

⑦结果计算。根据仪表读数查阅校正曲线,求出风速。

【考核标准】

<table>
<tr><th rowspan="2">考核内容及分数</th><th rowspan="2">操作环节与要求</th><th colspan="2">评分标准</th><th rowspan="2">考核方法</th><th rowspan="2">熟练程度</th><th rowspan="2">时限/h</th></tr>
<tr><th>分值/分</th><th>扣分依据</th></tr>
<tr><td rowspan="5">1. 测定风向
2. 测定风速
(100 分)</td><td>风向测量方法</td><td>30</td><td rowspan="2">操作不规范一次扣 10 分,扣到 30 分为止</td><td rowspan="5">分组操作考核</td><td rowspan="5">熟练掌握</td><td rowspan="5">1</td></tr>
<tr><td>风速测量方法</td><td>30</td></tr>
<tr><td>读取、计算数据的方法</td><td>20</td><td>读取错误一次扣 5 分,扣到 15 分为止,计算错误扣 5 分</td></tr>
<tr><td>熟练程度</td><td>10</td><td>在教师指导下完成一处扣 5 分,扣到 10 分为止</td></tr>
<tr><td>完成时间</td><td>10</td><td>每超时 1 h 扣 5 分,扣到 10 分为止</td></tr>
</table>

【作业习题】

选一畜禽场，①查看该场所在地的风向玫瑰图，判断其主导风向；②进行气流的测定，并分析测量过程中数据产生误差的原因。

【技能训练7】

畜禽舍机械通风设计与效果评价

【目的要求】

通过本次技能训练，学生能根据通风换气参数计算出新建畜禽舍通风换气量，掌握通风孔道的设计方法，熟练地进行畜禽舍通风量测定，并对畜禽舍通风效果进行卫生评价。

【材料器具】

热球式电风速仪、叶轮风速仪、二氧化碳检测仪、高精度温度计

【内容方法】

（一）通风换气量的确定

1. 确定畜禽舍的最大通风换气量

为科学地设计新建畜禽舍的通风系统，必须确定畜禽舍的通风换气量。常用的方法是根据通风换气参数来计算。常用畜禽舍通风换气参数可查表。

（1）确定畜禽舍最大通风换气量

畜禽舍最大通风量即夏季通风量，是以畜禽舍夏季通风换气参数乘以舍内畜禽总数计算的。

（2）确定通风换气总量

计算通风换气总量时，要考虑风机在运转中对风量的损耗（一般为舍最大通风量的10%～15%），因此确定总风量时，要把这部分风量加上。以纵向通风系统计算通风量，为

$$L = km + km(10\% \sim 15\%)$$

式中　L——畜禽舍通风换气总量，m^3/min；

k——某种畜禽舍夏季推荐通风参数，$m^3/(min \cdot 头)$；

m——畜禽舍内畜禽总数，头或只。

2. 根据推荐风速计算

根据推荐风速计算纵向通风系统的通风量 $Q(m^3/min)$，公式如下：

$$Q = V \times A \times 3\,600$$

式中　Q——纵向通风系统通风量，m^3/min；

V——动物的推荐风速，m/s；

A——畜禽舍的横截面积，m^2。

3. 进气口

进气口应有合适的面积，夏季保证气流经过时的速度大于4 m/s，冬季气流经过的速度为1～2 m/s。夏季进气口布置在畜禽舍的净道端，宜在上风向。进气口与安装风机相对，以畜禽舍的纵轴为中心对称分布。冬季进气口应沿畜禽舍两侧纵墙均匀分散布置，安装高度不宜低于2.0 m。与排风机距离不宜小于5.0 m。

进气口面积计算公式：

$$S=\frac{Q}{\alpha}$$

式中　S——进气口面积，m^2；

Q——纵向通风系统通风量，m^3/min；

α——常数。进气口计算，夏季取值 250～333；冬季取值 60，m/min。

4. 排气管面积的计算

计算出畜禽舍所需的通风换气量以后，若想保证通风换气正常进行就需要有相应面积的排气口，畜禽舍排气口总面积的大小直接影响舍内通风的效果。畜禽舍排气管总横断面积可根据如下公式计算：

$$p=v\times s$$

式中　p——通风换气量，m^3/h 或 m^3/s；

v——排气管的气流速度，m/s；

s——排气管的总横断面积，m^2。

其中，排气管的气流速度（v）计算公式为：

$$v=0.5\times 4.427\sqrt{\frac{h(t-t')}{273+t'}}$$

式中　h——管高，m；

t——舍内温度，℃；

t'——舍外温度，℃。

5. 风机的选择和数量的确定

根据不同的畜禽舍类型，可选择不同型号和性能的风机。风机以叶轮直径来表示型号，叶轮直径越大，风量越大。选择风机应满足不同温度条件下畜禽舍的通风、换气和降温需求。目前畜禽舍多选用轴流式风机。

风机数量按照畜禽舍最大通风量确定，计算公式如下：

$$N=\frac{L}{q}$$

式中　N——安装风机数量，台；

L——畜禽舍通风换气总量，m^3/min；

q——1 台风机额定风量，m^3/min。

6. 风机安装方法

计算所得出的安装风机的数量按 2∶1 的比例，分别安装在畜禽舍排污侧和（或）侧墙上。前墙安装的风机，在窗户上缘至顶棚之间并为进风口，后墙安装的风机在窗户的下缘与地面之间并为排风口，前后墙的风机要左右交错排列，风机排风口与邻近障碍物之间距离应大于风机叶轮直径的 4～6 倍。

（二）畜禽舍通风效果的卫生评价

已建畜禽舍设计了许多通风管道，在无法确定该设计是否科学的情况下需要对畜禽舍通风效果进行卫生评价。

1. 计算风管截面的风量

畜禽舍风管通风量可用热球式风速仪直接测定，也可以由测定风管截面的面积与流经该截面上的气流平均速度相乘而求得。计算公式如下：

$$l = 3\,600 \times F\bar{v}$$

式中　l——风管截面的风量；

F——风管面积，m^2；

$\bar{v}$——测定截面上的平均风速，m/s；

3 600——时间，3 600 s。

截面各点气流速度不均匀，一般管中心较大，靠近管壁处较小，所以应测多个点的风速求其平均值。在实际测定时，根据风管截面的形状和大小，确定测点的数目和测点的距离。用叶风轮速仪贴近风机的格栅或网格送风口测平均风速时，通常采用以下两种方法。

(1)匀速移动测量法

将风速仪沿整个截面按一定的路线慢慢地均匀移动(图3-18)。该法适用于截面面积不大的风口。

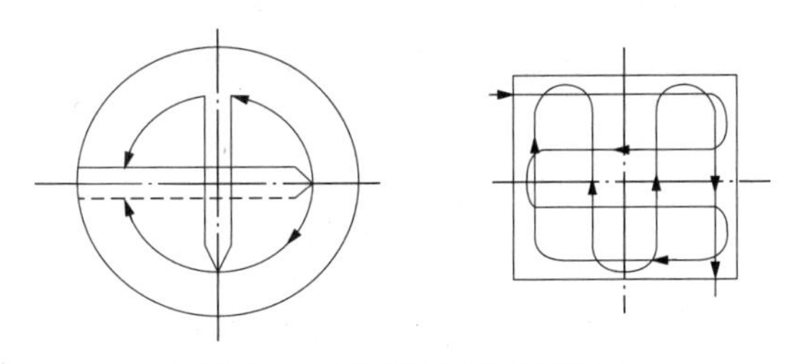

图3-18　匀速移动测量路线图

(2)定点测量法

按风口截面大小，将其划分为若干面积相等的小块，在其中心处测量，较大截面积的矩形风口可选大小相等的9～12个小方格进行测量，较小的可选大小相等的5个点来测定(图3-19)。

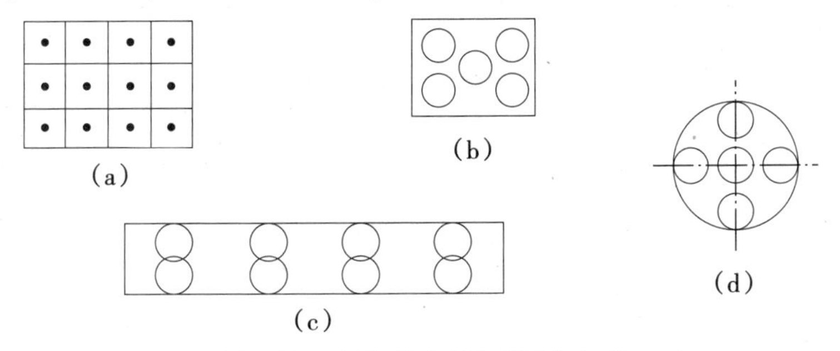

图3-19　各种形式风口测试点布置

(a)较大矩形风口测试点；(b)较小矩形风口测试点；(c)圆形风口测试点；(d)条缝形风口测试点

风口的平均速度按如下公式计算：

$$v = \frac{v_1 + v_2 + v_3 + \cdots + v_n}{n}$$

式中　$v_1 + v_2 + v_3 + \cdots + v_n$——各测点的风速，m/s；

n——测定总数。

2.通风换风量卫生评价与调整

用通风换风总量来评价其卫生指标，若其实际测得的与理论计算的相差较小(5 m^3/min之内)则不需要调整；若相差较大，则需要调整通风口的大小或通风口的数量。

【注意事项】

①在测定风速前，应接通电源，启动风机，当风机转速不断上升达到额定转速后为风机启动完毕。风机启动后才可进行气流速度的测定。

②风机旋转方向应与机壳上箭头所示方向一致，即保证风机正传。

③求得各个风机的内量后，即可计算全舍的总通风量。然后根据总通风量，与按畜禽舍通风量的确定方法计算出通风量对畜舍空气卫生进行评定。

【考核标准】

考核内容及分数	操作环节与要求	评分标准		考核方法	熟练程度	时限/min
		分值/分	扣分依据			
1. 通风换气量的确定 2. 通风效果卫生评价 (100 分)	通风换气量的确定	40	不能查出不同种类及季节的通风换气量参数扣 8 分；计算通风换气量有误扣 8 分；选定风机额定功率不适宜扣 8 分；计算风机数量有误扣 8 分；不能叙述风机安装的要求扣 8 分	分组操作考核	熟练掌握	120
	通风效果卫生评价	30	使用热球式电风速仪或叶轮风速仪有误扣 5 分，不能准确测定截面上的平均风速（m/s）扣 5 分；卫生评价标准不正确扣 5 分；不能进行有效调整扣 10 分			
	熟练程度与规范操作	20	在教师指导下完成扣 5 分；操作不规范扣 5 分			
	完成时间	10	在规定时间内每多 5 min 扣 1 分，直到扣完 10 分为止			

【作业习题】

1. 某育肥猪舍可养育肥猪 100 头，试对其进行机械通风设计。

2. 选择一间已建畜禽舍，对其通风效果进行卫生评价，并根据该舍情况分析其通风效果受哪些因素影响。

任务四　控制畜禽舍采光

【教学案例】

换灯也会让鸡生病？

某蛋鸡养殖场，光照时间 10 h，由于电路损坏，更换灯泡，临时由发出黄色光的灯泡替换，原来的15 W白炽灯，现在更换为25 W的黄色灯。鸡群出现啄癖、脱肛、烦躁不安，易炸群。所产鸡蛋出现破壳蛋增加，软蛋、双黄蛋、蛋大小不均，畸形蛋增多。鸡猝死率增加。

提问：

1. 造成鸡群出现啄癖、脱肛的原因是什么？
2. 造成蛋品质下降，畸形蛋增多的原因是什么？
3. 应采取什么措施进行处理？

光照是畜禽温热环境的重要组成部分，可通过视觉器官影响畜禽的生理机能和生产性能，特别是对畜禽的繁殖机能具有重要的调节作用。畜禽舍保持一定强度的光照，还可为饲养管理和家畜的活动提供便利。光源可分为自然光照和人工照明。自然光照经济，但光照强度和光照时间随季节的变化而变化，且在一天中也在不断变化，因此，为了弥补自然光照时数和强度的不足，在开放式或半开放式畜禽舍也应安装人工照明设备。封闭式畜舍则必须依靠人工照明，其光照强度和时数可根据畜禽舍具体的要求或工作需要进行控制。

一、自然光照

一般条件下，畜禽舍都采用自然光照。畜禽舍的自然光照的强度和时数，取决于太阳的直射光或散射光通过畜禽舍开露部分或窗户的量，而进入舍内的量与畜禽舍的方位、舍外状况、窗户的面积及玻璃透光性、入射角与透光角、舍内的布局等密切相关。畜禽舍夏季要防止直射阳光，冬季要让阳光直射在畜床上。这就要求在畜禽舍设计时要考虑采光窗户的位置、数量、形状及面积，以保证畜禽舍光照的需求，最大限度地利用自然光照。影响自然光照的因素主要包括如下几个方面。

（一）畜禽舍的方位

畜禽舍的方位直接影响畜禽舍的自然采光和防寒防暑，为增加舍内自然光照强度，畜禽舍的长轴方向应尽量与纬度平行（图3-20）。为了让畜禽舍在冬季获得足够的阳光，提升舍内温度，在我国畜禽舍多采用坐北朝南、东西延长的建造形式，这样可在冬季太阳高度角小的情况下，促使阳光更深地进入畜禽舍，调节畜禽舍温度，进而改善畜禽舍环境。同时夏季

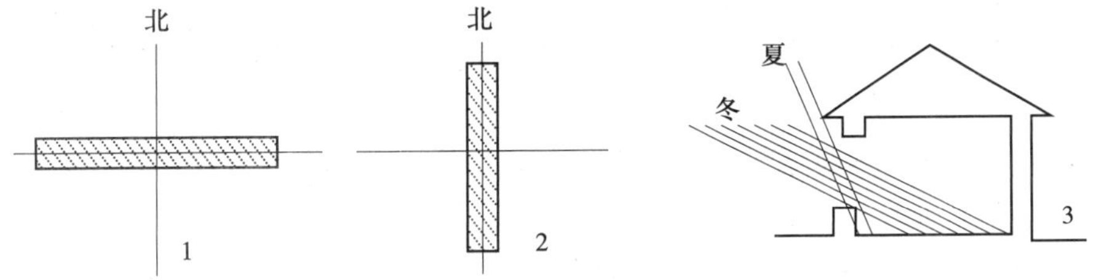

图3-20　畜禽舍方位

1—南北朝向；2—东西朝向；3—南向畜禽舍

温度较高，太阳角大，阳光进入畜禽舍的程度较浅，可尽量避免舍内温度升高，进而达到防暑的效果。但由于地区的差异，应综合考虑当地地形、主导风向及其他条件，可因地制宜地适当偏转。如南方夏季炎热，适当向东偏转，北方冬季寒冷，则适当向西偏转，一般作15°左右的偏转，即可保证畜禽舍采光，起到冬季保温、夏季防暑的作用。

(二)舍外状况

畜禽舍附近如果有高大的树木或建筑物，会遮挡太阳的直射光和散射光，影响舍内的照度，因此要求其他建筑物要与畜禽舍的距离应不小于建筑物本身高度的2倍。为了防暑，在畜禽舍旁一般都会植树，应选主干高大的落叶乔木，并尽量选择合适的位置如窗户之间，可减少遮光。另外舍外地面的反射阳光的能力对舍内照度也有影响。

(三)采光系数

采光系数是指窗户的有效采光面积(窗户玻璃的总面积，不包括窗棂)与畜禽舍地面面积之比(以窗户的有效采光面积为1)来估算。采光系数一般为1∶10～25，采光系数越大，舍内光照度越大。畜禽舍的采光系数因家畜种类不同而要求不同(表3-13)。

表3-13　不同种类的畜禽舍的采光系数

畜舍种类	面积/(m^2·只$^{-1}$)	畜舍种类	面积/(m^2·只$^{-1}$)
乳牛舍	1∶12	种猪舍	1∶10～12
肉牛舍	1∶16	育肥猪舍	1∶12～15
犊牛舍	1∶10～14	成年绵羊舍	1∶15～25
种公马厩	1∶10～12	羔羊舍	1∶15～20
母马及幼驹厩	1∶10	育成禽舍	1∶10～12
役马厩	1∶15	雏禽舍	1∶7～9

引自安立龙，《家畜环境卫生学》，2004。

(四)入射角和透光角

入射角(α)是指窗户上缘外侧或屋檐下端到畜禽舍地面纵中线所引直线与地面水平线之间的夹角(图3-21)，入射角越大，采光越有利。一般认为入射角不小于25 ℃即可保证舍内得到适宜的光照。从实际生产考虑，我国大部分地区夏季炎热，都不希望有直射的阳光进入舍内，而在寒冷的冬季，则希望阳光能照射到畜床上。为了达到这种要求，可以通过合理设计窗户的上下缘和屋檐的高度而达到。设计窗户时，保证客户上缘外侧(或屋檐)与窗台内侧所引的直线同地面水平线之间的夹角小于当地夏至的太阳高度角，即可防止夏季太阳光线直射入畜禽舍；当畜床后缘与窗户上缘(或屋檐)所引直线与地面水平线之间的夹角大于等于当地冬至的太阳高度角时，就可使太阳光冬至前后直射在畜床上(图3-22)。

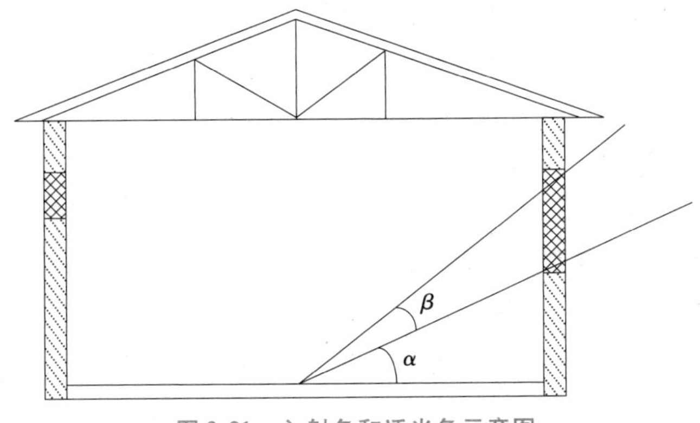

图 3-21　入射角和透光角示意图

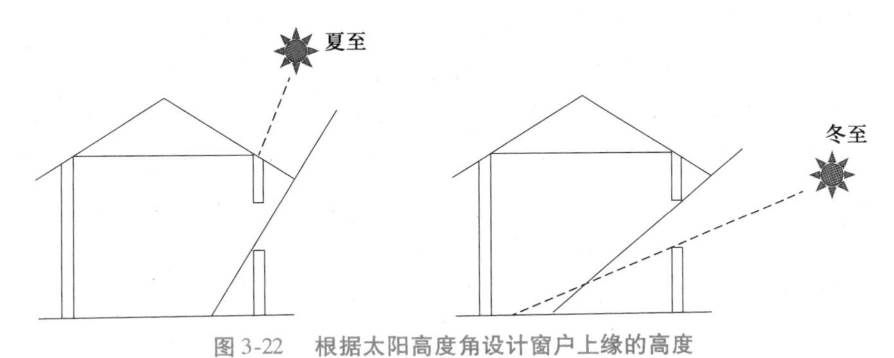

图 3-22　根据太阳高度角设计窗户上缘的高度

对于地球上的某个地点，太阳高度角是指太阳光的入射方向和地平面之间的夹角，可用如下公式求得：

$$h = 90° - |\varphi - \delta|$$

式中　h——太阳高度角；

φ——当地纬度；

δ——赤纬（夏至时为 23°27′，冬至时为-23°27′，春分和秋分时为 0°）。

以重庆市万州区为例，万州地处北纬 30°48′，则夏至和冬至的太阳高度角分别为：

$$h=90°-30°48'+23°27'=82°39'（夏至）$$

$$h=90°-30°48'-23°27'=35°45'（冬至）$$

透光角（β）又叫开角，即畜禽舍地面中央一点向窗户（或屋檐）上缘外侧和下缘内侧引出的两条直线所形成的夹角。透光角越大，透光性越好，只有透光角不小于 5°，才能保证畜禽舍内有适宜的光照强度。

此外，玻璃、舍内反光面、舍内设施及畜栏结构与布局也会影响自然采光。脏污的玻璃可阻止 15% ~50% 的可见光，结冰的玻璃可阻止 80% 可见光。据测定，白色表面的反射率最高为 85%，砖墙约为 40%，畜禽舍内物体的反射率低时，光线大部分被吸收，舍内就比较暗；当反射率高时，光线大部分被反射，舍内就比较明亮。可见，舍内的表面（主要是墙壁和天棚）应平坦，粉刷成白色，并经常保持清洁，以利于提高畜禽舍内的光照强度。舍内设施如笼养鸡、兔的笼体与笼架以及饲槽，猪舍内的猪栏栏壁构造和排列方式等对舍内光照强度影响很大,故应给予充分考虑。

二、人工照明

除封闭式畜禽舍必须采用人工照明进行采光外,一般畜禽舍则作为自然采光的补充光源来使用,同时也是夜间饲养管理操作的必备。

(一)光源

1. 灯具种类

畜禽舍可控的人工光源已成为畜禽舍内光照的主要来源,其中荧光灯、节能灯应用最广泛。白炽灯安装方便,价格便宜,但能耗高(光电转化效率仅10%),使用寿命短(1 000 h左右),现已淘汰。荧光灯与白炽灯相比,性能有一定提高,但能耗依然不低(光电转化效率约20%)、使用寿命5 000 h,频闪严重,易破碎。荧光灯含剧毒物质汞,易造成污染。LED灯作为一种新型的光源,具有能耗低(光电转化效率47% ~64%)、使用寿命长(100 000 h左右)、可调控性强、光利用率高、无频闪和辐射、环保等优点,具有很高的节能效果,是理想的人工光源。三种光源的成本对比见表3-14。

表3-14　不同光源的成本对比

灯具种类	功率/W	单价/元	寿命/h	初装费/元	每年待摊初装费/元	电耗/kW	电费/元	合计费用/元
白炽灯	25	0.7	800 ~1 200	75.6	441	15 768	11 037.6	11 478.6
节能灯	9	10	3 000 ~8 000	1 080	630	5 676.48	3 973.5	4 603.5
LED灯	5	10	5万~10万	1 080	126	3 153.6	2 207.5	2 333.5

根据畜禽光照标准(表3-15)和1 m^2 地面设1 W光源提供的照度,计算畜禽所需要光源的总瓦数,再根据各种灯具的特性确定灯具种类。

表3-15　主要畜禽光照标准

畜禽		光照时间/($h \cdot d^{-1}$)	光照强度/lx	畜禽		光照时间/($h \cdot d^{-1}$)	光照强度/lx
猪	妊娠母猪	14 ~18	75	绵羊	成年绵羊	8 ~10	75
	分娩母猪	14 ~18	75		初生绵羔羊	8 ~10	100
	带仔母猪	14 ~18	75		哺乳绵羊羔	8 ~10	100
	初生仔猪	14 ~18	75	山羊	成年山羊	8 ~10	75
	后备母猪	14 ~18	75		初生山羔羊	8 ~10	100
	育肥猪	8 ~12	50		哺乳山羊羔	8 ~10	75

续表

畜禽		光照时间/(h·d⁻¹)	光照强度/lx
牛	成年公牛	16~18	75
	肉用母牛	16~18	75
	乳用母牛	16~18	75
	犊牛	16~18	100
	青年牛	14~18	50
	肉牛	6~8	50
	小阉牛	6~8	50
马	成年马	12~14	75
	马驹	12~14	75

畜禽		光照时间/(h·d⁻¹)	光照强度/lx
鸡	成年鸡	14~17	20~25
	雏鸡 1~30 日龄	0~3 日龄 23 h,以后逐渐减至 8 h	5~10
	31~60 日龄	8	5~10
	肉仔鸡	3L:1D	5~10
鸭	1~30 日龄	14~16	5~10
	大于 31 日龄	14~16	5~10
	1 周龄	24	5~10
鹌鹑	2~5 周龄(蛋用)	20	5~10
	2~6 周龄(肉用)	8	5~10

引自安立龙,《家畜环境卫生学》,2004。

$$光源总瓦数=\frac{畜禽舍适宜照度}{1\ m^2\ 地面设\ 1\ W\ 光源提供的照度}\times 畜禽舍总面积$$

以一栋 1 万只鸡的标准鸡舍为例,鸡舍长 65 m,宽 14 m,可配备 5 列间隔 3 m 的灯泡,每栋灯泡 108 个,每天按 16 h 的标准光照时间,每千瓦电按 0.7 元计,可满足标准化鸡舍照明。

2. 灯具安装

为使舍内的照度比较均匀,应适当降低每个灯的瓦数,而增加灯具的数量。灯距为灯高的 1.5 倍,一般按灯具行距 3 m 布置灯具,靠墙的灯距为内部灯距的一半,或按工作面如饲喂、清粪、管理操作、畜禽采食等部位的照明要求进行灯具的安排。两排以上的灯具应左右交错布置,笼养家禽还应上下交错排列以保证底层笼具的光照强度,也可以设地灯保证底层的光照。灯具悬挂高度一般距地面 2 m,要用固定的装备悬挂,以免风吹灯动,惊动畜禽,尤其是鸡舍更要注意。此外,还需注意保持灯泡清洁,定期对灯泡进行擦拭。设置灯罩不仅能保持灯泡表面的清洁,还可提高光照强度,使光照强度增加 50%,一般采用平形或伞形灯罩。

(二)光照时间和强度

不同畜禽对光照时间和强度的需求有所差异。在育雏阶段,光照对雏鸡的生长不产生直接的刺激作用,而是通过对雏鸡活动或觅食等各种生理机能的固有节律起同步信号作用,从而间接地产生影响。光照强度过高或过低(小于 0.2 lx)表现出抑制生长的倾向。在生长阶段,光照强度弱,使其性成熟推迟,并可使畜禽保持安静,防止或减少一些恶癖如啄羽、啄肛等。对于肉用畜禽来说,适当降低光照,可以减少其活动量,利于提高增重和饲料转化率。据贾志海报道,对绒山羊分别给予 16 L:8D(长光照制度)和 16D:8 L(短光照制度)、自然光照,光照强度为 20 lx,白炽灯光,结果在采食相同日粮的情况下,短光照组与自然光照组山羊比长光照组平均日增重增加显著,公羊平均日增重增加比母羊显著。对于繁殖母畜禽来说,光照对后备母畜初情期日龄的影响主要表现为光照节律的不同。研究发现,与自然光照相比,荣昌后备母猪每天补充光照时间到 16 h,初情期提前了 18.5 d。因此,适当延长光照时间,随着光照强度的增大,发情率明显增加,妊娠率也显著提高。

光照强度对畜禽初情期的影响存在一定的阈值,当达到阈值时,继续增加光照强度对其初情期无显著影响。Diekman 等报道,在光照强度分别为 1 200 lx、360 lx、90 lx、10 lx 环境下饲养杂交后备母猪,母猪的发情率分别为 50%、62.5%、75%和 12.5%。结果表明,光照强度大于 90 lx 时,对后备母猪初情期的启动无显著影响,但是当光照强度小于 10 lx 时,显著延长后备母猪的初情期。

(三)光色

家禽对光色较敏感,光色对家禽的生长发育、生产性能、生殖和行为活动等均有影响。但因不同光色波长不同,对鸡的作用效果也不同。光色对家禽的影响见表 3-16。了解光色对家禽的影响,可以科学合理地利用光色,提高家禽的生产性能,改变传统的家禽饲养模式。

表 3-16　光色对家禽的影响

光色	对鸡的影响	产蛋率/%
红光	镇静,啄癖减少,性成熟略迟,产蛋量增加,蛋受精率低,雄性繁殖力下降	78
白光	产蛋量增加,饲料转化率提高	68
蓝光	肉鸡增重快,延长产蛋高峰期,产蛋量增加,料蛋比下降,啄癖减少,雄性繁殖力提高	73
绿光	饲料效率高,降低饲料利用率,性成熟延迟,雄性繁殖力提高,蛋重增加,但饲料效率低	68
黄光	性成熟延迟,产蛋量增加,蛋重降低,家禽容易烦躁,啄癖发生率升高。	89

(四)人工光照制度

光照制度是指机体所处环境光照与黑暗的时间长短交替方式。文献中常用 L(light)代表光照,D(dark)代表黑暗。在养鸡生产中,自然界一昼夜为一个光周期。有光照的时间为明期(L),无光照的时间为暗期(D)。自然光照时,以日照时间计光照时间(明期),人工光照时,灯光照射的时间即为光照时间。为期 24 h 的光周期为自然光周期。如在 24 h 内只有一个明期和一个暗期则称为连续光照;如在 24 h 内出现两个或两个以上的明期或暗期,即为间歇光照。一个光照周期内明期的总和即为光照时间。

1.连续光照

连续光照也叫单期光照,是蛋鸡舍采用的一种光照制度。封闭式鸡舍处于 1 ~ 3 日龄的雏鸡需要 24 h 连续光照,这样有助于雏鸡适应新环境,学会采食和饮水;4 日龄至 18 周龄的开灯时间可以根据雏鸡 4 日龄当天第 1 次喂料的时间来确定。例如,如果第 1 次的喂料时间是在上午 9 点左右，就要提前 2 h 开灯，即在早上 7 点开灯，然后在晚上 7 点关灯，这样的开关灯时间要一直持续到育成期结束；当鸡群长到 19 周龄的时候，就进入了产蛋期，此时要让光照的时间呈阶梯式递增，光照增加以后，绝不可再减少。从 19 周龄开始每周多补充 2 h 的人工光照，直到每天的人工光照时长达到 14 ~ 16 h。光照时间要连续恒定。

2. 间歇光照

间歇光照是针对封闭式鸡舍饲养肉仔鸡的一种光照制度。与连续光照相比，间歇光照不影响肉鸡出栏时的体重，但能改善饲料报酬。间歇光照还可显著降低由氨气浓度过高引起的肉仔鸡腹水综合征和心肺功能异常造成的死亡率。在夏季高温时，间歇光照能降低高温造成的热应激，此法被一些养殖场用于在夜间安排补饲，目的是降低蛋鸡的产热量。采用间歇光照既可大大降低电费开支，又可降低采食量而不影响鸡的生产性能。目前，在生产中采用的间歇光照制度有 1 L：3D、1 L：2D、0.25 L：1.75D、0.25 L：0.75D、2 L：4D、4 L：2D，国内外众多学者公认效果显著的间歇光照制度是 1 L：3D。

【技能训练 8】

畜禽舍采光测定与评价

【目的要求】

通过实训，学生能掌握畜禽舍采光的测定和计算方法，并能作出正确评价，从而为畜禽舍环境卫生评定和生产奠定基础。

【材料器具】

卷尺、照度计、函数表

【内容方法】

1. 采光的测定

(1) 采光系数计算

采光系数是窗户的有效采光面积和舍内地面面积之比，通常以窗户所镶玻璃面积为 1，求得其比值。

(2) 采光测定

照度计由光电探头（内装硅光电池）和测量表两部分组成。当光电头曝光时，由光的强弱产生相应的光电流，并在电流表上指示出照度数值。

(3) 测定步骤

先计算畜禽舍窗户玻璃数，然后用卷尺精确测量并记录每块玻璃的长、宽（双层的只测一层，将窗框排除）及该舍地面的长、宽（包括粪道及喂饲道）。

采光系数 = 有效采光面积：舍内地面面积（用 1：X 表示）

例：容纳 20 头奶牛的牛舍面积为 15 m×8 m = 120 m^2，该牛舍设有 10 个窗户，每个窗户有 6 块玻璃，每块玻璃的面积为 0.4 m×0.5 m = 0.2 m^2。牛舍窗户总的有效面积为 0.2×6 m×10 m = 12 m^2。

故该畜舍采光系数为：12：120 = 1：10。

2. 入射角和透光角的测定

如图 3-23 所示，α 是入射角，β 是透射角。测定入射角时，先测量 BE 和 AE 的长度，然后根据 $\tan\angle\alpha = BE/AE = H_1/S_1$，算出 BE/AE 的数值，由函数表查出 α 的角度。测定透射角时，

同上法求出$\angle CAD = CD/AD = H_2/S_2$，然后用$\angle\alpha - \angle CAD$，即得透光角$\beta$。

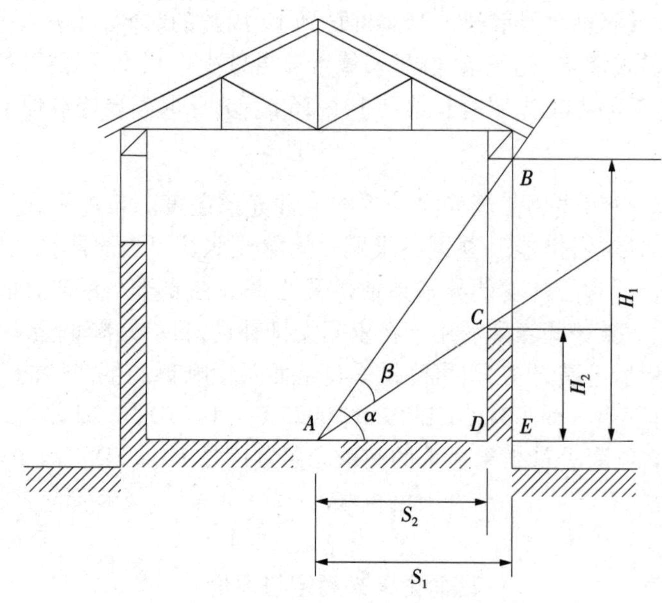

图 3-23　入射角和透光角示意图

3. 照度的测定

①使用前检查量程开关，使其处于“关”的位置。

②将光电探头的插头插入仪器插孔中。

③调零：依次按下电源键、照度键、量程键。若显示窗不是 0，应进行调整；调零后，应把量程键关闭。

④量程：取下光点头上的保护罩，将光电头置于测点的平面上。将量程开关由“关”的位置依次由高挡拨至低挡处进行测定。

⑤测量时，为避免光电引起光电疲劳和损坏仪表，应根据光源强弱，按下量程开关，选择相应的挡进行观测。

⑥测量完毕，将量程开关回复到“关”的位置，并将保护罩盖在光电头上，拔下插头，整理装盒。

⑦测定舍内照度时，可在同一高度上选择 3 ~5 个测点进行，测点不能紧靠墙壁，应距墙 0.1 m 以上。

【考核标准】

考核内容及分数	操作环节与要求	评分标准		考核方法	熟练程度	时限/min
		分值/分	扣分依据			
1. 采光系数测定 2. 入射角和透光角测定 3. 光照度测定 (100 分)	测量方法	20	每处测定方法错误扣 2 分	分组操作考核	熟练掌握	90
	测量、计算结果	40	测量、计算错误 10 分/项			
	规范程度	20	操作不规范，每处扣 2 分			
	熟练程度	10	在教师指导下完成一处扣 5 分			
	完成时间	10	每超时 5 min 扣 2 分			

【作业习题】

选择一间畜禽舍，测定其采光系数、透光角、入射角和光照强度，并判断是否符合动物光照要求，如果不符合，请分析原因并提出改进意见。

【技能训练9】

设计产蛋鸡舍人工照明方案

【目的要求】

了解人工照明灯具的种类、作用，掌握灯具安装的方法与要求，为养鸡生产打下基础。

【材料器具】

灯具、电线、电阀、电源开关

【内容方法】

1. 灯具的选择

(1) 白炽灯

白炽灯俗称灯泡，是一种廉价、方便的光源，但发光效率低，寿命短。

(2) 荧光灯

荧光灯俗称日光灯，由镇流器、启辉器、荧光灯管等组成。发光效率高、省电、寿命长、光色好，但价格比较昂贵。

(3) 节能灯

节能灯可节省75%的电费，寿命较长，一般为4 000 h左右。

(4) LED灯

LED灯是继紧凑型荧光灯(普通节能灯)后的新一代照明光源，相比普通节能灯，LED灯不含汞，可回收再利用，功率小，光效高，寿命长，一般在50 000～100 000 h。

2. 光照卫生要求

产蛋鸡舍的光照强度为10～15 lx。通常在灯高为2 m、灯距为3 m左右时，每平方米的平养鸡舍获2.7 W或笼养鸡舍获得3.3 W即可得到相当于10 lx的照度。

3. 灯具安装方法

(1) 灯具数量计算

灯具数量按如下公式计算：

$$N=\frac{S\times R}{W}$$

式中　N——灯具数量，个；

S——鸡舍地面面积，m^2；

R——每平方米地面应获得的灯具瓦数，W/m^2；

W——1盏灯具的瓦数，W。

(2) 灯具的安装

①灯具安装的列数为鸡笼具体列数+1。

②灯具下线的位置应上下左右交错排列。双列鸡舍灯具安装如图3-24所示。

③灯泡距离应为灯泡高度的1.5倍，靠墙的灯泡与墙体距离应为灯泡间距的一半。

④所安装的节能灯以11 W或18 W为宜。

⑤按灯线列数分别设置开关。

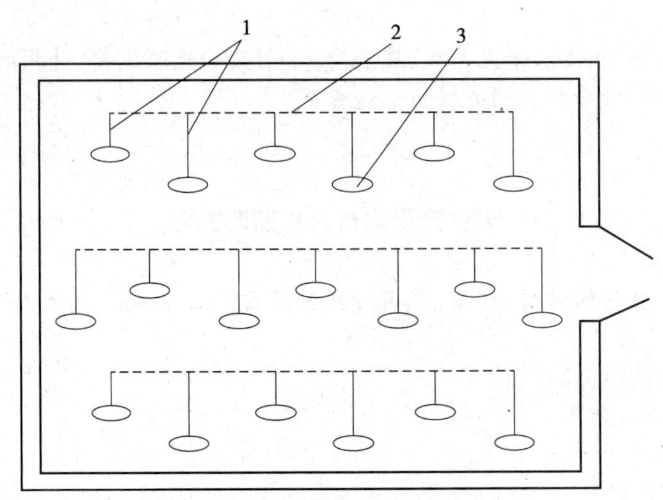

图 3-24　双列鸡舍灯具安装示意图

1—上下交错的灯线；2—与鸡笼平行走向的电线；3—灯具

⑥安装伞形或平形灯罩，可使光照强度增加 50% 左右。

⑦设置光控仪，使电灯在开关有渐亮渐暗的过程。

⑧电线总开关设置为漏电离合式开关，以保证用电安全。

【考核标准】

考核内容及分数	操作环节与要求	评分标准		考核方法	熟练程度	时限/min
		分值/分	扣分依据			
1. 灯具的选择 2. 光照卫生指标 3. 灯具的安装 （100 分）	选择灯具	10	选择节能灯和 LED 灯不扣分；选择白炽灯扣 5 分；选择荧光灯扣 3 分	分组操作考核	熟练掌握	30
	光照卫生标准	20	无法确定光照卫生指标的不得分；只能说出其中一种的扣 10 分			
	灯具安装	50	不能进行灯具数量的计算的扣 10 分（计算方法正确，结果有误的扣 5 分）；设置灯具数未按鸡笼列数+1 的扣 10 分；灯具与灯高不适宜的扣 10 分；灯线上下左右没有交错排列的扣 10 分；没有安装漏电闭合开光和分线设计的扣 5 分；没有安装伞形或平形灯罩的扣 5 分			
	熟练程度	10	在教师指导下完成一处扣 5 分，直至扣完 10 分为止			
	完成时间	10	每超过规定时间 1 min 扣 1 分，直至扣完 10 分为止			

【作业习题】

1. 灯具安装的要求及注意事项。

2. 规划某肉鸡场 LED 灯具的配置及安装。

任务五 控制畜禽舍空气质量

畜禽舍空气中的污染物主要包括有害气体、有害微生物、微粒和噪声，它们不仅影响畜禽的正常生理机能，还会造成动物发病率升高，生产性能下降。因此，在生产中，要采取有效措施来保证畜禽舍的空气质量，避免各种因素污染动物的环境，确保动物正常的生活和生产。

【教学案例】

冬季育雏舍的问题

王某购买一处废弃厂房，经简易改造用于鸡的孵化与育雏。他采用网上平养育雏。适宜的温度是保证雏鸡成活的首要条件，为了保证雏鸡所需的适宜温度，他将窗户和天窗等通风孔密闭，采用煤炉供暖，将烟囱管从窗户伸出舍外排烟。为了防止育雏舍内湿度过大，他将煤球渣铺在地面，舍内多日没有清理，准备短期育雏后出售。在育雏一周后，王某发现育雏舍中部分小鸡精神萎靡，而且眼角有黏糊状污物，偶尔还听见咳嗽声。

提问：

1. 育雏舍内小鸡精神萎靡、眼角有黏糊状污物的原因是什么？

2. 冬季如何减少育雏舍内微粒、有害气体及有害微生物的产生？

一、畜禽舍空气中有害气体的污染与控制

（一）来源与危害

畜禽舍内的有害气体是指畜禽的呼吸、排泄以及生产中有机物的分解产生的混合气体，又称恶臭或恶臭物质。这些有害气体气味可刺激人的嗅觉，使人产生厌恶感。除了这些有害气体外，动物皮脂腺和汗腺的分泌物、外激素，黏附在体表的污物以及畜禽呼出的 CO_2 等也会散发出不同畜禽特有的难闻气味。随着畜牧业集约化程度提高，有害气体已对人畜健康和生态环境造成危害。畜禽场有害气体的成分十分复杂，畜禽种类、日粮组成、粪便和污水处理方式的不同，有害气体的构成和强度也不同。畜禽舍内产生最多、危害较大的有害气体主要有氨气（NH_3）、一氧化碳（CO）、二氧化硫（SO_2）、二氧化碳（CO_2）和硫化氢（H_2S），其中对畜禽危害最大的是 NH_3，而毒性最强的却是 H_2S。主要有害气体的来源、危害及卫生标

准见表3-17。

表3-17　畜禽舍空气中主要有害气体的来源、危害及卫生标准

有害气体	来源	危害	卫生标准
CO	冬季封闭式畜禽舍生火取暖,煤炭不完全燃烧产生	CO对血液和神经系统具有毒害作用。CO进入体内与血红蛋白和肌红蛋白进行可逆性结合,影响氧气的运输,导致死亡	日平均量最高容许浓度为1 mg/m³;一次最高容许浓度为3 mg/m³
CO_2	畜禽的呼吸	CO_2本身无毒性,但当CO_2含量过高时易造成畜禽缺氧,引起慢性毒害,生产力下降	场区≤750 mg/m³ 禽舍≤1 500 mg/m³ 猪舍≤1 500 mg/m³ 牛舍≤1 500 mg/m³
NH_3	各种含氮有机物(堆积的粪尿、饲料残渣和垫草等)腐败分解而产生	畜禽舍内的NH_3可引起畜禽发生NH_3的慢性中毒或急性中毒。NH_3的水溶液呈碱性,对畜禽的眼睛和呼吸系统造成损害;氨与血红蛋白结合,导致畜禽贫血缺氧,高浓度的氨则可致呼吸中枢麻痹死亡	场区≤5 mg/m³ 成禽舍≤15 mg/m³ 雏禽舍≤10 mg/m³ 猪舍≤25 mg/m³ 牛舍≤20 mg/m³
H_2S	含硫有机物如粪尿、饲料和垫草的分解。如畜禽采食含硫蛋白饲料消化不良时可排出大量H_2S。封闭鸡舍破损蛋多,不及时处理可显著提高H_2S的浓度	造成眼睛和呼吸系统损伤;将氧化型细胞色素酶中的Fe^{3+}还原为Fe^{2+},导致组织缺氧;高浓度可麻痹呼吸中枢神经,致窒息死亡	场区≤2 mg/m³ 成禽舍≤10 mg/m³ 雏禽舍≤2 mg/m³ 猪舍≤10 mg/m³ 牛舍≤8 mg/m³

注:①表中“场区”是指规模化畜禽场围栏或者院墙以内、畜禽舍以外的区域;

②表中数据皆为日测值。

引自《畜禽场环境质量标准》(NY/T 388—1999)。

(二)控制措施

【教学案例】

规模化肉鸡场的问题

冬春季节,某肉鸡养殖场饲养肉鸡7 000余只,采用网上平养模式,肉鸡40日龄时突然出现精神沉郁、食欲不振或废绝,喜水,鸡冠发紫,口腔黏膜充血,结膜充血,部分病鸡眼睑水肿或角膜浑浊,部分鸡可表现伸颈张口呼吸,病鸡临死前出现抽搐或麻痹。剖检病鸡消瘦,皮下发绀,尸僵不全,血液稀薄色淡,鼻、咽、喉、气管黏膜和眼结膜充血、出血,肺瘀血,心包积液,肾脏变性,色泽灰白,肝脏肿大,质地脆弱。经乡村兽医现场调查发现:鸡舍有强烈的氨气味,刺激眼睛。舍内粪便多日没有清理,为了保温,天窗等通风孔密闭。及时打开天窗通风,清理堆积粪便,投放维生素等药物后,鸡群状况得到明显好转,最终确诊为鸡舍内氨气中毒。

提问：

1. 对鸡场采取的措施及其效果进行评价。
2. 简述消除鸡场有害气体的综合措施。

畜禽舍内有害气体对畜禽的影响是长期的，即使有害气体浓度不高，也会导致畜禽体质变弱，生产力下降，尤其在冬季，饲养密度大的封闭式畜禽舍极易造成舍内环境恶化。因此，必须采取有效措施减少或者消除舍内的有害气体。

1. 合理选择场址

场址应选在城市郊区、郊县，远离工业区、人口密集区、医院、垃圾场等污染源。畜禽舍应建在地势高、通风、排水方便的地方，不能建在低洼潮湿之处。

2. 科学进行畜禽舍布局与设计

建场过程中，要进行合理布局，科学设计畜禽场和畜禽舍的排水系统、通风系统、粪尿和污水处理设施。

3. 合理组织通风换气

畜禽舍采取科学的通风换气方法，保证气流均匀不留死角，将有害气体及时排出舍外，是预防畜禽舍空气污染的重要措施。但应注意，在冬季，不能因防寒保温而忽视畜禽舍的通风换气，对于封闭式畜禽舍可采用机械通风，控制风速（0.25 m/s 以内），不能使舍温降得太低。另外，用甲醛熏蒸消毒畜禽舍时，应严格掌握剂量和时间，熏蒸结束后要及时换气。

4. 保持舍内干燥、及时清除粪尿

因 NH_3 和 H_2S 都易溶于水，当舍内湿度过大时，NH_3 和 H_2S 被吸附在墙壁和其他物体表面，当舍内温度上升或潮湿表面干燥时，NH_3 和 H_2S 又挥发逸散出来污染空气。粪尿也是 NH_3 和 H_2S 等有害气体的主要来源，采用固液分离和干清粪工艺相结合的设施，畜粪一经产生便由机械或人工收集，尿及污水从排污道流走，保持畜禽舍周围的清洁卫生与干燥，以防止粪尿在舍内积存和腐败分解。因此，舍内的保温和防潮设计是减少有害气体的重要措施。

5. 控制饲养密度

目前，畜禽场多为规模化、集约化，畜禽舍饲养密度较大。尤其冬季畜禽舍封闭，通风不良，会产生更多有害气体，导致空气污浊。适度的饲养密度可以减少有害气体的产生。例如育肥羊一般每只占地为 0.8 m^2 左右，每圈不超过 100 只羊。

6. 使用垫料或吸附剂

畜禽舍内使用垫料或吸附剂，可以吸收有害气体。常用的垫料有麦秆、稻草和树叶等，不同垫料对有害气体的吸收能力不同，锯末吸湿、吸附力较强，若垫料 pH 值保持在 7 以下，可有效减少 NH_3 的产生，但垫料必须及时更换和清除。常用的吸附剂有活性炭、锯末、麸皮、米糠、沸石、稻壳等，在网袋内装入木炭悬挂于畜禽舍内或在地面适当撒活性炭、煤渣和生石灰等，可减少舍内的有害气体。

7.科学配制日粮,适当使用添加剂

日粮中营养物质消化吸收不完全则会随粪尿排出,增加有害气体,因此,采用理想蛋白质体系配制日粮,使蛋白质水平降低,并在畜禽日粮中添加限制性氨基酸,可有效降低饲料中的蛋白质及粪中 NH_3 的排出量。研究结果表明,日粮中粗蛋白的含量每降低1%,NH_3 的排出量就减少8.4%左右。另外,添加消化酶、益生菌、沸石、膨润土、海泡石和硅藻土等,都可减少恶臭气体的产生。

二、畜禽舍空气中微生物的污染与控制

【教学案例】

规模化的育肥猪场

石家庄市某养猪场自繁自养,年出栏商品猪3 000头左右。之前状况良好,但近期猪场内有些育肥猪出现咳嗽、气喘等症状,通过及时治疗,病情得到控制。到了冬季与春季,又出现一些猪咳嗽、气喘,随后,有咳嗽症状的猪群扩大,有些严重的猪还表现呼吸困难、伏卧、眼睛有泪斑,有个别猪拉稀粪,用药治疗后,病情又得到了控制。但之后该猪场时常有呼吸道疾病发生,特别是在寒冷与干燥的季节。之后猪场进行了改造,增加了场外防护林的密度,场内种树种草,完善了舍内的通风装置,发病率有所下降。

提问:

1.为什么在寒冷与干燥的季节,该猪场易发生呼吸道疾病?

2.对猪场进行改造后,猪的呼吸道疾病发病率有所下降,原因是什么?

3.消除或减少呼吸道疾病发生的综合措施有哪些?

(一)来源与危害

畜禽舍内的微生物主要来源于舍外大气、畜禽、外来物品和人员,此外畜禽舍内湿度大、微粒多,微生物的来源也多。

畜禽舍空气中的病原微生物主要通过飞沫和尘埃两种途径传播疾病。当动物患有呼吸道疾病,如肺结核、流行性感冒、气喘病时,会排出含有大量病原微生物的飞沫,可长期飘浮在空气中侵入畜禽支气管深部和肺泡发生传染;病畜(禽)采食剩下的饲料末、排泄的粪尿、毛屑和皮屑等干燥形成微粒后,微粒中含有病原微生物,如结核菌、霉菌孢子等,清扫时易被易感动物吸入,传染疾病。

(二)卫生标准

目前,还无统一的关于空气的卫生学指标,一般以室内空气中细菌总数作为指标。根据《室内空气中细菌总数卫生标准》(GB/T 17093—1997)规定,室内空气中细菌总数,撞击法≤4 000 cfu/m^3;沉降法≤45 cfu/m^3。

(三)控制措施

为了减小病原微生物对畜禽健康和畜牧生产带来的危害,充分发挥优良畜禽的生产潜

力，保证畜禽产品的质量和人们的身体健康，必须减少畜禽场的有害微生物。尤其在寒冷的季节，往往因紧闭门窗而造成舍内空气污浊。大型封闭式畜禽舍内由于饲养密度较高，极易引起空气环境的恶化，因此就更要注意。

1. 选好场址，注意防护

养殖场要远离医院、兽医院、皮毛加工厂、屠宰场等污染源，并在畜禽舍周围设置防护林带，以围墙封闭。畜禽场内部应严格分区，各区之间应分隔。

2. 严格执行消毒制度，定期消毒

新建畜禽舍要全面彻底消毒，才可以转入畜禽；畜禽场应设车辆和行人进出消毒池及喷雾消毒设施，对进出人员、车辆进行消毒，在生产区入口处设置消毒池及紫外灯，饲养人员必须穿上消过毒的工作服、帽、鞋、手套等，经消毒后方可进入，尽量减少带入病原微生物的机会。此外，畜禽舍和场区要定期消毒。消毒畜禽舍时，常用的消毒液有 10% ~20% 的生石灰乳、含有效氯 2% ~5% 的漂白粉、2% ~5% 氢氧化钠溶液、20% ~30% 草木灰水及 2% ~5% 福尔马林溶液。另外，也可用甲醛熏蒸法对畜禽舍进行消毒（有关内容详见项目五任务二）。

3. 合理通风换气，保持空气清洁

合理通风换气，可减少有利于微生物生存的各种条件。此外，还可以采用除尘器净化空气，除尘后，使微生物失去附着物，也可减少空气中微粒和微生物数量。

4. 采取全进全出的饲养制度

将不同生长阶段的畜禽分群饲养，采取全进全出的饲养制度，以切断疾病的传播途径。

5. 做好绿化

通过绿化，可以减少畜禽舍空气中的尘埃数量，使畜禽舍内病原微生物失去附着物而难以生存。

三、畜禽舍空气中微粒的污染与控制

（一）来源与危害

畜禽舍内的微粒一部分由舍外空气带入，另一部分主要在舍内产生，如饲养管理人员分发饲料、清扫畜床和地面、翻动垫草垫料、加工饲料等。此外，畜禽自身的活动，如咳嗽、毛屑和皮屑的脱落等也可产生有害微粒。

微粒对畜禽的危害很大。微粒可侵入畜禽呼吸道对呼吸道造成损害，引起哮喘、支气管炎和肺水肿等；微粒落在皮肤上，可与皮屑、皮脂和汗液混合在一起，堵塞皮脂和汗液分泌，引起皮肤干裂；微粒落在眼结膜上，使畜禽患灰尘性结膜炎。

（二）卫生学标准

空气中微粒的含量可用密度法和重量法来度量。密度法是指每立方米空气中所含的微粒的颗粒数，一般用粒/m^3 表示；重量法是指单位体积空气中所含微粒的毫克数，一般用 mg/m^3 表示。我国农业行业标准对微粒的评价有两项指标，即可吸入颗粒物（PM10）和总悬浮颗粒物(TSP),其质量标准见表3-18。

表3-18　空气环境可吸入颗粒物和总悬浮颗粒物质量标准

序号	项目	单位	缓冲区	场区	舍内		
					禽舍	猪舍	牛舍
1	PM10	mg/m³	0.5	1	4	1	2
2	TSP	mg/m³	1	2	8	3	4

注:①场区是指规模化畜禽场围栏或院墙以内、舍区以外的区域;

②缓冲区是指在畜禽场外周围,沿场院向外≤500 m 范围内的畜禽保护区,该区具有保护畜禽场免受外界污染的功能;

③PM10:空气动力学当量直径≤10 μm 的颗粒物,即可吸入颗粒物;

④TSP:空气动力学当量直径≤100 μm 的颗粒物,即总悬浮颗粒物;

⑤表中数据皆为日均值。

引自《畜禽场环境质量标准》(NY/T 388—1999)。

(三)控制措施

1.合理选址

畜禽场远离产生微粒较多的工厂,如水泥厂、化肥厂等微粒源。

2.科学布局畜禽场

产生微粒多的饲料加工厂和干草垛应远离畜禽舍,还应避免在畜禽舍的上风向。

3.做好绿化

畜禽场周围种植防护林带,从而减少外界微粒的进入;对场内进行绿化,种草种树,以降低空气中的微粒密度。

4.加强饲养管理

尽量选择畜禽不在舍内时分发草料、打扫畜床地面、清粪、翻动垫料等,动作宜轻。禁止带畜禽干扫畜禽舍地面,禁止在畜禽舍中刷拭畜禽;选择合适的饲料类型和饲喂方法,尽量减少用干粉料饲喂畜禽,可用颗粒饲料或者拌湿饲喂。

5.合理通风换气

通过合理通风换气,及时排除舍内微粒及有害气体。必要时机械通风设备的进风口可安装滤尘器或采用管道正压通风,在风管中设除尘、消毒装置,过滤空气,减少微粒。在大型封闭式畜禽舍的建筑设计时,应安装除尘器或阴离子发生器。

四、畜禽舍空气中的噪声污染与控制

凡是使畜禽讨厌、烦躁、影响畜禽正常生理机能、导致畜禽生产性能下降、危害畜禽健康的声音都称为噪声。

(一)来源与危害

畜禽舍舍内噪声的来源主要有四个方面:一是从外界传入,如交通运输产生的声音、爆竹声、雷鸣声；二是舍内机械设备运转产生，如风机、喂料机、清粪机；三是饲养管理活动产生，如饲养员打扫卫生；四是畜禽自身产生，如活动、采食、鸣叫和争斗。

其危害主要体现在两个方面：一是对生产性能的影响，如超过 90 dB 的噪声，会引起动物机体内多种器官的功能失调和紊乱，造成抗病力降低，生产性能下降；二是对生理机能的影响，突发的噪声可使畜禽血压升高，脉搏加快，听力受损，也可对畜禽神经系统发生危害，出现烦躁不安，神情紧张，造成动物的狂奔、惊飞，甚至惊吓致死。

（二）卫生学标准

我国《畜禽场环境质量标准》（NY/T 388—1999）规定，畜禽舍内噪声最高允许量分别为雏禽舍 60 dB，成禽舍 80 dB，猪舍 80 dB，牛舍 75 dB。

（三）控制措施

1. 科学选择，合理布局

场址尽量避免工矿企业以及交通运输干扰，远离噪声源；场内的规划要合理，交通线不能太靠近畜禽舍，防止机动车辆进入生产区，饲料加工和设备维护场所尽量离畜禽舍远一些。

2. 合理选择机械设备

舍内机械设备选用性能好、噪声小的机械设备。

3. 科学进行饲养管理

防止管理过程中突发噪声的产生，如门窗的突然快速关闭、用具随手乱扔等。饲养员在畜禽舍内的一切活动要轻。

4. 绿化

在畜禽舍周围以及畜禽场场区围墙两侧种树、种草可使外界噪声降低 10 dB 以上。

【技能训练 10】

测定空气卫生指标

【目的要求】

了解 NH_3 和 H_2S 测定的原理，掌握测定仪器的使用及校正方法，为畜禽场环境评价打基础。

【内容方法】

一、测定空气中有害气体

通过对畜禽舍内空气中有害气体成分的检查，了解舍内环境卫生状况，并将检查结果作为评价畜禽舍通风换气是否适当的依据。

（一）采集空气样本

1. 采样体积的计算

采样体积应按下式换算为标准状况下的体积。

$$V_0 = V_t \times \frac{273}{273 + t} \times \frac{P}{760}$$

式中　V_0——标准状况下的体积,L;

V_t——采样体积,L;

t——采集时的气温,℃;

P——采集时的气压,mmHg。

2. 空气中有害物质浓度的表示

空气中有害物质浓度用质量浓度和体积浓度表示。

质量浓度:以 1 m^3 空气中有害成分的毫克数或微克数表示,即 mg/m^3 或 $\mu g/m^3$。

体积浓度:以 1 m^3 空气中有害成分的毫升数表示,即 mL/m^3。因 1 m^3 为 1 mL 体积的 100 万倍,所以通常把 mL/m^3 这个单位用百万分之一(ppm)表示。

两种浓度表示法的换算:

①由 mg/m^3 换算为 ppm:

$$\text{ppm} = \frac{A \times 22.4}{M}$$

式中　A——被测成分浓度,mg/m^3;

M——被测成分分子量。

②由 ppm 换算为 mg/m^3:

$$mg/m^3 = \frac{M \times B}{22.4}$$

式中　B——被测成分浓度,ppm;

M——被测成分分子量。

3. 空气样品的采集方法

空气样品采集方法是否正确,直接关系到测量结果是否可靠。采集空气样品可分为直接采样法和浓缩采样法。

(1)直接采样法

凡采集少量空气即可供测量分析用时,多用直接采样法。直接采样法可分为塑料袋采集样品法、注射器采集样品法和采气管、采气瓶、真空瓶采集样品法。

(2)浓缩采样法

凡需要采集大量空气经浓缩后才能测量其成分含量时采用此法。浓缩采样法可分为溶液吸收法、滤纸或滤膜阻留法和固体吸附剂阻留法。

4. 大气采样仪器

大气采样现场用的仪器由收集器、流量计和抽气动力三部分组成。

(1)收集器

常用的收集器有吸收管、固体采样管、滤膜及采样夹等。其中吸收管有如下三种:

①气泡吸收管,分大小两种形式,可装 2 ~ 10 mL 吸收液,以 0 ~ 2 L/min 流速采样。为了提高吸收效果,可把两支吸收管串联使用(图 3-25)。

②多孔玻板吸收管,适宜采集气溶胶态物质,不适合采集气态和蒸气态物质(图 3-26)。

③冲击式吸收管,不仅适用于采集气态和蒸气态物质,也适用于采集气溶胶态物质。

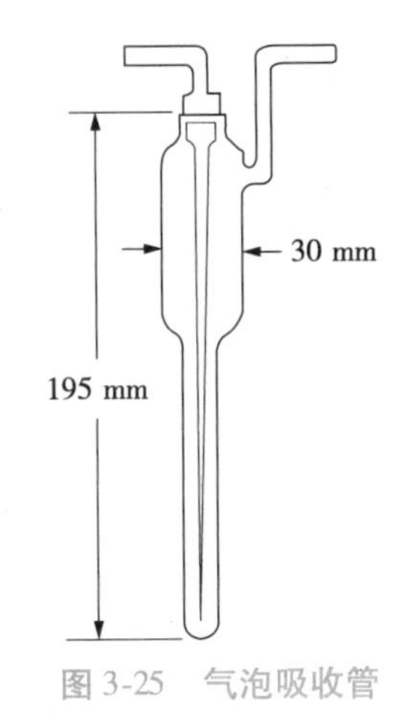

图 3-25　气泡吸收管

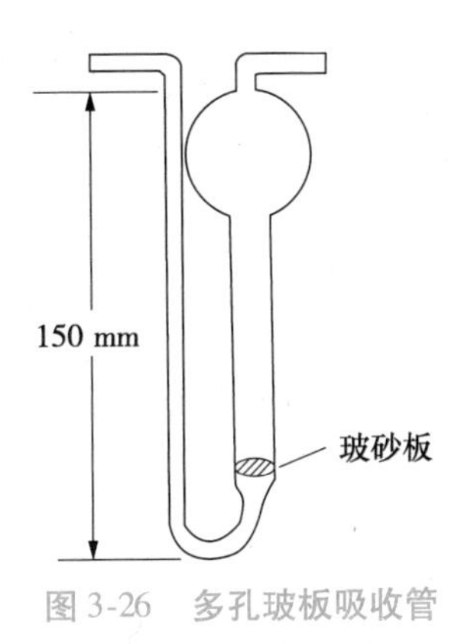

图 3-26　多孔玻板吸收管

(2)流量计

流量计是测定空气流量的仪器。应用转子流量计,当气体由下向上流动时,转子被吸起,转子被吸得越高,流量越大。根据转子的位置读出气体的流量。

(3)抽气动力

目前常用的小流量抽气动力多为微电机带动薄膜泵,如 CD-Ⅰ型携带式大气采样器。

(二)测定空气中 NH_3

1. 原理

以稀硫酸为吸收液,吸收空气中的 NH_3,用 NaOH 滴定硫酸在吸收 NH_3 之前及之后的消耗量,来推算出空气中 NH_3 的含量。

$$2NH_3+H_2SO_4 \longrightarrow (NH_4)_2SO_4$$
$$2NaOH+H_2SO_4 \longrightarrow Na_2SO_4+2H_2O$$

2. 试剂

配制方法:

①0.005 mol/L 硫酸溶液。将 2.8 mL 浓硫酸加至蒸馏水中,再移入 1 000 mL 容量瓶内,定容,即得 0.05 mol/L 的硫酸溶液。将 0.05 mol/L 的硫酸溶液准确稀释 10 倍,即为 0.005 mol/L 的硫酸溶液。

②0.01 mol/L 的氢氧化钠溶液。将 4.0 g 氢氧化钠溶于蒸馏水中,再移入 1 000 mL 容量瓶内,定容,即得 0.1 mol/L 的氢氧化钠溶液。将 0.1 mol/L 的氢氧化钠液准确稀释 10 倍,即为 0.01 mol/L 的氢氧化钠溶液。

③1%酚酞酒精溶液。

3. 操作步骤

①标定 H_2SO_4 溶液。用移液管准确吸取 10 mL 0.005 mol/L 硫酸溶液于三角瓶中,滴加 1～2 滴 1%酚酞酒精溶液作指示,以 0.01 mol/L 氢氧化钠溶液滴定至出现微红色(30 s 不变),并记录用量 A_2。

②采样。在两个洗气瓶中各装入 25～50 mL 0.005 mol/L H_2SO_4 作为吸收液,正确地安装在采样器上,以 0.5～1 L/min 的速度,采气 5～10 L,同时测量气温、气压。

③滴定。将两个洗气瓶内吸收了 NH_3 后的 H_2SO_4 溶液混合均匀,然后取 10 mL 混合液于三角瓶中,滴加 1～2 滴酚酞,用 0.01 mol/L NaOH 溶液滴定,当溶液出现红色时,记录下 NaOH 的用量 A_1。

④计算。按如下公式计算：

$$w=\frac{\frac{A_2-A_1}{10}\times n\times 0.17}{V_0}\times 1\,000$$

式中　w——舍内空气中 NH_3 的含量，mg/m^3；

n——H_2SO_4 吸收液的体积，mL。

v_0——标准状况下的体积，L。

1 mL 0.005 mol/L 的 H_2SO_4 溶液可吸收 0.17 mg NH_3。

（三）测定空气中 H_2S

1. 原理

在酸性条件下，H_2S 与过量的碘作用，剩余的碘用硫代硫酸钠滴定。通过硫代硫酸钠溶液的消耗量，推算出 H_2S 的含量。

2. 试剂

配制方法：

①0.1 mol/L 碘液。称碘化钾 2.5 g 溶于 15 ~ 20 mL 蒸馏水中，再精确称取碘 1.269 2 g 溶于碘化钾溶液中，移入 1 000 mL 容量瓶中定容，使碘全部溶解后，加蒸馏水定容，保存于棕色瓶中备用。用时稀释 10 倍得 0.01 mol/L 碘液。

②0.005 mol/L 硫代硫酸钠。称 2.481 0 g 硫代硫酸钠溶于蒸馏水中，并移入 1 000 mL 容量瓶中定容。硫代硫酸钠能吸收空气中的二氧化碳，应定期用 0.01 mol/L 碘液进行标定。

③0.5% 淀粉溶液。称 0.5 g 可溶性淀粉，溶于 10 mL 蒸馏水的试管中，再倒入 90 mL 煮沸的蒸馏水中（烧杯），煮沸，冷却后备用。需要保存时加 0.5 mL 氯仿防腐。

3. 测定步骤

①采样时，每只洗气瓶装 50 mL 碘液，以 1 L/min 的速度采气 40 ~ 60 min。采气完成后，将 2 只洗瓶中的碘吸收液混合在一起。

②滴定。取吸收液于 20 mL 的三角瓶中，用 0.005 mol/L 硫代硫酸钠滴定至红褐色变为淡黄时，加 0.5 mL 淀粉液，振荡后滴定至无色，记录硫代硫酸钠的消耗量（V_2）。再用未吸收 H_2S 的 0.01 mol/L 碘液 20 mL 按上述方法滴定，记录硫代硫酸钠的消耗量（V_1）。

③计算。按如下公式计算：

$$p=\frac{\frac{V_1-V_2}{20}\times n\times 0.34}{V_0}\times 1\,000$$

式中　p——H_2S 浓度，mg/m^3；

n——吸收液的总量，mL；

0.34——1 mL 碘液，相当于 0.34 mg 硫化氢。

二、测定空气中粉尘

1. 原理

抽取一定体积的空气，将粉尘阻留在已知质量的滤膜上，根据采样后滤膜的增量，计算出单位体积空气中粉尘的质量。

2. 操作步骤

①滤膜的准备。用镊子取下滤膜两面的夹衬纸，置于天平上称量，记录质量，装入滤膜

夹，确认滤膜无皱褶、裂隙。

②采样。取出准备好的滤膜夹，装入采样头中拧紧，滤膜的受尘面迎向含尘气流，流量15～40 L/min。浓度较低时，可加大流量，但不得超过80 L/min。采样10 min。

③采样后样品处理。采样结束后，取下滤膜，一般情况下无须干燥处理，直接放在天平上称量，记录质量。如果采样时现场相对湿度大于90%或有水雾，应干燥2 h后称量。称量后再放入干燥器内干燥30 min，再称量，当相邻两次的质量不超过0.1 mg时，取最小量。

④计算。

$$C = \frac{M_2 - M_1}{QT} \times 1\,000$$

式中　C——粉尘浓度，mg/m^3；

M_1——采样前滤膜质量，mg；

M_2——采样后滤膜质量，mg；

T——采样时间，min；

Q——采样流量，L/min。

【考核标准】

考核内容及分数	操作环节与要求	评分标准		考核方式	熟练程度	时限/min
		分值/分	扣分依据			
1. 感官判定 2. 试验测定 （100分）	感官判定准确	10	两种有害气体，判断错误一种扣5分	现场提问+分组操作考核	熟练掌握	90
	能说出有害气体超标原因	5	每少一种原因扣1分			
	能说出控制有害气体的措施	5	每少一种措施扣1分			
	氨气的测定 硫化氢的测定 （考核其中1种）	30	试剂配制浓度每错一种扣2分；测定所用试剂瓶安装不正确扣10分；测定不准扣5分，标定方法不正确扣5分，扣完30分为止			
	粉尘的测定	30	样品处理不正确扣10分；操作步骤少一项扣2分，测定不准扣5分，测定结果不正确扣5分，扣完30分为止			
	规范程度	10	操作不规范，每处扣2分直至扣完10分为止			
	完成时间	10	在规定时间内完成，每超5 min扣1分直至扣完10分为止			

【作业习题】

选一畜禽场，对其场区、畜禽舍内空气进行采样，测定其所含NH_3、H_2S和粉尘的含量，并判断是否符合畜禽场、畜禽舍环境卫生标准，如果不符合，请分析原因并提出改进意见。

任务六 控制饮水卫生

水是畜禽有机体的重要组成部分,也是有机体进行各种生理活动和维持生命的必需物质。若水质差或水体受到污染,将导致畜禽的健康和生产力受到损害。因此,控制饮水卫生,保证饮水的质量,对畜禽的健康和生产起着重要作用。

【教学案例】

猪场排水污染事件

某村民在本村南部建一养猪场,占地约 4 000 m^2,存栏母猪、生猪 1 000 多头,无治理污染设备,养殖场内产生的猪粪等污水直接排放到场外的小河沟,河沟周边有鱼塘和水田,养殖场不断排出的污水造成附近水田无法耕种,有村民反映饮水有异味,并时有腹泻现象发生,危及部分村民的饮水安全。经环保检测部门对养殖场周边环境、水样进行采集,检测发现水质达不到饮用标准。环保部门立即下发养殖场整改通知,停止该场对外排放养殖废水等污染物,对受影响的居民提供矿泉水,缓解饮水问题。

提问:

1. 如何判断水体是否受到污染?
2. 饮用水的卫生如何判定?
3. 治理水体的污染有哪些办法?

一、水源的种类及卫生防护措施

(一)水源的种类及卫生特点

水在自然界分布广泛,可分为地面水、地下水和降水三大类。但因其来源、环境条件和存在形式不同,又有各自的卫生特点。

1. 地面水

地面水包括江、河、湖、塘及水库等,主要由降水或地下水在地表径流汇集而成,容易受到生活及工业废水的污染,常常因此引起疾病流行或慢性中毒。优点是来源广、水量足。用作生活饮水需要净化和消毒。

2. 地下水

地下水由降水和地表水经土层渗透到地面以下而形成。地下水经过地层的渗滤作用,水中的悬浮物、有机物和细菌大部分被滤除。但是地下水在流经地层和渗透过程中,能溶解土壤中各种矿物盐类,导致水质硬度增加,因此,地下水的水质与其存在地层的岩石和沉积物的性质密切有关。该水质的特征是悬浮杂质少、有机物和细菌含量极少、溶解盐含量高、水清澈透明、硬度和矿化度较大、不易受污染而且便于卫生防护。但某些地区地下水含有某些矿物性毒物，如氟化物、砷化物等，往往引起地方性疾病。所以，选用地下水时，需先进行检验，才能选作水源。

3. 降水

降水指雨、雪，是由海洋和陆地蒸发的水蒸气凝聚形成的，其水质依地区的条件而定。总的来说，大气降水是含杂质较少而矿化度很低的软水。由于降水储存困难、水量无保障，因此除缺乏地面水和地下水的地区外，一般不用作畜禽场的水源。

需要注意的是，畜禽饮用水源在选择时还应遵循水量充足、水质良好、便于防护、取用方便四个原则。因此，一般来说，畜禽场水源优选地面水。

（二）畜禽饮用水卫生控制措施

1. 自来水

定期清洗畜禽饮用水传送管道，保证水质传送途中无污染。

2. 地面水

若选用河、湖水作为水源，取水点上游 1 000 m 和下游 100 m 水域不应有污水排放口，并清除周围半径 100 m 内水域的各种污染源；若选用池塘水作为水源，可以采取分塘用水的方法。地面水一般比较浑浊，细菌含量较多，必须采用普通净化法（混凝沉淀及砂滤）和消毒法来改善水质，目前应用最广的消毒法是氯化消毒法，有些地方在岸边修建自然渗滤井或砂滤井，对改善地面水质可以收到很好的效果。

3. 地下水

地下水较为清洁，一般只需要消毒处理，但需要注意加强水井的卫生管理。一般要求如下：

①水井位置：应注意建在畜禽场粪便堆放场等污染源的上方和地下水位的上游，避免建在低洼沼泽或容易积水的地方。水井附近 30 m 范围内，不得建有渗水的厕所、渗水坑、粪坑、垃圾堆等污染源。

②井水的卫生管理：在井的周围 3 ~5 m 范围内划作防护带，并定期进行卫生检查。

二、饮用水的卫生标准及评价

（一）饮用水水质标准

生活饮用水卫生标准是从保护人群身体健康和保证人类生活质量出发，经国家有关部门批准，以一定形式发布的法定卫生标准。我国现已公布和贯彻执行的水质卫生标准是《生活饮用水卫生标准》（GB 5749—2006）。水质指标由原来的 35 项增加至 106 项，其中，水质常规指标共 38 项。水质常规指标及限值见表 3-19。

表 3-19 水质常规指标及限值

指标	限值
1. 微生物指标[①]	
总大肠菌群(MPN/100 mL 或 CFU/100 mL)	不得检出
耐热大肠菌群(MPN/100 mL 或 CFU/100 mL)	不得检出
大肠埃希氏菌(MPN/100 mL 或 CFU/100 mL)	不得检出
菌落总数(CFU/mL)	100
2. 毒理指标	
砷(mg/L)	0.01
镉(mg/L)	0.005
铬(六价,mg/L)	0.05
铅(mg/L)	0.01
汞(mg/L)	0.001
硒(mg/L)	0.01
氰化物(mg/L)	0.05
氟化物(mg/L)	1.0
硝酸盐(以 N 计,mg/L)	10 地下水源限制时为 20
三氯甲烷(mg/L)	0.06
四氯化碳(mg/L)	0.002
溴酸盐(使用臭氧时,mg/L)	0.01
甲醛(使用臭氧时,mg/L)	0.9
亚氯酸盐(使用二氧化氯消毒时,mg/L)	0.7
氯酸盐(使用复合二氧化氯消毒时,mg/L)	0.7
3. 感官性状和一般化学指标	
色度(铂钴色度单位)	15
浑浊度(NTU-散射浊度单位)	1 水源与净水技术条件限制时为 3
臭和味	无异臭、异味
肉眼可见物	无
pH (pH 单位)	不小于 6.5 且不大于 8.5
铝(mg/L)	0.2
铁(mg/L)	0.3
锰(mg/L)	0.1

续表

指标	限值
铜(mg/L)	1.0
锌(mg/L)	1.0
氯化物(mg/L)	250
硫酸盐(mg/L)	250
溶解性总固体(mg/L)	1 000
总硬度(以 $CaCO_3$ 计,mg/L)	450
耗氧量(COD_{Mn} 法,以 O_2 计,mg/L)	3 水源限制,原水耗氧量>6 mg/L 时为 5
挥发酚类(以苯酚计,mg/L)	0.002
阴离子合成洗涤剂(mg/L)	0.3
4. 放射性指标②	指导值
总 α 放射性(Bq/L)	0.5
总 β 放射性(Bq/L)	1

注:①MPN 表示最可能数;CFU 表示菌落形成单位。当水样检出总大肠菌群时,应进一步检验大肠埃希氏菌或耐热大肠菌群;水样未检出总大肠菌群,不必检验大肠埃希氏菌或耐热大肠菌群;

②放射性指标超过指导值,应进行核素分析和评价,判定能否饮用。

(二)饮用水水质评价

1. 感官性状指标

水质的感官性状指标包括色度、浑浊度、臭、味和肉眼可见物等项。通常可以用眼、鼻、舌等感觉器官判断。

(1)色度

清洁的水无色,水体呈现异色时,须分析其原因。自然环境中由于受某些自然因素的影响而使水呈现不同的颜色,如流经沼泽地的地面水,由于含腐殖质而呈棕色或褐色;有大量藻类生存的地面水呈绿色或黄绿色;深层地下水含大量低铁盐,汲出地面后氧化成高铁呈黄褐色;含有黑色矿物质的水呈灰色;当水体受到不同工业废水污染时,呈现不同的颜色。色度一般用铂-钴比色法测定,以度表示,我国规定的饮用水色度不超过 15 度。

(2)浑浊度

浑浊度表示水中所含不溶性物质多少。浑浊度的标准单位是以 1 L 水中含有相当于 1 mg 标准硅藻土形成的浑浊状况,作为 1 个浑浊度单位,简称 1 度。我国规定的生活饮用水浑浊度不超过 1 度。当水源与净水技术条件限制时为 3 度。

地下水因有地层的覆盖和过滤作用,水的浑浊度较地面水低。地面水往往由于降水将邻近地面的泥土或污物冲入或因生活污水、工业废水排入或因强风急流冲击和岸边的淤泥,致使水的浑浊度提高。

(3)臭

臭指水质对鼻子嗅觉的不良刺激。清洁的水没有异臭。地面水中如有大量的藻类或原生动物时,水呈水草臭或腥臭。当水中含有人畜排泄物、垃圾、生活污水、工业废水或硫化物等时,可出现不同的臭气。通过嗅觉来判断水的臭气,根据臭气的性质,常常可以辨别污染的来源。臭气分为泥土气味、鱼腥气味、霉烂气味和硫化氢气味等。

(4)味

味指水质对舌头味觉的刺激。清洁的水应适口而无味。天然水中各种矿物质盐类和杂物的量达到一定浓度时,可使水发生异常的味道。如水中含有过量的氯化物,可使水有咸味;含硫酸钠或硫酸镁时有苦味;含有铁盐呈涩味;水中含有大量腐殖质时产生沼泽味。污物在水中发生腐败分解,也可产生臭味。

(5)肉眼可见物

肉眼可见物指水中含有肉眼可见的微小生物悬浮颗粒。饮水中不得含有肉眼可见物。

2. 化学指标

(1)pH 值

pH 值取决于它所含氢离子和氢氧离子的多少。我国《生活饮用水卫生标准》(GB 5749—2006)规定,pH 值不小于 6.5 且不大于 8.5。水质出现偏碱或偏酸时,表示水有受到污染的可能。pH 值过高,导致水中溶解盐类析出,降低氯化消毒的效果;pH 值过低,则水对金属(铁、铅、铝等)的溶解性增大,水的腐蚀作用增强。

(2)铝、铁、锰、铜、锌

铝、铁、锰、铜、锌的指标及限量见表 3-19。

(3)氯化物

自然界的水一般都含有氯化物,不同地区的含量不同,在同一地区,通常水体中的氯化物是相当稳定的。水中氯化物的来源主要是流经含氯化物的地层、受生活污水或工业废水的污染等。水中氯化物含量突然增加时,表明水有被污染的可能。尤其是含氮化合物同时增加,更能说明水体被污染。

(4)硫酸盐

天然水中均含有硫酸盐,且多以硫酸镁的形态存在。当水中硫酸盐含量突然增加时,表明水可能被生活污水、工业废水或化肥硫酸铵等污染。

(5)溶解性总固体

水中溶解组分的总量,包括溶解于水中的各种离子、分子和化合物的增量,但不包含悬浮物和溶解气体。

(6)总硬度

总硬度指溶于水中的钙、镁等盐类的总含量。硬度一般分为碳酸盐硬度(钙、镁的重碳酸盐和碳酸相加)和非碳酸盐硬度(钙、镁的硫酸盐、氯化物等),也可分为暂时硬度和永久硬度。暂时硬度是指把水煮沸后可除去的碳酸盐硬度;煮沸后仍可存于水中的非碳酸盐硬度为永久硬度,两者之和为总硬度。

水的硬度以“度”来表示，即当1 L水中钙离子和镁离子的总含量相当10 mg氧化钙时，称为1度。我国《生活饮用水卫生标准》（GB 5749—2006）规定，饮用水总硬度（以$CaCO_3$计）不超过450 mg/L，即45度。地下水的硬度一般比地面水高。地面水硬度随水流经过地区的地质条件不同，差异变化不大。但当流经石灰岩层或其他钙、镁岩层时，则硬度增加。

（7）化学耗氧量

在一定条件下，以强氧化剂如高锰酸钾、重铬酸钾等氧化水中有机物所消耗的氧量，称为化学耗氧量，它可以作为水中有机物含量的一种间接指标，代表水中可被氧化的有机物和还原性无机物的含量。但因为无法确定一部分被氧化无机物的量，所以不能反映有机物的化学稳定性及其在水中含量的实际情况。

（8）挥发酚类

酚类具有恶臭，饮水加氯消毒时，酚与氯结合，形成氯酚。若畜禽长期摄入，影响生长发育。

（9）阴离子合成洗涤剂

化学性质稳定，较难分解和消除，可使水产生异臭、异味和泡沫，妨碍水的净化处理。阴离子合成洗涤剂主要来自生活和工业废水。

3. 毒理学和放射性指标

毒理学指标是指水质标准中所规定的某些物质本身是毒物，当其含量超过一定程度时，就会直接危害机体，引起中毒。饮用水的毒理学指标有砷、镉、铬、铅、汞、硒、氰化物、氟化物、硝酸盐等15项。放射性指标包括总α放射性和总β放射性。对这些指标应严格要求，均不能超过水质标准上规定的限量，具体标准见表3-19。

4. 微生物学指标

细菌学检查特别是肠道菌的检查，可作为水受到动物性污染及判断污染程度的有力证据，在流行病学上具有重要意义。但水中病原菌很多，直接检查水中各种病原体，方法复杂，时间长，即使得到阴性结果，也不能保证水质绝对安全。因此通常以检验水中的菌落总数、总大肠菌群、耐热大肠菌群、大肠埃希氏菌来间接判断水质的污染状况，再结合水质理化分析结果进行综合分析，才能正确而客观地判断水质。

（1）菌落总数

菌落总数指37 ℃培养48 h后所生长的细菌菌落数。在实验条件培养的细菌菌株，菌落总数并不能表示水中全部细菌，也无法说明究竟有无病原菌存在。菌落总数只能用于相对评价水质是否被污染和污染程度。当水被人畜粪便及其他物质污染时，水中菌落总数急剧增加。我国《生活饮用水卫生标准》（GB 5749—2006）规定1 mL水中细菌总数不超过100个。

（2）总大肠菌群

在正常情况下，肠道中主要有大肠菌落、粪链球菌（肠球菌）和厌气芽孢菌三类。它们都可随人畜粪便进入水体。由于大肠菌群在肠道中数量最多，生存时间比粪链球菌长而比厌气芽孢菌短，生活条件又与肠道病原菌相似，且检查技术简便，故被作为水质卫生指标，它能直接反映水体受人畜粪便污染的情况。我国《生活饮用水卫生标准》（GB 5749—2006）规定，总大肠菌群不得检出。

三、饮用水的净化和消毒

畜禽场多处于郊区和农村,有自来水供应的较少。为了使饮用水的水质符合卫生要求,保证饮水安全,必须对其进行净化和消毒处理。地面水一般比较浑浊,细菌比较多,必须采用沉淀(自然沉淀和混凝沉淀)、过滤和消毒法来改善水质;地下水较为清洁,只需消毒处理即可。有时水源水质较特殊,则采用特殊处理措施(如除铁、除氟、除臭、软化等)。净化的目的主要是除去悬浮物质和部分病原体,改善水质的物理性状;消毒的目的是杀灭水中的病原体,防止介水传染病。

(一)饮用水的净化

1.混凝沉淀

地面水经常含有泥沙等悬浮物和胶体物,当水流减慢或静止时,水中较大的悬浮物因重力逐渐向水底下沉,使水澄清,即自然沉淀。但水中较小的悬浮物和胶质微粒,因带有负电荷,彼此相斥,不易凝集沉降,因此必须加入明矾、硫酸铝、碱式氯化铝和铁盐(如硫酸亚铁、三氯化铁等)混凝剂,使水中极小的悬浮物及胶质微粒凝聚成絮状物而沉降,即混凝沉淀。

此过程主要形成氢氧化铝和氢氧化铁胶状物:

$$Al_2(SO_4)_3+3Ca(HCO_3)_2 \longrightarrow 2Al(OH)_3\downarrow+3CaSO_4+6CO_2\uparrow$$

$$2FeCl_3+3Ca(HCO_3)_2 \longrightarrow 2Fe(OH)_3\downarrow+3CaCl_2+6CO_2\uparrow$$

这种胶状物带正电,能与水中带负电的微粒相互吸引凝集,逐渐形成大的絮状物而沉降,从而使水的物理性状大大改善。混凝沉淀一般可减除70%～95%悬浮物,其除菌效果约90%。

混凝沉淀的效果与一些因素有关,如浑浊度大小、温度高低、混凝沉淀的时间长短和不同的混凝剂用量。可通过混凝沉淀实验来确定用量,普通河水明矾需40～60 mg/L,硫酸铝的用量一般为50～100 mg/L,碱式氯化铝用量一般为30～100 mg/L。对于浑浊度低的水,冬季水温低时,往往不易发生混凝沉淀,可加助凝剂如硅酸钠等,以促进混凝。

2.沙滤

沙滤是把浑浊的水通过沙层,使水中悬浮物、微生物等阻留在沙层上部,使水得到净化。由于常用的滤料是沙,因而称为沙滤,另外还可以用煤渣、矿渣和硅胶等。沙滤的原理是阻留、沉淀和吸附作用,即阻留大粒子悬浮物,沉淀和吸附水中细菌和胶体等微小物质。滤水的效果取决于滤层的厚度、滤料粒径的适当组合、滤过的速度、水的浑浊度和滤池的构造和管理等因素。

集中式给水的过滤,一般可分为慢沙滤池和快沙滤池两种。目前大部分自来水厂采用快沙滤池,而简易自来水厂多采用慢沙滤池。分散式给水的过滤,可在河或湖边挖渗水井,使水经过地层自然滤过,从而改善水质。如能在水源和渗水井之间挖一沙滤沟或建筑水边沙滤井,则能更好地改善水质。此外也可采用沙滤缸或沙滤桶过滤。在桶或缸中分层装入滤料,在桶的下部开一孔接出水管,水通过各层滤料后由出水管排出。滤料的铺法:最底层铺以 1 ~2 cm 直径大小的碎石 10 cm 左右厚,上面铺以棕皮二层,再上面铺 10 cm 粗沙,粗沙上面铺细沙约 22 cm 厚,上面再铺棕皮一层,棕皮上面压约 10 cm 厚的碎石即可。滤桶(缸)下面接以清水缸存清水。沙滤使用过久,沙层堵塞,要用清水洗沙,除去悬浮物后可继续使用。

(二)饮用水的消毒

水经过混凝沉淀和沙滤处理后,细菌含量已大大减少,但还没有完全除去,病原菌还有可能存在。为了确保饮用水安全,必须再经过消毒处理。饮水消毒的方法有物理消毒法(如煮沸法、紫外线照射法、臭氧法、超声波法等)和化学消毒法(如氯化消毒法、高锰酸钾消毒法等)。目前应用最广的是氯化消毒法,因为此法杀菌力强、设备简单、使用方便、费用低。

1. 氯化消毒法的原理

氯在水中形成次氯酸及次氯酸根,与水中细菌接触时,二者容易扩散入细菌膜,与细胞中的酶系统起化学反应,破坏磷酸丙糖去氢酶的巯基,使细菌发生糖代谢障碍而死亡。研究表明,次氯酸的灭菌效果约为次氯酸根的 10 倍。

$$Cl_2+H_2O \longrightarrow HOCl+HCl$$

$$HOCl \longrightarrow H^++OCl^-$$

2. 消毒剂

氯化消毒法用的消毒剂为液态氯、漂白粉和漂白粉精片。大型水厂多用液态氯消毒,小型水厂和一般分散式给水多用漂白粉。漂白粉的杀菌能力取决于“有效氯”的含量。新制漂白粉一般含有效氯 25% ~35%,但漂白粉的性质不稳定,易受空气中二氧化碳、水分、光线和高温等影响而发生分解,使有效氯含量不断减少。因此,漂白粉须密封于棕色瓶内,存于低温、干燥、阴暗处,在使用前检查其中有效氯含量。若有效氯含量小于 15%,则不适合用于饮水消毒。漂白粉精片的有效氯含量高(为 60% ~70%)而且稳定,使用比较方便。

消毒剂的用量,除满足在接触时间内与水中各种物质作用所需要的有效氯量外,还应该使水在消毒后有适量的剩余,以保证持续的杀菌能力。

3. 氯化消毒方法

水源及供水方法不同,消毒方法也不同。以下介绍分散式给水消毒法。

(1)常量氯消毒法

常量氯消毒法即按常规加氯量(参照表 3-20)进行消毒。

表 3-20 不同水源水消毒的常规加氯量

水源种类	加氯量/($mg \cdot L^{-1}$)	1 m^3 水中加漂白粉量/g
深井水	0.5 ~ 1.0	2 ~ 4
浅井水	1.0 ~ 2.0	4 ~ 8
土坑水	3.0 ~ 4.0	12 ~ 16
泉水	1.0 ~ 2.0	4 ~ 8
湖、河水(清洁透明)	1.5 ~ 2.0	6 ~ 8

续表

水源种类	加氯量/(mg·L^{-1})	1 m^3 水中加漂白粉量/g
(水质浑浊)	2.0~3.0	8~12
塘水(环境较好)	2.0~3.0	8~12
(环境不好)	3.0~4.5	12~18

注:漂白粉按含有效氯25%计算。

引自赵云焕、刘卫东,《畜禽环境卫生与牧场设计》,2007。

井水消毒是直接在井中按井水量加入氯化消毒剂。方法是根据井的形状(圆筒形、长形或者方形)测量井水量:

$$圆井水量(m^3)=水深(m)\times[水面直径(m)/2]^2\times3.14$$

$$方井水量(m^3)=水深(m)\times水面长度(m)\times水面宽度(m)$$

然后根据井水量及井水加氯量(见表3-20)计算出应加的漂白粉量,称好倒入碗中,先加少量水调成糊状,再加水稀释,静置,取上清液倒入井中,用水桶搅动井水,使其充分混匀,0.5 h后,水中余氯应为0.3 mg/L。

缸水消毒时,将泉、河、湖或塘水置水缸中,若水质浑浊,应预先经混凝沉淀或过滤后再进行消毒。方法是:先将漂白粉配成3%漂白粉消毒液(每毫升消毒液中含有效氯10 mg),按每50 kg水加10 mL计算,将配好的漂白粉液倒入缸中,搅拌混匀,30 min后即可取用。漂白粉应现用现配,不宜放置过久,否则药效将损失。若用漂白粉精片进行消毒,则按每100 L水加1片(每片含有效氯200 mg)即可。

(2)持续氯消毒法

为了减少每天对井水或缸水进行加氯消毒的烦琐步骤,可采用持续氯消毒法。即在井水或缸水中放置装有漂白粉或漂白粉精片的有孔小容器,由于取水时水波振荡,氯液不断由小孔溢出,使水中经常保存一定的有效氯量。加到容器中的氯化消毒剂量,可为一次加入量的20~30倍,一次放入,可持续消毒10~20 d,效果良好。装漂白粉的容器可因地制宜地采用塑料袋、竹筒、广口瓶或青霉素玻璃瓶等。

(3)过量氯消毒法

一次加入常量氯化消毒加氯量的10倍(即10~20 mg/L)进行饮用水消毒,本法主要适用于新井开始使用、旧井修理或淘洗、居民区发生饮水传播的肠道传染病、井水大肠菌值或化学性状发生显著恶化及被洪水淹没或落入异物等情况。在处理消毒井水时,一般加入消毒剂10~12 h后再用水;如果水中氯味太大,则用吸出旧水不断涌入新水的方法,直至井水无明显氯味为止;也可在水中按1 mg余氯加3.5 mg的硫代硫酸钠脱氯后再使用。

4.影响氯化消毒效果的因素

氯化消毒效果与水温、pH值、浑浊度、加氯量及接触时间、余氯的性质及量等有关。如当水温为20 ℃、pH值为7时,氯与水接触不少于30 min,水中剩余的游离性氯(次氯酸或次氯酸根)为0.2~0.4 mg/L,才能达到较好的灭菌效果。水温低、pH值高、接触时间短时,则要求保留更高的余氯,加入的氯量也需增多。

【技能训练 11】

检测水质

【目的要求】

掌握水样的采集和保存方法，会对水质进行感官性状检测、化学和微生物指标检测。

【内容方法】

一、采集和保存水样

（一）采集水样

供物理、化学检测用所采集的水样应有代表性且不改变其理化特性。

水样量根据检测项目多少而不同，一般采集 2～3 L 即可满足理化分析的需要。采集水样的容器，可用硬质玻璃瓶或聚乙烯塑料瓶。测定微量金属离子的水样，由于玻璃容器吸附性较大，故以用聚乙烯塑料瓶为宜。采样前先将容器洗净，采样时用水样冲洗三次，再将水样采集于瓶中。

采集自来水及具有抽水设备的井水时，应先放水数分钟，使积留于水管中的杂质流出后，再将水样收集于瓶中。

采集无抽水设备的井水或从江、河、湖、水库等地面水源采集水样时，可使用水样采集器。采样时，将水样采集器浸入水中，使采样瓶的瓶口位于水面下 20～30 cm，然后拉开瓶塞，使水进入瓶中。

（二）保存水样

水样采集后尽快检测。有些项目应于采样当场进行测定。有些项目则需加入适当的保存剂（如加酸保存可防止金属形成沉淀），或在低温下保存（可减慢化学反应的速率）。现将本实验各个分析项目的水样保存方法列表 3-21 如下：

表 3-21　水样保存方法

项目	保存方法
pH 值	最好现场测定，必要时于 4 ℃保存，6 h 内测定
总硬度	必要时加硝酸至 pH<2
氯化物	7 d 内测定
氨氮、硝酸盐氮	每升水样加 0.8 mL 硫酸，4 ℃保存，24 h 内测定
亚硝酸盐氮	4 ℃保存，尽快测定
耗氧量	尽快测定，或加硫酸至 pH<2，7 d 内测定
生化需氧量	立即测定，或 4 ℃保存，6 h 内测定
溶解氧	现场加固定剂，4～8 h 内测定
余氯	现场测定
氰化物	4 ℃保存
砷	加硝酸至 pH<2
铬（六价）	尽快测定

二、检测水质感官性状

(一)色度

1. 铂-钴标准比色法

本法适用于生活饮用水及其水源水中色度的测定。本法水样不经稀释,最低检测色度为5度,测定范围为5~50度。测定前应除去水样中的悬浮物。

2. 原理

用氯铂酸钾和氯化钴配制成与天然水黄色色调相似的标准色列,用于水样目视比色测定。规定1 mg/L铂[以$(PtCl_6)^{2-}$形式存在]所具有的颜色为1个色度单位,称为1度。由于即使轻微的浑浊度也干扰测定,故浑浊水样测定时需先离心使之清澈。

3. 试剂

铂-钴标准溶液称取1.246 g氯铂酸钾(K_2PtCl_6)和1.000 g干燥的氯化钴($CoCl_2 \cdot 6H_2O$),溶于100 mL纯水中,加入100 mL盐酸(ρ_{20}=1.19 g/mL),用纯水定容至1 000 mL。此标准溶液的色度为500度。

4. 仪器

成套高型无色具塞比色管(50 mL)、离心机。

5. 分析步骤

①取50 mL透明水样于比色管中。如水样色度过高,可取少量水样,加纯水稀释后比色,将结果乘以稀释倍数。

②另取比色管11支,分别加入铂-钴标准溶液0 mL, 0.50 mL, 1.00 mL, 1.50 mL, 2.00 mL, 2.50 mL,3.00 mL, 3.50 mL, 4.00 mL, 4.50 mL和5.00 mL,加纯水至刻度,摇匀,配制成色度为0度,5度,10度,15度,20度,25度,30度,35度,40度,45度和50度的标准色列,可长期使用。

③将水样与铂-钴标准色列比较。如水样与标准色列的色调不一致,即为异色,可用文字描述。

6. 计算

按如下公式计算色度:

$$\text{色度} = \frac{V_1 \times 500}{V}$$

式中 V_1——相当于铂钴标准溶液的用量,mL;

V——水样体积,mL。

(二)浑浊度

1. 目视比浊法—福尔马肼标准

以福尔马肼为标准,用目视比浊法测定生活饮用水及其水源水的浑浊度。本法最低检测浑浊度为1散射浑浊度单位(NTU)。

2. 原理

硫酸肼与环六亚甲基四胺在一定温度下可聚合生成一种白色的高分子化合物,可用作浑浊度标准,用目视比浊法测定水样的浑浊度。

3. 试剂

①纯水：取蒸馏水经0.2 μm膜滤器过滤。

②硫酸肼溶液(10 g/L)：称取硫酸肼(又名硫酸联胺)1.000 g溶于纯水，并于100 mL容量瓶中定容。

注意：硫酸肼具致癌毒性，避免吸入、摄入和与皮肤接触。

③环六亚甲基四胺溶液(100 g/L)：称取环六亚甲基四胺10.00 g溶于纯水，于100 mL容量瓶中定容。

④福尔马肼标准混悬液：分别吸取硫酸肼溶液5.00 mL、环六亚甲基四胺溶液5.00 mL于100 mL容量瓶内，混匀；在(25±3)℃放置24 h后，加入纯水至刻度，混匀。此标准混悬液浑浊度为400 NTU，可在4 ℃以下避光保存约一个月。

4. 仪器

成套高型无色具塞比色管50 mL，玻璃质量及直径均须一致。

5. 分析步骤

①摇匀后吸取浑浊度为400 NTU的标准混悬液0 mL，0.25 mL，0.50 mL，0.75 mL，1.00 mL，1.25 mL，2.50 mL，3.75 mL和5.00 mL分别置于成套的50 mL比色管内，加纯水至刻度。摇匀后即得浑浊度为0NTU，2NTU，4NTU，6NTU，8NTU，10NTU，20NTU，30NTU及40NTU的标准混悬液。

②取50 mL摇匀的水样，置于同样规格的比色管内。与浑浊度标准混悬液同时振摇均匀，由管的侧面观察，进行比较。水样的浑浊度超过40NTU时，可用纯水稀释后测定。

6. 计算

浑浊度结果可于测定时直接比较读取并乘以稀释倍数。不同浑浊度范围的读数精度要求见表3-22。

表3-22　不同浑浊度范围的读数精度要求

浑浊度范围/NTU	读数精度/NTU
2～10	1
10～100	5
100～400	10
400～700	50
700以上	100

(三)臭和味

1. 嗅气和尝味法

用嗅气味和尝味法测定生活饮用水及其水源水的臭和味。

2. 仪器

锥形瓶(250 mL)。

3. 分析步骤

(1)原水样的臭和味

取100 mL水样，置于250 mL锥形瓶中，振摇后从瓶口嗅水的气味，用适当文字描述，并按六级记录其强度，见表3-23。

与此同时，取少量水样放入口中（此水样应对人体无害），不要咽下，品尝水的味道。予以描述，并按六级记录其强度，见表3-23。

(2)原水煮沸后的臭和味

将上述锥形瓶内水样加热至开始沸腾，立即取下锥形瓶，稍冷后按上法嗅气和尝味。用适当的文字加以描述，并按六级记录其强度，见表3-23。

表3-23 臭和味的强度等级

等级	强度	说明
0	无	无任何臭味
1	微弱	一般饮用者甚难察觉，但臭味敏感者可以发觉
2	弱	已能明显察觉
3	明显	已有很显著的臭味
4	强	有强烈的恶臭或异味
5	很强	

注：必要时可用活性炭处理过的纯水做无臭对照水。

(四)肉眼可见物

1. 直接观察法

直接观察法测定生活饮用水及其水源水的肉眼可见物。

2. 分析步骤

将水样摇匀，在光线明亮处迎光直接观察。记录所观察到的肉眼可见物。

三、检测化学指标

(一)pH值的测定

1. pH电位计法

(1)原理

以玻璃电极和甘汞电极为两极，在25 ℃时，每相差1个pH单位，产生59.1 mV的电位差，在仪器上直接以pH的读数表示。温度差异在仪器上有补偿装置。

(2)仪器

pH电位计（包括玻璃电极和饱和甘汞电极）。

(3)试剂

下列标准液均需用新煮并放冷的蒸馏水配制。配成的溶液应储存在聚乙烯瓶或硬质玻璃瓶内。此类溶液可以保存1~2个月。

①pH标准液甲。称取10.21 g在105 ℃烘干2 h的苯二甲酸氢钾（$KHC_8H_4O_4$），溶于蒸馏水中，并稀释至1 000 mL。此溶液的pH值在20 ℃时为4.00。

②pH标准液乙。称取3.40 g在105 ℃烘干2 h的磷酸二氢钾（KH_2PO_4）和3.55 g磷酸氢二钠（Na_2HPO_4），溶于蒸馏水中，并稀释至1 000 mL。此溶液的pH值在20 ℃时为6.88。

③pH标准液丙。称取3.81 g硼酸钠（$Na_2B_4O_7 \cdot 10H_2O$），溶于蒸馏水中，并稀释至

1 000 mL。此溶液的 pH 值在 20 ℃时为 9.22。

(4)操作步骤

按 pH 电位计使用说明书进行。电极使用前应用纯水浸泡 24 h。先用标准液进行校正，然后用纯水冲洗数次，再用水样冲洗数次，然后测定水样。水样的 pH 值可直接读出。

2. pH 试纸法

(1)试剂

广泛 pH 试纸(pH 范围 1 ~12)或精密 pH 试纸(pH 范围 5.5 ~9.0)。

(2)操作步骤

取 pH 试纸一条，于水样中浸湿取出后与标准色板比色，记录相应的 pH 值。此法简易方便，但准确度较差。

(二)氨氮的测定

1. 原理

水中 NH_3 与纳氏试剂中的碘汞离子在碱性条件下，生成黄棕色碘化氧汞铵络合物，其颜色深浅与氨氮含量成正比。

$$2K_2[HgI_4]+3KOH+NH_3 = NH_2Hg_2OI+7KI+2H_2O$$

钙、镁、铁等离子能引起溶液浑浊，可加入酒石酸钾钠隐蔽。

2. 仪器

50 mL 比色管、分光光度计。

3. 试剂

所有试剂均需用去离子水配制。

①纳氏试剂。称取 100 g 碘化汞及 70 g 碘化钾，溶于少量蒸馏水中，将此溶液缓缓倒入已冷却的 500 mL 32% 的氢氧化钾溶液中，并不停搅拌，再加蒸馏水稀释至 1 L，储于棕色瓶中，用橡皮塞塞紧，避光保存(可保存约一年)。

②氨氮标准溶液。将氯化铵置于烘箱内，以 105 ℃烘 1 h，冷却后称取 3.819 0 g，溶于蒸馏水中，并稀释至 1 000 mL，此为储存液。临用时，吸取储存液 10.0 mL，用蒸馏水稀释至 1 000 mL，此液 1.00 mL 相当于 10.0 μg 氨氮(N)。

③50% 酒石酸钾钠溶液。取 50 g 酒石酸钾钠溶于 100 mL 蒸馏水中，加热煮沸，以除去试剂中可能含有的氨。冷却后，再用蒸馏水补充到 100 mL。

4. 操作步骤

①取 50 mL 水样于 50 mL 比色管中。

②另取 50 mL 比色管 10 支，分别加入氨氮标准溶液 0,0.1,0.3,0.5,0.7,1.0,3.0,5.0,7.0,10.0 mL，用蒸馏水稀释至 50 mL。

③向水样管及标准溶液管中各加入 1 mL 50% 酒石酸钾钠溶液，摇匀，再加 1.00 mL 纳氏试剂，混匀后放置 10 min，进行目视比色，记录与水样管颜色相似的标准管内加入的氨氮标准溶液用量。

④如采用分光光度计，则用 420 nm 波长，1 cm 比色杯；如水样中氨氮含量低于 0.03 mg，改用 3 cm 比色杯。

⑤计算：

$$氨氮(N, mg/L)=\frac{相当于标准的微克数}{水样体积(mL)}$$

$$氨(NH_3,mL/L)=氨氮(N, mg/L)\times1.216$$

$$铵(NH_4^+,mg/L)=氨氮(N, mg/L)\times1.287$$

四、检测微生物指标

(一)菌落总数

采用平皿计数法测定。平皿计数法适用于生活饮用水及其水源水中菌落总数的测定。

菌落总数是水样在营养琼脂上有氧条件下37 ℃培养48 h后，所得1 mL水样所含菌落的总数。

(1)培养基与试剂

营养琼脂成分：蛋白胨10 g；牛肉膏3 g；氯化钠5 g；琼脂10～20 g；蒸馏水1 000 mL。

制法：将上述成分混合后，加热溶解，调整pH值为7.4～7.6，分装于玻璃容器中(如用含杂质较多的琼脂，则应先过滤)，经103.43 kPa(121 ℃，15lb)灭菌20 min，储存于冷暗处备用。

(2)仪器

高压蒸汽灭菌器、干热灭菌箱、培养箱(36±2)℃，电炉、天平、冰箱、放大镜或菌落计数器、pH计或精密pH试纸、灭菌试管、平皿(直径9 cm)、刻度吸管、采样瓶等。

(3)检验步骤

①生活饮用水：

a.以无菌操作方法用灭菌吸管吸取1 mL充分混匀的水样，注入灭菌平皿中，再倾注约15 mL已融化并冷却到45 ℃左右的营养琼脂培养基，并立即旋摇平皿，使水样与培养基充分混匀。每次检验应做一平行接种，同时另用一个平皿只倾注营养琼脂培养基作为空白对照。

b.待冷却凝固后，翻转平皿，使底面向上，置于(36±1)℃培养箱内培养48 h，进行菌落计数，即为水样1 mL中的菌落总数。

②水源水：

a.以无菌操作方法吸取1 mL充分混匀的水样，注入盛有9 mL、灭菌生理盐水的试管中，混匀成1：10稀释液。

b.吸取1：10的稀释液1 mL注入盛有9 mL灭菌生理盐水的试管中，混匀成1：10稀释液。按同法依次稀释成1：1 000，1：10 000稀释液等备用。如此递增稀释一次，必须更换一支1 mL灭菌吸管。

c.用灭菌吸管取未稀释的水样和2～3个适宜稀释度的水样1 mL，分别注入灭菌平皿内，以下操作同生活饮用水的检验步骤。

(4)菌落计数及报告方法

作平皿菌落计数时，可用眼睛直接观察，必要时用放大镜检查，以防遗漏。在记下各平皿的菌落数后，应求出同稀释度的平均菌落数，供下一步计算时应用在求同稀释度的平均数，若其中一个平皿有较大片状菌落生长，则不宜采用，而应以无片状菌落生长的平皿作为该稀释度的平均菌落数。若片状菌落不到平皿的一半，而剩下平皿中菌落数分布又很均匀，则可将此半皿计数后乘2以代表全皿菌落数。然后再求该稀释度的平均菌落数。

(5)不同稀释度的选择及报告方法

①选择平均菌落数为30～300进行计算，若只有一个稀释度的平均菌落数符合此范围，则将该菌落数乘以稀释倍数报告之(如表3-24中实例1)。

②若有两个稀释度，其生长的菌落数均为30～300，则视二者之比值来决定。若其比值小于2则应报告两者的平均数(如表3-24中实例2)；若其比值大于2，则报告其中稀释度较小的菌落总数(如表3-24中实例3)；若其比值等于2亦报告其中稀释度较小的菌落数(见表3-24中实例4)。

③若所有稀释度的平均菌落数均大于300，则应按稀释度最高的平均菌落数乘以稀释倍数报告之(如表3-24中实例5)。

④若所有稀释度的平均菌落数均小于30，则应按稀释度最低的平均菌落数乘以稀释倍数报告之(如表3-24中实例6)。

⑤若所有稀释度的平均菌落数均不在30～300内，则应以最接近30或300的平均菌落数乘以稀释倍数报告之(如表3-24中实例7)。

⑥若所有稀释度的平板上均无菌落生长，则以未检出报告之。

⑦如果所有平板上都菌落密布，不要用“多不可计”报告，而应在稀释度最大的平板上，任意数其中2个平板1 cm^2中的菌落数，除2求出每平方厘米内平均菌落数，乘以皿底面积63.6 cm^2，再乘其稀释倍数报告之。

⑧菌落计数的报告：菌落数在100以内时按实有数报告，大于100时，采用两位有效数字，在两位有效数字后面的数值，以四舍五入法计算，为了缩短数字后面的零数也可用10的指数来表示(见表3-24“报告方式”栏)。

表3-24　稀释度选择及菌落总数报告方式

实例	不同稀释度的平均菌落数			两个稀释度菌落数之比	菌落总数/(CFU·mL^{-1})	报告方式/(CFU·mL^{-1})
	10^{-1}	10^{-2}	10^{-3}			
1	1 365	164	20	—	16 400	16 000或1.6×10^4
2	2 760	295	46	1.6	37 750	38 000或3.8×10^4
3	2 890	271	60	2.2	27 100	27 000或2.7×10^4
4	150	30	8	2	1 500	1 500或1.5×10^3
5	多不可计	1 650	513	—	513 000	510 000或5.1×10^5
6	27	11	5	—	270	270或2.7×10^2
7	多不可计	305	12	—	30 500	31 000或3.1×10^4

(二)总大肠菌群

采用滤膜法测定。滤膜法适用于生活饮用水及其水源水中总大肠菌群的测定。

总大肠菌群滤膜法是指用孔径为0.45 μm的微孔滤膜过滤水样，将滤膜贴在添加乳糖的选择性培养基上37 ℃培养24 h，能形成特征性菌落的需氧和兼性厌氧的革兰氏阴性无芽孢杆菌以检测水中总大肠菌群的方法。

(1)培养基与试剂

品红亚硫酸钠培养基：

①培养基成分：蛋白胨10 g；酵母浸膏5 g；牛肉膏5 g；乳糖10 g；琼脂15～20 g；磷酸氢二钾3.5 g；无水亚硫酸钠5 g；碱性品红乙醇溶液(50 g/L) 20 mL；蒸馏水1 000 mL。

②储备培养基的制备：

先将琼脂加到500 mL蒸馏水中，煮沸溶解，于另500 mL蒸馏水中加入磷酸氢二钾、蛋白胨、酵母浸膏和牛肉膏，加热溶解，倒入已溶解的琼脂，补足蒸馏水至1 000 mL，混匀后调节pH值为7.2～7.4，再加入乳糖，分装，68.95 kPa(115 ℃，10 lb①)高压灭菌20 min，储存于冷暗处备用。

本培养基也可不加琼脂，制成液体培养基，使用时加2～3 mL于灭菌吸收垫上，再将滤膜置于培养垫上培养。

③平皿培养基的配制：

将上法制备的储备培养基加热融化，用灭菌吸管按比例吸取一定量的50 g/L的碱性品红乙醇溶液置于灭菌空试管中，再按比例称取所需的无水亚硫酸钠置于另一灭菌试管中，加灭菌水少许，使其溶解后，置沸水浴中煮沸10 min以灭菌。

用灭菌吸管吸取已灭菌的亚硫酸钠溶液，滴加于碱性品红乙醇溶液至深红色退成淡粉色为止，将此亚硫酸钠与碱性品红的混合液全部加到已融化的储备培养基内，并充分混匀(防止产生气泡)，立即将此种培养基15 mL倾入已灭菌的空平皿内待冷却凝固后置冰箱内备用。此种已制成的培养基于冰箱内保存不宜超过两周。如培养基已由淡粉色变成深红色，则不能再用。

乳糖蛋白胨培养液成分：

蛋白胨10 g；牛肉膏3 g；乳糖5 g；氯化钠5 g；溴甲酚紫乙醇溶液(16 g/L)1 mL；蒸馏水1 000 mL。

制法：将蛋白胨、牛肉膏、乳糖及氯化钠溶于蒸馏水中，调整pH值为7.2～7.4，再加入1 mL16 g/L的溴甲酚紫乙醇溶液，充分混匀，分装于装有导管的试管中，68.95 kPa(115 ℃，10 lb)高压灭菌20 min，储存于冷暗处备用。

(2)仪器

滤器、滤膜，孔径0.45 um、抽滤设备、无齿镊子、培养箱(36±1)℃、冰箱(0～4 ℃)、天平、显微镜、平皿(直径为9 cm)、试管、分度吸管(1 mL，10 mL)、锥形瓶、小导管、载玻片。

(3)检验步骤

①准备工作。滤膜灭菌：将滤膜放入烧杯中，加入蒸馏水，置于沸水浴中煮沸灭菌3次，每次15 min。前两次煮沸后需更换水洗涤2～3次，以除去残留溶剂；滤器灭菌：用点燃的酒

① 表示“磅”，1磅≈0.45 kg。

精棉球火焰灭菌,也可用蒸汽灭菌器 103.43 kPa(121 ℃,15 lb)高压灭菌 20 min。

②过滤水样。用无菌镊子夹取灭菌滤膜边缘部分,将粗糙面向上,贴放在已灭菌的滤床上,固定好滤器,将 100 mL 水样(如水样含菌数较多,可减少过滤水样量,或将水样稀释)注入滤器中,打开滤器阀门,在 -5.07×10^4 Pa(负 0.5 大气压)下抽滤。

③培养。水样滤完后,再抽气约 5 s,关上滤器阀门,取下滤器,用灭菌镊子夹取滤膜边缘部分。移放在品红亚硫酸钠培养基上,滤膜截留细菌面向上,滤膜应与培养基完全贴紧,两者间不得留有气泡,然后将平皿倒置,放入 37 ℃恒温箱内培养(24±2)h。

(4)结果观察与报告

挑取符合下列特征的菌落进行革兰氏染色、镜检:紫红色、具有金属光泽的菌落;深红色、不带或略带金属光泽的菌落;淡红色、中心色较深的菌落。

凡革兰氏染色为阴性的无芽孢杆菌,再接种乳糖蛋白胨培养液,于 37 ℃培养 24 h,有产酸产气者,则判定为总大肠菌群阳性;按如下公式计算滤膜上生长的总大肠菌群数,以每 100 mL 水样中的总大肠菌群数(CFU/100 mL)报告之。

总大肠菌群菌落数(CFU/100 mL)= 数出的总大肠菌群数×100/过滤的水样体积(mL)

【考核指标】

<table>
<tr><th rowspan="2">考核内容及分数分配</th><th rowspan="2">操作环节与要求</th><th colspan="2">评分标准</th><th rowspan="2">考核方式</th><th rowspan="2">熟练程度</th><th rowspan="2">时限/min</th></tr>
<tr><th>分值/分</th><th>扣分依据</th></tr>
<tr><td rowspan="6">1. 水样的采集和保存
2. 水质的感官性状、化学指标、微生物指标的测定(100 分)</td><td>水样的采集和保存方法</td><td>20</td><td>水样的采集法错误扣 6 分,各个分析项目的保存方法判断错误一种扣 2 分</td><td rowspan="6">分组操作考核</td><td rowspan="6">掌握</td><td rowspan="6">70</td></tr>
<tr><td>色度、浑浊度、臭和味、肉眼可见物的测定(考核其中 1 种)</td><td>20</td><td>配制的标准溶液不符合要求扣 10 分;取样不准确扣 5 分;结果判定不准确扣 5 分</td></tr>
<tr><td rowspan="2">pH 值的测定;氨氮的测定(考核其中 1 种);菌落总数的测定;总大肠菌群(考核其中 1 种)</td><td>20</td><td>配制的标准溶液不符合要求扣 10 分;取样不准确扣 5 分;结果判定不准确扣 5 分</td></tr>
<tr><td>20</td><td>配制的样品不符合要求扣 10 分;取样不准确扣 5 分;结果判定不准确扣 5 分</td></tr>
<tr><td>规范程度</td><td>10</td><td>操作不规范,每处扣 3 分直至扣完 10 分为止</td></tr>
<tr><td>完成时间</td><td>10</td><td>在规定时间内完成,每超 5 min 扣 1 分直至扣完 10 分为止</td></tr>
</table>

任务七　控制饲料卫生

饲料是动物机体维持正常生命活动和生产性能所必需的物质和能量来源。饲料安全和卫生直接关系到动物的健康和生产性能,间接影响到人类的安全与健康。只有保证饲料的卫生安全,才能保障肉、蛋、奶的卫生质量。然而,在一些饲料中天然存在着有毒有害物质,还有一些是来自外界环境的污染而产生毒害作用。

【教学案例】

猪场的"罪魁祸首"

梅雨季节,南方某猪场(200头种猪)各个阶段猪只均出现食欲下降,有60多头种猪出现食欲废绝、四肢无力,大部分配种母猪返情,有15头怀孕母猪流产,多数仔猪出生后伴有腹式呼吸及腹泻症状,且在3~4 d后死亡,有些还有神经症状。猪场人员怀疑感染蓝耳病或伪狂犬病,但经抗体检测均达标,病原检测也未见有感染。

提问:

1. 若发病原因不是传染病,如何判定是否由饲料引起?
2. 饲料卫生不达标对于家畜有何危害?
3. 饲料发生霉变的条件以及引起的危害有哪些?
4. 为了保证饲料卫生安全应如何消除饲料中的有毒有害因子?

一、含有毒物质饲料的污染和控制

有些饲料中天然存在一些有毒有害物质,包括生物碱、生氰糖苷、硫葡萄糖苷、皂苷、游离棉酚、蛋白酶抑制剂等。这些饲料若使用不当,不仅对动物健康、生产性能和畜产品品质造成损害,还可危害人类健康。

(一)含硝酸盐、亚硝酸盐的饲料

硝酸盐主要存在于蔬菜类饲料及树叶类饲料中,如白菜、小白菜、萝卜叶、苋菜、莴苣叶、甘蓝、南瓜叶等。通常,大多数新鲜的蔬菜中亚硝酸盐的含量很少,但在天气干旱或菜叶变黄后,其含量会增加;少数植物由于亚硝酸酶的活性很低,也可能使亚硝酸盐的含量较多。此外不同植物种类和同株植物的不同部位,硝酸盐含量不同。

1. 硝酸盐、亚硝酸盐对畜禽的危害

(1)亚硝酸盐中毒(高铁血红蛋白血症)

硝酸盐可在一定条件下转变为亚硝酸盐,将血液中带二价铁的血红蛋白氧化成带三价

铁的高铁血红蛋白,失去携氧功能,造成机体组织缺氧,引起高铁血红蛋白血症,动物出现可视黏膜发绀、呼吸加强、心率加快、行走摇摆等一系列症状,严重者昏迷死亡。

(2)参与合成致癌物——亚硝胺

亚硝胺是亚硝胺类化合物的简称,具有很强的致癌作用。当饲料中同时含有硝酸盐、亚硝酸盐与胺类或酰胺时,在一定条件下可形成强致癌物亚硝胺。

2. 预防硝酸盐、亚硝酸盐中毒的措施

(1)合理施用氮肥

在种植青绿饲料时,要科学合理地配方施肥,控制氮肥的用量和施用时间,尤其注意在临近收获或放牧时,不宜过多施肥,减少植物中硝酸盐的蓄积。

(2)注意饲料调制及保存方法

青绿饲料收获后不宜长期堆压,短时间存放时,应薄层摊开,存放于干燥、阴凉、通风处,经常翻动,也可青贮发酵。叶菜类青绿饲料应新鲜生喂或大火快煮,现煮现喂,青饲料如果腐烂变质禁止饲喂。

(3)合理搭配,严格控制饲喂量

反刍动物饲喂硝酸盐含量高的青绿饲料时,应严格控制饲喂量,同时搭配适当含碳水化合物多的易消化饲料,以提高瘤胃的还原能力;在饲料中添加维生素 A,可以减弱硝酸盐与亚硝酸盐的毒性。

(4)选育低富集硝酸盐青绿饲料植物品种

有研究表明,硝酸盐还原酶的活性强度有较高的遗传性,因此,需通过作物育种,选育低富集硝酸盐品种。

(5)严格执行饲料卫生标准

我国《饲料卫生标准》(GB 13078—2017)规定饲料中亚硝酸盐的限量见表 3-25。

表 3-25　饲料中亚硝酸盐的允许量

饲料原料	亚硝酸盐(以 $NaNO_2$ 计)的限量/($mg \cdot kg^{-1}$)
火腿肠粉等肉制品生产过程中获得的前食品和副产品	≤80
其他饲料原料	≤15

(二)棉籽饼粕饲料

棉籽饼粕是重要的蛋白质饲料,但因其含有棉酚和环丙烯类脂肪酸等抗营养因子,限制了这一资源的充分利用。

1. 棉籽饼粕饲料中的有毒成分和毒性

棉酚可分为游离棉酚和结合棉酚两类,游离棉酚对畜禽具有毒性,而结合棉酚无毒。棉籽饼粕毒性的大小主要取决于游离棉酚的含量。游离棉酚的含量又因品种、栽培环境和制油工艺的不同而有差异。如机榨饼、浸出粕和土榨饼,其中浸出粕所含游离棉酚含量最低。游离棉酚的排泄缓慢,在体内蓄积,长期采食棉籽饼(粕)会引起慢性中毒。游离棉酚是心、肝、肾等实质器官细胞、血管和神经的毒物。棉酚能够进入消化道刺激胃黏膜,引起胃肠炎。棉酚严重影响雄性动物生殖机能,造成雄性不育。游离棉酚在体内可与蛋白质、铁结合,影响蛋白质和铁的吸收,降低棉籽饼中赖氨酸的有效性。棉酚影响鸡蛋品质,游离棉酚可与蛋黄中的铁离子结合,形成黄绿色或红褐色的复合物。

环丙烯类脂肪酸主要使母禽的卵巢和输卵管萎缩,产蛋率降低,蛋品质下降。蛋品储存后,使蛋清变成桃红色,蛋黄变硬,形成"海绵蛋"和"桃红蛋"。

【教学案例】

犊牛中毒

某县农民养殖的10月龄荷斯坦犊牛,最近出现厌食、眼睑浮肿、流泪、咳嗽、腹泻,有时排出红色尿液等现象。请当地兽医到现场进行检查,了解临床基本情况,并向畜主询问本次发病的时间、地点、主要表现,对病因的估计、病的经过及采取的治疗措施与效果、过去病畜和畜禽病史,饲养管理情况(包括日粮组成及饲料品质)、畜禽舍的卫生条件等。根据畜主所提供的资料即长期或大量饲喂棉籽饼,并且棉籽饼未做去毒处理,经过棉酚的初步检测,结果为阳性。初步诊断为犊牛棉酚中毒。

提问:

1. 常见的含有毒物质饲料有哪些?
2. 如何预防畜禽饲料中毒?
3. 畜禽摄入含有毒物质饲料中毒后应怎样处理?

2. 预防措施

(1)棉籽饼粕脱毒处理

采用的方法有:硫酸亚铁法、碱处理法、加热处理法和微生物发酵处理法。其中,硫酸亚铁法成本低,操作简便,是目前普遍采用的方法。硫酸亚铁中的Fe^{2+}能与游离棉酚结合形成不能被动物吸收的螯合物而随粪便排出,从而减少对机体的损害。由于硫酸亚铁含有结晶水,因此用硫酸亚铁去毒时,在棉籽饼粕中按游离棉酚含量的5倍加入硫酸亚铁。按量将硫酸亚铁干粉直接与棉籽饼粕均匀混匀,按每千克饼粕加2 kg水,浸泡约4 h后直接饲喂。

(2)合理搭配,适量配比

提高饲粮中蛋白质的水平可降低棉酚的中毒率,若添加适量的鱼粉、蚯蚓粉或赖氨酸等饲料,效果更好。此外,棉籽饼粕与其他饼粕(如菜籽饼粕、豆饼、葵籽饼)适当搭配,可减少毒素的摄入。猪对棉酚的耐受力比鸡低,幼年动物比成年动物低,单胃动物比反刍动物低。

(3)限量饲喂,间歇饲喂

一般含量为0.06%~0.08%的机榨或预压浸出的棉籽饼粕,可不经脱毒处理,直接与其他饲料配合使用。在生长育肥猪、肉鸡饲粮中的安全用量为10%~20%,母猪及产蛋鸡饲粮的安全用量为5%~10%。连续饲喂2~3个月,停喂2~3周后再喂。同时适当增加其他蛋白质饲料(如鱼粉、血粉或赖氨酸)、青饲料、矿物质和维生素的饲喂量。

（4）严格执行饲料卫生标准

我国《饲料卫生标准》（GB 13078—2017）规定的游离棉酚在各种饲料中的安全使用限量见表3-26。

表3-26 饲料中游离棉酚的安全食用量

饲料原料	游离棉酚/($mg \cdot kg^{-1}$)
棉籽油	≤200
棉籽	≤5 000
脱酚棉籽蛋白、发酵棉籽蛋白	≤400
其他棉籽加工产品	≤1 200
其他饲料原料	≤20

（三）菜籽饼粕饲料

菜籽是油菜、甘蓝、芥菜和萝卜等十字花科芸薹属植物的种子，菜籽饼粕是指以油籽作物（如油菜籽、芥菜籽和甘蓝籽等）经压榨去油后的残渣制成的一类饲料，其粗蛋白含量高，尤其以蛋氨酸含量较多，是动物优良的蛋白质饲料。

1. 菜籽饼粕中的有毒物质及其毒性

菜籽饼粕粗纤维含量高，且含有硫葡萄苷（硫甙或芥子甙）、芥酸、植酸、单宁、芥子碱等有害物质，这些有害物质经机体吸收后引起微血管扩张，量大时使血容量下降、心率减少，同时伴有肝、肾损害。其中对动物造成急性危害的主要是硫苷。硫苷本身无毒，但其在芥子酶的作用被水解为噁唑烷硫酮（OZT）、异硫氰酸盐（ITC）等一些对动物有毒的代谢物。噁唑烷硫酮阻碍甲状腺素的合成，使血液中甲状腺浓度降低，导致甲状腺肿大。异硫氰酸盐产生的苦味影响菜籽饼粕的适口性，对动物皮肤、黏膜和消化器官也有破坏作用，同时也可致甲状腺肿大效应。在配合饲料中添加菜籽饼粕过量可导致饲料适口性差，危害动物健康。

另外，菜籽饼粕中还含有少量的芥子碱（1%～1.5%）、单宁（1.5%～3.5%）等，它们有苦涩味，影响饲料的适口性和畜禽产品的品质。

2. 预防措施

（1）脱毒处理

脱毒主要有以下几种方法：

①水处理法。硫甙具有水溶性，用冷水或温水（40 ℃左右）浸泡2～4 d，每天换水1次，可除去部分硫甙。水处理法经济有效，但是营养物质损失较多。

②化学处理法。常采用氨、碱或硫酸亚铁处理。其中氨处理法是每100份菜籽饼粕用浓氨水（含氨28%）4.7～5.0份，用水稀释后，均匀洒在饼粕中，覆盖堆放3～5 h，然后置蒸笼中蒸40～50 min，即可饲喂。碱处理法可破坏芥子碱，以碳酸钠的去毒效果最佳。每100份菜籽饼粕加碳酸钠3.5份，用水溶解稀释后，均匀洒在饼粕中，覆盖堆放3～5 h，即可饲

喂。硫酸亚铁与硫甙及其降解产物形成螯合物,从而使其失去毒性。

③坑埋法。此法简单易行。选择朝阳、干燥、地势较高的地方,将菜籽饼粕埋入一定容积的土坑内,放置两个月后即可饲喂畜禽。

④微生物降解法。筛选酵母、霉菌和细菌等菌种,对菜籽饼粕进行生物发酵处理,使其降解。

⑤专用添加剂。添加剂的配方主要包括去毒和强化营养。在去毒方面,主要将铁、铜、锌、碘等元素的用量提高为其正常需要量的数倍,以拮抗菜籽饼粕中的有害成分;在强化营养方面,添加赖氨酸可补充菜籽饼粕中赖氨酸的不足,添加蛋氨酸可克服单宁的毒性。

(2)培育"双低""三低"油菜品种

"双低"油菜品种是指油菜籽中硫甙和芥酸的含量均低。"三低"油菜品种是指油菜籽中低芥酸、低硫甙、低亚麻酸。培育"双低""三低"油菜品种是解决菜籽饼粕去毒和提高其营养价值的有效途径。

(3)适当搭配,限量饲喂

严格控制菜籽饼粕的饲喂量,未经脱毒处理的饲料最好不要喂,尤其对母畜和幼畜。菜籽饼粕饲用的安全限量:蛋鸡、种鸡要小于总量5%,生长鸡、肉鸡为10%~15%;母猪、仔猪要小于5%,生长育肥猪为10%~15%;奶牛要小于15%。同时,最好与其他饼粕或动物性蛋白饲料搭配使用,用量宜逐渐增加。菜籽饼粕不宜长期连续饲喂,一般饲喂60 d后暂停20 d,使沉积在体内的毒素排尽后再喂。

(4)严格执行饲料卫生标准

我国饲料卫生标准中规定的异硫氰酸酯和噁唑烷硫酮的限量见表3-27。

表3-27 饲料中异硫氰酸酯和噁唑烷硫酮的限量

饲料原料		限量/($mg \cdot kg^{-1}$)
异硫氰酸酯(以丙烯基异硫氰酸酯计)	菜籽及其加工产品	≤4 000
	其他饲料原料	≤100
噁唑烷硫酮(以5-乙烯基-噁唑-2-硫酮计)	菜籽及其加工产品	≤2 500

引自《饲料卫生标准》(GB 13078—2017)。

(四)含氰甙的饲料

常见含氰甙的饲料主要有高粱苗(尤其是高粱幼苗和再生苗)、玉米苗、马铃薯幼芽、三叶草、木薯、苏丹草(幼嫩的苏丹草及再生草含量较高)等。氰甙的含量不仅受植物的种类、品种、植株部位和不同生长期的影响,还与天气、气候、土壤条件等因素有关。

1.氰甙对畜禽的危害

氰甙本身无毒,但当富含氰甙的植物饲料被畜禽采食后,在胃内酶和胃酸的作用下,会发生水解产生有毒的氢氰酸(HCN),CN^-与氧化型细胞色素氧化酶中的Fe^{3+}结合,形成氰化高铁细胞色素氧化酶,从而抑制该酶的活性,导致组织缺氧。一般单胃动物出现中毒症状比反刍动物晚,原因在于反刍动物瘤胃微生物的活动,可在瘤胃中将氰苷水解为氢氰酸,而单胃动物体内的氰甙水解过程多发生在小肠，因此中毒症状出现较晚。

2. 预防措施

(1)选育低毒氰甙饲料品种

新西兰和澳大利亚已选育出低氰甙的白三叶饲料品种。

(2)合理利用氰甙饲料

对于含氰甙的饲料植物，应掌握其有毒成分的变化规律，适时刈割，一般在氰甙含量较低时收获，勿用收割后再生的高粱和玉米嫩苗进行饲喂；通过晾干或进行青贮后可使氢氰酸挥发而含量降低后饲喂，不宜鲜喂。

(3)脱毒处理

利用氰甙沸点低，在 40 ~ 60 ℃下最易分解出氢氰酸，而其在酸性溶液中又易于挥发的特点，常采用水浸泡、加热蒸煮等方法进行脱毒处理。如亚麻籽饼应打碎，用水浸泡后，再加入适量食醋，并敞开锅盖煮熟，充分搅拌、放凉，可使氢氰酸挥发；木薯去皮后，用水浸泡，开盖煮熟，然后弃去汤汁，熟薯再用水浸泡。

(4)合理搭配，限量饲喂

经脱毒处理后，还应限制饲喂量，合理与其他饲料搭配饲喂。如木薯的蛋白质含量低，尤其缺乏蛋氨酸，故应与蛋白质含量较高的饲料搭配，并补充蛋氨酸。在含有 50% 木薯的猪饲料中添加 0.2% 蛋氨酸，在配合饲料中增加碘的用量也可以取得较好的饲喂效果。还需注意，当畜禽饥饿时不宜投喂含氰甙的饲料。

(5)严格执行饲料卫生标准

我国饲料卫生标准规定饲料中氰化物(以 HCN 计)的限量见表 3-28。

表 3-28 饲料中氰化物(以 HCN 计)的限量

饲料原料	氰化物(以 HCN 计)的限量 mg/kg
亚麻籽	≤250
亚麻籽饼、亚麻籽粕	≤350
木薯及其加工产品	≤100
其他饲料原料	≤50

引自《饲料卫生标准》(GB 13078—2017)。

二、霉菌及其毒素的污染和控制

霉菌在自然界中广泛存在，某些霉菌在生长繁殖和代谢过程中产生次级代谢产物即霉菌毒素。现已知的霉菌毒素约有 200 种，其中能污染饲料并对畜禽具有毒性的霉菌毒素有 20 余种，主要为黄曲霉毒素、玉米赤霉烯酮、杂色曲霉毒素、赭曲霉毒素、呕吐毒素、单端霉曲霉毒素、丁烯酸内酯、展青霉素、红色青霉素、黄绿青霉素、甘薯黑斑病毒素等。它们繁殖力极强，在适宜的温度、湿度和有氧条件下，在饲料上很快就会繁殖。在诸多致毒霉菌中，又以黄曲霉毒素最常见，毒性最强，危害最大。

2016年全国20省市饲料及饲料原料霉菌毒素污染状况分析显示:霉菌毒素污染水平呈现出区域差异,以呕吐毒素污染为主,且麸皮为重点污染对象;其中华南地区的污染水平最为严重,其次为华东和华中地区,华北地区污染情况相对较轻;虽然黄曲霉毒素整体的污染水平不高,但华中地区样品的黄曲霉毒素超标率高于其他地区。

【教学案例】

家庭猪场的灾难

长岭县某家庭猪场,有二十多头母猪,该养殖户为自繁自养,免疫程序合理,疫苗均来自正规企业。最近新产仔猪7窝,产后3 d开始腹泻,不到15 d几乎全部死亡,7窝仔猪只剩1头,而且猪场自己留的后备母猪发情配不上。剖检发现肠道充血,肝脏淤血,质脆,有白色坏死灶;哺乳仔猪的小母猪子宫角增大,子宫内膜炎,阴道黏膜充血,出血,肿胀,上皮脱落。开始时经当地兽医诊断按照伪狂犬病治疗,没有效果,继续死亡。到现场检查了解情况,该养殖场近期新进筛漏玉米进行饲喂,而此时正值雨季,原料检测发现其中玉米破损率达到50%以上,霉变粒达到5%以上。初步确定为使用烘干的筛漏玉米,造成霉菌毒素中毒引起的仔猪肝源性腹泻。

提问:

1. 如何治疗仔猪肝源性腹泻?

2. 在畜牧生产中如何预防饲料霉菌中毒?

1. 霉菌毒素的毒性和危害

产霉菌毒素的饲料对畜禽具有很强的毒副作用,即使在饲料中含量很低,也会引起霉菌感染,造成畜禽急性中毒或慢性中毒。主要霉菌毒素的危害及症状见表3-29。

表3-29 饲料中主要霉菌毒素的危害及症状

霉菌毒素名称	产毒霉菌名称	基质	毒性及中毒症
黄曲霉毒素	黄曲霉、寄生曲霉等	花生、玉米、小麦	肝硬化、肝癌
赭曲霉毒素	赭曲霉	玉米	脂肪肝、流产
杂色曲霉毒素	杂色曲霉、构巢曲霉	玉米	肝损害、肝癌、肺癌
红青霉毒素	红色青霉	玉米	肝、肾损害
赤霉烯酮	禾谷镰刀菌	玉米、麦类	发情综合征
黄芽米曲霉素	米曲霉小孢变种	麦芽性混合饲料	中枢神经损害、麻痹
菊青霉素	橘青霉、鲜绿青霉	麦类、玉米	肾病、肾损害
玉米赤霉烯酮	三线镰刀菌	谷物	雌激素亢进症、不孕或流产
呕吐毒素、T-2毒素	三线镰刀菌	谷物	呕吐

引自李如治,《家畜环境卫生学》(第三版),2003。

2. 霉菌毒素污染的预防措施

霉菌的生长要求饲料有适宜的营养、水分、pH 值、温度、湿度和氧气。饲料中的水分含量和储存环境的相对湿度是影响霉菌繁殖与产毒的关键因素。及时有效地控制霉变条件，就能达到防霉的目的。目前解决霉菌及霉菌毒素对饲料的污染主要有以下几个预防措施。

(1)选育和培养抗霉菌的作物品种

基因工程类的作物品种可有效降低霉菌污染的概率，种植过程中注意要防虫。

(2)防霉措施

防霉是预防饲料被霉菌及其毒素污染的最根本措施，包括以下几个方面：

①控制饲料原料的水分。收获谷物类饲料时，应迅速干燥，使其降到安全水分范围内。通常谷物的含水量低于 13%，玉米低于 12.5%，花生仁低于 8%时，霉菌不易繁殖。饲料原料的含水量要按照国际标准执行。

②控制饲料加工过程中的水分。选择适当的加工方法，避免加工过程中破坏谷物的机构完整性，饲料加工机械要定期清理。饲料加工过程产生热量较多，如果不充分散热即装袋封存，会因温差导致水分凝结，造成湿度过大，引起饲料霉变。尤其是加工颗粒饲料时要注意冷却，使湿度控制在 12%以下。

③防止虫咬、鼠害。虫害可造成饲料营养损失或在饲料中留下毒素。在温度适宜、湿度较大的情况下，螨类对饲料危害较大。鼠害不仅会造成饲料损失，还会污染饲料、传播疾病。

④饲料产品的包装、储存和运输。要注意饲料产品包装内膜质量，密封性能要好。保持良好的储存条件，饲料储存仓库要通风、阴凉、干燥，相对湿度不超过 70%；仓库侧壁和地面应做防潮、防水处理，饲料和原料不应直接堆放于地面上，要与地面和墙壁保持一定的间隙；仓库上方要留有空隙，以便空气流通；缩短饲料成品和原料的存储时间，严格按照“先进先出”的原则使用，并及时清理已污染的饲料。还可以采用惰性气体进行密闭保存，大多数霉菌的繁殖需要氧气，无氧便不能繁殖。另外，储存过程还应防止虫咬、鼠害，运输饲料产品的途中应防止受到雨淋和日晒。

⑤应用防霉剂。常用防霉剂主要是有机酸类或其盐类，有机酸类包括乙酸、丙酸等，有机盐类包括丙酸钙、山梨酸钠等。以丙酸及其盐类丙酸钠和丙酸钙应用最广。目前多采用复合酸抑制霉菌。防霉剂在谷物收获后储藏时使用效果最佳，但防霉剂使用会增加成本负担，且对谷物中已存在的霉菌毒素并无降解作用。

3. 脱霉措施

霉菌污染饲料后，霉变严重的饲料不宜应用，霉变较轻的饲料，可将毒素破坏或除去后饲喂畜禽。目前，常用脱霉方法主要有：

①剔除霉粒。霉变较轻的饲料，霉菌毒素主要集中在霉坏、破损及虫蛀的籽粒中，可用手工、机械或电子挑选方法，将这些霉粒挑选剔除后再利用。

②碾轧加工法。霉菌污染主要在种子皮层和胚部，通过碾轧加工，除糠去胚，可减少大部分毒素。

③水洗法。水洗法的脱霉效果因霉菌毒素种类不同而异。串珠镰刀菌素和丁烯酸内酯等易溶于水的霉菌毒素采用水洗法较好；对于毒素多存于表皮层的谷实籽粒，反复加水搓洗

也可除去部分毒素。实践中，对于单一原料可以用水洗去除毒素，复合原料一般不用水洗法。

④紫外线法。采用紫外线灯或日光晾晒处理发霉饲料，可起到脱毒的效果。如将饲料在阳光下晾晒8 h，可有效将杂色曲霉毒素分解。

⑤吸附法。在饲料中添加某些矿物质，如活性炭、白陶土、蒙脱石、沸石等，可吸附霉菌毒素，且不被动物吸收。此类吸附剂均为铝硅酸盐矿物，显微结构为多孔性的四面体和八面体，有较大的吸附面积和离子吸附能力，对毒素有一定的选择性和吸附力。

⑥混合稀释法。将受霉菌毒素污染的饲料与未被污染饲料混合稀释，使整个配合饲料中霉菌毒素含量不超过饲料卫生标准规定的允许量。但要定期抽样测定以防慢性中毒。

⑦微生物脱毒法。利用某些微生物的生物转化作用，使霉菌毒素被破坏或转变为低毒物质。

⑧补充蛋氨酸和硒。添加蛋氨酸可以减轻霉菌毒素特别是黄曲霉毒素对畜禽的有害作用。添加硒可以保护畜禽肝细胞不受损害，保证肝脏的生物转化功能，从而减轻黄曲霉毒素的有害作用。

⑨严格执行饲料卫生标准。中国饲料卫生标准规定的霉菌的限量见表3-30。

表3-30　饲料中霉菌的限量

饲料	霉菌的限量/(个·g^{-1})
谷物及其加工产品	$<4\times10^{4}$
饼粕类饲料原料(发酵产品除外)	$<4\times10^{3}$
乳制品及其加工副产品	$<1\times10^{3}$
鱼粉	$<1\times10^{4}$
其他动物源性饲料原料	$<2\times10^{4}$

引自《饲料卫生标准》(GB 13078—2017)。

三、农药残留的污染和控制

1.农药残留的产生和危害

农药污染饲料的途径主要是直接喷洒到饲料作物上的农药被吸收；施入或落入土壤等环境中的农药被饲料作物根部吸收；再加上农药使用不合理或保管不当造成污染。农药被畜禽采食后在畜禽体内积聚并在畜禽产品中残留，引起有机氯制剂、有机磷制剂、有机汞制剂、砷制剂、氨基甲酸酯农药、除草剂等中毒。若饲料中存在农药残留，可长期随食品、饲料进入人、畜禽体内，则危害人与畜禽健康，降低畜禽生产性能。

2.预防措施

(1)严格执行农药的安全间隔期

安全间隔期的长短与农药性质、作物种类和季节气候等因素有关。大多数有机磷农药安全间隔期为2周，其中高效低毒、残效期短的药剂如马拉硫磷、敌百虫、敌敌畏等为7～

10 d。刚施过农药的场地严禁放牧。

(2)妥善保管农药

禁止乱放用农药处理过的种子和配好的农药溶液,妥善保管处理配制和喷洒农药的器具。

(3)控制农药的用法用量,采取合理的使用方法

农药的残留量与施用量、浓度和施用次数存在相关性。乳剂有黏着性,残留量较多、残留期较长,可湿性粉剂的水悬液次之,粉剂最弱。喷雾在农作物上的残留量比喷粉的多。接近作物的收获期应停止施药。

(4)研制高效低毒农药,禁用剧毒农药

积极研制高效、低毒、低残留的农药,禁用和限制施用部分剧毒和稳定性强的农药。选择高效低毒的农药来逐步代替毒性较高、残留期较长的农药。

四、有毒金属元素污染和控制

饲料中的有毒金属元素主要指汞、铅、镉、砷等,它们在常量或微量接触的情况下即可对动物产生毒害作用,被称为有毒金属元素。

1. 有毒金属元素的来源和危害

饲料中的重金属元素主要来自工业“三废”的不合理排放和农药化肥的施用管理不当;劣质饲料和劣质饲料添加剂,如锌盐中铬含量过高,磷酸氢钙、石粉中铅含量过高等;饲料加工过程中造成的污染,如所用的金属机械设备、管道和容器等中存在的重金属元素,在加工过程中可通过与饲料接触而污染饲料。

虽然有机金属元素本身不发生分解变化,但它们在畜禽体内生物半衰期长,容易蓄积在畜禽体内,可引起急性中毒,出现呕吐、腹泻等消化道症状,造成肝肾及中枢神经系统损害。这不仅影响畜禽的健康和生产性能,还会对动物源性食品安全造成危害。

2. 有毒金属元素污染的预防措施

(1)合理施用农药、化肥

严禁使用含有有毒重金属元素的农药、化肥和含砷、汞等有毒金属元素的制剂。

(2)严格控制饲料原料

严格控制饲料(配合饲料、添加剂预混料和饲料原料)中有毒金属元素的含量,加强饲料的卫生监督检测工作。

(3)严格控制工业“三废”的排放

禁止不合理排放废气、废水和废渣,加强工业环保治理,严格执行工业“三废”的排放标准。

(4)控制重金属向植物体内迁移

向可能受到污染的土壤中施加石灰、碳酸钙、磷酸盐等改良剂和有促还原作用的绿肥、堆肥等有机肥,来降低重金属的活性,达到控制重金属迁移的目的。

(5)选用不含有毒金属元素的器具

严禁使用含铅、镉等有毒金属元素的饲料加工机具、管道、容器和包装材料。

【技能训练12】

测定饲料中游离棉酚和黄曲霉毒素 B_1

【目的要求】

熟悉常见畜禽饲料中的有毒有害成分(如游离棉酚)和黄曲霉毒素 B_1,掌握其检测原理及操作方法。

【内容方法】

一、测定饲料中游离棉酚

此方法适用于棉籽粉、棉籽饼(粕)和含有这些物质的配合饲料(包括混合饲料)中游离棉酚的测定。

1. 原理

在3-氨基-1-丙醇存在下用异丙醇与正己烷的混合溶剂提取游离棉酚,用苯胺使棉酚转化为苯胺棉酚,在最大吸收波长440 nm处进行比色测定。

2. 试剂和溶液

除特殊规定外,所用试剂均为分析纯,水为蒸馏水或相应纯度的水。

①苯胺:如果测定的空白试验吸收值超过0.022,则在苯胺中加入锌粉进行蒸馏,弃去开始和最后的10%蒸馏部分,放入棕色的玻璃瓶贮储存在(0~4 ℃)冰箱中,该试剂可稳定几个月。

②溶剂A:量取约500 mL异丙醇、正己烷混合溶剂、2 mL3-氨基-1-丙醇、8 mL冰乙酸和50 mL水于1 000 mL的容量瓶中,再用异丙醇-正己烷混合溶剂定容至刻度。

3. 仪器、设备

分光光度计(有10 mm比色池,可在440 nm处测量吸光度)、振荡器(振荡频率120~130次/min)、恒温水浴、具塞三角烧瓶(100,250 mL)、棕色容量瓶(25 mL)、吸量管(1,3,10 mL)、移液管(10,50 mL)、漏斗(直径50 mm)、表玻璃(直径60 mm)。

4. 试样制备

采集具有代表性的棉籽饼样品,至少2 kg,四分法缩分至约250 g,磨碎,过2.8 mm孔筛,混匀,装入密闭容器,防止试样变质,低温保存备用。

5. 测定步骤

①称取1~2 g试样(精确到0.001 g),置于250 mL具塞三角烧瓶中,加入20粒玻璃珠,用移液管准确加入50 mL溶剂A,塞紧瓶塞,放入振荡器内振荡1 h(每分钟120次左右)。用干燥的定量滤纸过滤,过滤时在漏斗上加盖一表玻璃以减少溶剂挥发,弃去最初几滴滤液,收集滤液于100 mL具塞三角烧瓶中。

②用吸量管吸取等量双份滤液5~10 mL(每份含50~100 μg棉酚)分别至两个25 mL棕色容量瓶a和b中,如果需要,用溶剂A补充至10 mL。

③用异丙醇-正己烷混合溶剂稀释瓶a至刻度,摇匀,该溶液用作试样测定液的参比溶液。

④用移液管吸取2份10 mL的溶剂A分别至两个25 mL棕色容量瓶a和b中。

⑤用异丙醇-正己烷混合溶剂补充瓶 a 至刻度，摇匀，该溶液用作空白测定液的参比溶液。

⑥加 2.0 mL 苯胺于容量瓶 a 和 b 中，在沸水浴上加热 30 min 显色。

⑦冷却至室温，用异丙醇-正己烷混合溶剂定容，摇匀并静置 1 h。

⑧用 10 mm 比色池，在波长 440 nm 处，用分光光度计以 a 为参比溶液测定空白测定液 b 的吸光度，以 a 为参比溶液测定试样测定液 b 的吸光度，从试样测定液的吸光度值中减去空白测定液的吸光度值，得到校正吸光度 A。

6. 测定结果

(1)计算公式

$$X = \frac{A \times 1\,250 \times 1\,000}{k \times m \times V} = \frac{A \times 1.25}{kmV} \times 10^6$$

式中　X——游离棉酚含量，mg/kg；

A——校正吸光度；

m——试样质量，g；

V——测定用滤液的体积，mL；

k——质量吸收系数，游离棉酚为 62.5 cm/(g · L)。

(2)结果表示

每个试样取 2 个平行样进行测定，以其算术平均值为结果。结果表示到 20 mg/kg。

(3)重复性

同一分析者对同一试样同时或快速连续地进行两次测定，所得结果之间的差值：在游离棉酚含量小于 500 mg/kg 时，不得超过平均值的 15%；在游离棉酚含量大于 500 mg/kg 而小于 750 mg/kg 时，不得超过 75 mg/kg；在游离棉酚含量超过 750 mg/kg 时，不得超过平均值的 10%。

（测定方法引自：GB/T 13086—2020 饲料中游离棉酚的测定方法）

二、测定饲料中黄曲霉毒素 B_1

采用高效液相色谱法测定饲料原料、配合饲料、浓缩饲料、精料补充料中黄曲霉毒素 B_1。本方法的检出限为 0.5 μg/kg，定量限为 2.0 μg/kg。

1. 原理

试样中的黄曲霉毒素 B_1 经黄曲霉毒素 B_1 提取溶液提取后，再经三氯甲烷萃取、三氟乙酸衍生，衍生后的黄曲霉毒素 B_1 采用反相高效液相色谱-荧光检测器进行测定，外标法定量。

2. 试剂和材料

除非另有规定，在分析中仅使用确认为分析纯的试剂。

①黄曲霉毒素 B_1 提取溶液：量取 84 mL 乙腈，加入 16 mL 水中，混匀。

②黄曲霉毒素 B_1 衍生溶液：分别量取 20 mL 三氟乙酸，加入 70 mL 水中，混匀后加酸，再次混匀。临用现配。

③流动相：分别量取 20 mL 甲醇、10 mL 乙腈和 70 mL 水，混匀，经 0.22 μm 有机滤膜过滤后备用。

④黄曲霉毒素 B_1 标准储备溶液(1 000 μg/mL):精确称取黄曲霉毒素 B_1 对照品(纯度≥98%)10.0 mg,用 10 mL 乙腈完全溶解,配制成黄曲霉毒素 B_1 含量为 1 000 μg/mL 的标准储备溶液,-20 ℃保存,有效期为 6 个月。或有证标准溶液。

⑤黄曲霉毒素 B_1 标准工作溶液:取 1.0 mL 黄曲霉毒素 B_1 标准储备溶液,用乙腈定容至 100 mL,浓度为 10 μg/mL。再取此稀释液 1.0 mL,用乙腈定容至 100 mL,则稀释为 100 ng/mL 的标准工作溶液。

⑥黄曲霉毒素 B_1 标准系列溶液:将黄曲霉毒素 B_1 标准工作溶液用乙腈分别稀释成 1 ng/mL、2 ng/mL、5 ng/mL、10 ng/mL、20 ng/mL、50 ng/mL、100 ng/mL 的标准系列溶液。临用现配。

⑦乙腈水溶液(90+10):量取 90 mL 乙腈,加入 10 mL 水中,混匀。

⑧材料:有机滤膜(直径 50 mm,孔径 0.22 μm)、针头式过滤器(有机型,孔径 0.22 μm)。

3.仪器设备

高效液相色谱仪(配备荧光检测器)、分析天平(感量为 0.01 mg)、溶剂过滤器(规格 1 000 mL)、氮吹仪、恒温振荡器、旋涡混合仪、超声波清洗仪、水浴锅。

4.样品

采集有代表性的试样,将试样粉碎,过 0.42 mm 分析筛,混匀后装入密闭容器中,备用。

5.试验步骤

(1)试样处理

平行做两个实验。称取 5.00 g(精确到 0.01 g)试样置于 100 mL 带塞锥形瓶中,加入 25.0 mL 黄曲霉毒素 B_1 提取溶液,室温下 200 r/min 振荡提取 60 min,用中速滤纸过滤,取 10.0 mL 滤液于 50 mL 具塞离心管中,加入 10.0 mL 三氯甲烷萃取,旋涡混合 1 min,静置分层后,取下层萃取液于 15 mL 具塞离心管中,50 ℃水浴氮气吹干,加入 200 μL 乙腈水溶液复溶,然后加入 700 μL 黄曲霉毒素 B_1 衍生溶液,加塞混匀,40 ℃下恒温水浴衍生反应 75 min 后,经 0.22 μm 微孔滤膜过滤后,待测。

(2)标准系列

分别取 0.9 mL 黄曲霉毒素 B_1 标准系列溶液于 7 个 10 mL 具塞离心管中,50 ℃水浴氮气吹干,用 200 μL 乙腈水溶液复溶,然后加 700 μL 黄曲霉毒素 B_1 衍生溶液。加塞混匀,40 ℃下恒温水浴衍生反应 75 min,再经 0.22 μm 微孔滤膜过滤后,待测。

(3)高效液相色谱参考条件

色谱柱:C18 色谱柱,长 250 mm,内径 4.6 mm,粒径 5 μm,或性能相当者。

流动相:分别量取 20 mL 甲醇、10 mL 乙腈和 70 mL 水,混匀,经 0.22 μm 有机滤膜过滤后备用。

流速:1 mL/min。

激发波长:365 nm;发射波长:440 nm。

柱温:30 ℃。

进样体积:20 μL。

(4)测定

在上述液相色谱参考条件下,将衍生后的黄曲霉毒素 B_1 标准系列溶液、试样溶液注入高效液相色谱仪,测定相应的响应值(峰面积),采用单点或多点校正,外标法定量。

6. 实验数据处理

试样中黄曲霉毒素 B_1 的含量以质量分数 ω 表示,单位为微克每千克(μg/kg),按如下公式计算:

$$\omega = \frac{0.9 \times \rho \times V_1}{m \times V_2}$$

式中　ρ——试样衍生液在标准曲线上对应的黄曲霉毒素 B_1 含量,ng/mL;

V_1——提取液的总体积,mL;

V_2——用于萃取的提取液体积,mL;

m——试样的质量,g;

0.9——衍生后的试样溶液体积,mL。

以两个平行样品测定结果的算术平均值报告结果,结果保留至小数点后一位。

7. 精密度

在重复性条件下,两次独立测定结果与其算术平均值的绝对差值,不大于该平均值的 20% 。

(测定方法引自:GB/T 36858—2018 饲料中黄曲霉毒素 B_1 的测定 高效液相色谱法)

【考核标准】

考核内容及分数分配	操作环节与要求	评分标准		考核方式	熟练程度	时限/min
		分值/分	扣分依据			
饲料中游离棉酚和黄曲霉毒素 B_1 的测定(100分)	游离棉酚的测定	40	配制的标准溶液不符合要求扣 10 分;取样不准确扣 10 分;操作步骤每少一项扣 2 分;标定方法不正确扣 5 分,结果判定不准确扣 5 分,扣完 40 分为止	分组操作考核	掌握	40
	黄曲霉毒素 B_1 的测定	40	配制的标准溶液不符合要求扣 10 分;取样不准确扣 10 分;操作步骤每少一项扣 2 分;标定方法不正确扣 5 分,结果判定不准确扣 5 分,扣完 40 分为止			40
	规范程度	10	操作不规范,每处扣 2 分直至扣完 10 分为止			
	完成时间	10	在规定时间内完成,每超 5 min 扣 1 分直至扣完 10 分为止			

【作业习题】

选一畜禽场或养殖户,对其所喂饲料进行采样,测定其饲料中游离棉酚和黄曲霉毒素 B_1

含量，并判断是否符合饲料卫生标准，如果不符合，请分析原因并提出改善意见。

【复习题】

1. 畜禽舍的主要结构及作用是什么？畜禽舍的类型与特点是什么？

2. 如何进行畜禽舍的保温与防寒、隔热与防暑？针对目前生产上应用普遍的方法进行论述。

3. 封闭式畜禽舍内有刺鼻的气味，呼吸道疾病频发，利用学到的知识，如何指导养殖户改善舍内环境，减少疫病发生？

4. 畜禽舍通风方式有几种？作用是什么？受哪些因素影响？如何利用不同通风方式控制夏季降温，冬季保温，保证畜禽舍环境适宜？

5. 畜禽舍内氨气、硫化氢、粉尘等的来源与危害有哪些？如何从粪污排放及设计方面控制舍内有毒有害气体？

6. 畜禽舍中微粒和微生物对畜禽有何危害？

7. 在饲养管理过程中，如何有效消除或减少畜禽舍空气中的有害气体、微粒和微生物？

8. 畜禽舍内病原微生物的传播途径有哪些？

9. 为什么说畜禽舍中的微生物比外界多？

10. 水源的种类有哪些？

11. 畜禽饮用水卫生的控制措施有哪些？

12. 饮用水的微生物检测指标有哪些？

13. 饮用水的净化和消毒的方法有哪些？并说明各自的作用机理。

14. 饲料污染的来源是什么？

15. 饲料污染的防治措施有哪些？

16. 有毒有害饲料的预防措施有哪些？

项目四　设计畜禽舍的设施与设备

【知识目标】

- 了解畜禽场基本设施与设备；
- 了解不同类别畜禽场专用的设施与设备；
- 掌握畜禽场设施与设备的选择方法。

【技能目标】

- 能合理选择畜禽场设施与设备；
- 能初步设计畜禽场设施与设备。

畜禽舍的设施与设备在畜禽养殖中起着至关重要的作用。选择设计合理、便于管理、经济实用、坚固耐用且符合卫生防疫要求的配套设备，不仅是控制舍内环境、防止环境污染和做好卫生防疫的基础保证，还是提高畜禽生产性能、改善畜禽产品质量、节省劳动力、改善畜禽福利的重要保障。因此，畜牧兽医工作者应对畜禽舍不同设备与设施有较深刻的认识，以便做好环境管理工作。规模化养殖场的设施与设备主要包括饲养设施与设备、饲喂设施与设备、饮水设备、粪污清除处理的设施及设备及其他附属设施与设备。

任务一　选择饲养设施与设备

【教学案例】

猪场的漏缝地板

重庆某猪场地面采用漏缝地板，自从该猪场进猪以后发现，后备母猪舍经常出现猪只无法站立，驱赶时猪只发出叫声而不愿站立的现象，检查发现，多数猪只蹄甲部出现损伤，主蹄与悬蹄间裂开流血，影响正常养殖生产。

提问：

1. 该猪场出现此现象的原因是什么？
2. 如何避免这种情况？

一、猪舍的饲养设施与设备

(一)猪栏

猪栏是限制猪的活动范围和防护的设施,可把一定群体的猪分隔在不同的空间,同时还为饲养人员的管理提供了便利。好的猪栏应做到不夹猪、不伤猪,便于防疫和消毒,有利于全舍环境的均匀一致,便于饲养员清粪添料等日常操作。每个猪栏应根据各饲养阶段的饲养要求、各类型的体型大小,保证合理的饲养密度(表4-1)。

表4-1 猪只饲养密度

猪群类别	每栏饲养猪头数	每头占床面积/(m^2·头$^{-1}$)
种公猪	1	9.0~12.0
后备公猪	1~2	4.0~5.0
后备母猪	5~6	1.0~1.5
空怀妊娠母猪	4~5	2.5~3.0
哺乳母猪	1	4.2~5.0
保育仔猪	9~11	0.3~0.5
生长育肥猪	9~10	0.8~1.2

引自《规模猪场建设》(GB/T 17824.1—2008)。

1.按关养头数分类

猪栏按关养头数可分为单体栏、群养栏和群养单饲栏三种。

(1)单体栏

单体栏多用于基础母猪饲养,便于精细化饲养管理,占地面积小,土地利用率高,单位面积饲养猪只多,可避免猪只相互咬斗、挤撞、强弱争食,减少妊娠母猪流产,提高产仔成活率,便于上料、供水和粪便清理机械化(图4-1、图4-2)。其缺点是耗用材料多,建造投资大,猪只活动受限制,运动量小,容易产生腿部和蹄部疾病,也会缩短种猪使用年限,且成本较高。

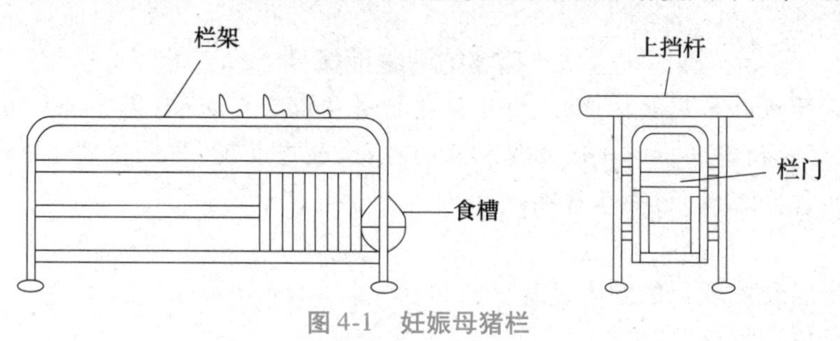

图4-1 妊娠母猪栏

图 4-2　规模化猪场单体栏

(2)群养栏

群养栏多用于饲养保育猪、育肥猪、后备猪前期。若饲养基础母猪,母猪运动量较大,可提高母猪健康度,有效降低母猪肢蹄病发病率和难产率。但为了占有资源(饲料、饮水)与领域,常常引发同栏猪只争斗,导致膘情不一、妊娠母猪机械性流产。

(3)群养单饲栏

群养单饲栏也称半定位栏,前部用隔栏分成几个单饲区(图 4-3),隔栏长度为 0.6 ~ 0.8 m,宽度为 0.5 ~ 0.6 m;后部为猪只趴卧运动区。群养单饲栏主要用于饲养基础母猪,既方便饲养管理操作,母猪又可以得到有效的运动,提高健康度,但与单体栏相比占地面积大,单位面积饲养猪只数量减少,土地利用率相对较低。群养单饲既可保证有一定的运动空间,又可实现限量喂饲,一定程度上减少了猪只发生采食不均和争斗的现象。

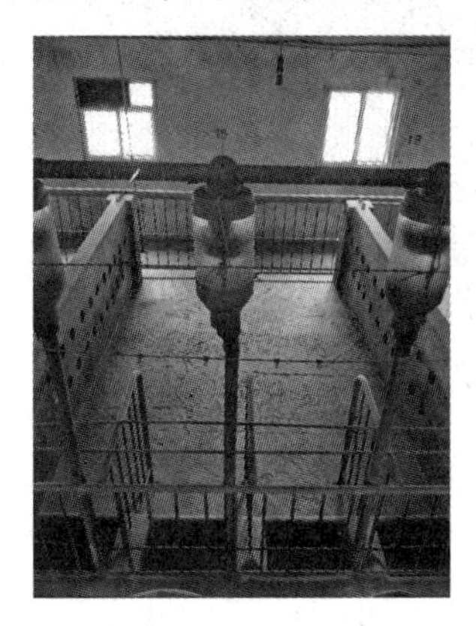

图 4-3　群养单饲栏

2. 按其结构分类

猪栏按其结构可分为实体栏、栅栏和综合式猪栏三种。

(1)实体栏

实体栏一般采用砖砌结构,厚度 120 mm,高度 1.00 ~ 1.20 m,外抹水泥砂浆,或采用混凝土预制件组装而成(图 4-4)。其优点是可以就地取材,成本低;缺点是占地面积大,不便于观察猪的活动，易形成通风死角，有碍冬季日照。小型猪场和农村养殖专业户多采用实体猪栏。

图 4-4　猪舍实体栏

（2）栅栏

栅栏采用金属型材焊接而成，一般由外框、隔条组成栅栏，再由几片栏栅和栏门组成猪栏（图 4-5）。国外的栅栏多采用铝合金型材，较耐腐蚀，成本也较高，国内栅栏多采用钢材焊接而成，为增强其抗腐蚀能力，可作喷漆或镀锌处理。优点是占地面积小（厚度只有 30 mm 左右），便于观察猪只，通风阻力小，缺点是成本较高，多为大中型猪场采用。

图 4-5　栅栏

（3）综合式猪栏

综合式猪栏一种是由实体与栅栏结合的畜栏形式，通常相邻猪栏间的隔栏用实体，沿饲喂通道面采用栅栏（图 4-6）；另有一种是相邻猪栏间的隔栏下面 40 cm 是水泥墙、上面是栏杆，沿饲喂通道采用栅栏的综合式猪栏（图 4-7）。综合式猪栏兼具上述两种猪栏的优点，且消减了其各自的缺点，适用于中、小型猪场。

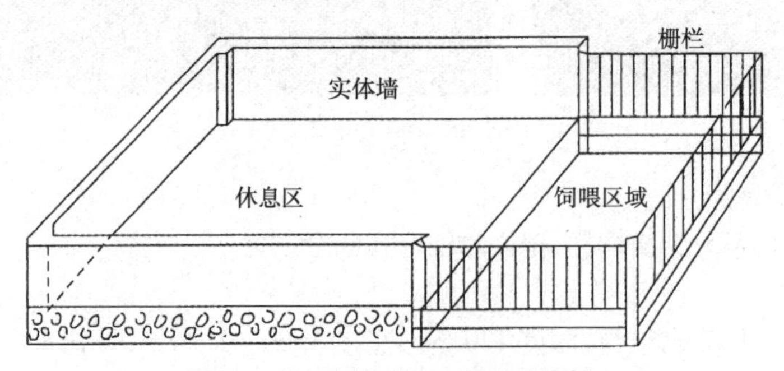

图 4-6　（实体栏+栅栏）综合式猪栏

图 4-7　(水泥墙+栏杆)综合式猪栏

3. 按其用途分类

猪栏按其用途一般可分为公猪栏、配种栏、待配母猪栏、后备母猪栏、妊娠母猪栏、分娩栏、保育栏和生长肥育栏等。各种畜栏的主要技术参数见表 4-2。

表 4-2　几种猪栏的主要技术参数　　单位:mm

猪栏种类	栏高	栏长	栏宽	栅格间隙
公猪栏	1 200	3 000 ~ 4 000	2 700 ~ 3 200	100
配种栏	1 200	3 000 ~ 4 000	2 700 ~ 3 200	100
空怀妊娠母猪栏	1 000	3 000 ~ 3 300	2 900 ~ 3 100	90
分娩栏	1 000	2 200 ~ 2 250	600 ~ 650	310 ~ 340
保育猪栏	700	1 900 ~ 2 200	1 700 ~ 1900	55
生长育肥猪栏	900	3 000 ~ 3 300	2 900 ~ 3 100	85

注:分娩母猪栏的栅格间隙指上下间距,其他猪栏为左右间距。

引自《规模猪场建设》(GB/T 17824. 1—2008)。

(1)公猪栏、配种栏和待配母猪栏

种公猪采用个体单栏饲养。配种栏的结构和尺寸基本与公猪栏相同,也可利用公猪栏或空旷场地进行配种工作。待配母猪可单栏饲养,也可群饲。待配母猪栏一般与公猪栏及配种栏设置在同一舍内,其配置方式常见的有与公猪栏通道相对配置或与公猪栏相邻配置两种方式。

(2)后备母猪栏

后备母猪多采用群饲,4 ~6 头共用一个猪栏,其尺寸与公猪栏相近。

(3)妊娠母猪栏

有单体栏、群饲栏和群养单饲栏三种。单体栏前后均设栏门,长度为 2. 0 ~2. 3 m,宽度为 0. 5 ~0. 7 m,前部隔条间距应小于 100 mm。

(4)分娩栏

母猪分娩和哺育仔猪的场所,要兼顾母猪和仔猪的环境需要。分娩哺育栏由母猪限位架、仔猪围栏、仔猪保温箱和地板 4 部分组成(图 4-8)。分娩哺育栏有实体栏和栅栏两种。

哺乳仔猪活动区围栏高度为0.55~0.6 m,栅栏间隙55 mm。

图4-8 母猪分娩栏

(5)保育栏

仔猪需要一个温暖、清洁和干燥的饲养环境,因而许多养猪场采用高床网式保育栏(图4-9)。

图4-9 高床网式保育栏

(6)生长肥育栏

生长猪和肥育猪均采用大栏群养,猪栏结构类似,只是尺寸不同。有时为了减少转群次数,将生长和肥育两个阶段合并为一个阶段,采用一种形式的猪栏。生长肥育栏有实体栏、栅栏和综合式猪栏三种。

(二)地面

1.漏缝地板

漏缝地板利于粪便收集,实现粪便与养殖分离,且不易打滑,因此被国内外规模养猪场采用。按照材质来分,漏缝地板主要有钢筋编织网、塑料、铸铁和水泥漏缝4种。

(1)钢筋编织网漏缝地板

钢筋编织网漏缝地板由用直径5 mm的钢丝编织成的网眼规格不同的网片(图4-10)组成。具有漏粪效果好(漏缝率高达37%~59%),可适应各类猪群行走的优点,缺点是易受粪尿腐蚀,猪的舒适度较差(综合考虑猪的舒适度和漏粪效果,漏缝率在13%~33%较为合适)。使用寿命一般为6~8年。

(2)塑料漏缝地板

塑料漏缝地板以高压聚乙烯和聚丙烯为主要原料,一次注塑而成(图4-11)。可根据需要将塑料漏缝地板拼接成不同尺寸的床面,具有耐腐蚀、易冲洗、不伤猪蹄和皮肤、安装更换方便等特点,并且由于塑料的导热系数小,低温情况下猪躺卧其上热量散失较少,使用寿命可长达10年左右。缺点是费用较高。

图4-10　钢筋编织网漏缝地板

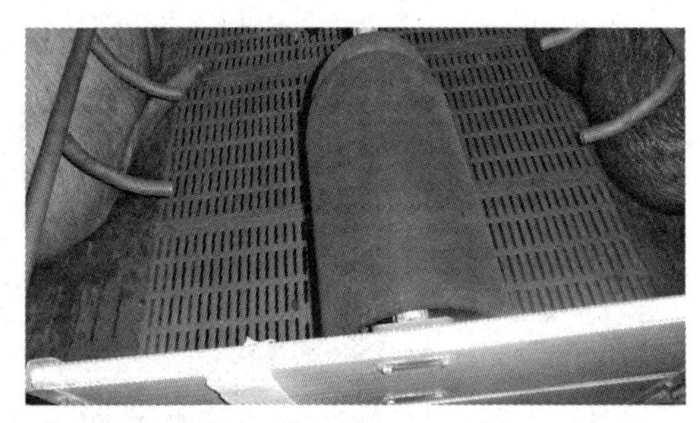

图4-11　塑料漏缝地板

(3)铸铁漏缝地板

图4-12　铸铁漏缝地板

铸铁漏缝地板的特点是耐腐蚀、不变形、承载能力强、可用火焰消毒器消毒,使用寿命可长达20年以上(图4-12)。铸铁漏缝地板适用于各类猪群,规格可根据需要而定。

(4)水泥漏缝地板

水泥漏缝地板有地板块和地板条两种,均采用钢筋混凝土浇筑而成。为提高漏粪率,水泥漏缝地板块和地板条的横截面应做成倒梯形,其长度可根据粪沟的尺寸而定,一般为1.0~1.6 m,使用时直接铺在粪沟上。综合考虑猪的舒适度与漏粪率,板条宽度与缝隙宽度的适宜比例应为(3~8):1,不同猪群漏缝地板的漏缝宽度见表4-3。

表4-3　适合各类猪群的漏缝地板的漏缝宽度　　单位:mm

猪群类别	成年种猪栏	分娩栏	哺乳仔猪栏	保育猪栏	生长育肥猪栏
漏缝宽度	20~25	10	9~10	15	15~18

部分数据引自《规模猪场建设》(GB/T 17824.1—2008)。

水泥漏缝地板的最大优点是价格低廉,在成猪舍使用最广泛。由于水泥的导热系数较大,因此水泥漏缝地板不适宜分娩舍和保育舍使用(图4-13)。水泥漏缝地板的漏缝率只有15%~20%。

图 4-13　水泥漏缝地板

2. 水泥地面

多数猪场采用水泥砂浆浇灌地面,其具有耐用、易清洗、易消毒、散热好等特点,而且成本和施工难度不大(图 4-14)。但水泥地面坚硬、透气性差、冬季保温不佳、猪只易摔倒等弊端也较突出。

图 4-14　水泥地面

3. 土质地面

土质地面是最原生的地面,其优点是造价低且柔软、保温性好。再加上猪只本身就有拱食泥土的习性,所以土质地面还可以帮助猪摄入更多矿物质。从猪机体健康的角度考虑,土质地面是最佳选择。但土质地面清扫难、不易消毒、易出现坑洼,因此,大多数规模场不采用此地面。

4. 红砖地面

相对于水泥地面,红砖地面保温性较高,且红砖地面也有较好弹性,对猪的肢蹄比坚硬的水泥地面要好很多。但红砖地面易损坏,且红砖地面打扫起来不如水泥地面方便,不适用于高压水枪之类的猪舍冲洗设备。不过相对于土质地面来说,红砖地面清扫起来要容易一些,砖块松动也较容易修补。

5. 混凝土地面

混凝土地面主要是以黏土、石灰、砂为基础的混凝土,比例为 1∶2∶4 或者 1∶3∶6。比起质地坚硬的水泥地面,混凝土地面对猪的肢蹄有更好的保护作用,并且地面干燥不透水,透气性却较好,不易出现潮湿的情况。此外该地面造价较低,不至于增加猪场开支,但不能使用高压水枪之类的清洗工具,只能使用干清粪法,不适用于多雨水、劳动力成本较高的地区以及大型猪场。

6. 发酵床

发酵床(图4-15、图4-16)通过加入垫料与猪粪便协同发酵,可快速转化粪、尿等养殖废弃物,消除恶臭,抑制害虫、病菌,同时,有益微生物菌群能将垫料、粪便合成可供食用的糖类、蛋白质、有机酸、维生素等营养物质,增强猪只抗病能力,促进猪只健康生长。发酵床圈舍宜坐北朝南,留水泥台,水泥台的宽度1.8~2.0 m,每栏面积以40 m^2 为宜,发酵床面积占栏面积的70%左右。

图4-15　发酵床

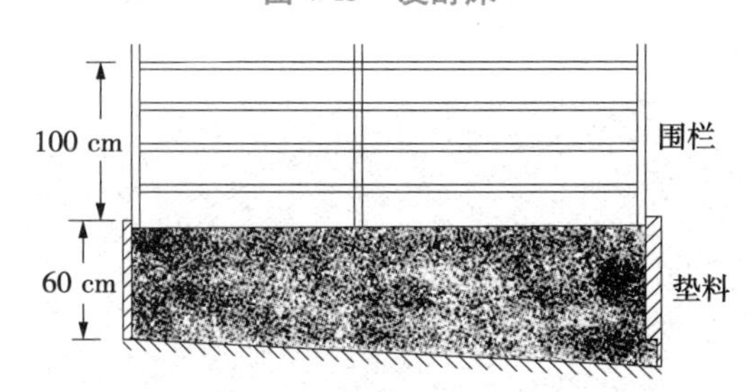

图4-16　发酵床围栏及垫料

发酵床可分为完全地下式、地上式、半地下式3种。

(1)完全地下式

下挖60~100 cm(南方地区浅,北方地区深),铺上垫料后与地面平齐,地面不用打水泥,直接露出泥土即可在上面放垫料。在建筑墙面一侧,要注意砌挡土墙,防止泥土倒塌,中间的隔墙则建在最低泥地上,隔墙高至少1.8 m,其中0.8 cm用于挡住垫料层,1 m用于猪栏的间隔墙(图4-17)。

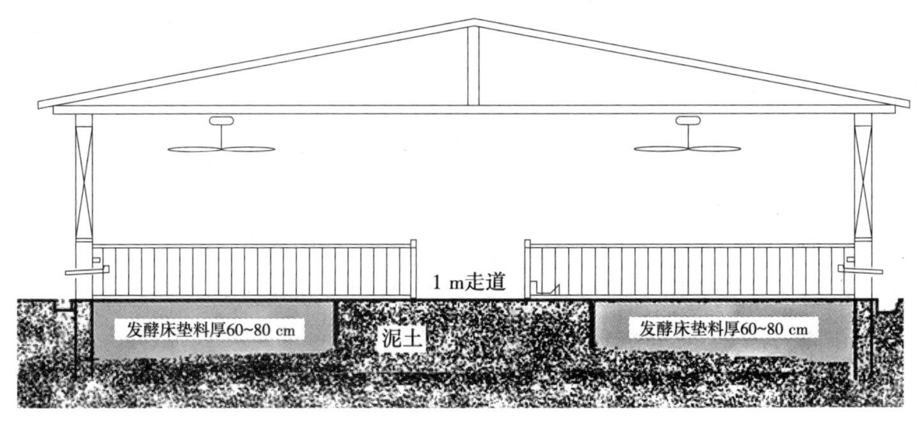

图4-17　完全地下式发酵床

(2)地上式

地上式需在周围砌矮墙。发酵床用土地面即可,不需铺上水泥,圈舍一般应尽量做成开放式或半开放式。北方应注意避免下雨天将圈舍弄湿,南方应注意地下水不能渗入床内。地基过湿的应采取必要的防渗措施。还要注意防止大风大雨时雨水飘到垫料上。

(3)半地下式

参考上面两种方式的建造方法,只是地下深挖 30 ~ 50 cm(视情况而定到底挖多深),保证垫料层高度为 60 ~ 100 cm 即可。

二、牛舍的饲养设施与设备

(一)牛卧栏

牛卧栏是为牛提供休息的地方,能够规范牛的休息位置(图 4-18)。其组成部分有卧床、颈枷、隔栏、垫料等。牛卧栏可以分为拴系式和散养式两种,目前我国奶牛常用的是散养式卧栏。

图 4-18　牛卧栏

1. 拴系式卧栏

(1)卧床

拴系式卧栏是奶牛的主要活动场所,每头牛在舍内有一个固定的卧栏,在挤奶和喂料时用颈枷把牛拴在床位上,其 50% 的时间都在拴系式卧栏中度过。拴系式卧栏的设计包括卧床、颈枷、卧栏隔栏(图 4-19)。由于卧栏限制奶牛的起卧、休息和采食行为,因此,科学选择卧栏非常重要。

卧栏的排列有对头式和对尾式两种(图 4-20)。对头式中间为饲喂通道,两侧各设有一条除粪通道。对尾式中间为除粪通道,宽 1.5 ~ 1.65 m,两侧排尿沟宽 30 ~ 40 cm,沿两侧纵墙各设有一条饲喂通道,宽 1.2 ~ 1.3 m。奶牛舍内所进行的作业主要有挤乳、清粪和饲喂,大多为手工作业,各项作业所需时间比为 4 : 2 : 1。因清粪和挤乳作业均在奶牛的尾部进行,喂饲在头部进行,因此对尾式有利于提高工作效率。而在对头式排列时,两列奶牛头部相对,增加疾病传播的概率,奶牛尾部对墙,粪便易污染墙面。

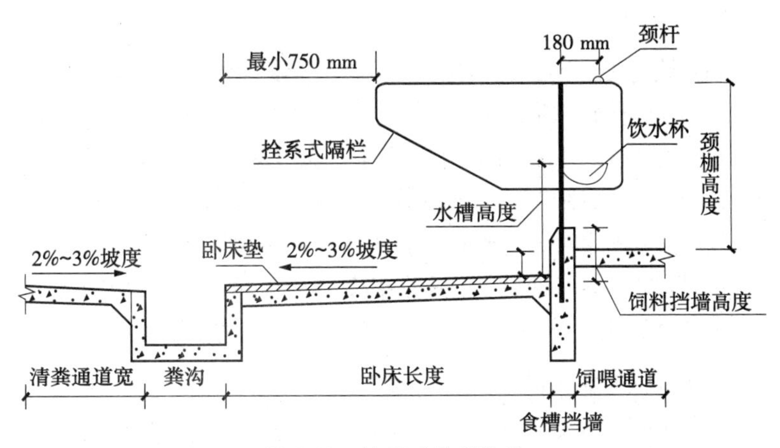

图 4-19　拴系式卧栏构造

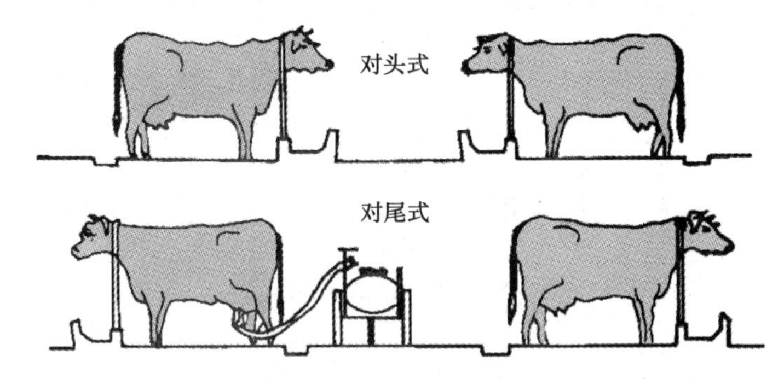

图 4-20　对头式与对尾式

采用拴系式卧栏时,主要考虑卧床的长度、宽度、坡度和垫料。奶牛的身体尺寸是卧栏选择的基本依据,卧床选择是否合理,直接影响奶牛的舒适程度。卧床的合适长度应等于奶牛的前肩胛关节到坐骨结节之间的距离再加 7.5 cm,牛床的宽度为长度的 80%,卧床的坡度方向是从头部向尾部,一般应有 2% ~4% 的坡度。拴系式卧床尺寸参数参照表 4-4,设计时要根据具体情况进行适当的调整。

表 4-4　拴系式牛床尺寸参数表

牛别	长度/m	宽度/m
成母牛	1.7 ~ 1.9	1.1 ~ 1.2
围产期牛	1.8 ~ 2.0	1.2 ~ 1.3
青年母牛	1.5 ~ 1.6	1.1 ~ 1.2

引自《标准化奶牛场建设规范》(NY/T 1567—2007)。

拴系式卧床的垫料常见的有混凝土、砖、木板、橡胶垫、沙土等,混凝土床面坚固耐用,但导热快,易造成牛蹄部损伤,相比较而言,橡胶垫、木板和砖床面较好。为了防潮保湿、减少对牛的损伤,床面上应铺设垫草、锯木屑等垫料,且应经常更换。沙土床面通常在黏土或水泥做成的卧床基础上铺 15 ~25 cm 厚的沙子,用其作为垫料,奶牛的肢体损伤和乳腺炎发病率下降,但沙子易被踢到粪沟中,维护起来较困难。

(2)颈枷

拴系式颈枷包括硬式颈枷和链式颈枷(图 4-21)。设计硬式颈枷时,要能保证奶牛站立时前冲的空间需要,以防止奶牛颈部受伤,成乳牛的硬式颈枷高度以 120 cm 为宜。使用硬式颈枷拴系时,管理方便,但奶牛的活动范围很小。链式颈枷拴系时,其长度要能保证奶牛正常的行为,例如休息、用头部蹭其身体侧面等。目前,对于拴系链长度还没有明确的推荐值,但拴系链的长度(包括固定环)应该不小于从横杆到食槽表面的距离。拴系链过短,会使奶牛在卧床上躺卧时间缩短,并不断调换躺卧姿势,奶牛腿和蹄子受伤明显增加。使用链式拴系,在很大程度上扩大了奶牛的活动范围,但增加了饲养者的劳动量。

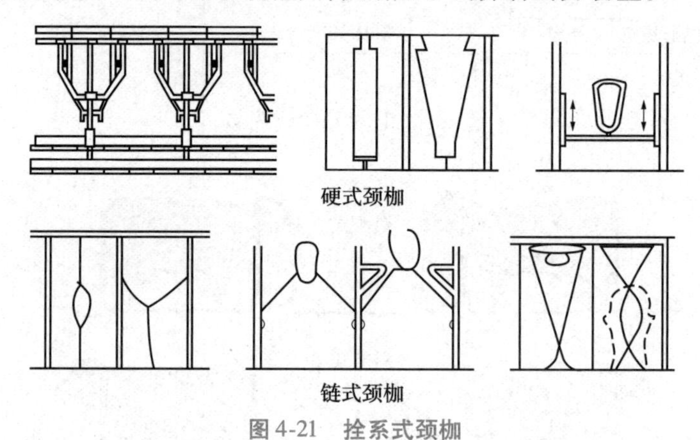

图 4-21　拴系式颈枷

(3)隔栏

图 4-22 为最常见的两种拴系式卧栏的隔栏,其中(a)中的隔栏固定牢固,但奶牛起卧时蹄子很容易受伤;(b)中的隔栏不容易造成奶牛的肢体损伤,但固定不够牢固。设计时,通常认为隔栏的长度为卧床长度的 2/3 比较适宜。

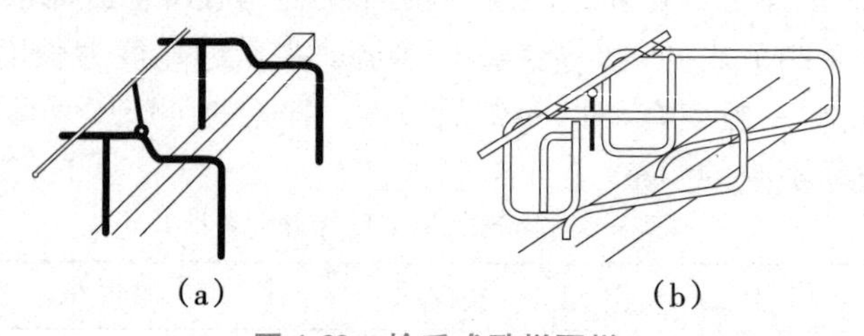

图 4-22　拴系式卧栏隔栏

2. 散栏式卧栏

散栏式卧栏是散栏式牛舍内专为奶牛休息而设计的独立场所。散栏式卧栏由卧床、卧栏隔栏、卧床基础和垫料组成,最常见的是对头式散栏卧栏。

(1)卧床

卧床的设计要依据奶牛身体尺寸大小,考虑奶牛的舒适性和牛体清洁,满足奶牛自然躺卧和站立,过宽和过窄都会使奶牛在躺卧和站立的过程中撞到隔栏上。如果太宽还会导致奶牛斜躺在卧床内甚至在卧床内转身,从而导致奶牛将粪尿排到卧床内;太窄会导致奶牛体感不舒适,易撞击隔栏,造成损伤。设计规范参考表 4-5、表 4-6。

表 4-5 牛卧栏设计规范

<table>
<tr><th rowspan="2">牛别</th><th colspan="3">拴系式</th><th rowspan="2">牛别</th><th colspan="3">散栏式</th></tr>
<tr><th>长度/m</th><th>宽度/m</th><th>坡度/%</th><th>长度/m</th><th>宽度/m</th><th>坡度/%</th></tr>
<tr><td rowspan="3">成母牛</td><td rowspan="3">1.7～1.9</td><td rowspan="3">1.1～1.3</td><td rowspan="3">1.0～1.5</td><td>大牛(600～730 kg)</td><td>2.1～2.2</td><td>1.22～1.27</td><td rowspan="3">1.0～4.0</td></tr>
<tr><td>中牛(450～600 kg)</td><td>2.0～2.1</td><td>1.12～1.22</td></tr>
<tr><td>小牛(320～500 kg)</td><td>1.8～2.0</td><td>1.02～1.12</td></tr>
<tr><td>青年牛</td><td>1.6～1.8</td><td>1.0～1.1</td><td>1.0～1.5</td><td>青年牛</td><td>1.8～2.0</td><td>1.0～1.15</td><td>1.0～4.0</td></tr>
<tr><td>育成牛</td><td>1.5～1.6</td><td>0.8</td><td>1.0～1.5</td><td>(8～18)月龄</td><td>1.6～1.8</td><td>0.9～1.0</td><td>1.0～3.0</td></tr>
<tr><td rowspan="2">犊牛</td><td rowspan="2">1.2～1.5</td><td rowspan="2">0.5</td><td rowspan="2">1.0～1.5</td><td>(5～7 月龄)</td><td>0.75</td><td>1.5</td><td rowspan="2">1.0～2.0</td></tr>
<tr><td>(1.5～4 月龄)</td><td>0.65</td><td>1.4</td></tr>
</table>

引自《牧区牛羊棚圈建设技术规范》(NY/T 1178—2006)。

表 4-6 散栏式奶牛牛栏设计规范

牛别	长度/m	宽度/m
成母牛	2.2～2.5	1.1～1.2
青年牛	1.6～1.8	1.1～1.2

引自《标准化奶牛场建设规范》(NY/T 1567—2007)。

散栏式卧栏可以在混凝土或压实的卧床基础上铺设卧床垫,卧床垫是在厚的聚丙烯材料中添加松软的材料,做成类似“三明治”一样的复合体,碎橡胶是最常见的中间填充物。为了防止奶牛受伤,保持牛体清洁,一般要求卧床表面铺 8～10 cm 厚的垫料。散栏式卧栏垫料一般以沙子作基础,厚度不超过 15 cm,再用素土夯实,且每隔 1～2 周进行填沙,沙子垫料(理想沙粒尺寸均匀、大小在 0.1～0.2 mm)具有价格便宜、弹性好、透气、透水、保温性能良好的特点,也可采用锯末、稻壳、干湿分离晾干后的牛粪以及发酵牛粪等作垫料,且牛粪(干物质>60%)做垫料的普及率越来越高,此外,在橡胶垫上面铺沙子或者稻壳之类效果会更佳。

(2)颈枷

散栏式颈枷在不妨碍奶牛活动和休息的前提下,将奶牛固定在食槽前。常见的散栏式饲养的颈枷见图 4-23。其中(a)、(b)是自锁式颈枷,自锁式颈枷能对牛群统一绑定和释放,也可在不影响其他奶牛的前提下,单独对某头奶牛进行绑定和释放。(c)、(d)所示的颈枷不能对奶牛进行绑定,只是阻止奶牛采食时将前肢伸到食槽中,使用这种颈枷时,要在挤奶厅附近设置固定的区域安装能够固定奶牛的设备,以便对奶牛进行治疗或输精,因此使用起来极不方便。在我国,常用的自锁式颈枷如图 4-23(a)和图 4-24 所示,图 4-23(b)、(c)、(d)所示的三种颈枷已基本被淘汰。

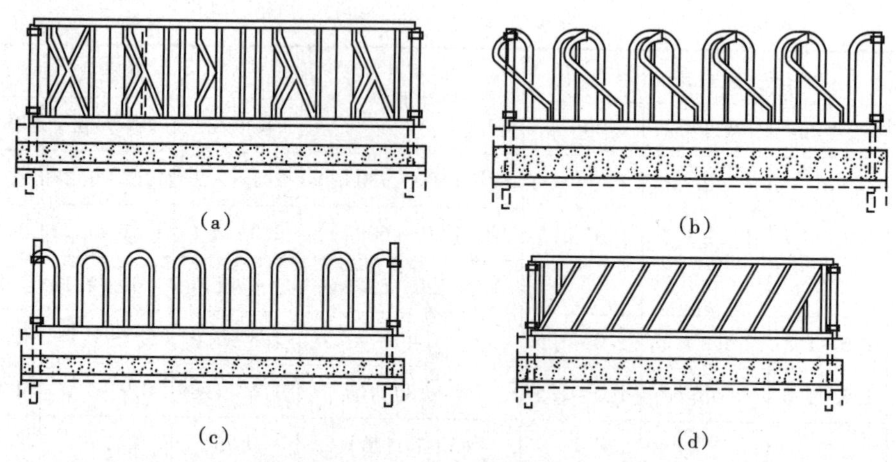

图 4-23　散栏式卧栏颈枷

图 4-24　自锁式颈枷

(二)地面

牛舍地面的设计要使牛站立和行走时轻松自如,不易摔倒。设计良好的地面有利于牛采食、饮水,且进出卧栏方便。

1. 水泥地面

目前多数牛场采用水泥砂浆浇灌地面,其具有耐用、易清洗、易消毒、散热好等特点,而且成本不高、施工难度不大(图 4-25)。虽然水泥地面更适合规模养殖场,但其仍有许多缺点,如地面坚硬、透气性差、冬季保温不佳等,牛只长时间生活其上容易引起一些肢蹄病,且水泥地面易湿滑,牛只易摔伤。

图 4-25　水泥地面

2. 红砖地面

红砖地面具有透水性强、粪便易于清理等优点，再加上有一定的隔热效果，为目前北方小散养户的主要铺设选择，较水泥地面价格略高。红砖不可平铺，应采取立式，因为牛达到500 kg以上的体重时，红砖平铺难以承受而变得粉碎，易造成粪便难清洗和牛只损伤（图4-26）。

图4-26　红砖地面

3. 混凝土地面

混凝土地面主要是以黏土、石灰、砂为基础的混凝土，比例为1∶2∶4或者1∶3∶6，具有成本低、强度高、透水性好等优点，但使用寿命较短。目前，混凝土地面最流行，并且牧场基本都做防滑处理，我国肉牛场也常用混凝土地面直接作为牛床。

4. 土质地面

土质地面（图4-27）不铺设任何地面材料，直接以土质为材料的地面，成本最低，但在湿润环境下易形成泥浆，也不易清理粪便，需要经常更换土质。目前规模化牛场基本已淘汰此地面，只有少数家庭牛场还使用。

图4-27　土质地面

5. 发酵床地面

发酵床地面（图4-28）基于水泥、砖或混凝土地面，铺设50 cm以上发酵垫料（锯末、稻壳、秸秆粉）并接种发酵细菌，发酵过程会产生一定的热量，可改善冬天牛舍温度。根据牛的体重来计算发酵床养牛的密度，通常400 kg左右的牛，每头4～5 m^2。根据牛种类的不同、排粪量的不同,养殖密度还需要再做调整。

发酵床地面成本较高,与普通养殖地面相比粪便清洗工作量小,一般奶牛使用较多。

图 4-28　发酵床地面

6. 塑料地面

部分牛场采用 PCV 材料有孔垫或者软垫地面(图 4-29),其具有透水、保温、耐磨、防止蹄甲损伤的作用,但是价格较高,还未大规模推广应用。

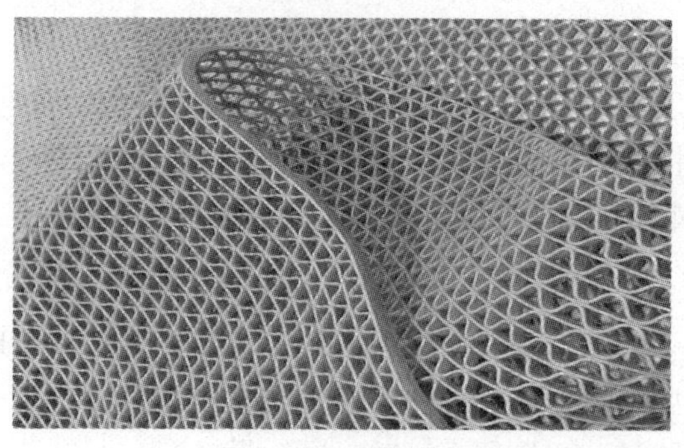

图 4-29　塑料地面

7. 橡胶地面

橡胶地面(图 4-30)对预防牛的肢蹄病、关节病、皮肤病效果明显。具有平整、清洁、舒适、美观大方、防滑效果好、隔热、防寒、防潮、可节省垫草的费用支出、安装使用方便、利于清洗等特点,能避免奶牛滑倒、摔伤、减少医药费用支出,同时能降低奶牛淘汰率,主要铺设在牛舍通道、奶厅通道、产房等区域。

图 4-30　橡胶垫

8. 漏缝地板

牛舍的地面也可采用漏缝地板，漏缝地板能保持牛体和卧床干净，也可避免每天清粪的麻烦，但易造成牛肢蹄损伤，且冬季易产生贼风影响奶牛健康，设计时应充分考虑防寒措施。常见的混凝土漏缝地板尺寸为120 cm×240 cm×15 cm，板条宽20 cm，狭缝宽3.5～4.0 cm。

（三）保定配种架

依据六柱栏或四柱栏保定法设置保定配种架（图4-31），规格主要依据牛只品种、大小而定，围栏为片状栅栏式，长5～8 m，宽75～180 cm，高通常为170 cm。

图4-31 牛保定配种架

（四）假台畜车

通常种公牛场采精多用假台畜车（图4-32），假台畜车外部以假台畜为设计特点，内部下方为采精人员的操作台，操作台有模拟母牛阴道环境条件的人工阴道，用于诱导公牛射精。假阴道是一筒状结构，主要由外壳、内胎和集精杯三部分组成。外壳为一硬橡胶圆筒，上有注水孔，内胎为弹性强、薄而柔软无毒的橡胶筒，装在外壳内，构成假阴道内壁，集精杯由暗色玻璃或塑料制成，装在假阴道的一端。此外，还有固定集精杯用的胶套、固定内胎用的胶圈、充气调压用的气卡等部分组成。外壳和内胎之间可装温水和吹入空气，以保持适宜的温度（38～40 ℃）和压力。

图4-32 假台畜车

三、鸡舍的饲养设施与设备

(一)鸡笼

鸡笼是笼养鸡的基础设备,其结构和形式决定了笼养鸡的生产方式、饲养工艺及配套设备的形式、安装位置和尺寸。鸡笼一般用冷拉低碳钢焊制,并经酸洗和镀锌,由底网、顶网、前网、后网和侧网构成。鸡笼前可装挂饲槽和水槽,饮水器可安于笼前或笼侧(杯式或乳头式,两笼共用)。笼底向前倾斜,使蛋滑入前端的蛋槽,便于集蛋。鸡粪可由笼底漏下。鸡笼可分为育雏鸡笼、育成鸡笼、产蛋鸡笼、肉鸡笼和种鸡笼5种,其配置形式和结构参数决定了饲养密度,也决定了对清粪、饮水、喂料及环境控制等设备的选用。育雏鸡笼、育成鸡笼和肉鸡笼与蛋鸡笼的不同之处是前端无集蛋槽,笼底为平置式。根据清粪方式的不同,可将鸡笼组合设计为平置式笼、全阶梯式笼、半阶梯式笼、叠层式笼和阶叠混合式笼。

1. 平置式鸡笼

平置式鸡笼(图4-33)只有一层,每两列鸡笼背靠背安装,所有鸡笼都处于相同的最佳环境条件下,喂饲、集蛋及清粪均可简化,但舍饲密度较低,鸡舍利用率低。平置式鸡笼按照笼架离地高度又可分为普通式和高床式。高床式的笼架距地1.7~2.0 m,鸡粪在换群时清除一次,但要求鸡舍外墙高,建筑造价高,不利于冬季保温。目前在我国应用较少。

图4-33 平置式鸡笼

2. 全阶梯式鸡笼

全阶梯式鸡笼将上下各层的组装笼错开,国内常见的是2层或3层,国外密集型养鸡采用机械化操作时,有4层或5层的组装形式。其特点是相邻两层鸡笼完全错开架设,无重叠或有小于50 mm少量重叠,各层的鸡粪可直接落入粪沟,故不需装承粪板,清粪作业较为简便。由于笼层之间不重叠,相互无遮挡,因此通风充分、光照均衡。全阶梯式鸡笼结构简单,在机器故障或停电时便于人工操作。4层全阶梯式鸡笼(图4-34)是目前养鸡生产中应用最为广泛的鸡笼组装形式,尤其是在产蛋阶段更为适用。

图 4-34 4 层全阶梯式鸡笼

3. 半阶梯式鸡笼

将鸡笼的上下层之间部分重叠,便形成了半阶梯式鸡笼(图 4-35)。为避免上层鸡的粪便落在下层鸡身上,上下层重叠部分有挡板,按一定角度安装,粪便可滑入粪坑。它具有全阶梯式鸡笼的全部优点,其舍饲密度高于全阶梯式,节约鸡舍面积,操作方便,容易观察鸡群状态但由于挡粪板的阻碍,通风效果稍差。目前采用的半阶梯式鸡笼多为 3 ~4 层的。随着层数增多,笼子的高度也增加,一般须配合安装机械给料、自动清粪和集蛋系统。半阶梯式鸡笼适用于密闭式鸡舍或通风条件好的开放式或半开放式鸡舍。

图 4-35 半阶梯式鸡笼

4. 叠层式鸡笼

叠层式鸡笼又称全重叠式鸡笼(图 4-36),将各层组装鸡笼上、下层完全重叠。相比于全阶梯式和半阶梯式鸡笼,其饲密度高,可大大降低鸡场占地面积,提高了饲养人员的生产效率。缺点是每只鸡得到的光照不平衡,笼养垂直方向的通气性差,对环境控制设备的要求较高。当前国内新建的大型蛋鸡场大多用这种鸡笼,一般为 3 ~4 层,也有 2 层或更多层,发达国家集约化蛋鸡场多采用 4 ~ 12 层的叠层鸡笼,且开发了与叠层鸡笼配套的给料、给水、集蛋、清粪、通风、降温等设备,可使饲养密度达 50 ~ 80 只/ m^2,甚至更高。叠层式鸡笼实现了机械化、自动化,极大地改善了鸡舍环境,较适用于采用封闭式鸡舍的工厂化养鸡。

在进行笼养育雏时,通常会将育雏育成合为一段式进行饲养,所用设备大多也为叠层式育雏育成鸡笼,有 3 层、4 层或更多。进鸡初期,先将雏鸡放置于中间层,待鸡长至育成期再逐渐将鸡分散到上、下层。叠层式育雏笼(图4-37)每层笼间间隙50~70 mm,笼高330 mm,具有舍饲密度高、占地面积小、集约化程度高、减少鸡只由于转群而导致的应激等特点。无加热装置的普通叠层式育雏笼适用于整室加温的鸡舍,有加热源的每层笼设有加热笼、保温笼和运动笼,适用于1~6周龄雏鸡使用,较适合大中型鸡场采用。

图4-36　叠层式鸡笼

图4-37　叠层式育雏笼

5. 阶叠混合式鸡笼

阶叠混合式鸡笼一般为3层,1层与2层为全阶梯式,2层与3层为重叠式,其特点和半阶梯式相似,只是减少一个承粪板,目前在我国应用较少。此外,受鸡福利养殖的影响,除传统的笼养笼具之外,欧美等地更多采用的蛋鸡饲养方式为大笼饲养、富集型鸡笼饲养和栖架散养。相比传统鸡笼的蛋鸡养殖,福利蛋鸡养殖方式能更好地满足蛋鸡日常行为的表达。

(二)平养地面

鸡的平养在肉鸡和土鸡饲养当中较为常见,地面一般可以分为网上平养地面、垫料平养地面和土地平养地面。

1. 网上平养地面

网上平养地面适合饲养5周龄以上的肉鸡,一般由离地面高60 cm的金属网或木、竹栅条,或在用钢筋支撑的金属地板网上再铺一层弹性塑料方眼网组成(图4-38)。鸡粪落入网下,较卫生,可减少疾病发生概率,尤其对球虫病的控制有显著效果,但其设备成本较高。

图 4-38　网上平养地面

2. 垫料平养地面

垫料平养地面是指在舍内原有的地面上铺 5 ~ 10 cm 厚的垫料，一个饲养周期更换一次，一般可以选用干燥的稻壳、碎麦秆、碎稻草、锯末或刨花等(图 4-39)。用前一定要进行检查，保证没有发霉，如果已经发霉则弃之不用。

图 4-39　垫料平养地面

3. 土地平养地面

肉鸡或土鸡可以采用放牧饲养，或舍内土地平面饲养，即在自然环境中活动、觅食、人工饲喂，夜间鸡群回鸡舍栖息(图 4-40)。一般将鸡舍建在远离村庄的山丘或果园之中，鸡群能够自由活动、觅食，得到阳光照射和沙浴等，可采食虫、草和沙砾、泥土中的微量元素等，有利于鸡的生长发育。

图 4-40　土地平养地面

任务二　选择饲喂设施与设备

饲料消耗占养殖业总成本的70%左右,减少饲料浪费、降低饲料成本、提高养殖效益一直是畜牧工作者研究的课题。众多研究表明,饲喂方式、饲喂设备对畜禽的采食行为、饲料浪费以及畜禽的消化吸收有明显影响。饲喂设备,直接影响饲料成本(占50% ~70%)和喂料工作量(占30% ~40%)。因此,根据畜禽场的规模和需求,选择合适的饲喂设备,对提高畜禽场的经济效益至关重要。

【教学案例】

肉牛场的问题

某专家团于2021年8月份至河北省一肉牛场考察,发现牛舍内气味刺鼻,苍蝇数量多,牛身上附有粪污,饲槽中的青贮饲料已发生变质。该肉牛场采用双列式头对头牛舍,每列牛舍存栏量50头,中间过道宽1.5 m,使用有槽饲槽,每日人工饲喂2次。据了解,该场工人每天清晨至青贮窖中采料,按饲料配方配制出一天的日粮,一半于上午直接饲喂,剩下的直接堆放于牛舍外,待下午继续饲喂。专家至青贮窖查看发现,该青贮窖窖壁垂直于地面,窖内有雨水蓄积,工人取料时随意挖取,表面青贮已变色,并散发乙酸味道。

提问:

该牛场存在什么问题?应如何改进?

一、猪的饲喂设施与设备

猪饲料的形态有三种,即干料(含水率12% ~15%,包括粉料和颗粒料)、湿料(含水率40% ~60%)和液态料(含水率70% ~85%)。猪的饲喂方法有限量饲喂和自由采食两种。限量饲喂通常用于公猪和母猪,自由采食通常用于保育猪、生长猪和肥育猪。

(一)猪的饲喂方式

1.人工饲喂

人工饲喂指用专用车将饲料运送到饲料库,再用饲料车运送到猪舍贮料间,然后用手推车将饲料投放到各饲槽。人工饲喂所需设备较简单,主要包括加料车、饲槽、料箱和仔猪补料槽等。人工饲喂的优点是设备简单、投资少、灵活机动,但是,其劳动强度大,效率低,饲料的装卸、运送损失大,且易受污染,因此适用于小型猪场。

2. 自动饲喂系统

自动饲喂系统指经饲料加工厂加工好的全价配合饲料，直接用专用车运输到猪场，送入贮料塔，然后由输送机将饲料输入猪舍内的自动补料箱和饲槽内，其基本流程如图4-41所示。自动饲喂减少了饲料在储存、输送和喂饲过程中受污染的机会，饲料损失少，劳动生产率高，但设备投资大，较适用于大、中型养猪场。

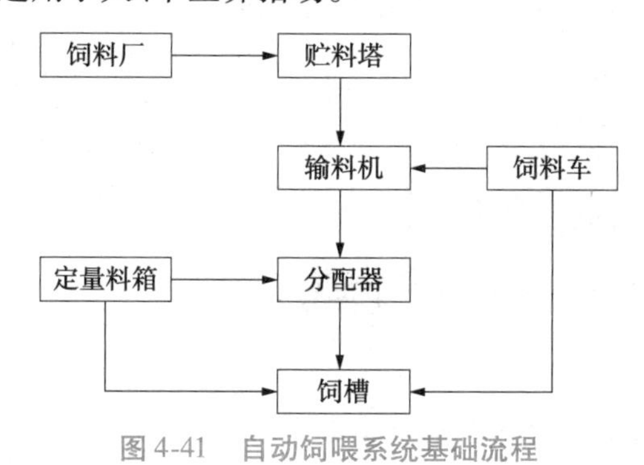

图4-41 自动饲喂系统基础流程

自动饲喂设备根据猪饲料的形态分为干料自动饲喂系统和液态料自动饲喂系统。

(1)干料自动饲喂系统

干料自动饲喂系统主要由散装饲料车、贮料塔、饲料输送机、计量料箱和饲槽组成。其可以根据专家设置的系统饲喂曲线，自动按生长天数调节饲料配方，并可将不同配方和配料量的饲料准确地送到不同的猪栏，从而使猪场可以施行多阶段配料甚至同一阶段不同配料。

干料自动饲喂系统主要优点有：

①能够保持饲料清洁、操作管理方便、运行可靠，对饲养管理人员水平要求较低。

②饲料不用打包、拆包，且在封闭状态下输送，可大幅减少散漏损失。

③可以实现同时饲喂，最大限度地减少饲喂过程中猪只因等食而产生的应激反应。

④减少饲料在运输、饲喂过程中的污染。

⑤通过在系统里设置加药器，可将药物和饲料添加剂精确地加进饲料。

⑥电脑系统可储存大量饲喂数据，便于饲养员进行统计分析，制订更佳的饲喂方案。

干料自动饲喂系统的主要缺点是：价格高昂、维修困难，因此较难普及。

(2)液态料自动饲喂系统

液态料自动饲喂系统主要包括计算机控制设备和空气压缩设备、贮料塔、阀门、带搅拌器的混合罐、电子称重装置、储水罐(清水罐、废水回收罐)、饲料泵、下料口、饲料输送管道等，其组成简图如图4-42所示。整个系统由中央计算机控制，将各部分组装好以后通过传感器与计算机连接，然后由计算机控制各个环节的运转。其主要工作过程是：操作者根据猪只的营养需求选择饲料配方和饲喂曲线、料水比、日饲喂次数，然后利用计算机计算出每个循环每次的干料量和用水量。每次饲喂时先将水打入搅拌罐，再将饲料或原料打入，充分混合搅拌，混合均匀的液态料由饲料泵泵出，经饲料输送管道(图4-43)送到各个下料阀(图4-44)。指令通过传感器控制，由压缩空气的排放时间长短来控制下料量，同时回收废水。每个工作周期即是一道完整的循环流程。

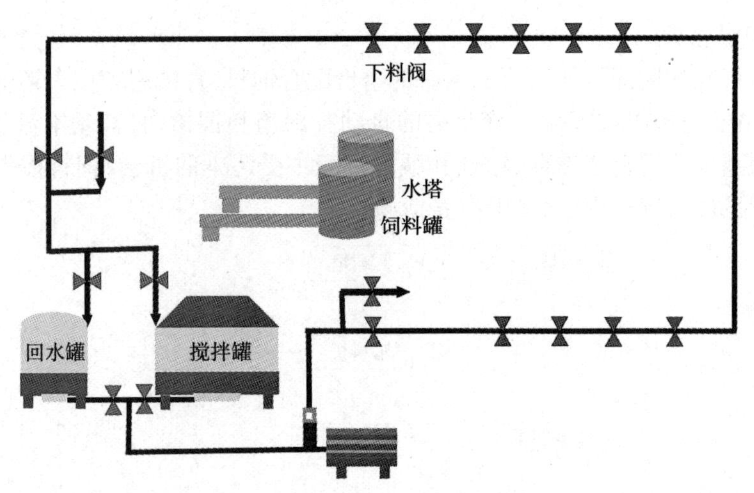

图 4-42　液态料自动饲喂系统组成简图

液态料自动饲喂系统除具有干料自动饲喂系统的优点外，还有以下优势：

①可减少饲喂干饲料所引起的有害灰尘污染，增强猪只正常呼吸能力。

②液态料的微生物活动增加了饲料的生物安全性。

③高摄入量和高饲料转化率。混合搅拌后的液态料适口性好、易消化，饲料转化率提高约 10%。

④有效降低生产成本。液态料是多种原料或混合好的干混料与水的混合，在程序的配方中可以使用低成本的饲料原料——农副产品和食品加工副产品，从而降低成本。

液态料自动饲喂系统结构较复杂，要求有较高的管理水平，而且设备费用高。目前为止，液态料自动饲喂设备在新建的大型猪场运用得较多，在小型猪场运用得较少。

图 4-43　猪圈中的液态饲料输送管道

图 4-44　猪圈中的液态饲料下料阀

3. 母猪电子饲喂站系统

母猪电子饲喂站系统是用电脑软件设备作为控制中心，用 1 台或多台饲喂器作为控制终端，由众多的读取感应传感器为电脑提供数据，可以根据母猪的个性化需求进行精确饲喂及数据管理的系统。该系统主要由进口门、进入通道、控制模块、饲槽、料仓、离开通道、出口门组成(图 4-45)。母猪电子饲喂站工作过程如下：

①饲喂站通电，控制器液晶屏点亮，表示设备正常启动，母猪可以到饲喂站采食。控制器液晶屏上显示猪只编号、体重、怀孕日期、进食量、日供量等信息。

②母猪进入主通道，进口门锁柱自动下落，进口门在拉簧的作用下自动锁住，防止后面猪只进入通道干扰前面猪只采食，造成设备采集耳标信息有误。

图 4-45　母猪电子饲喂站系统

③当母猪在饲槽采食时，射频读取设备将获取母猪的身份信息，控制下料装置电机下料，从而达到精确化和智能化饲喂的目的。

④当母猪采食完毕后从出口门出，经出口通道离开饲喂站，猪离开后进口门自动打开。

母猪电子饲喂站的主要特点是：

①节省劳动力，降低生产成本。采用电子饲喂站设备与传统养殖相比，可以减少72%的成本。

②解决母猪饲料采食不足、过量、漏饲等问题。满足不同母猪对饲料的个性化需求，克服传统饲喂方式劳动强度大、投料精度低、饲料浪费大的问题。

③减少饲料在运输和饲喂过程中的污染。

④有利于实现饲养管理的规范化、科学化，提高饲养管理水平。

该系统主要用于技术资金雄厚的现代化猪场，是高效集约化养猪的发展方向，但目前在我国规模化猪场的应用较少。

(二)猪舍主要饲喂设备

1. 饲槽

猪有拱地觅食的采食特点，通常规模猪场提供给猪的饲料至少有 10% ~15% 在采食过程中被浪费，最终随污水排出。因此，选用合适的饲槽并科学地使用将有助于减少饲料浪费、降低生产成本。饲槽的基本要求是结构简单、坚固耐用，便于饲喂、清理及采食。猪饲槽基本参数见表 4-7。

表 4-7　猪饲槽基本参数　　单位：mm

形式	适用猪群	高度	采食间隙	前缘高度
水泥定量饲喂饲槽	公猪、妊娠母猪	350	300	250
铁铸半圆弧饲槽	分娩母猪	500	310	250
长方体金属饲槽	哺乳仔猪	100	100	70
长方形金属自动落料饲槽	保育猪	700	140 ~ 150	100 ~ 120
	生长育肥猪	900	220 ~ 250	160 ~ 190

引自《规模猪场建设》(GB/T 17824. 1—2008)。

猪常用的饲槽有传统饲槽、单体饲槽、自动饲槽等。

(1)传统饲槽

传统饲槽一般用水泥加砖砌成,底部为圆弧形,其造价低廉,坚固耐用,可实现自由采食,亦可兼做水槽(图4-46)。这类饲槽的缺点是:饲料浪费大,易产生激烈争抢和饥饱不均的现象,人工强度大。

图4-46　水泥饲槽

(2)单体饲槽

单体饲槽(图4-47)主要用于妊娠母猪栏。单体饲槽的材质有不锈钢、铸铁和水泥等,具有不受隔壁栏舍母猪影响、饲喂精确等优点。单体饲槽的尺寸以能容纳猪一次的饲喂量并防止饲料被拱出为宜。

图4-47　单体饲槽

(3)自动饲槽

自动饲槽主要用于哺乳仔猪补料、保育猪和生长育肥猪。这种饲槽可保证猪随时采食,清洁卫生,且减少饲养工作量,但成本略高。自动饲槽按材质分类,有铸铁、不锈钢等;按饲料形态分类,有干饲槽、干湿饲槽和液态饲槽;按形状分类,有桶形、矩形两种,其中矩形饲槽应用较为普遍,可设单面或双面采食口。目前猪场使用的自动饲槽大体为下面几种(表4-8)。

表4-8　猪场常见自动饲槽

饲槽种类	图片	特点
铸铁干饲槽		价格便宜; 加工制造较方便、高效; 易生锈、损坏,使用寿命短; 下料量控制不精确,易浪费饲料; 料仓容积小,不卫生

续表

饲槽种类	图片	特点
不锈钢干饲槽		价格偏贵； 生产工艺复杂，组装麻烦； 结实可靠、耐腐蚀，使用寿命长； 下料量控制不精确，易浪费饲料； 料仓容积大，不卫生
不锈钢干湿饲槽		价格偏贵； 生产工艺复杂，组装麻烦； 结实可靠、耐腐蚀，使用寿命长； 猪吃干料的同时可以喝水； 采食不净易造成饲料霉变； 料仓容积大，不卫生
干湿喂料器		价格适中； 生产规模化、组装方便； 不锈钢底槽、耐腐蚀，使用寿命长； 猪吃干料的同时可以喝水； 折边料槽，不易浪费饲料； 易造成饲料霉变，清理料槽麻烦； 料仓容积一般为 80 L，较卫生
智能液态饲槽		价格偏贵； 生产规模化，组装方便； 不锈钢底槽、耐腐蚀，使用寿命长； 控制器根据饲喂曲线自动精确下料，多餐少食，即产即食，饲料新鲜可口，节省饲料； 料仓容积一般为 60 L，较卫生； 为断奶仔猪提供接近母乳形态的液态料
不锈钢液态通饲槽（上游为液态供料系统）		价格昂贵； 适用于规模化的全厂液态供料； 整线安装麻烦，施工要求高； 运行、维护成本较高； 管道容易残留饲料； 不锈钢底槽、耐腐蚀，使用寿命长； 饲喂方式为自由采食； 为断奶仔猪提供接近母乳形态的液态料

2. 饲料车

饲料车在我国的养猪场中使用非常普遍，它具有机动性好、投资少和可以装运各种形态的饲料等优点,不足之处是劳动效率低。小型饲料车如图 4-48 所示。

图 4-48　小型饲料车

3. 饲料运输车

饲料加工厂生产的全价配合饲料由专用运输车送到猪场,卸到贮料塔或仓库中,卸料机有机械输送式和气流输送式两种。

机械输送式饲料运输车,是在载重车上加装饲料罐而成,罐底有一条纵向搅龙,罐尾有一条立式搅龙,其上有一条相连的悬臂搅龙,饲料通过搅龙的输送即可卸入饲料塔中。

气流输送式饲料运输车,也是在载重车上加装饲料罐而成,罐底有一条或两条纵向搅龙,所不同的是在搅龙出口处设有鼓风机,通过鼓风机产生的气流将饲料输送进贮料仓中,这种运输车适用于装运颗粒料。

4. 贮料塔

贮料塔一般用 2.5 ~ 3.0 mm 厚的镀锌钢板压型组装而成。饲料由位于上端的进料口卸入塔内,在重力作用下落入贮料塔下锥体底部的出料口,再通过饲料输送机送到舍内。

贮料塔的直径约 2 m,高度多在 7 m 以下,容量有 2 ~ 10 t 不等、贮料塔的选择原则是,选择时以所贮饲料为该猪舍 3 ~ 5 d 饲喂量为宜,容量过小则加料频繁,容量过大则饲料料仓易结拱,同时造成设备浪费。每栋猪舍应安装一个贮料塔。

贮料塔应密封,避免漏进雨雪,并设出气孔。贮料塔最好有料位指示器。

5. 饲料输送机

饲料输送机用于将舍外贮料塔中的饲料运送到舍内,并分配到计量料箱、饲槽。饲料输送机种类较多,以前国内多采用卧式搅龙输送机和链式输送机,近年来使用较多的是螺旋弹簧输送机和塞管式输送机。各种输送机的性能特点见表 4-9。

表 4-9　各种饲料输送机的特点

输送机类型	优点	缺点	适宜输送距离/m
搅龙输送机	结构简单,工作可靠性高	输送距离短,不便于转弯,易使颗粒料破损	<30
链式输送机	适应范围较广,维修保养方便,输送距离较长	结构笨重,输料不均匀,颗粒料易破损	<100

续表

输送机类型	优点	缺点	适宜输送距离/m
螺旋弹簧输送机	结构简单,工作可靠,90°角可自由输送,浪费少,卫生,噪声低	零部件技术要求较高,维修难	<150
塞管式输送机	可在任何方向长距离转弯输送,浪费少,噪声低	零部件技术要求较高,维修难	<500

6. 计量料箱

计量料箱主要用于需要限量饲喂的猪舍,有容积式计量和重量式计量两种。计量料箱悬挂在运料管道的下面,由运料管道输送的饲料落入计量料箱,落入料量根据需要进行调节。饲喂时,计量料箱内的饲料落入饲槽,可以实现猪只的限量饲喂。

二、牛的饲喂设施与设备

(一)青贮料相关设备

制作、贮存青贮料的设施有青贮窖、青贮堆、青贮塔、青贮袋、拉伸膜裹包青贮等。

1. 青贮窖

青贮窖的形状一般为长方形,窖的深浅、宽窄和长度可根据牛的数量、饲喂期的长短和需要储存的饲草量进行设计。青贮窖以高度不超过 4 m,宽度不小于 6 m 为宜,满足机械作业要求长度以 40 ~ 100 m 为宜。

我国常见的青贮窖有地下式、半地上式和地上式,现常用的为地上式青贮窖。当地下水位不高时,地下式较实用(图 4-49);若地下水位较高,为避免窖底渗水,以地上式较好(图 4-50),窖底距地下水位应在 0.8 ~ 1.0 m 以上。窖壁应光滑并有一定倾斜度,使窖呈倒梯形,其优点在于当青贮窖装满后,青贮料可在自身重量作用下继续下沉,由于窖壁坡度,青贮料越往下越紧贴窖壁,能自动将空气排净。使用此种窖壁结构,青贮成熟后在壁部很少有变质料。

图 4-49 地下式青贮窖

图 4-50 地上式青贮窖

2. 青贮堆

青贮堆又称地上青贮(图4-51),是在平坦的水泥地面或其他光滑不透气的地方,将切短的青料堆在一起,压实后严密地盖上塑料薄膜,使其不透光,再用泥土或重物压紧;也可先在四周垒上临时矮墙,铺上塑料薄膜后再填青料。

图4-51　青贮堆

3. 青贮塔

青贮塔是节省地面且高效的贮存设施,在美国等发达国家多用搪瓷或水泥的青贮塔,可电脑控制装卸和饲喂,但因造价很高,目前在我国很少使用。

4. 青贮袋

用青贮袋制作青贮料的方法又称袋式青贮,制作方法是要将青贮原料切短,再装入塑料袋。入装青料要湿度适中,抽尽空气并压紧扎口(图4-52)。若无抽气机则应装填紧密,加重物压紧。此种方法投资较少,可根据青贮料量灵活存贮,但要注意防止漏气。由于塑料袋易破损,因此袋式青贮的损失要高于其他常规青贮方式。目前,已出现使用结实的塑料收缩包装制作袋装青贮的自动设备,可保证密封;此外,使用添加剂和防腐剂也可提高制作大型袋装青贮的成功率。

图4-52　袋式青贮

5. 拉伸膜裹包青贮

拉伸膜裹包青贮是指将收割好的新鲜牧草经打捆裹包密封保存并在厌氧发酵后形成的优质草料。其使用的青贮专用塑料拉伸膜是一种很薄的、具有黏性和弹性的、专为裹包草捆研制的拉伸回缩膜，将它放在特制的机器上裹包草捆时，这种拉伸膜会回缩，紧紧地裹在草捆上，从而防止外界空气和水分进入，草捆裹包后形成厌氧状态，草料自行发酵（图4-53）。

图4-53　拉伸膜裹包青贮

（二）饲喂——混合、输送设备

全价混合日粮（TMR）是一种根据牛不同生理阶段对营养的需求设计出来的，通过设备搅拌、切割、揉搓、混合均匀而得到的营养相对平衡的日粮。目前，我国规模化牛场已普遍使用TMR饲喂牛，相关设备种类较多，自动化程度差别较大。

1. 搅拌机

（1）固定式搅拌机、牵引式搅拌车和自走式搅拌车

搅拌机按移动方式可分为固定式搅拌机、牵引式搅拌车和自走式搅拌车。

①固定式搅拌机。固定式搅拌机（图4-54）通常放置在各种饲料储存相对集中、取运方便的位置，将各种精、粗饲料加工搅拌后，再用手推车或小型机动车将饲料运至牛舍进行撒料饲喂。该类机型适合饲料加工配送中心和牛舍通道狭窄的养牛小区使用，且价格较低。

图4-54　固定式搅拌机

（引自王之盛、万发春，《肉牛标准化规模养殖图册》，2013）

②牵引式搅拌车。牵引式搅拌车由拖拉机牵引，物料混合及输送的动力来自拖拉机动力输出轴和液压控制系统。牵引式搅拌车可连续完成拌料和喂料，在送料时边行走边进行饲料混合，行至牛舍时开始喂料，且可根据需要配套取料系统。该设备适合通道较宽的牛舍（通常宽度大于2.5 m）。

③自走式搅拌车。自走式搅拌车能够完成除精料加工外的所有工作，即自动取料、自动称重计量、混合搅拌、运输、撒料饲喂等。其具有自动化程度高、效率高、视野开阔、驾驶舒适

等优点，适合现代化大型牛场使用；缺点是价格昂贵。

(2)卧式搅拌机和立式搅拌机

按搅拌方式不同，搅拌机可分为卧式搅拌机和立式搅拌机。

①卧式搅拌机。卧式搅拌机(图4-55)的加工部件一般由2根或3根水平且平行布置的搅龙构成，根据需要还可以配备自动取料装置。其优点是切割效果好，长干草易切碎，尤其适合密度差异较大、较松散、含水率相对较低的物料混合；另外，卧式混合搅拌设备外形通常较窄、较低，通过性好，也易于装料。其缺点是在切割大草捆时不如立式搅拌机快速，且搅龙容易磨损；容积相同的情况下，卧式搅拌机的配套动力一般大于立式搅拌机。

图4-55　卧式搅拌机

(引自王之盛、万发春,《肉牛标准化规模养殖图册》,2019)

②立式搅拌机。立式搅拌机(图4-56)的加工部件一般由1～2个垂直布置的立式螺旋钻构成，其优点是可以迅速打开并切碎大型圆、方形草捆，混合效率高，但切割效果差，比较适合含水率相对较高、黏附性好的物料混合。立式搅拌机一般使用寿命较长，圆锥形料箱无死角，卸料时排料干净，不留余料。

图4-56　立式搅拌机

(引自王之盛、万发春,《肉牛标准化规模养殖图册》,2019)

2. 自动化饲喂设备

自动化饲喂设备主要包括悬挂式饲喂系统、自走式饲喂系统和在位饲喂系统。

悬挂式饲喂系统是一种通过悬臂梁滑动行走的饲喂系统，可以避免搅拌车驶入牛舍带来的废气噪声污染问题。自走式饲喂系统是一种在地面自动行走的饲喂系统，通过自动循迹，按照已定路线，在厂区饲料库与牛舍间自动行走，完成饲料制备和饲喂操作。在位饲喂系统是一种在牛栏口单独安装饲喂装置的饲喂系统，具有维护方便、可靠性高等优点。几种牛饲喂设备性能对比如表4-10所示。

表4-10　四种牛饲喂设备性能对比

饲喂设备	饲喂地点	饲喂方式	饲喂特点
TMR 搅拌车	牛舍	人工饲喂	优点：搅拌技术相对成熟，生产厂家、设备型号较多； 缺点：人工饲喂劳动强度大，饲喂效率低，投料过程存在人为误差
悬挂式饲喂系统	牛舍	自动化饲喂	优点：每天可进行多次饲喂；适宜在地面高度差异较大的牛场运行，可有效避免地面障碍； 缺点：需要建设配套定型轨道，建设与改造成本较高
自走式饲喂系统	牛舍	自动化饲喂	优点：每天可进行多次饲喂；无须另建设轨道；系统运行线路灵活，便于规划调整； 缺点：系统结构比较复杂，需要自主导航、定位系统、避障装置等
在位饲喂系统	牛舍/挤奶厅	自动化精确饲喂	优点：每天可进行多次饲喂，满足奶牛采食需求；可精确称量每头奶牛采食量、采食时间等信息；自动回收饲料，减少饲料浪费； 缺点：需要安装足够多的饲喂设备才能够满足奶牛自由采食，成本很高

（三）饲槽

牛的饲槽分为有槽饲槽（图4-57）和地面饲槽（无槽饲槽）（图4-58）。有槽饲槽适合人工饲喂，地面饲槽适合机械饲喂。饲槽位于牛床前，长度与牛床总宽度相等，底平面高于牛床。饲槽必须坚固、光滑、便于洗刷，槽面不渗水、耐磨、耐酸。有槽饲槽参考尺寸见表4-11。

表4-11　有槽饲槽参考尺寸　　单位：cm

奶牛类别	槽上部内宽	槽底部内宽	近牛侧沿高	远牛侧沿高
成母牛	65～75	40～50	25～30	55～65
青年牛和育成牛	50～60	30～40	25～30	45～55
犊牛	30～35	25～30	20～25	30～35

引自《标准化奶牛场建设规范》（NY/T 1567—2007）。

图 4-57　有槽饲槽

图 4-58　地面饲槽

三、鸡的饲喂设施设备

在现代养鸡生产中，由于劳动量大，饲料撒落浪费多，一般不采用人工喂养。

（一）饲槽

鸡的饲槽包括饲料浅盘、长饲槽、饲料桶和盘筒式饲槽。

1. 饲料浅盘

饲料浅盘供开食及育雏早期使用。常见的饲料浅盘直径 70～100 cm、边缘高 3～5 cm，1 个浅盘可供 100～200 只雏鸡使用。目前市场上已销售高强度聚乙烯材料制成的饲料浅盘（图 4-59）。

图 4-59　各种型号的饲料浅盘

2. 长饲槽

长饲槽（图 4-60）应用方便，料食不易被粪便、垫料污染，坚固耐用。选用长饲槽的规格和结构时要考虑鸡龄、饲养方式、饲料类型、给料方式等因素。所有饲槽都应有向内弯曲的小边，以防饲料被勾出槽外。平养用的普通饲料槽大多由 5 块木板钉成，根据鸡体大小不同，宽和高有差异。雏鸡用的饲料槽为平底，宽 5～7 cm，两边稍斜开口，宽 10～20 cm，槽高 5～6 cm。育成及后备鸡用的饲料槽，平底或尖底均可，槽深 10～15 cm，长 70～150 cm。为了防止鸡蹲在饲槽上排便，可在槽上安装可转动的横梁。

图 4-60　长饲槽

3. 饲料桶

饲料桶(图 4-61)用塑料或金属做成,圆筒内能盛放饲料,饲料可通过圆筒下缘与圆锥体之间的间隙自动流进浅盘供鸡采食。这种饲料桶适用于垫料平养和网上平养,只用于盛颗粒料和干粉料。饲料桶应随着鸡体的生长而提高悬挂高度,以其浅盘槽面高度高出鸡背 2 cm 为佳。

4. 盘筒式饲槽

盘筒式饲槽(图 4-62)多为塑料制品,由锥形筒和食盘组成,通过调节螺栓改变二者的间隙,即可改变从锥形筒流入饲盘的饲料量。

图 4-61　饲料桶

图 4-62　盘筒式饲槽

(二)机械化饲喂设备

鸡的机械化饲喂设备一般包括料塔、上料输送装置、饲喂机、饲槽、电器控制设备。料塔和上料输送装置在国内外得到广泛的应用,是机械化养鸡场的主要设备之一。我国规模化养鸡场常用的饲喂设备有螺旋弹簧式饲喂机、索盘式饲喂机、链板式饲喂机和轨道车式饲喂机 4 种。

1. 螺旋弹簧式饲喂机

螺旋弹簧式饲喂机一般只用于平养鸡舍,由料箱、料管、螺旋弹簧、盘筒式饲槽、减速电机、控制开关和悬吊装置等组成(图 4-63)。工作时,饲料由舍外的贮料塔运入料箱,然后由螺旋弹簧将饲料沿着管道推送,依次向套接在输料管道出口下方的饲槽装料,当最后一个饲槽装满时,限位控制开关开启,使饲喂机的电动机停止转动。螺旋弹簧式饲喂机中的饲料不易被污染,能进行限量饲喂,但喂料长度较小,工作时有一定噪声(图4-64)。

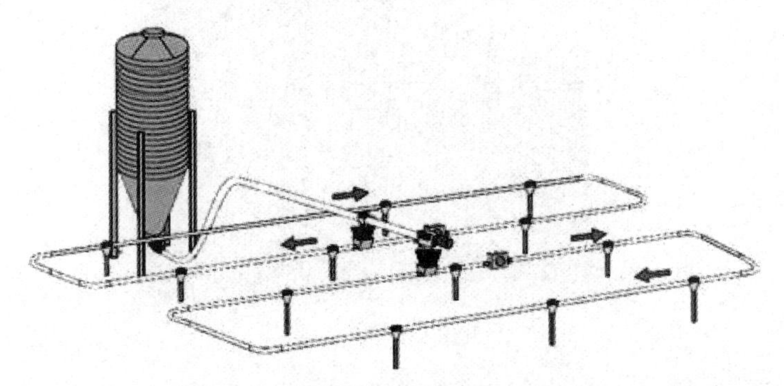

图4-63 螺旋弹簧式饲喂机示意图

图4-64 螺旋弹簧式饲喂系统

2. 索盘式饲喂机

索盘式饲喂机常用于平养肉鸡,也可用于笼养,由料斗、驱动机构、索盘管、转角轮和盘筒式饲槽组成(图4-65)。工作时,驱动机构带动索盘,索盘通过料斗时将饲料带出输料管输送,再由斜管送入盘筒式饲槽,管中多余饲料由回料管进入料斗。索盘是该设备的主要部件,它由一根直径5~6 mm的钢丝绳和若干个塑料塞盘组成,采用低温注塑的方法等距离(50~100 mm)地固定在钢丝绳上。用于笼养时,在长饲槽底部设输料管,输料管沿其轴线开有长槽或孔,饲料可由此而流入饲槽。

索盘式饲喂机的优点是饲料在封闭的管道中运送,清洁卫生,不浪费饲料;工作平稳无声,不惊扰鸡群;可进行水平、垂直与倾斜输送;运送距离可达300~500 m。缺点是当钢索折断时,修复困难,故要求钢索有较高的强度。

3. 链板式饲喂机

链板式饲喂机(图4-66)可用于平养和笼养,由料箱、驱动机构、链板、长饲槽、转角轮、饲料清洁筛、饲槽支架等组成。链板是该设备的主要部件,由若干链板相连而构成一封闭环。链板的前缘是一铲形斜面,当驱动机构带动链板沿饲槽和料斗构成的环路移动时,铲形斜面就将料斗内的饲料推送到整个长饲槽。鸡就在带链板的长饲槽内采食。一般跨度10 m左右的种鸡舍、跨度7 m左右的肉鸡舍和蛋鸡舍用单链,跨度7 m左右的肉鸡舍、蛋鸡舍常用双链。链板式饲喂机用于笼养时,三层料机可单独设置料斗和驱动机构,也可采用同一料斗和使用同一驱动机构。

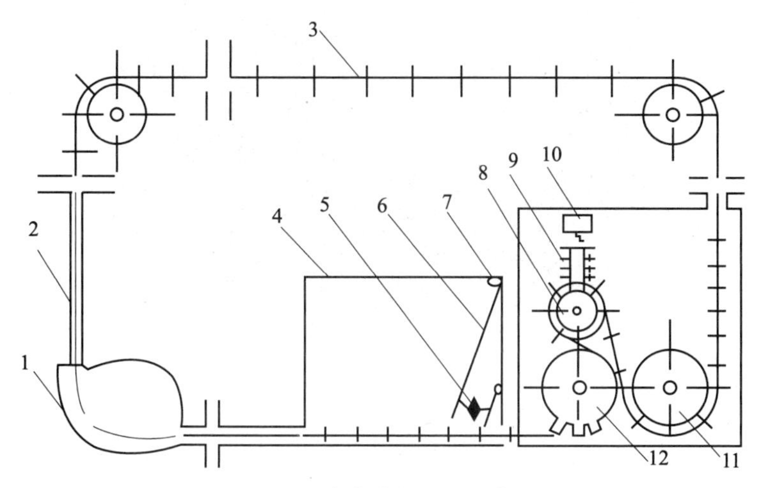

图 4-65 索盘式饲喂机示意图

1—转角器;2—管;3—索盘;4—料箱;5—橡胶锤;6—振动板;7—弹簧;8—张紧轮;9—张紧弹簧;10—行程开关;11—导向轮;12—驱动轮

图 4-66 链板式饲喂机

链板式饲喂机适用范围广,工作平稳,功率消耗低,饲料可回收。但易引起家禽偏食,饲料易污染和分级(粉料),长饲槽不利于平养家禽的活动。

4. 轨道车式饲喂机

多层笼养鸡舍内常用轨道车式饲喂机(图 4-67)。它由料箱、机架、牵引绳、绞盘、电动机和传动机构等组成。轨道车式饲喂机是一种骑跨在鸡笼上的喂料车,沿鸡笼上或旁边的轨道缓慢行走,将料箱中的饲料分送至各层食槽中。根据料箱的配置形式,轨道车式饲喂机可分为顶料箱式和跨笼料箱式。顶料箱式饲喂机只有一个料桶,料箱底部装有搅龙,当饲喂机工作时,搅龙随之运转,将饲料推出料箱沿溜管均匀流入食槽。跨笼料箱式饲喂机根据鸡笼形式配置,每列食槽上都跨设一个矩形小料箱,料箱下部锥形扁口通向食槽中,当沿鸡笼移动时,饲料便沿锥面下滑落入食槽中。饲槽底部固定一条螺旋形弹簧圈,可防止鸡采食时选择饲料和将饲料抛出槽外。

图 4-67　轨道车式饲喂机

任务三　选择饮水设备

畜禽的饮水量受畜禽行为、环境以及其他营养素摄入量的影响。畜禽饮水量不足，会影响其消化吸收功能，导致畜禽食欲下降、采食量减少、生长速度减慢、生产性能受到影响；严重缺水时还会阻碍畜禽的体温调节功能，使营养运转受阻，甚至危及生命。因此，安装适宜的饮水设备，保证畜禽充足的饮水在规模化养殖生产中具有重要意义。优良的饮水设备应当满足下列要求：

①适合动物的饮水习性，饮用方便，减少饲料浪费。

②供水及时、适量，不断水，不漏水。

③饮水清洁卫生，密封性好。

④节水省电，操作简单，故障率低。

【教学案例】

养鸡场的病因

某养鸡场于 2017 年 11 月 18 日和 2018 年 1 月 8 日分别引入肉种鸡 3 500 套，35 日龄转入育成舍，36 日龄开始鸡只表现精神委顿，羽毛松乱，嗉囊积食，触之发硬、饱满，脚爪脱水干瘪，后逐渐衰竭死亡。39～41 日龄出现死亡高峰。采取护理措施后，至 46 日龄鸡群基本恢复正常。前后历时 10 d 左右，死亡率达 5%，上层雏鸡死亡率明显少于下面二层。经调查，该场育雏室为立式四层笼养，饮水设备为真空式饮水器（人工喂给），育成舍为全阶梯三层笼养，饮水设备为乳头饮水器（自动给水），光照较弱。

提问：

1. 该养鸡场的病因是什么？

2. 有何防治对策？

一、猪的饮水设备

为保证猪能随时饮用清洁卫生的水，自动饮水器得以广泛应用。猪场常用的自动饮水器有鸭嘴式、乳头式和杯式三种。目前在我国应用较多的是鸭嘴式自动饮水器。猪饮水器的推荐水流速率见表4-12。

表4-12　猪饮水器的推荐水流速率

猪的类型	水流速率 /(mL·min^{-1})
哺乳仔猪	300
断奶仔猪	700
30 kg 育成猪	1 000
70 kg 育成猪	1 500
成年猪	1 500 ~ 2 000
泌乳母猪（乳头式饮水器）	1 500 ~ 2 000

1. 鸭嘴式自动饮水器

鸭嘴式自动饮水器因其形状像鸭嘴而得名，由阀体、阀杆、弹簧、密封胶圈和塞盖等组成（图4-68）。其中阀体和阀杆用黄铜或不锈钢材料制成，塞盖用工程塑料制成。当猪饮水时，咬压阀杆，使阀杆偏斜，水通过密封垫的缝隙沿鸭嘴的尖端流入猪的口腔。当猪松开阀杆时，弹簧使阀杆恢复正常位置，密封垫又将出水口堵死停止供水。鸭嘴式自动饮水器具有如下优点：

①饮用水能够最大限度地被猪饮用，不造成浪费；

②出水缓慢，水流通过饮水器阀芯孔流出时，先喷到阀杆端部阻挡了水流，不致直接进入猪只口腔，使饮水平稳缓慢；

③圆柱形阀芯可使水的流出速度低，符合猪只饮水的生理要求；

④出水孔采用橡胶密封垫密封，在弹簧作用下，胶垫能紧密地贴压在阀体上，工作可靠，不漏水。

图4-68　鸭嘴式自动饮水器

2. 乳头式自动饮水器

乳头式自动饮水器因其端部有乳头状阀杆而得名，由阀体、阀杆、钢球和滤网等组成（图4-69）。猪不饮水时，钢球在自身重力及水管内水压作用下封闭了水流出的通道。当猪饮水时，用嘴拱动阀杆使其向上移动而将钢球顶起，水沿着钢球与阀体及阀体与阀杆间隙流入猪嘴。当猪停止拱动阀杆时，钢球及阀杆靠自重落下，将出水缝隙封闭，水停止流出。

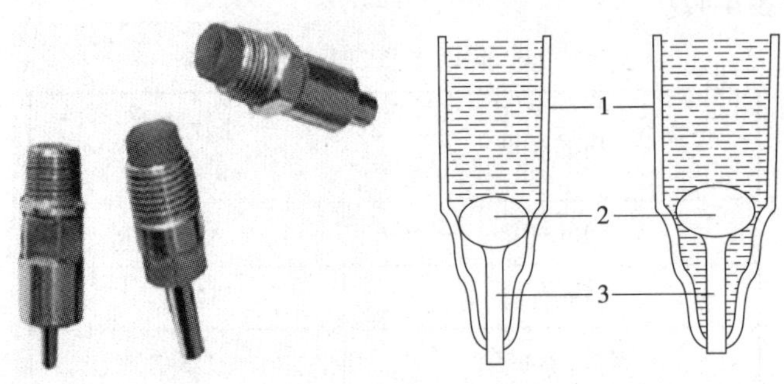

图4-69　乳头式自动饮水器（左）及示意图（右）

1—饮水器体；2—钢球；3—阀杆

需要注意的是，这种饮水器对泥沙等杂质有较强的通过能力，且密封性差，需要减压使用，否则流水过急，不仅会造成猪喝水困难，而且会溅湿猪栏，浪费用水。因此，为避免杂质进入饮水器造成钢球与阀体密封不严，常在饮水器入口处增设滤网保证密封性。

3. 杯式自动饮水器

杯式自动饮水器是一种带盛水容器（水杯）的自动饮水器（图4-70），主要由杯体、阀门、阀杆、弹簧、出水压板、密封胶圈等部分组成。当猪嘴拱动出水压板时，出水压板使阀杆偏斜，水即从饮水器芯与阀杆之间的缝隙流入杯中，供猪饮用。当猪嘴停止拱动出水压板后，在弹簧的作用下阀杆复位，饮水器芯与阀杆之间的缝隙消失，水流被切断，停止供水。杯式自动饮水器的杯体可用铸铁制造，也可用工程塑料或不锈钢板冲压制成。

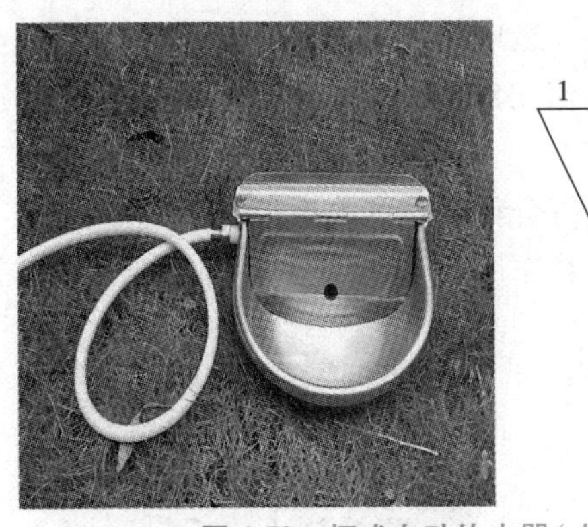

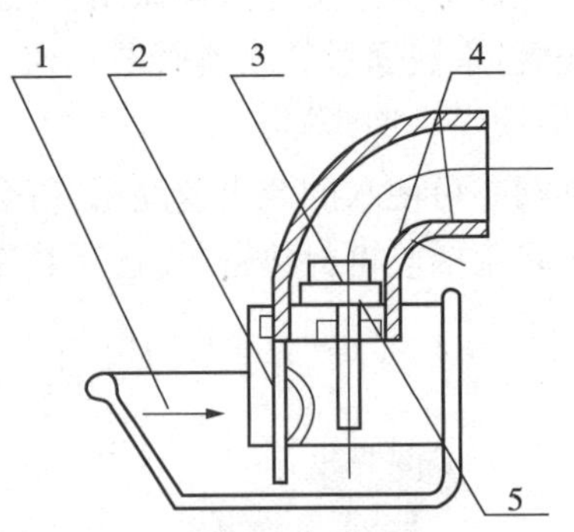

图4-70　杯式自动饮水器（左）及示意图（右）

1—水杯；2—出水压板；3—阀；4—水管；5—阀杆

各种自动饮水器的性能与优缺点见表4-13。饮水器应该避免由于饮水器泄漏或溅水致使猪栏潮湿。因此，饮水器要安装在远离猪只休息区的排粪区内。安装时，应考虑猪只饮水时不妨碍人畜通行。此外，适宜的安装高度可以减少水浪费量，有利于节约成本，避免粪污量的增加，三种饮水器的推荐安装高度见表4-14。

表4-13　各种自动饮水器的性能与优缺点

形式	鸭嘴式(9SZY型)		乳头式(9SZR—9型)	杯式(9SZB—330型)
	大号	小号		
外形尺寸/mm	21×70	21×55	21×70	182×152×116
流量/(mL·min^{-1})	2 000～3 000	1 000～2 000	2 000～3 500	2 000～3 000
适用水压/MPa	0.02～0.04	0.02～0.04	<0.02	0.02～0.04
适用范围	成年猪、育肥猪	仔猪、培育猪	所有猪群	所有猪群
供饮猪数/(头·个$^{-1}$)	10～15	10～15	10～15	10～15
优点	密封、质量轻、节水、卫生		简单、易于杂质通过	密封、出水稳定、防溅
缺点	压力大时，饮水易发生滋水现象		密封性差且需减压装置	结构复杂、造价高

引自李如治，《畜禽环境卫生学》(第三版)，2003。

表4-14　自动饮水器的推荐安装高度

猪群类别	鸭嘴式/mm	乳头式/mm	杯式/mm
公猪	750～800	800～850	250～300
母猪	650～750	700～800	150～250
后备母猪	600～650	700～800	150～250
仔猪	150～250	250～300	100～150
培育猪	300～400	300～450	150～200
生长猪	450～500	500～600	150～250
育肥猪	550～600	700～800	150～250
备注	安装时阀体斜面向上，最好与地面成45°角	与地面成45～75°角	杯口平面与地面平行

注：①饮水器的安装高度是指阀杆末端(鸭嘴式和乳头式)或杯口平面(杯式)距地(床)面的距离；

②鸭嘴式饮水器用135°弯头安装时，安装高度可再适当增高。

引自李如治，《畜禽环境卫生学》(第三版)，2003。

二、牛的饮水设备

牛用饮水设备主要分为无加热功能和有加热功能两类。无加热功能的饮水设备主要用于夏秋季节，为牛只提供冷水，常用的有杯式自动饮水器和阀门式自动饮水器两种。有加热功能的饮水设备主要用于春冬季节，利用机械和电子技术相结合对水进行加热保温，能够为牛只提供温水，主要有电加热饮水槽和太阳能加热饮水槽两种。

1. 杯式自动饮水器

杯式自动饮水器(图4-71)主要由杯体、压板、水管接头、配重、阀门和阀门塞等组成。饮水器接在水管上,水的流出主要由带配重的阀门塞控制。平时带有阀门塞的阀门在配重的作用下,封闭出水口,水不能流入杯体内。当牛饮水时,牛嘴压下压板,使压板绕支点作顺时针方向转动,从而提起配重和阀门,水从出水管口流入杯体内。牛嘴不再推压压板时,阀门在配重的作用下封闭出水口,水不再流入杯体内。如图4-72所示为奶牛使用杯式自动饮水器。

图4-71　牛用杯式自动饮水器

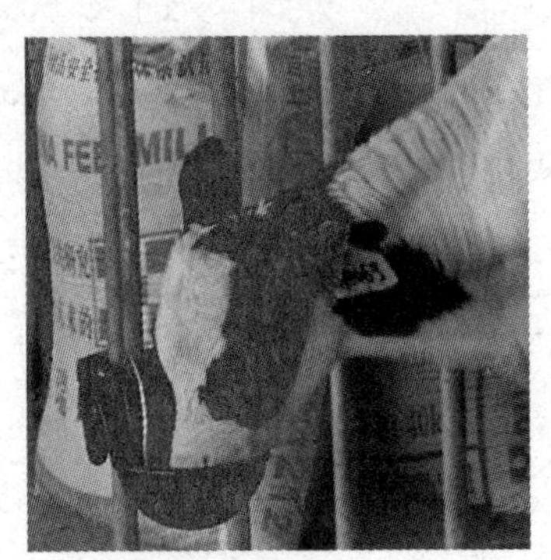

图4-72　奶牛使用杯式自动饮水器

2. 阀门式自动饮水器

阀门式自动饮水器(图4-73)主要由器体、压板、水杯、阀门、阀门弹簧和阀门座等组成。当牛需要饮水时,将嘴伸入水杯内,并将压板压下,压板在克服阀门弹簧的压力后将细长的阀门推入器体供水一侧,这时橡皮封闭垫圈离开进水口,水即通过阀门口(进水口)流入水杯中。牛饮完水后将头抬起,在阀门弹簧作用下,阀门杆和压板回到原来的位置,阀门口被橡皮垫圈重新封住,水停止流出。阀门式自动饮水器的杯体和阀门机构常因浸泡在水内而锈蚀,造成漏水。因此,在选用这种饮水器时建议选择不锈钢阀门机构等零件,以及由黄铜或硬橡胶制成的产品,一般使用2~3年后更换,更换易损零部件后仍可继续使用。

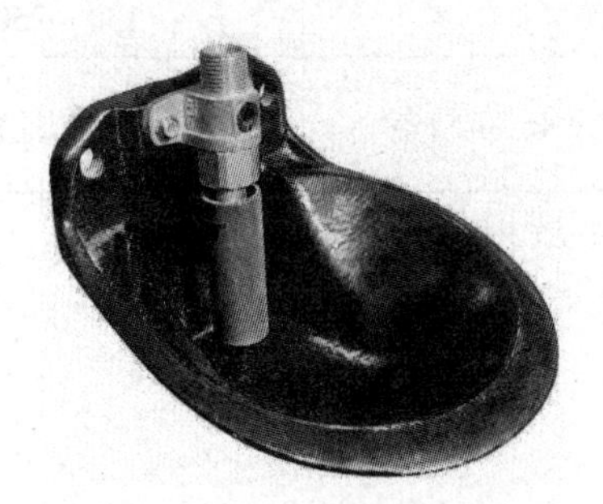

图4-73　阀门式自动饮水器

图4-74　电加热饮水槽

3. 电加热饮水槽

电加热饮水槽(图4-74)的底部或者侧壁安装加热管(通常为铝合金电阻丝),在每个饮水槽的配电箱中设有温度控制系统,可将水加热至系统设定的温度值,当水温达到设定值时,加热管自动停止加热,当水温低于设定值时,加热管自动开始加热,该类加热方式能够实现对水的恒温控制。

4. 太阳能加热饮水槽

太阳能加热饮水槽主要由集热器、管道循环系统、储水箱等部分组成。工作时，安装在牛舍棚顶的集热器吸收阳光中的辐射热对水进行加热，加热过的水经过管道回到储水箱，储水箱中的辅助加热装置对水温进行恒温控制，通过开启阀门对牛只进行供水。太阳能加热装置具有加热效率高、无污染及运行安全等特点，适合在太阳光照时间长的地区使用，同时也存在一次性投入成本较大、受天气影响较大等缺点，不适合在冬季多雪、太阳光照时间短的地区使用。

三、鸡的饮水设备

鸡用饮水器的种类较多，有水槽式、真空式、吊塔式、杯式和乳头式等。

1. 水槽式饮水器

水槽式饮水器有常流水式和控制水量式两种类型。

(1)常流水式饮水槽

常流水式饮水槽(图 4-75)由镀锌铁皮或 PVC 制成，水槽断面为 U 形或 V 形，宽度为 45～65 mm，深度为 40～48 mm，水槽长度与每列鸡笼长度相同。水槽始端有一经常开着的水龙头，末端有一个溢流水塞，当供水量超过溢流水塞的上平面时，水即从此处通向下水道，使水槽内的水面保持在水槽高度的 1/3～1/2 处，鸡随时都可以喝到水。其优点是结构简单、工作可靠、平养笼养皆可应用。缺点是易传染疾病、耗水量大、丢损饲料、甩水现象较重，对安装要求高，平养时妨碍鸡群活动。

图 4-75　常流水式饮水槽

(2)控制水量式饮水槽

控制水量式饮水槽(图 4-76)主要用于散养鸡舍，为长 2 m、宽 60～70 mm、深 40～50 mm 的槽体，两端悬挂在支架上，离地高度 50～400 mm，可调节。水槽的水面由弹簧阀门装置控制，当水槽和水的质量不足以克服悬挂弹簧的张力时，水管内阀门打开，水即流入水槽，直至槽内水增加到一定质量，克服了弹簧张力后才使水管内的阀门关闭。

图 4-76　控制水量式饮水槽

2. 真空式饮水器

真空式饮水器(图 4-77)常用聚乙烯塑料制成,由筒和盘两部分组成,筒倒扣在盘中部,并由销子定位。筒内的水由筒下部壁上的小孔流入饮水器盘的环形槽内,当水面将孔盖住时,阻止空气进入筒内,水即停止流出;当水面下降,小孔露出时,筒内的水又可继续流出。因此环形槽内可以保持一定的水面高度。

图 4-77　真空式饮水器

真空式饮水器主要用于平养雏鸡,其鼓形圆筒容量为 1 ~ 3 L,底盘直径为 160 ~ 230 mm,槽深 25 ~ 30 mm,可供 50 ~ 70 只雏鸡饮水用。真空式饮水器结构简单,使用方便,购买时要注意筒和底盘的密封性,使用时供给清洁的水。

3. 吊塔式饮水器

吊塔式饮水器又称普拉松饮水器,主要用于平养鸡舍,用绳索吊在离地面一定高度(与鸡的背部或成鸡的眼睛等高)。其外形如图 4-78 所示,水可通过软管、阀体、阀门进入盘体的环槽中供鸡饮水用。当环槽中的水面达到一定高度时,依靠水体自身质量可将进水阀门关闭,当水面低于一定高度时,质量减轻又可自动将阀门打开,这样可使环槽中的水面始终保持一定高度。为防止鸡在活动中撞击饮水器使水盘中的水外泄,给饮水器配备了防晃装置,以保持饮水器的稳定。其高度可调节,以适应不同鸡龄的鸡所需的饮水高度。该饮水器的优点是自动给水、工作可靠、节约用水、适应性广、不妨碍鸡群活动,缺点是不利于防疫。

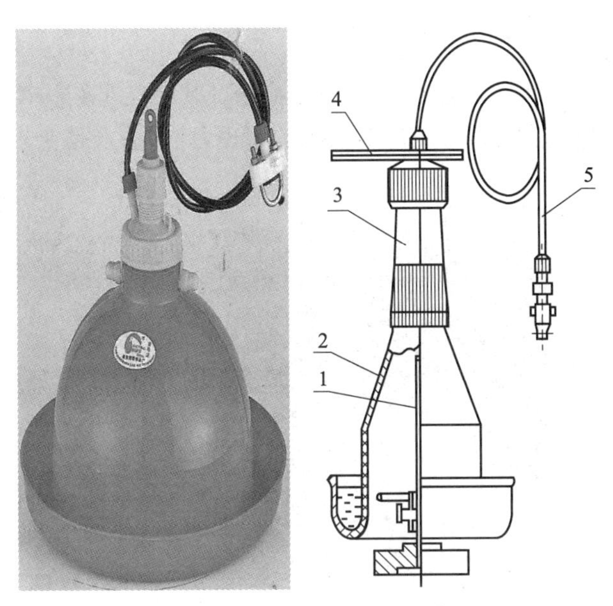

图 4-78　吊塔式饮水器及示意图

1—防晃装置；2—饮水盘；3—阀体；4—吊攀；5—进水管

吊塔式饮水器的水压有低压和高压两种，低压饮水器的最大压力为 69 kPa，一般需要设一个水箱，水箱安装高度为 2.4～3.6 m，高压饮水器的最大压力为 343 kPa，可直接与自来水管连接。国产 9LS－260 型吊塔式饮水器的水槽水量为 1 kg，水盘外径 260 mm，水盘高 53 mm，适用水压为 20～120 kPa，适用于平养 2 周龄以上的幼鸡和成年鸡。一个饮水器可供 30 只成年鸡使用。

4. 杯式饮水器

杯式饮水器（图 4-79）可用于平养和笼养。其工作原理和结构与牛、猪相似，只是杯体较小。使用杯式饮水器时，必须注意水的清洁和合适的水压。因此应在饮水器的主水管路的前端设置过滤器和减压装置。该饮水器耗水少，并能保持地面或笼内干燥，当鸡需要饮水时水才流入杯内，每杯负担的鸡只较少，可防止疾病的传染，并可节约用水；但其结构复杂，造价高，阀很难保证不漏水，因此在我国鸡场中较少使用。

图 4-79　杯式饮水器

5. 乳头式饮水器

乳头式饮水器(图4-80)广泛应用于各种养鸡场。其优点是结构简单、安装方便、节水、便于防疫,并可免除清洗工作,符合鸡仰头饮水的生理习性;缺点是要求制造精密度高,否则易产生漏水现象。

图4-80　乳头式饮水器

乳头式饮水器主要由阀杆、饮水器体、密封圈和保护罩等组成。平时橡胶密封圈在水压作用下封闭器体阀座,使水不能流出。当鸡啄触动阀杆时,阀杆歪斜,橡胶密封圈不能封闭阀座,水即从阀座的缝隙流出。此外,还有使用钢球封闭阀座的乳头式饮水器。

乳头式饮水器用于笼养时,每两笼一个,安装于两笼之间;用于平养时,肉鸡每7～8只一个,蛋鸡每9～10只一个。为了保证饮水器管路水质不含泥沙和将水压降低到合适的范围,安装和使用乳头式饮水器时必须配装过滤器和减压装置。

任务四　选择粪污清除及处理的设施与设备

随着规模化和集约化养殖业的发展,粪污产生量日益增多,畜禽场粪污危害和资源化处理已成为行业关注的焦点问题。充分认识畜禽场粪污的危害,制订完善的处理措施,才能提高粪污的利用率。

【教学案例】

被处罚的肉牛场

某一肉牛场育肥牛存栏一万头,在环保设施未竣工的情况下即进行肉牛养殖。每天固体粪便产生量约300 t,由于处理设施未建成,粪便随意堆积场外,恶臭气体浓度非常高,影响了周围居民的正常生活。养殖过程中使用水冲清粪的方式清粪,污水产生量大,产生的污水未经任何处理,直接排入附近的水域中,使附近水源遭到严重污染,水质变黑变臭,1 000多人饮水困难。后经调查发现,水中氨氮和菌落总数以及大肠杆菌等指标严重超标。污染事故发生后，地方环保局经过相关行政调查程序，责令该肉牛场停止肉牛养殖，做出罚款50万元的处罚。

提问：

1. 该肉牛场造成的危害有哪些？
2. 该肉牛场的固体粪便应该如何处理？有哪些处理途径？
3. 该肉牛场的污水应如何处理？

一、猪舍的粪污清除设施与设备

目前，猪舍的清粪方式主要有机械清粪、水冲清粪和自动干清粪三种。机械清粪可节约用水，便于粪尿分离和处理利用，但需要一定的设备投资，易发生故障，耐用性差，维修困难。水冲清粪设备简单，效率高，故障少，有利于场区卫生和疫病传染的控制，但污水处理基建投资大，粪便处理、利用困难。全自动干清粪，可高效解决养殖业受人力资源短缺制约的问题，大大减少生产用水量、污水排放量及污水中污染物浓度，降低粪便清除后的含水率；并减少粪污在舍内的停留时间，降低舍内有害气体浓度，提高舍内环境舒适度。选择何种清粪方式及清除设施与设备需综合考虑圈舍设计、布局、清粪系统及生猪定点排泄驯化。

（一）机械清粪设备

1.清粪车

小型猪场铺放垫草养猪时，常用双轮手推车清除猪栏内的粪便。饲养员将猪栏内的粪便及杂物清扫集中后，逐次装车，运至场内贮粪场。该方法方便灵活，但工人劳动强度大，劳动效率低。机动清粪车（图4-81）多采用在小四轮拖拉机或手扶拖拉机前方悬挂清粪铲的方式，用于清除排粪区的粪便。它主要由除粪铲、铲架和起落机构三部分组成，不仅结构简单，灵活机动，维护保养也方便，工作部件不连续浸在粪尿中，腐蚀不严重，同时还不受电力条件的制约。

图4-81　机动清粪车

2. 链式刮板清粪机

链式刮板清粪机一般用在具有开放式粪尿沟的猪舍内，刮板装在环行布置的粪尿沟内(图4-82)。该装置由链式刮板、驱动装置、导向轮和紧张装置等组成，主要通过驱动装置牵引刮板，使其在猪舍粪沟中往返移动把猪粪便清出舍外，收集于舍外集粪池进行进一步处理。但在冬天舍外部分容易冻结，不易拉动，易造成链子拉断，使用、维修不便。

图4-82　链式刮板清粪机

3. 往复式刮板清粪机

往复式刮板清粪机常装于开放式粪沟或漏缝地板下面的粪沟中，主要由驱动装置、刮粪板滑架、钢丝等组成(图4-83)。刮粪系统运行时，在钢丝绳牵引下，两台刮粪机往相反的方向运动，其中一台的刮板落下进行刮粪，另一台的刮板抬起，当刮粪的那台刮粪机碰撞块碰到行程开关后，钢丝绳开始反向运动，此时两台刮粪机的动作与前一过程正好相反，当刮粪的这一台刮粪机碰撞块碰到行程开关后，钢丝绳停止运转，此为一个刮粪周期。整机工作时，一组刮板刮粪，另一组刮板离地空程返回。配套电机选择时主要考虑工作行程主机的功率，整机功率大小按照圈舍饲养密度、生长阶段、产粪量及清粪次数进行计算。舍内集粪沟地面应设3% ~10%的纵向坡度，较低一侧设计污水收集沟，便于尿液等污水收集并经污水总管道转移至污水处理池，固体粪便在集粪沟中由自动刮粪板清出舍外。

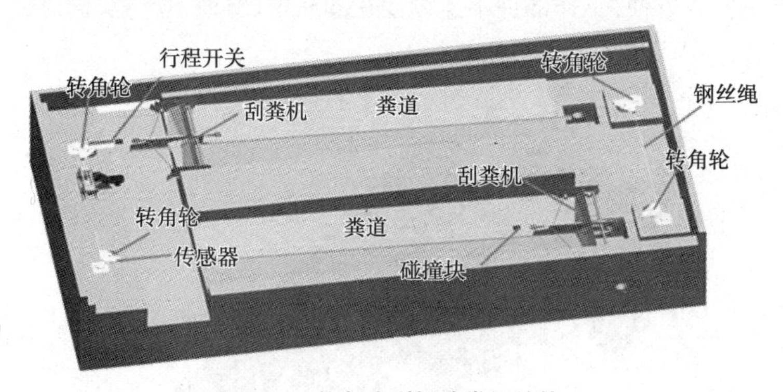

图4-83　往复式刮板清粪机结构

(二)水冲清粪系统

目前，猪场常用的水冲清粪形式有水冲流送式、截流阀式、沉淀闸门式和自流式四种。

1. 水冲流送式

水冲流送式清粪常用的冲水器有简易放水阀式冲水器、倾翻水箱式自动冲水器和虹吸式自动放水器。自流式漏缝地板下为1%坡度的纵向粪沟，粪沟侧壁上装有水管并每隔8～10 m装一个冲洗喷头，喷头朝流送方向倾斜安装。在清扫猪栏后放水冲洗，此法用水量大，每头猪日耗水可达15～20 L。为减少耗水量，可在粪尿沟一端设置增压水箱，利用强大水流将粪尿沟内的粪便冲走，可使每头猪的日耗水量降至3～5 L。

2. 截流阀式

截流阀式清粪系统主要由截流阀、钢丝绳、滑轮和配重等组成。舍内的粪沟常设计成U形，并向排污口方向降低1%的坡坡。截流阀位于舍内粪沟与通向舍外的排污管(直径为20～30 cm)的接口处，平时截流阀处于封闭状态，使用时先将粪沟内放5～10 cm深的水，以稀释落入粪沟内的粪便。1～2周后，提起截流阀，液态的粪污通过排污管排至舍外的总排粪沟。为了降低粪沟的深度，对于较长的猪舍(60 m以上)，可将通向舍外的排污管道建在猪舍的中间，使粪水从猪舍两端流向中间。

3. 沉淀闸门式

沉淀闸门式要求粪沟始端的深度为60～70 cm，粪沟底坡降稍缓，为0.5%～1%，在粪沟的始端设简易放水阀式冲水器，在纵向粪沟的末端与横向粪沟的连接处设置闸门。工作时首先关闭闸门，然后向粪沟内放5～10 cm深的水，猪粪通过漏缝地板落入粪沟内并在水的浸泡下变为液态。每隔一定时间(3～4 d)打开一次闸门，并打开冲水器阀门，放水冲洗粪沟。冲洗后关闭闸门，再向粪沟内放5～10 cm深的水。

4. 自流式

自流式与沉淀闸门式基本相同，区别在于纵向粪沟末端以挡板闸门代替原来的闸门。挡板闸门的挡板和闸门可相对调节，又可同时升降，平时挡板和闸门之间保持5～10 cm的缝隙，其作用是使纵向粪沟内的粪液混合物能连续地从此缝隙流出，以便延长冲洗周期，节约冲洗用水。另外，在挡板闸门的外侧有时再设一道防风闸门，防风闸门与沟底之间有一间隙，经常有水流过，起水封作用，还能防止贮粪池和横向粪沟内的臭气和冷空气进入猪舍，有利于卫生和冬季防寒保温。

自流式清粪系统工作时，首先向粪沟放水，直至挡板与闸门之间的缝隙有水流出为止。随着猪粪尿及洗猪舍用水的不断落入，粪沟内的粪液也不断地通过挡板与闸门之间的缝隙流向横向粪沟。当粪便将要装满粪沟时，沟内水分相对减少。为了能在打开挡板闸门时实现自流，应适当地关门，使粪液中的水分保持在合适的范围内。当粪沟始端粪液表面距漏缝地板大约20 cm时，打开挡板闸门，粪液便以自流状态流向横向粪沟，然后进入贮粪池。自流式水冲清粪系统可大大地减少耗水量，而且便于粪便的后处理。

(三)自动干清粪系统

自动干清粪方式是将猪固态粪污与液态粪污分别处理。固态部分由人工或机械收集、清扫、集中并运走，尿及污水则从下水道流出。这种清粪方式可以做到粪尿初步分离，便于后面的处理。该工艺的优点是固态粪污含水量低；粪中营养成分损失小；肥料价值高；产生污粪水量少，且其中的污染物含量低，易于净化处理。目前最常用的干粪方式是在地面设漏缝地板，粪便经踩踏落入粪沟，然后用刮板刮出舍外。自动干清粪系统分为平板式自动干清粪系统和 V 形斜坡自动干清粪系统两种类型。

(1)平板式自动干清粪系统

根据畜禽舍长度和宽度设计平板斜坡粪沟，电机和集粪池位于畜禽舍侧。粪沟宽度为 1.2 ~ 3.0 m，粪沟底部水平设置，不需设计纵向坡度和横向坡度，粪沟深度 0.5 ~ 0.8 m。尿液及水随着刮板随粪便一起清出舍外，属于粪尿混合清粪模式，粪便含水率比较高。因此，该系统仅适用于生产末端配有固液分离设施或沼气发酵处理工程的养殖场。

(2)V 形斜坡自动干清粪系统

粪道横向呈 V 字形结构，坡度为 10%。在粪道中央下方埋设导尿管，导尿管上部开有细长槽。尿液透过漏粪板，流到 V 形坡面之后流入中间的导尿管。导尿管及粪道纵向坡度 3% ~ 6%。铺设导尿管用砂浆固定，保证导尿管在地沟中间位置；沟内回填，做沟底碎石垫层；浇注垫层、磨平，保证粪沟池底平整光洁。刮粪板如图 4-84 所示，两个地沟为一个循环，刮粪机刮粪方向与尿液流向相反，刮粪设备向一边运行时刮粪，向另一边运行时刮尿(漏尿管内刮片随刮粪板角度翻转)，实现粪尿分离。导尿管如图 4-85 所示。

图 4-84 V 形刮粪板

图 4-85 导尿管

二、牛舍的粪污清除设施与设备

目前牛场粪污收集方式主要是机械清粪及人工清粪。其中人工清粪是中小规模的养殖场普遍采用的方式，即人工利用笤帚、铁锹等工具将牛粪收集成堆，然后通过人力装车运走。该方式虽然简单灵活，对圈舍要求不高，但工作环境差、劳动强度大、效率低。随着人力成本的不断增加和规模化、集约化、现代化养殖的发展，人工清粪方式逐渐被机械化清粪方式取代。机械化清粪需要清粪通道，清粪通道一般设在牛床后，也是牛进出的通道，多修成水泥地面，地面应有一定的坡度，其上刻线条防滑。清粪通道的宽度一般为 1.5 ~ 2.0 m，线条深度一般为 10 ~ 20 cm，以满足清粪机械作业。

目前，牛舍内常采用的清粪设备有机械铲车、滑移装载机、拖拉机前装载装置等，种类较多，都有各自的优缺点，在实际生产中要充分考虑饲养工艺、圈舍特点、养殖规模、生产条件等因素，选择适当的粪污清除设施与设备。

(一)机械清粪设备

1. 机械铲车

机械铲车清粪是目前奶牛场广泛采用的方法(图 4-86)。机械铲车清粪的优点是可推粪,推不动可铲起,能充分满足清粪要求,同时一机多用,还可完成舍外粪便、草料的装运。缺点是铲车尺寸大,需要牛舍空间大,且工作时噪声大、尾气大。规模牛场多采用工业 30 铲车。

图 4-86 机械铲车清粪

2. 机械刮粪板

机械刮粪板由主机座、转角轮、牵引绳、刮粪板等组成,由电机运转带动减速机工作,通过链轮转动牵引刮粪板运行完成清粪工作。刮粪板能做到 24 h 清粪,时刻保证牛舍清洁。目前,国内有 20% 左右现代化大型牛场采用此技术进行清粪。根据清粪工艺不同,机械刮粪板有多种样式,如漏缝地板清粪工艺,可选择漏缝式机械刮粪板;水泥地面清粪工艺,可选择组合式刮粪板;清粪通道较宽的清粪工艺,可选择折叠式刮粪板等(图 4-87)。

图 4-87 牛场刮粪板清粪

机械刮板清粪可将粪污直接刮到牛舍端头或中间的粪坑,最终粪坑里的粪被输送到集污池里。当牛舍长度小于 120 m 时,一般将粪坑设在牛舍的一端;牛舍长度超过 120 m 时,多在牛舍的两端分别设两个粪坑或在牛舍中间设粪坑。机械刮粪板清粪可以一天 24 h 清粪,时刻保持牛舍的清洁,刮板的高度及运行速度适中,除了设置集粪池外,设备的安装非常方便,维护费用也较低。维护费用除每 2 ~ 3 周润滑转角轮外,基本无其他费用。

3. 滑移装载机

滑移装载机是一种利用两侧车轮线速度差而实现车辆转向的轮式专用底盘设备。滑移装载机在具备铲车动力的同时,体积更小,灵活性和操作性更强,对牛舍空间要求不大,同时可换装更多适合牛场的配件,如货叉、抓斗、饲料刮送器、挖斗等,实现了一机多用。目前,滑移装载机在奶牛场和肉牛场清粪使用较多(图 4-88)。

图 4-88　滑移装载机

4. 拖拉机前装载装置

在拖拉机上安装前装载装置(图 4-89),通过装置上各种配件,如铲斗、托板、货叉等的选择,丰富了拖拉机的多用性,在一定程度上可实现牛场推粪等工作。缺点:一是拖拉机自身质量小,配件工作能力弱;二是在拖拉机液压系统上连接前装载装置液压系统,操控复杂,灵活性也较差;三是拖拉机自身结构和动力主要是满足拉力,在装载、推送上优势不大。

图 4-89　拖拉机前装载装置

(二) 水冲清粪系统

水冲清粪系统是将牛舍粪污由舍内冲洗阀冲洗至牛舍端部的集粪沟,再由集粪沟输送至集粪池进行后续固液分离处理(图 4-90)。分离后的液体可作为牛舍循环冲洗系统的水源。使用水冲清粪系统对牛舍地面有一定的要求,牛舍粪污通道的地面必须有一定的坡度、宽度和深度,适宜坡度为 1% ~3%,地面须做成齿槽状,并且牛舍温度必须在 0 ℃以上,因此水冲清粪更适合在南方地区使用。水冲清粪需要的人力少、劳动强度小、劳动效率高,能频繁冲洗,保证牛舍的清洁和牛体的卫生。

图 4-90　牛场水冲清粪

水冲清粪系统通常由冲洗水塔、冲洗泵、空压机和冲洗阀组成(图 4-91—图 4-93)。冲洗时,打开水塔排水管气动阀,内贮的循环水依靠重力作用经由地面冲洗阀瞬间释放出来,以达到冲洗牛舍粪污通道的目的,冲洗水塔底部预留人工检查孔,正常情况下用螺栓封闭。水塔顶端封闭,预留通风孔。水塔上配备自动浮阀开关,一旦塔内水位低于一定的高度,循环水提升泵会自动开启进行蓄水,水位达到一定的高度循环水位停止蓄水。除对于防疫要求较高的特需牛舍、断奶牛舍、挤奶厅需要用清水进行冲洗外,其他牛舍可以采用固液分离后的液体作为冲洗水源。

图 4-91　冲洗水塔

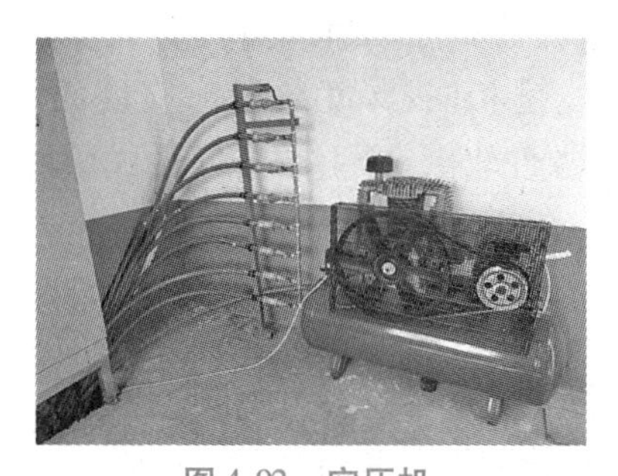

图 4-92　空压机

图 4-93　冲洗阀

除了使用冲洗水塔给冲洗阀供水的方式外,也可以通过冲洗泵直接给冲洗阀供水,实现水冲清粪。空压机的作用是向冲洗系统的各气动阀气管管线提供压缩空气,并配合使用电磁阀来控制气动阀门的开启与关闭。冲水开始时,冲洗阀帽由气动控制自动顶开,冲水停止后,水阀自动收回,阀帽顶重新与周围地面平齐,冲洗阀安装于舍内需要冲洗的冲洗道内,可以结合冲洗水塔或冲洗泵使用。

三、鸡舍的粪污清除设备

以蛋鸡为例,正常情况下,每只成年蛋鸡每天排泄鲜粪便 100 ~ 120 g,排泄多少主要受采食量的影响,采食越多排泄越多。在夏季,由于饮水量增加,排泄鲜粪便的数量可能会超出这一范围。所以每天都应对鸡粪进行清理,尽量保持鸡舍环境卫生。

随着技术的发展和人工成本的提高,我国鸡粪便的收集正逐步向机械化发展。目前鸡舍内的清粪方法有分散式和集中式两种。分散式除粪每日清粪 2 ~ 3 次,常用于普通网上平养和笼养。集中式除粪是每隔数天、数月或一个饲养期清粪一次,主要用于平养或高床式笼养。从清粪方式划分,鸡舍清粪可分为人工清粪、刮粪板清粪和传送带清粪 3 种方式。

1. 人工清粪

人工清粪分为盘笼式、掏炉灰式、阶梯式等清粪方式,常见的为两层或三层阶梯式人工清粪,阶梯式人工清粪由人工用刮板从鸡笼下方将粪便刮出,再袋装或直接铲到人力粪车上,推送至粪场。人工清粪多用于小规模养殖场,根据鸡舍环境变化和劳动力限制,一般清粪频率为 3 ~ 5 d 一次。为了便于鸡粪的转运,工人通常在鸡舍内清粪后将鸡粪装入尼龙袋内,然后将袋装鸡粪运出养殖场,进行后续处理。修建鸡舍时,为了避免鸡粪或渗出液污染走道,要在鸡笼下方预留较浅的纵向地沟,地沟底部要低于舍内地面 10 ~ 30 cm,通常建为弧形,与地坪平缓相接,以便人工刮粪。

2. 刮粪板清粪

利用刮粪板收集鸡舍内粪便是我国较早引入的机械清粪方式,清粪设备包括自走式刮粪板和牵引式刮粪板,其中后者较为常见。牵引式刮粪板清粪系统主要由牵引机、刮粪装置、牵引绳、转角轮、限位清洁器、张紧器等组成,根据不同鸡舍形式可组装成单列式、双列式和三列式,常见的为双列式清粪机(图 4-94)。清粪时,电机运转带动减速机工作,通过链轮转动牵引刮粪板运行,刮板每分钟行走 4 ~ 8 m,当一列刮粪板前进清粪时,另一列刮粪板回程,到达末端后再反方向行走,一个来回可完成两列的清粪。刮板式清粪模式下,在鸡舍的风机端要建一临时贮粪池。池子规格:长度与鸡舍宽度相同,深度约 1 m,宽度约 0.5 m,用于鸡粪刮出鸡舍后的临时贮存。由于鸡粪尿酸等腐蚀性较大,牵引绳可使用优质硬尼龙绳,或钢丝绳外包塑料层或绳子。

图 4-94　网上平养刮板清粪

采用刮粪板清粪系统建设鸡舍时,舍内的笼具结构下方也需预留约 30 cm 深的地沟,供刮粪板行走。为保证刮粪机正常运行,要求地沟平直,表面越平滑越好。地沟的宽度,在保证鸡粪能落入沟内的前提下越窄越好,通常情况下,整组三层笼的沟宽为 1.7 m 左右,而且地沟要有一定的坡度,深的一边 30 ~ 35 cm,为出粪和固定主机的地方,浅的一边 16 ~ 18 cm 即可,便于刮粪时鸡粪和渗出液刮出。需要注意,刮粪机不可长期处于高负荷工作状态下,一般舍内每天要进行 2 ~ 3 次清粪,舍外贮粪池的粪便一般集满后再清理。

刮粪板清粪模式下粪污的运输有两种方式:一是将贮粪池中的蛋鸡粪人工装入尼龙袋中,类似人工清粪,然后用敞开式卡车运输出去;二是由于鸡粪在贮粪池中的停留过程发生厌氧发酵,含水率升高,清理困难,可以采用泵抽法将粪浆抽入运输车运输出去。后者对运输车要求较高,一般带有密闭罐体,封闭性好,以避免运输过程中鸡粪撒落和有害气体逸出,防止危害环境和干扰居民正常生活。刮粪板清粪系统机械操作简便,工作安全可靠,运行和维护成本低,但牵引绳容易被粪尿腐蚀,且积粪池内的鸡粪仍需人工处理。刮粪板清粪主要用于网上平养和笼养,不适用于大规模养殖。

3. 传送带清粪

传送带清粪分为阶梯式和层叠式传送带清粪,采用层叠式传送带清粪的鸡舍一般为全自动化养殖,鸡笼最高可叠至 8 层。传送带式清粪设备包括纵向和横向装置,主要由电机减速装置、链传动、被动辊、传送带等组成(图 4.95、图 4.96)。阶梯式传送带清粪系统与阶梯式刮粪板清粪系统相比,每层鸡笼下方均有条传送带。为使横向传送带水平位置低于纵向传送带,方便鸡粪刮落输送至舍外,鸡舍内端部建横向地沟,用以安装横向传送带。纵向传送带安装在鸡笼下方(层叠式鸡舍传送带安装在每层鸡笼下方),鸡排泄的粪便落到传送带上,并在其上累积,当机器启动时,由电机、减速器通过链条带动主动辊运转,被动辊与主动辊的挤压产生摩擦力,从而带动承粪带沿鸡舍纵向移动,将鸡粪输送到鸡舍一端(一般为风机端),被端部设置的刮粪板刮落至横向传送带,排粪处设有刮板,将黏在带上的鸡粪刮下。为了将鸡粪排出舍外,也可在鸡舍横向粪沟内安装螺旋排粪机,将鸡粪提升至舍外粪车等积粪装置,避免了鸡粪在舍外的暂时贮存,减少了环境污染。我国南方一些机械化鸡场常利用人工或水冲来代替横向排粪机,虽可降低劳动强度,但增加了污水处理量。

图 4-95　舍内传送带式清粪

图 4-96　舍外传送带式清粪

传送带清粪模式一般用于中大规模的养鸡场,舍内采用阶梯式笼养,底层装有传送带自动集粪,机械化程度较高。采用传送带清粪的鸡舍,根据鸡日龄及传送带运行效果,清粪频率为1~3次/d。这种模式下鸡粪的运输多为散装运输,直接接收的鸡粪无须打包,可使用敞开式运输车或灌装式粪污运输车运输。

四、畜禽场粪污处理设施与设备

随着国家环保力度的加大,畜禽场粪污处理备受关注,畜禽场粪污的资源化处理和利用也得到了高度重视。畜禽粪污资源化利用是指在畜禽粪污处理过程中,通过生产沼气、堆肥、沤肥、沼肥、肥水、商品有机肥、垫料、基质等方式进行合理利用。"十三五"期间大型规模畜禽场畜禽粪污资源化利用工作有力推进,取得积极成效,截至2020年底,全国13.3万家大型畜禽规模养殖场已全部配套畜禽粪污处理设施设备,基本解决了粪污处理和资源化问题。规模畜禽场设施设备水平也大幅提高,粪污处理设施设备配套率超过95%。

养殖规模和处理方式不同,畜禽场粪污处理所需设施与设备不同。

(一)固液分离系统

畜禽场粪污中常混有长草、秸秆、垫料、饲料残渣等杂物,容易堵塞排污管道和泵,预处理时需进行必要的固液分离。固液分离设备主要由潜水切割泵、潜水搅拌机和挤压式固液分离机组成,是规模化畜禽场必备的高效脱水设备(图4-97),可广泛用于畜禽粪便的脱水处理。

图4-97 固液分离设备

固液分离系统通过无堵浆液泵将粪水抽送至主机,经过挤压螺旋绞龙将粪水推至主机前方,物料中的水分在边缘压力和带式过滤的作用下挤出网筛,流出排水管,分离机连续不断地将粪水推至主机前方,主机前方压力不断增大,当大到一定程度时,就将卸料口顶开,挤出挤压口,达到挤压出料的目的,通过主机下方的配重块,可根据不同需求调节工作效率和含水率。如果抽入粪水过多,则经溢液管将粪水排到原粪水池,经螺旋挤压过滤分离出的粪废水可直接排送至沼气池发酵沼气或排送至其废水沉淀池等;固体干粪由出料口挤出。经固液分离后的部分固体粪便含水率可从88%降低到70%,方便运输,可加工生产有机肥,也可在晾晒、消毒后将其作为垫料;而液体部分(污水池中水自然沉淀后的上清液)可循环用于回冲畜禽舍。由于舍内清理的粪污黏稠度较高,须在粪沟的起始端或中间配备气动冲洗阀,通过气动冲洗阀瞬时开启形成的水压和水流来推动粪沟内的粪污至集污池。在设计集污池容积时需考虑整个畜禽舍一次冲洗产生的回冲水量,并兼顾回冲泵的流量,且应满足所配搅拌机对池体最低有效池深的要求。

经固液分离，可大大降低粪水中的化学需氧量、生化需氧量含量，便于达标排放。经干湿分离后的固体粪便近乎无臭味，利于运输；黏性小，粪便养分浓度高，容易分解，吸收快，持续时间长，可作基肥、追肥使用；拌入草糠充分搅拌，加入菌种发酵，造粒可制成复合有机肥。分离出的粪水可以直接排放到沼气池进行沼气发酵，发酵后的粪渣液是非常好的有机肥液，也可以排放到曝气池进行曝气环保处理。

（二）堆肥处理

所谓的堆肥处理就是在人工控制下，在一定的温度、湿度、碳氮比以及通风条件下，利用微生物的发酵作用，人为地促进可生物降解的有机物向稳定的腐殖质生化转化。目前，我国畜禽粪便堆肥化处理工艺有传统的静态堆肥、条垛式堆肥、槽式堆肥和反应器堆肥4种。

1. 静态堆肥

静态堆肥指传统农业生产中的自然发酵，堆体底部可布置曝气系统，具有运行成本低、发酵周期长、占地面积大、产品质量不稳定等特点，在农村分散性有机废弃物处理中应用较多（图4-98）。为防止臭味扩散，可在上方覆盖土层或发酵膜进行覆盖（图4-99）。

图4-98 静态堆肥

图4-99 静态堆肥覆膜

2. 条垛式堆肥

条垛式堆肥指将有机废弃物原料堆成条垛形（图4-100），发酵过程中利用自走式翻堆机对堆体进行翻抛（图4-101），从而促进有机废弃物快速发酵的简易化堆肥处理技术。该技术具有投资成本低、占地面积大、操作环境差、臭气不可控、发酵易受环境温度影响等特点，主要适用于中小规模养殖场的有机废弃物处理。

图4-100 条垛式堆肥

图4-101 自走式翻堆机

3. 槽式堆肥

槽式堆肥一般在密闭式发酵车间内,通过将有机废弃物原料堆置在发酵槽前端,利用槽式翻抛机移动物料,并在发酵槽底部布置曝气系统,使物料实现快速腐熟(图4-102)。发酵槽槽体侧墙上设轻轨,供翻抛机行走作业(图4-103)。槽体两侧敞开,一侧连通预处理区,另一侧连通出料区。连通预处理区地面附设两根轻轨,供驳运车行走,使翻抛机在槽体间移位。槽式堆肥具有处理量大、发酵周期短、自动化程度高、臭气可收集处理、土建投资成本较高等特点,适用于大型规模养殖场有机废弃物集中处理。

图4-102　槽式堆肥

图4-103　槽式翻抛机

4. 反应器堆肥

反应器堆肥指将有机废弃物放置于一体化堆肥反应器内,通过曝气、搅拌等功能实现有机废弃物的快速发酵腐熟,具有处理量小、发酵周期短、处理效果好、一次性投资成本高等特点,主要适用于小型养殖场废弃物处理。

如果堆肥产品主要用于农场自身,则达到无害化要求、实现完全腐熟即可;如果堆肥产品用于加工商品有机肥产品,则应按照有机肥产品标准要求进一步加工生产。

(三)有机肥生产线系统

有机肥生产线系统主要由发酵系统、干燥系统、除臭除尘系统、粉碎系统、配料系统、混合系统、造粒系统、筛分系统和成品包装系统组成。畜禽粪便有机肥生产工艺流程与有机肥生产线设备配置息息相关,其生产工艺大致包括:有机肥原料(秸秆、污泥、草炭等)选配→发酵处理→配料混合→有机肥造粒→冷却筛选→计量封口→成品入库等过程。

畜禽粪便集中处理场或有机肥生产企业采用专用车辆到各个养殖场定时回收畜禽粪便,将回收的畜禽粪便直接运输至发酵区(图4-104)。经过一次发酵、二次陈化堆放,消除畜

图4-104　智能立式发酵罐

禽粪便的臭味。将完成二次陈化堆放过程的发酵物料粉碎，进入混合搅拌系统，在混合搅拌前，根据配方，将 N、P、K 和其他一些微量元素加入混合搅拌系统，开始搅拌，将混合后的物料输送入圆盘造粒系统，成粒经烘干机后进入冷却系统，将物料降至常温后开始筛分，符合要求的粒进入包膜机包裹涂膜后开始包装，不符合要求的粒经粉碎机粉碎后重新回到圆盘造粒系统，继续造粒。经过以上若干程序，畜禽粪便变成了有机肥的主要原料，进入销售市场直接销售。

有机肥生产发酵系统由进料输送机、生物除臭机、混合搅拌机、专有升降式翻抛机及电气自控制系统等组成（图 4-105）；干燥系统的主要设备有皮带输送机、转筒干燥机、冷却机、引风机、热风炉等；除臭除尘系统由沉降室、除尘室等组成；粉碎系统有新型半湿物料粉碎机、LP 链式粉碎机或笼式粉碎机、皮带输送机等；配料系统包含电子配料系统、圆盘喂料机、振动筛，一次可以配置 6 ~ 8 种原物料等；混合系统由可选择的卧式搅拌机或盘式搅拌机、振动筛、移动式皮带输送机等组成；造粒系统需要用到造粒机设备，可选择的造粒机设备有复合肥对辊挤压造粒机、圆盘造粒机、平膜造粒机、生物有机肥球形造粒机、有机肥专用造粒机、转鼓造粒机、抛圆机、复合肥专用造粒机等；筛分系统主要设备是滚筒筛分机，可以设置一级筛分机、二级筛分机，使成品率更高，颗粒更好；成品包装系统一般包括电子定量包装秤、料仓、自动缝包机等。这样就可以实现有机肥生产线的全自动无间歇生产。畜禽粪便有机肥生产线设备配置的建设规模一般为年产 3 万 ~ 10 万 t。要综合考虑当地的资源、市场容量、市场覆盖情况。

图 4-105　有机肥生产线

（四）沼气生产系统

畜禽场产生的粪污或经过固液分离处理后产生的液体可用于沼气工程，产生的沼气可直接供居民炊事或转化为电能，沼液或沼渣可用于生产有机肥。用于沼气工程的设备主要包括发酵设备、贮气和净化设备、输配设备以及沼气沼渣利用设备等。发酵设备也称厌氧消化器，包括沼气池、发酵罐（塔）、发酵袋，即在厌氧条件下，利用厌氧微生物分解有机物并生产沼气的装置；预处理系统，包括格栅、沉砂、调节水质和水量、计量、进料等设施；沼气利用系统，包括沼气净化、储存、输配和利用（发电、民用、烧锅炉）等设施；沼肥利用系统，包括沼渣、沼液的中转、调蓄、综合利用或进一步处理设施（图 4-106、图 4-107）。沼气生产系统运行成本较高，除受地区、季节的影响较大，在北方受到一定的限制外，还有污染地下水的潜在危害（图 4-108）。

图 4-106　沼气生产系统

图 4-107　沼气发酵系统

图 4-108　沼渣有机肥生产系统

任务五　其他附属设施与设备

【教学案例】

高温下的猪场

重庆市荣昌区某养猪场，猪舍建造采用单层石棉瓦作房顶，屋檐高度大约 2.5 m，猪舍采取自然通风。炎热夏季，猪舍内颇感闷热，饲养员采用水冲洗方式进行降温和清除粪便。在一个炎热的下午，天降阵雨，育肥猪出现突然死亡现象，死前出现尾巴快速震动、全身僵硬、张口呼吸困难、体温升高等症状，白色猪还出现皮肤红斑等症状。

提问：

1. 分析该猪场肥猪死亡的原因？
2. 高温高湿环境下如何加强猪场的饲养管理？
3. 如何改造该养猪场？

一、猪舍的其他附属设施与设备

（一）温控设施与设备

1. 保温设施与设备

冬季北方气温较低，猪的生长性能降低，料重比升高，易引起感冒、拉稀、咳嗽等问题，因此必须做好猪场的采暖措施。实际生产中最好将集中供暖、分散供暖和局部采暖合理结合，从而达到经济实用的目的。

(1)集中供暖

①热水散热器采暖。热水散热器采暖系统主要由热水锅炉、管道和散热器3部分组成。目前我国采暖工程中使用的散热器一般用铸铁或钢制造。按其形状分为管型、翼型、柱型和平板型几种。其中铸铁柱型散热器传热系数较大，不易集灰，比较适宜畜禽舍使用。畜禽舍散热器布置原则是尽量使舍内温度分布均匀，同时也要考虑缩短管路长度的要求，一般散热器可多分几组，每组不少于10片。对于铸铁柱型散热器，则每组片数越少，单位面积的散热量就越大。

不同生理阶段畜禽舍，散热器的安装位置不同，如分娩舍，散热器应布置在饲喂通道上，育成舍可将散热器安装在窗下，这样可直接加热由窗户缝渗入的冷空气，避免贼风侵入。

②热水管地面采暖。热水管地面采暖在国外养猪场应用较为普遍。它是将热水管埋植在舍内地面的混凝土层下5.0～7.5 cm深处，水管之间距离一般为46 cm(因热能向水管四周扩散的距离为23 cm)，在热水管下面铺设防潮隔热层(一般铺一层2.5 cm厚的聚氨酯)，防止热量向下传递。热水通过热水管将地面加热，使地面活动的畜禽获得适宜的区域温度。热水可由热水锅炉供应或每个舍内安装一台电热水加热器，水温由恒温控制器控制，温度一般为45～80 ℃。这种采暖的优点是：节省能源；保持地面干燥，减少疾病发生；供热均匀；利用地面良好的贮热能力，使舍温在较长时间内保持稳定。然而热水管地面采暖一次性投资较大，一旦地面产生裂缝，极易破坏采暖系统，且不易修复，对温度变化调节能力差，将地面加热到设定温度所用时间长。

③热风采暖。热风采暖利用热源将空气加热到要求的温度，将该热空气通过管道送入畜禽舍进行加热。热风加热设备投资低；可与冬季通风相结合，在为畜禽舍提供热量的同时，也输送了新鲜空气，降低能源消耗；还可显著降低畜禽舍空气相对湿度，为畜禽提供良好的生长发育环境；易于实现自动化控制。缺点是不易远距离输送。一般热风加热系统可分为热风炉式、空气加热器式、暖风机式。

送风管内适合的风速为2～10 m/s。管径太大，风速变小，成本增加；管径过窄，管内气流阻力加大，增加电机负荷，造成电浪费，甚至达不到所要求的热量。热空气由送风孔以非等温受限射流的形式喷出，一般侧向送风，这样畜禽活动区处于射流的回流区，温度均匀。送风孔径一般20～50 mm，孔距1.0～2.0 m，即可满足畜禽舍温度的需求。针对不同类型的畜禽舍，热风炉采暖的排风口安装位置不同，如三角形屋架结构的畜禽舍，应采取吊顶措施，使热空气被更好利用；而双列及多列的畜禽舍，最好用两根送风管向中间吹，使畜禽舍温度更加均匀。

④太阳能采暖系统。太阳能采暖系统是一种经济有效的采暖方式。太阳能是取之不尽、用之不竭的能量，是一种无污染的清洁能源。在实际生产中，太阳能采暖系统是由太阳能接收室和风机组成的，冷空气进入太阳能接收室后，被太阳能加热，由石床将热能贮存起来，夜间用风机将加热的空气输送入畜禽舍。其最大的缺点是受气候影响较大，难以实现完全人工控制环境。因此，采用太阳能采暖系统时，还要辅助其他采暖设备，以防太阳能不足时，保证畜禽舍的适宜温度。

(2)局部采暖

局部采暖多用于仔猪的保温,其设备由保温箱和加热器两部分组成。保温箱通常用水泥、木板或玻璃钢制成。其外形尺寸(长、宽和高)一般为 10 m、60 cm 和 60 cm,可供一窝仔猪使用。猪场中常用的加热器有远红外加热器、红外线灯和电热保温板等。随着科技和加工工艺的改进,设计出了智能保温箱。

①远红外加热器。远红外加热器由加热器架、辐射板和调温开关三部分组成,可悬挂或固定在仔猪保温箱的顶盖上。其工作原理是:辐射板在通过电流后产生远红外线,并通过加热器架上的反射板,将远红外线集中辐射到仔猪的休息区。远红外加热器不仅热效率高,还具有促进仔猪增重和增强仔猪抵抗力的作用。

②红外线灯。红外线灯的结构与白炽灯基本相同,所不同的是红外线灯的灯泡壁上涂有能够产生红外线的材料,灯丝发出的热量辐射到灯泡壁上后,向外发射红外线。而且,它的抛物面状的灯泡顶部敷设铝膜,可以使红外线辐射热流集中照射于仔猪躺卧区(图 4-109)。使用时,将红外线灯悬挂在仔猪保温箱的上方,红外线灯的功率不同、悬挂高度应不同,悬挂高度可根据仔猪对温度的需要来调节。当水滴溅到红外线灯上时,红外线灯极易炸裂,故需防溅。

图 4-109　猪舍红外线灯保温

③电热保温板。在电热保温板中,电热丝埋设在橡胶、工程塑料等材料内,利用电热丝加热保温板,使其表面保持一定的温度(图 4-110)。电热保温板的功率为 110 W,表面温度

图 4-110　猪舍电热保温板

可由控温开关进行调控，以满足不同周龄仔猪对温度的需求；表面有防滑结构，外壳所用的材料具有良好的绝缘性、耐腐蚀性，且有较好的防水能力，易清洗。使用时将电热保温板放在仔猪休息区，仔猪直接趴卧其上，热量散失慢，加热效果好。若放在保温箱底板上，效果更好。

④智能型仔猪保温控制箱。相较于现存的哺乳仔猪保温箱（玻璃钢、塑料板等），智能型仔猪保温控制箱应用具有阻燃保温效果的材料——挤塑板作为箱体板，保温箱底板和顶板上的发热材料采用新型发热碳纤维红外发热材料，热能转化效率超过80%，网状结构交错连接，断点续传不影响其余部位发热增温，较普通250 W暖灯节能60%以上。配套的智能型控制器是一款多功能型的仔猪保温箱空气质量温度智能控制产品，能有效地监测箱内空气质量及温度的实时变况，并智能控制新风系统对箱内空气质量及环境温度进行调节，始终保持箱内空气质量及环境的最佳状态；并可根据用户设定的参数智能运行新风和加热，使箱内空气质量及温度环境更贴合仔猪生长特定要求。

此外，在一些中小型猪场，也可用火墙、地炕等进行猪舍的局部采暖，其优点是灵活方便，设备投资少，但热效率低，温度不均匀。

2. 降温设施与设备

猪场常用的蒸发降温设施与设备有湿帘风机降温系统、喷雾降温系统、间歇喷淋降温系统和滴水降温系统。

(1)湿帘风机降温系统

该系统由湿帘（或湿垫）、风机、循环水路与控制装置组成，具有设备简单、成本低廉、降温效果好、运行经济等特点，比较适合高温干燥地区。目前，国内使用比较多的是纸质湿帘。纸质湿帘是由经过树脂处理并在原料中添加了特种化学成分的纤维纸黏结而成。它具有耐腐蚀、使用寿命长、通风阻力小、蒸发降温效率高、能承受较高的过流风速、安装方便、便于维护等特点。湿帘安装在畜禽舍的进气口上，当空气通过湿帘进入畜禽舍时，由于湿帘表面水分的蒸发而使进入畜禽舍的空气温度降低，而且还能够净化进入畜禽舍的空气（图4-111）。

图4-111 湿帘降温

湿帘风机降温系统的工作过程是：水泵将水箱中的水经过上水管送至喷水管中，喷水管把水喷向上方的反水板，从反水板上流下的水再经过特制的疏水湿帘确保水均匀地淋湿整个降温湿帘墙，剩余的水经过集水槽和回水管又流回到水箱中。湿帘的厚度以100～200 mm为宜，干燥地区应选择较厚的湿帘，潮湿地区所用湿帘不宜过厚。

(2)喷雾降温系统

喷雾降温系统是用高压水泵通过喷头将水喷成直径小于100 μm雾滴,雾滴在空气中迅速汽化而吸收舍内热量使舍温降低(图4-112)。常用的喷雾降温系统主要由水箱、水泵、过滤器、喷头、管路及控制装置组成,该系统设备简单,效果显著,但易导致舍内湿度提高。若将喷雾装置设置在负压通风畜禽舍的进风口处,雾滴的喷出方向与进气气流相对,雾滴在下落时受气流的带动而降落缓慢,可延长雾滴的汽化时间,提高降温效果。

图4-112 喷雾降温系统

(3)间歇喷淋降温系统

喷淋降温就是用喷头将水直接喷在家畜体表,通过水在皮肤表面的蒸发带走体热,使家畜感到凉爽。该系统由电磁阀、喷头、水管和控制器等组成。电磁阀在控制器控制下,每隔30~50 min开启5~10 s,使家畜皮肤表面淋湿即可取得好的效果。由于喷淋降温时水滴粒径不要求过细,可将喷头直接安装在自来水管上,无需加压动力装置,成本相对低于喷雾降温系统。

(4)滴水降温系统

滴水降温系统的组成与间歇喷淋降温系统相似(图4-113),只是将喷头换成滴水器(图4-114)。滴水器应安装在猪只肩颈部上方30 cm处。滴水降温系统适用于处于限位架中的分娩母猪、单体栏饲养的妊娠母猪等。此方法既节水又不会使舍内过于潮湿,滴水降温如能间歇则效果更佳。

图4-113 滴水降温系统

图4-114 滴水器

(二)通风设备

猪舍的通风方式分为自然通风和机械通风。自然通风是设进风口、排风口(主要是门窗)，以风压和热压为动力的通风；机械通风是以通风机械为动力的通风，克服了自然通风受外界风速变化、舍内外温差等因素的限制，可依据不同气候、不同畜禽种类设计理想的通风量和舍内气流速度，尤其是对大型封闭式畜禽舍，为其创造良好的环境提供可靠的保证。机械通风所用设备主要是轴流式风机和离心式风机。

1. 轴流式风机

轴流式风机主要由外壳、叶片和电机组成，叶片直接安装在电机的转轴上(图 4-115)。轴流式风机风向与轴平行，具有风量大、耗能少、噪声低、结构简单、安装维修方便、运行可靠等特点，而且叶片可以逆转，以改变输送气流的方向，而风量和风压不变。因此，既可用于进风，也可用于排风，但风压衰减较快。

图 4-115　轴流式风机

2. 离心式风机

离心式风机主要由蜗牛形外壳、工作轮和机座组成(图 4-116)。这种风机工作时，空气从进风口进入风机，带动叶片工作轮旋转时，形成离心力将其压入外壳，然后再沿外壳经出风口送入通风管中。离心风机不具逆转性，但产生的压力较大，多用于畜禽舍热风和冷风输送。

图 4-116　离心式风机

(三)照明设备

研究表明，光照时间、光照度、光照制度等光环境参数也是影响生猪生产的重要环境因素,直接或间接地影响猪的生产性能。随着猪场规模化的发展,大跨度、全封闭猪舍越来越多,合理的照明非常重要。

目前猪舍人工光照灯具主要选用节能灯或荧光灯,也已经有猪场使用 LED 灯,无论选择哪种灯具最好都配备可靠的三防灯罩(防水、防尘、防腐)(图 4-117)。猪舍灯具多采用吸顶方式安装,一般在有灯罩时灯的高度为 2.2 m。母猪在限位栏内饲养时,为保证母猪眼部光照强度,也可将灯管安装在限位栏母猪头部的上方或者正前方(图 4-118),而不是在母猪背部的上方。一般每隔 1.5 m 需要一个 150 W 的灯具。

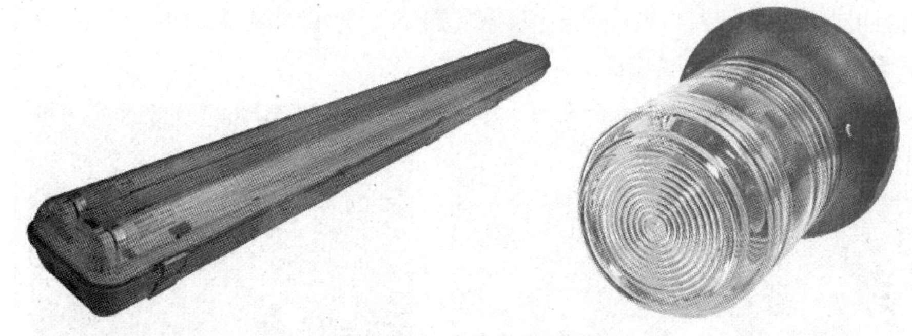

图 4-117　常见三防灯罩

图 4-118　猪舍照明系统

二、牛舍的其他附属设施与设备

(一)温控设施与设备

1. 保温设施

(1)卷帘保温

对于一些不太寒冷地区的开放式牛舍或半开放式简易牛舍,冬季可选择牛舍保温卷帘布进行保温(图 4-119),不仅省钱,而且简单易行。卷帘一般选择厚实帆布或塑料布;从牛舍顶部往下悬挂,上下各余出 50 cm,并用绳子、砖头(泥土)等固定压实;天气良好的白天可将卷帘卷起来进行通风换气。

图 4-119　卷帘保温

(2)暖棚保温

对半开放式牛舍可在敞开的一面搭建暖棚(图 4-120),开放式牛舍可在上方搭建暖棚,即用竹竿或金属棚拱作为骨架,上面用 0.04 ~ 0.1 mm 厚的塑料布进行覆盖(图 4-121),有条件的可采用双层塑料布。相对于卷帘保温,暖棚保温投资稍大,操作也更麻烦,但保温效果要优于卷帘保温,一般情况下牛舍内温度可比外面高出 10 ~ 20 ℃。搭建时间一般为 11 月份至来年 3 月份,尽可能选择可拆卸骨架以便拆卸;过于寒冷的地区可以采用双层塑料布,并在上面覆盖可卷放的草苫、棉毡,以提高保温效果;设置通风窗(口),并根据情况合理进行通风换气,以保证舍内空气新鲜及维持适宜的温湿度。

图 4-120　暖棚保温

图 4-121　开放式牛舍暖棚保温

(3)地面保温

牛舍地面多为水泥或红砖材质,冬季温度特别低,牛趴到上面会被吸收大量热量,因此应尽可能对地面做一定的保温措施,如铺设橡胶制品、铺垫稻草或发酵床等。牛舍地面采用稻草或麦秸等进行铺垫时,湿了之后需要定期更换。

采用发酵床保温(图 4-122),需在牛舍地面铺垫 30 ~ 50 cm 厚的稻壳、锯末及草粉等作为发酵料,并接种上发酵菌,牛粪便排到上面分解发酵过程中会产生一定的热量,对牛舍保温、增温有利。发酵床成本较高,且需要对垫料定期翻倒,需要一定的劳动力。

(4)犊牛服保温

寒冷的冬季,对犊牛要格外照顾,犊牛出生以后等体毛干了便可使用犊牛服进行保温(图 4-123)。犊牛服至少可以穿到 1 个月,等其自身有御寒能力时才脱掉,选犊牛服时可以根据不同的气候选择不同的厚度。泌乳牛、初产牛可以使用奶牛乳罩。

图 4-122　发酵床保温

图 4-123　犊牛服保温

2. 降温设备

目前，牛场的主要降温设备和猪场类似，主要有湿帘风机降温、喷雾降温和喷淋降温，此外还有雾炮车降温。

(1)湿帘风机降温

湿帘风机降温，是生产中最常用的降温技术，更适用于干旱的内陆地区。湿帘冷风机，适合于开放式、半开放式和封闭式牛舍，降温效果较好，冷风机出风口的温度可比舍外低 5 ~ 12 ℃。当奶牛舍内安装湿帘冷风机时，首选安装位置为卧床的上方，为了保证奶牛躺卧和采食的舒适环境，牛体上方靠近食槽位置也应安装风扇(或冷风机)，考虑到成本和运行资金，可采取冷风机结合风扇的形式，即在卧床上方安装冷风机，而在靠近食槽上方安装风扇，相邻两个冷风机的间距可根据通风量大小适度调整，一般间距为 10 ~ 18 m。

(2)喷雾降温

牛舍内的喷雾降温有舍内喷雾降温(图 4-124)和集中式喷雾降温两种形式。

舍内喷雾降温常常将喷雾与轴流风机组合成一体，制成冷风机，用于制冷牛体周围的空气。使用冷风机的整个牛舍平均降温效率比湿帘低，易淋湿牛体，且容易导致舍内积水和湿度过高。因此，应根据天气情况进行间歇喷雾，同时注意加大牛舍的通风，避免出现高湿情况。此外，采取喷雾降温时，水温越低，空气越干燥，降温效果越好。由于喷雾能使空气湿度提高，故在湿热天气和地区不宜使用，在我国牛场使用比例越来越少。

集中式喷雾降温是将喷雾装置安装在负压机械通风牛舍的进气口，对进入牛舍的空气进行集中喷雾降温。该降温系统喷出的雾滴方向与进气气流呈相反方向(逆流式)。这样，

图 4-124　牛舍喷雾降温

未蒸发的雾滴在下落的过程中受到气流的挟带而向上运动，从而可延长雾滴与空气的接触时间。与普通的喷雾降温系统相比，集中式喷雾降温系统对泵及喷雾装置的要求较低，可以避免舍内直接雾化时产生未蒸发完全的雾滴淋湿牛体和地面，防止高湿环境的产生。而且由于雾化彻底、降温完全和均一，其蒸发降温效率较高。

喷雾降温系统投资较低，安装简便，使用灵活，使用范围广，不仅适用于封闭式牛舍，也适用于开放式牛舍，自然通风与机械通风均可使用，在水箱中添加消毒药物后，还可对牛舍进行消毒。

（3）喷淋降温

喷淋降温依靠喷头或钻孔水管淋湿牛体（图 4-125），水在牛体体表蒸发直接带走体热。喷淋时，由于水滴粒径较大，水滴易穿透被毛润湿皮肤，故有利于牛体的蒸发散热。这种方法降温直接，效果显著，简便易行。该系统在封闭式或开放式牛舍中均可使用，可用于机械或自然通风舍，很容易在现有牛舍中加装。由于水滴不要求很细，故对喷淋设备要求很低，因此喷淋降温系统的投资与运行费用都较低。为取得较好的蒸发散热效果，应该迅速喷湿牛体后即停止喷淋，待被毛干后再喷，采用时间继电器控制。使用喷淋降温系统时，应注意避免在牛的躺卧区和采食区喷淋，以保持这些区域的干燥，系统运行时不应造成地面积水或汇流。

图 4-125　牛舍喷淋降温

实际生产中，喷淋降温系统一般都与机械通风相结合，即“风扇+喷淋”，吹风和喷淋可间歇进行，对牛体喷淋后进行强制通风，建议风机每转动 3 ~ 5 min、喷淋 1 min，从而可获得更好的降温效果（图 4-126）。该技术已在待挤圈、挤奶厅出口、遮阳结构、散养牛舍和拴养牛舍中广为应用。

图 4-126 “风扇+喷淋”降温

(4)雾炮车降温

多功能雾炮车喷雾降温是通过雾炮车直接向牛舍栏进行喷洒降温作业,自下而上将水滴雾化微粒水分子吹向舍栏上方,形成粒径约 100 μm 的微粒悬浮弥漫在空气之中,增加水滴悬浮时间及吸热效率,从而达到有效降温的目的。

(二)通风设备

牛舍的通风换气状况对牛的生长发育有着重要影响,牛体散热、保持体温以及牛舍内有毒有害气体的排出都需要有良好的通风换气条件,所以良好的通风环境非常有利于牛的生长发育。

牛舍通风系统分自然通风和机械通风两类。自然通风常见于散栏饲养和前敞式圈养,主要依靠自然风和牛舍内外的温差来实现通风换气。机械通风是通过风机来进行舍内外气体交换。现代大规模密集型养牛场的建立,对牛舍的通风环境提出了更高的要求。为了使牛舍有更好的通风换气环境,必须借助风机等通风降温设备,常用的风机包括轴流式风机、离心式风机(前文已述及)。封闭式牛舍所采用的机械通风形式为横向通风,通过控制风机的应用,达到降温和除湿的目的,风机通常安装在牛舍两侧(图 4-127),为了提高通风效率,舍内安装隔板,增加通风速度;夏季牛舍采用负压风机,将牛舍内的热空气排到舍外。

图 4-127 牛舍外部通风系统设备

(三)挤奶设施与设备

1. 提桶式挤奶装置

提桶式挤奶装置是一种简单的挤奶装置,由挤奶桶、挤奶器、真空泵等部分组成。真空装置固定在牛舍内，挤奶器和可携带的奶桶装在一起，饲养员提着桶式挤奶器轮流到每头牛旁挤奶，挤下的牛奶直接流入奶桶，然后送往乳品间。这种挤奶设备的优点是饲养员对不同产奶习性的牛能个别照料，高产和低产牛皆能适应，挤出的奶装运也方便。它的缺点是挤奶时需要辅助较多手工操作，劳动生产率和挤奶器的利用率都较低，而且牛奶要与牛舍内的污浊空气接触，影响奶的质量。它主要适用于中、小型拴养牛舍。

2. 管道式挤奶装置

该装置由挤奶器、牛奶输送管、真空管、真空泵、洗涤配液装置和脉动器组成（图 4-128）。真空泵和洗涤室位于牛舍的一端，真空管和牛奶输送管贯通整个牛舍。挤奶器无挤奶桶，可接插在每头奶牛上方的真空管和牛奶输送管的连接插座上，对乳牛依次挤奶，牛奶通过牛奶计量器和牛奶输送管进入牛奶间。这种装置的优点是提高了饲养员的劳动生产率，而且牛奶通过管道输送，不与外界空气接触，可提高牛奶的质量，适用于小型乳牛场的拴养牛舍。

图 4-128　管道式挤奶装置

3. 挤奶台

根据乳牛在挤奶台上的排列情况，挤奶台可分为鱼骨式、并列式和转盘式 3 种。

（1）鱼骨式挤奶台

鱼骨式挤奶机是最常用的坑道式挤奶形式（图 4-129），两排挤奶机与中央工作坑道成 30°～45°，形似鱼骨。工作坑道一般深 0.8～1.0 m，宽 2.0～3.0 m。鱼骨式挤奶机与挤奶自动化程度较好配合，相邻两头奶牛乳房间的距离为 90～115 cm，牛按组进出，奶牛群的移动和周转效率较高，每个挤奶周期为 8～10 min。鱼骨式挤奶台基础投资少，适合中小型规模的牛场。

图 4-129　鱼骨式挤奶台

(2)并列式挤奶台

并列式挤奶台的挤奶栏排列与乳牛舍的牛床类似(图4-130),牛站立平面高出46 cm,以改善工人的劳动条件。其优点是结构简单,乳牛可单独出入,以适应挤奶速度不同的乳牛。

图4-130 并列式挤奶台

(3)转盘式挤奶台

转盘式挤奶台的挤奶栏都安装在环形转台上(图4-131),且与转台径向成40°~50°,转台中间为深约70 cm的工作地坑,每个转台的挤奶栏数量与奶牛场规模相关,大型牧场每个转台挤奶栏可达120个。工作时转台缓慢旋转,转到进口处时,一头乳牛进入转台的挤奶栏,位于进口处的工人用热水喷头对乳房进行清洗,消毒乳房、安装挤奶器,挤出的奶通过输奶管道送往贮奶罐。当乳牛转到出口处时,挤奶结束,工人取下挤奶器,乳牛从出口处走出。该套装置的优点是挤奶生产率高,缺点是结构复杂,基建投资大,前后准备时间长(洗涤保养需要3 min)。

图4-131 转盘式挤奶台

4.挤奶车

真空装置和挤奶器安装在小推车上或可移动的挤奶台上(图4-132),可同时对1~2头乳牛挤奶,适用于10~40头乳牛的小型牛场和放牧牛群的挤奶。

图 4-132 移动式挤奶车

(四)智能设备

1. 自动称重系统

自动称重系统也叫行进式自动称重系统(图 4-133)。系统设置在牛的行走通道中,在系统入口处有用于牛号识别的感应器,当牛只从系统通过时,在自动称得牛只体重的同时,牛号也自动识别,这样体重就和特定的牛号相对应,体重数据通过数据线传入计算机数据库。通过自动称重系统,不仅提高了称重工作的效率和准确性,还可以监控牛只体重变化,分析生长发育情况,分析、调整牛只营养摄入情况,及时发现病牛等。

图 4-133 牛自动称重系统

2. 自动挤奶机器人

自动挤奶机器人(图 4-134)在欧美少数发达国家的牧场里出现过。它的机械手臂上装有激光或者红外探测装置,能够精准地找到奶头。找到奶头之后,会首先对奶头进行消毒清洗,然后以非常舒适的力度对奶牛进行挤奶。挤奶机器人一般安装在奶牛圈舍旁边,奶牛一旦需要挤奶,就会自动排队等待机器人服务。机器人的作用不仅是挤奶,还要在挤奶过程中对奶质进行检测,检测内容包括蛋白质、脂肪、含糖量、温度、颜色、电解质、pH 值等,对不符合质量要求的牛奶,自动传输到废奶存储器;对合格的牛奶,机器人也要把每次最初挤出的一小部分奶弃掉,以确保品质和卫生。挤奶机器人还有一个作用,即自动收集、记录、处理奶牛体质状况、产奶量、每天挤奶频率等,并将其传输到计算机网络上。一旦出现异常,机器人会自动报警,大大提高了劳动生产率和牛奶品质,有效降低了奶牛发病概率,节约了管理成本,提高了经济效益。

图 4-134　挤奶机器人挤奶

3. 自动清粪机器人

采用机器人清粪工艺能实现畜禽舍的全自动清粪,运行轨迹可通过程序预先设置,通过GPS定位,具有机械刮粪板所有的优点,缺点是初期成本较高,且只适用于漏缝地板(图4-135)。管理人员能简便地编制机器人在牛舍内的清扫路线。它能将污粪通道刮得非常干净,包括每个角落,其以3.6 m/min的速度移动,因而对动物不会造成伤害。机器人适合所有棚式牛舍,面积和距离对机器人都不是问题,它能靠自己的轴作旋转运动。与人工清粪相比,具有对动物友好、没有障碍、可对任何牛舍进行全自动清扫等优点。

图 4-135　自动清理漏缝地板机器人

(五)环境自动监测控制系统

该系统采用光照、空气温湿度、氧气浓度、氨氮浓度传感器对养殖环境进行实时感知,通过无线信息传输节点将数字信号传输到系统后台,经过服务器分析处理后形成图形显示输出。系统提供各种统计功能并支持数据导出,能够针对指标超标等情况自动报警。当环境指标超标时,中心控制系统会发出指令,自动开启和关闭牛舍内风机、电磁阀、卷帘门、遮阳板等设备,对牛舍空气温度、湿度、通风量和光照进行调控,实现环境控制的智能化管理,达到无人值守的目的。

(六)照明设备

牛场采用的灯具主要有金属钨卤灯、日光灯和LED灯。近年来,采用日光灯的牛场逐步增加,还有的牛场采用了LED灯。从节能角度,首选LED灯,且最好是有红光的LED灯。

畜禽场设计时,自由卧床牛舍至少应有 2 个回路,灯具开关要设置在牛舍进出口的端头,牛舍内灯具采用照明配电箱集中控制,便于运营人员操作,控制方式可采用人工和时间控制两种方式。同时,在安装灯具时做好接地保护。

奶牛场光源尽可能接近自然光,光分布均匀,避免明暗交替,灯的悬挂方式最好是垂直而非平行的(图 4-136);为更好地进行光周期管理并避免浪费,最好使用日出日落定时器代替简单的定时开关;选用没有频闪效应危害的绿色光源,构建一个明亮、清晰、舒适的照明环境。

图 4-136　照明良好的牛舍

三、鸡舍的其他附属设施与设备

(一)温控设备

1. 保温设备

(1)雏鸡保温设备

雏鸡体温调节机能不健全,对环境温度的改变十分敏感,所以要掌握好鸡舍内的温度。常用育雏保温设备有以下几种。

①育雏伞(保温伞)。育雏伞的热源有电热丝、石油灯、煤炉等。容纳鸡只数视育雏伞的热源而定,从 300 只到 1 000 只不等。育雏伞保温的优点是容量大,雏鸡能够在伞下自由活动,调温换气优越(图 4-137);缺点是垫料易脏,工本费较高。需要注意电热育雏伞余热少,必要时需另设火炉或热水管以升高室温。

图 4-137　育雏伞

②红外线灯。红外线灯利用红外线灯散发的热量育雏(图4-138),红外线灯的规格一般为250 W。使用时成组连一起,吊挂于离地面45 cm高处,室温低时可低至33~35 cm。最初几天要用围篱将初生雏鸡限制在灯下直径1~2 m的范围内,以后逐日扩大,注意料槽和饮水器不能放在灯下。采用红外线灯育雏,保温稳定,室内垫料干燥,雏鸡可自由选择合适的温度,育雏结果良好,但耗电量大,易损耗,成本较高。

图4-138　红外线灯加热保温

③远红外线发生器。远红外线发生器(红外线发射板)使用简便,不易损破,保温效果与红外线灯相近(图4-139)。

图4-139　远红外线发生器保温

④烟道保温。烟道保温分地上水平烟道(火龙)和地下烟道(地龙)两种(图4-140),都是通过烧煤或其他燃料,使热气经由烟道而升高室温。地下烟道埋在地下,散热慢,保温时间久,耗燃料少,适合雏鸡伏卧地面歇息,垫料温暖干燥。

图4-140　烟道保温

⑤保温箱。保温箱是用板子围成的长宽各 1 m、高 0.3 m 的箱子。保温箱箱面中央 1/3 面积安塑料砂或蚊帐布以通风透光，箱底是铁皮或水缸盖，上铺细砂，细砂上铺垫料，在箱底下放热火灰或炭火，也可在箱内挂电灯保温，现已较少使用。

(2)集中供暖设备

鸡舍集中供暖主要分水暖供暖和暖风供暖(图 4-141—图 4-143)。常用供热设备包括燃气锅炉+暖风机、空气能热源空调、便携式热风炉(外循环)、锅炉+地暖、锅炉+散热片以及便携式热风炉(内循环)等形式。其中以暖风炉供暖，热效率最高，升温最快，而且省工。

图 4-141 水暖散热片供暖

图 4-142 水暖风机供暖

图 4-143 热风机供暖

(3)智能化、环保化温控设施与设备

随着科技的进步，规模化、标准化养殖下温控设备有了很大提升，出现了保温鸡舍、鸡舍环境智能化控制系统，鸡舍保温方式也有了很大变化。

①自动调温系统。自动调温系统一般由主机、辅机(冷暖风机)、温度自控箱及水暖管道共同组成，具有冬季加温，夏季降温的双重功效(图 4-144)。水暖和风暖相结合具有热效率高、升温快、保温时间长等优点，并可自动调温控制。散热管与风机组成的烟道暖风机，具有节能与除尘双重功效，锅炉产生的余热经过烟道暖风机再次散热，除尘后排至舍外，更节能，环保效果更好。

利用温控器控制鸡舍的温度和通风量，实现最小通风量管理，这样既能使鸡舍的温度满足鸡的正常生长发育的需要，又节约了燃料，同时还减少了冷风对鸡体的应激。

②热回收系统。热回收装置是以换热器为主要部件，将一个设备产生的多余热量传递到另一设备，用以加热或能量转化的装置，是一种经济、环保的设备(图 4-145、图 4-146)。热回收通常采用智能控制，将车间排放的高温气体经过空气能，将热量传递给水箱加热，同时，将空气能排出的冷风与室外高温新风换热，新风温度降低后，送入车间制冷。冬季鸡舍内排

出的废气与补充的新鲜空气温差可达 30 ~ 45 ℃,废气与新鲜空气还有湿度差,废气余热(包括显热和极少量的潜热)有一定的利用价值——用换热器吸收舍内废气中的余热用来供暖,能够减少能源浪费,提高养殖效益。

图 4-144　自动调温鸡舍

图 4-145　热回收系统

图 4-146　聚能棚热回收系统

2. 降温设备

目前,国内外用于鸡舍降温的是湿帘风机降温系统(图 4-147)。

湿帘风机降温系统由纸质波纹多孔湿帘、湿帘冷风机、水循环系统及控制装置组成。整套系统都安装在湿帘间,通过湿帘的冷风可通过设置在舍内进风口的幕帘来调节其流向。为了避免阳光直射到湿帘上,可以在鸡舍基础上扩建一个走道,在走道外侧装配遮阳板,既可防风也可防尘。湿帘风机系统有良好的降温效果,在北方干燥地区,夏季空气经过湿帘进入鸡舍,可使舍内温度降低 7 ~ 10 ℃。

图 4-147　鸡舍湿帘风机降温

(二)通风设备

鸡舍通风设备的作用是将鸡舍内的污浊空气、湿气和多余的热量排出,同时补充新鲜空气。鸡舍的通风设备主要包括进风设备和排风设备两类。一般鸡舍采用负压通风方式,以风机作为排风口,由风机将舍内空气强制排出,使舍内呈低于舍外空气压力的负压状态,外部新鲜空气由进风口吸入。对于密闭性较好的鸡舍,采用负压通风易于实现大风量的通风,并且换气效率也高。排风设备一般采用大直径、低转速的轴流风机,安装在一侧山墙。排风风扇可带也可不带锥筒及遮光罩。

鸡舍进风口分纵向进风口和侧墙进风口两种。纵向进风口即为湿帘进风口;侧墙进风口为侧墙进风窗,安装在鸡舍两侧墙上(图4-148)。根据墙体结构可选用不同形式的侧墙进风窗类型,对于带保温层的铝板材质等较薄的墙体结构可以采用法兰式进风窗;而对于普通砖混结构墙体,则可采用通用型侧墙进风窗这种类型的。进风窗是由可回收、防震、不变形的抗老化塑料制成,可使用高压水枪轻松进行清洗;隔热性能良好的进风窗挡板通过不锈钢弹簧被拉紧,当保持在关闭位置时,可以确保鸡舍的密闭性;进风挡板能够通过装置调节进风口的大小,设置符合不同季节和天气所需的进风量。

图4-148 鸡舍通风系统

(三)照明设备

鸡舍的照明分人工控制或光照自动控制仪控制两种。

1.人工控制

目前,大部分鸡场普遍采用人工控制光照,主要控制光照时间和光照度两个方面。常见的人工光源有荧光灯、节能灯等。白炽灯因光效低,耗能大,已被逐步淘汰。LED灯泡相对于普通白炽灯和节能灯而言,更节能环保,并且使用寿命长,可以在高速状态下工作,即便频繁开关也不会影响其使用寿命。

2.光照自动控制仪控制

采用微电脑控制技术,可以人为设定开灯和关灯的时间,到设定时间自动连接或断开电源,实现控制舍内光照时间(图4-149)。有的还配备有照度计,在白天开灯的时段如果鸡舍亮度达到一定水平则照明电源断开,实现节能。

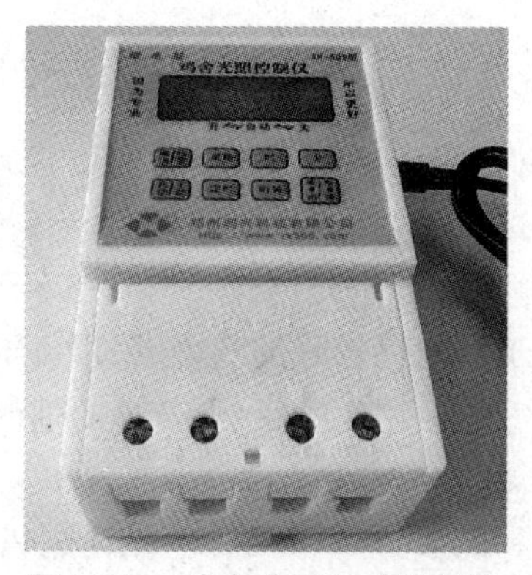

图 4-149　鸡舍光照自动控制仪

（四）空气净化设备

对于封闭式笼养鸡舍，鸡舍空气质量的好坏对鸡群的健康和生产水平有着重要的影响，如果舍内环境控制不当，会使舍内产生大量的有毒有害气体、粉尘和微生物。尤其是冬季，为了维持舍内温度，通风量会大大减少，容易造成舍内污染物的浓度超标，进行空气净化是十分必要的。目前普遍用于鸡舍空气净化的是喷雾消毒（图 4-150）。鸡舍喷雾消毒是指在鸡舍进鸡后至出舍整个期间，按一定操作规程使用有效消毒剂定时定量地对鸡体和环境喷洒一定直径的雾粒，杀灭鸡体和设备表面以及空气中的病原微生物，以达到防止疾病发生的目的。喷雾系统一般由控制系统、过滤装置、高压泵、管路和喷嘴组成，然后配以合适的消毒剂，也可直接喷清水降温。一般以育雏期每周消毒 2 次、育成期每周消毒 1 次、成年期每周消毒 3 次为宜。疫情期间应每天消毒 1 次，雾粒大小应控制在 80 ~ 120 μm。喷雾时喷头切忌直对鸡头，喷头距鸡体不小于约 60 cm，喷雾量以地面和鸡体表面微湿为宜，喷雾结束后应及时通风。

图 4-150　鸡舍喷雾消毒

【技能训练 13】

正确选择各类畜禽舍设施设备

【目的要求】

了解各种畜禽舍设施设备，能够识别并正确选择各类畜禽常用设施设备。

【材料器具】

简易仔猪、犊牛、羔羊、雏鸡饲喂及饮水设备；常用照明及加热保温设备；其余各类设施设备图片。

【内容方法】

各类畜禽舍设施设备的选择需根据畜禽种类、生产规模、经济效益等综合分析，具体选择方法详见项目四。

【考核标准】

<table>
<tr><th rowspan="2">考核内容及分数</th><th rowspan="2">操作环节与要求</th><th colspan="2">评分标准</th><th rowspan="2">考核方法</th><th rowspan="2">熟练程度</th><th rowspan="2">时限/min</th></tr>
<tr><th>分值/分</th><th>扣分依据</th></tr>
<tr><td rowspan="8">正确选择猪舍、鸡舍、牛舍设施设备（随机考核一种畜禽舍）(100分)</td><td>饲养设施设备的选择</td><td>15</td><td rowspan="2">选择错误，每处扣5分</td><td rowspan="8">分组操作考核</td><td rowspan="8">熟练掌握</td><td rowspan="8">5</td></tr>
<tr><td>饲喂设施设备的选择</td><td>15</td></tr>
<tr><td>饮水设备的选择</td><td>10</td><td rowspan="2">选择错误，每处扣5分</td></tr>
<tr><td>粪污清除与处理设施设备的选择</td><td>15</td></tr>
<tr><td>加温设施设备的选择</td><td>15</td><td rowspan="2">选择错误，每处扣5分</td></tr>
<tr><td>降温设施设备的选择</td><td>10</td></tr>
<tr><td>熟练程度</td><td>10</td><td>在教师指导下完成，扣5分</td></tr>
<tr><td>完成时间</td><td>10</td><td>每超时1h扣2分，直至10分为止</td></tr>
</table>

【作业习题】

选一畜禽舍，查看其所选设施设备是否正确，如果不正确，请提出改进意见。

【复习题】

1. 饲养设备对畜禽养殖有何意义？
2. 养殖生猪的漏缝地板有哪几类？分别有哪些优缺点？
3. 牛的卧栏分为哪两类？有何不同？
4. 鸡笼主要有哪几类？优缺点有哪些？
5. 猪的自动饲喂系统有哪些？试述其优缺点。
6. 现拟建设一个千头规模的奶牛场，请为奶牛准备适宜的饲喂设备和饮水设备。
7. 请列举适合散养鸡舍使用的饲喂设备和饮水设备。
8. 设计一套猪场的自动清粪工艺。
9. 设计一套中等规模牛场的挤奶工艺。

项目五　保护畜禽场环境

【知识目标】

- 了解畜禽场尸体、孵化废弃物、垫草等的处理技术；
- 掌握畜禽场粪便的处理技术；
- 掌握畜禽场污水的处理技术；
- 了解畜禽场消毒方法；
- 了解消毒剂的类型；
- 掌握不同生产环境下消毒方法的选择；
- 掌握不同生产环境消毒剂的使用。

【技能目标】

- 能够对畜禽场粪便进行处理；
- 能够对畜禽场污水进行处理；
- 能合理选择消毒方法消毒畜禽生产环境；
- 能初步设计畜禽场消毒程序。

任务一　治理废弃物

【教学案例】

猪场污水的处理

某猪场建于2006年，目前存栏生猪7 000头左右，雨污分开排放，包括职工生活污水在内的日排污量约为150 m^3，其固体悬浮物为18.0 g/L，化学耗氧量为19.3 mg/L，氮氨含量为458.4 mg/L。2011年，该猪场建造了1 000 m^{3}的厌氧发酵池进行污水处理，增加了固液分离机作为前处理措施。经过测量发现，虽然固液分离和厌氧发酵后污水中的有机物浓度有所降低，但经处理后的污水中的固体悬浮物、化学耗氧量、氮氨含量远远超过《畜禽养殖污染排放标准》(GB 18596—2001)。

提问：

1. 该猪场的污水处理问题如何解决？
2. 畜禽场污水处理应注意哪些问题？
3. 畜禽场污水处理方法有哪些？

畜禽场生产中会产生大量的废弃物，主要包括畜禽粪便、尿液、污水、废弃的垫料、沉渣、尸体等。这些废弃物含有大量的有机物质，如不妥善处理则会引起环境污染，危害人和畜禽的健康。此外，粪尿中含有大量的营养物质，在一定程度上是一种可利用资源，如能对其进行无害化处理，充分利用，就能变废为宝。

一、粪便处理技术

（一）作为肥料

畜禽粪便中含有大量的氮、磷、钾等植物生长所需的营养物质，是植物的优质肥料，可以改良土壤结构，增加土壤有机质含量，提高土壤肥力，从而提高作物的产量。畜禽粪便作为肥料常用的处理方法有生物发酵法、干燥处理、药物处理等。

1. 生物发酵法

（1）自然发酵

自然发酵是一种比较传统的发酵方法。将经过预处理的物料堆成长、宽、高分别为10～15 m、2～4 m、1.5～2 m的条垛，在20 ℃、15～20 d的腐熟期内，将垛堆翻倒1～2次（起供氧、散热和发酵均匀的作用），此后静置3～5个月即可完全腐熟。此方法成本低、处理时间长、占地面积大、易受天气的影响、对地表水及地下水易造成污染。

（2）好氧高温发酵

好氧高温发酵是利用微生物好氧发酵粪便中的有机物质以达到稳定化和农肥化的方法。好氧高温发酵时温度一般控制在55～65 ℃，高的可达70 ℃以上。此方法有机物分解快，降解彻底，发酵均匀，脱水速度快，脱水率高，发酵周期短（一般在15 d左右就能够杀灭病菌、寄生虫卵和杂草种子），除臭效果好，经过好氧高温发酵后的粪便呈棕黑色、松软、无特殊臭味、不招苍蝇，可杀灭粪便中病原微生物及寄生虫卵，实现处理过程无害化，获得优质肥料。高温发酵要求起始发酵的粪料含水率为55%～65%，含水率过高会造成厌氧腐解而产生恶臭，过低则达不到腐熟的要求。此外，还需要通风供氧，以保持有氧环境和控制物料温度不致过高，如高于75～80 ℃则导致“过熟”，碳氮比应控制在（25～30）∶1。

目前，好氧堆肥发酵法方法普遍应用的有5种，即翻堆式条堆法、静态条堆法、发酵槽发酵法、滚筒式发酵法、塔式发酵法。

①翻堆式条堆法。将畜禽粪便、谷糠粉等物料和发酵菌充分混合均匀，水分调节在55%～65%，堆成条堆状。料堆宽3～6 m，高2～4 m，长120 m，可机械或人工翻堆，每周翻堆1～3次，大约60 d腐熟。此种发酵法投资较少、操作简单，但占地面积较大、堆肥时间长、

易受天气影响、易对地表水造成污染,适用于中小型养殖场。

②静态条堆法。静态条堆法在发达国家普遍使用。与翻堆式条堆法不同的是供氧系统,翻堆式条堆法主要靠机械翻堆进行供氧,而静态条堆法是强制供氧。通风供氧系统是静态条堆法的核心,由高压风机、通风管道和布气装置组成。根据是正压还是负压通风,把强制通风系统分成正压排气式通风和负压吸气式通风(图 5-1)。此种发酵法相对于翻堆式条堆法,其温度及通气条件能得到更好控制;产品稳定性好,能更有效地杀灭病原菌及控制臭味;堆肥时间相对较短,一般 2 ~ 3 周。

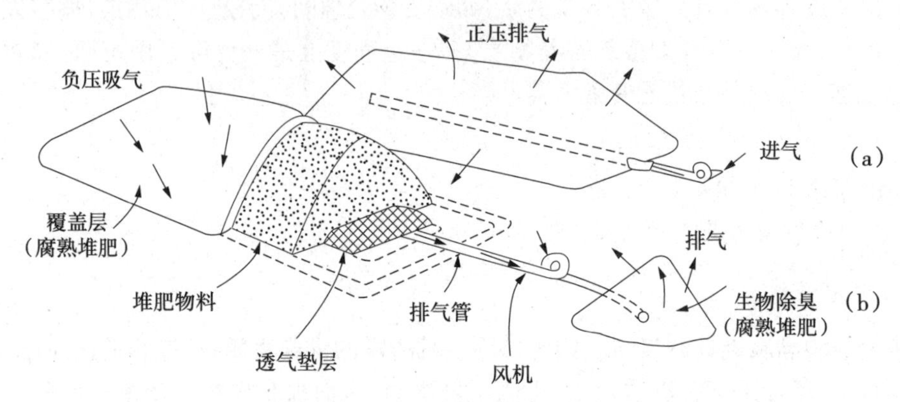

图 5-1　静态条堆工作示意图

(a)正压排风通风;(b)负压吸气通风

[刘卫东、赵云焕,《畜禽环境控制与牧场设计》(第二版),2012]

③发酵槽发酵法。发酵槽发酵法是国内较流行的一种堆肥方法。该法是将发酵物按照一定的堆积高度放在一条或多条发酵槽内(图 5-2),在堆肥过程中,应根据堆肥温度与物料腐熟程度的变化,每隔一段时间,用翻堆设备对槽内粪便和辅料的混合物进行翻动,使其更好地与空气接触。发酵槽发酵通常由 4 部分组成:翻堆设备、槽体装置、翻堆运转设备、布料及出料设备等。该法操作简单、生产环境较好,适用于大中型养殖场。

图 5-2　发酵槽

④滚筒式发酵法。发酵滚筒为钢结构(图 5-3),并设有驱动装置,安装成与地面成 1. 5° ~3°角。物料通过皮带输送机进入滚筒,滚筒定时旋转。一方面,使物料在翻动中补充氧气;另一方面,由于滚筒是倾斜的,在滚筒转动过程中,物料由进料端缓慢向出料端移动。当物料移出滚筒时,物料已经腐熟。该法自动化程度较高,投资相对较低,且生产环境较好,

适用于中小型养殖场。

图 5-3　滚筒式发酵机

⑤塔式发酵法。塔式发酵法所用的设备主要有多层搅拌式发酵塔和多层移动床式发酵塔两种(图 5-4)。多层搅拌式发酵塔被水平分隔成多层,物料从仓顶加入,在最上层靠内拨旋转搅拌耙边搅拌翻料,边向中心移动,然后从中央落下口下落到第二层。在第二层的物料则靠外拨旋转搅拌耙从中心向外移动,并从周边的落下口下落到第三层,以下以此类推。可从各层之间的空间强制鼓风送气,也可不设强制通风,而靠排气管的抽力自然通风。塔内前二、三层物料受发酵热作用升温,嗜温菌起主要作用,到第四、五层进入高温发酵阶段,嗜热菌起主要作用。通常全塔 5 ~ 8 层,塔内每层上的物料可被搅拌器耙成垄沟形,可增加表面积,提高通风供氧效果,促进微生物氧化分解活动。

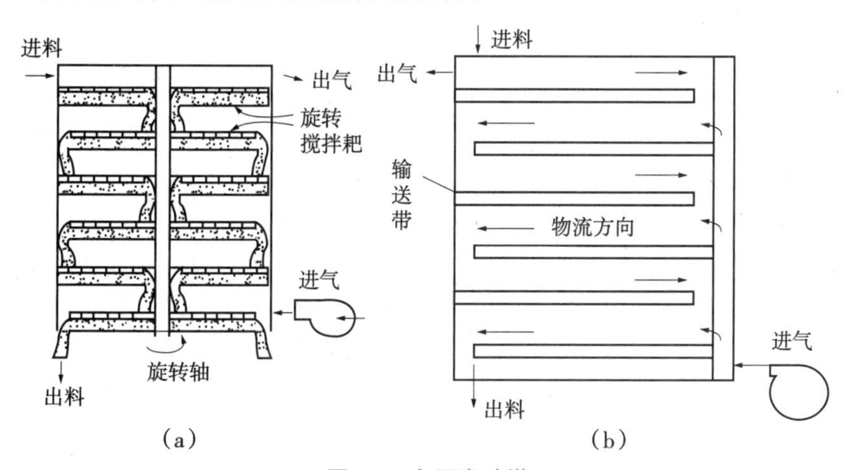

图 5-4　多层发酵塔

(a)搅拌式;(b)移动床式

[刘卫东、赵云焕,《畜禽环境控制与牧场设计》(第二版),2012]

多层搅拌式发酵塔的发酵周期一般为 5 ~ 8 d,若添加特殊菌种作为发酵促进剂,可使堆肥发酵时间缩短到 2 ~ 5 d。这种发酵仓的优点在于搅拌很充分,但旋转轴扭矩大,设备费用和动力费用都较高。除了通过旋转搅拌耙搅拌、输送物料外,也可用输送带、活动板等进行物料的传送,利用物料自身重力向下散落,实现物料的混合和获得氧气。图 5-4(b)所示是多层移动床式发酵塔,其工作过程与多层搅拌式发酵塔基本相同。

(3)好氧低温发酵

这是德国 Biomest 公司开发的一种新型发酵法,其原理是通过计算机控制低温发酵堆肥过程,使发酵在密闭反应器中进行,发酵温度为 28 ~45 ℃,发酵结束前短期内使物料温度升到 66 ℃以杀灭物料中的有害细菌,而让其他有益细菌存活。好氧低温发酵过程短、对环境无污染;废气经生物滤器进行无害化处理,产品无毒无臭;能耗少,产品中可利用氮含量高,有益细菌的含量也高,但对发酵物料的含水率要求较高,一般控制在 55% 。

(4)厌氧发酵

利用厌氧微生物或兼性厌氧微生物以粪料中的糖和氨基酸为养料生长繁殖,进行乳酸发酵、乙醇发酵或沼气发酵。粪料含水量在 60% ~70% 的以乳酸发酵为主,粪料含水量大于 80% 的则以沼气发酵为主。此方法无需通气,也不需要翻堆,能耗省,运行费用低,但发酵周期长、占地面积大、脱水干燥效果差。

2. 干燥处理

干燥处理畜禽粪便的方式和工艺较多,常有塑料大棚自然干燥、高温快速干燥、微波干燥、烘干等。

(1)塑料大棚自然干燥

塑料大棚自然干燥是指主要利用太阳能自然干燥粪便的处理方法。将粪便平铺在塑料内地面上,棚内设有两条铁轨,其上装有可活动的、带风扇的干燥搅拌机,粪便在太阳光的照射下自然干燥发酵。其优点是投资小、易操作、成本低等,其缺点是处理规模小、土地占用量大、生产率低、不能彻底灭菌等。

(2)高温快速干燥

高温快速干燥主要采用煤、重油或电产生的能量进行人工干燥。该方法的优点是不受季节、天气的限制,可连续、大批量生产,设备占地面积小;缺点是一次性投资较大,煤、电等耗能较大,干燥处理时易产生强烈的恶臭。

(3)微波干燥

微波干燥是指采用大型微波设备进行干燥。该方法用于干燥粪便脱水速度快,除臭杀菌效果好;但鲜粪必须作前期处理,且投资大、处理成本高,耗能大。

(4)烘干

烘干是将粪便倒入烘干箱内,经 70 ℃烘 2 h 或经 140 ℃烘 1 h,以达到干燥、灭菌、耐贮藏的效果。其缺点是耗能大,处理过程中产生臭气,并且高温会造成氮的损失。

目前,干燥处理方式在我国生产上较少采用,其主要问题是投入的设备成本较高,且在干燥过程中会产生明显的臭气。在国内也有部分中小型畜禽场采用阳光干燥法或自然风干法处理畜粪,该处理方式易受天气影响,处理过程中也会产生臭气,引起畜禽场及周围环境空气的污染。

3. 药物处理

在急需用肥的季节,或在传染病和寄生虫病严重的地区(尤其是血吸虫病、钩虫病等),为了快速杀灭粪便中的病原微生物和寄生虫卵,可采用药物处理粪便。选用药物时,应选择药源广、价格低、使用方便、灭虫和杀菌效果好、不损肥效、不引起土壤残留、对作物和人畜无害的药物。常用药物主要有尿素（添加量为粪便量的1%）、碳酸氢铵（0.4%）、敌百虫（10 mg/kg）、硝酸铵（1%）等。通常上述药物在常温情况下加入畜粪1 d就能起到消毒与除虫的效果。

（二）作为能源

畜禽粪便作为能源有两种方式：一种是进行厌氧发酵生产沼气，另一种是将畜禽粪便直接投入专用炉中焚烧，供应生产用热。沼气的主要成分是甲烷，是一种发热量很高的可燃气体，热值约为37.84 kJ/L，可为生产、生活提供能源，产气后的渣汁含有较高的氮、磷、微量元素及维生素，可作为鱼塘的饵料。同时沼渣和沼液又是很好的有机肥料。

沼气池主要由6部分组成，分别为进料池、发酵池、贮气室、出料池、使用池和导管。生产沼气必须具备以下条件：具有良好密闭性（提供良好的厌氧环境）；适量的原料与水之比1∶（1.5～3）；适当的温度（25～30 ℃）；适宜的pH（6.5～8.5）及合理的碳氮比例（25～30∶1）。

有机物在厌氧发酵过程中会不断产生有机酸，当发酵液酸度过高时，可适量添加石灰或草木灰以调节pH。此外，用含氮元素较高的鸡粪和猪粪进行沼气生产时，通常需在配料中加入一定比例的杂草、植物秸秆或牛粪等含碳元素较高的物料，以保持适宜的碳氮比。

由于生产沼气后产生的沼液和沼渣含水量高、数量大，且含有很高的化学耗氧量，若处理不当会引起二次环境污染，所以必须采用适当的利用措施。常用的处理方法有：用作植物生产有机肥；用作池塘水产养殖料。沼液是池塘河蚌育珠、滤食性鱼类养殖培育饵料生物的良好肥料，但一次性施用的量不能过多，否则会导致水体富营养化而引起水中生物的死亡。

（三）作为饲料

畜禽粪便中含有大量未消化的营养物质，其中最具有营养价值的是含氮化合物。由于禽粪含氮化合物和其他营养物质含量高于其他畜粪，故用禽粪作饲料最普遍，效果也好。特别是用禽粪饲喂牛、羊等反刍动物，其中非蛋白氮可被瘤胃中的微生物利用并合成菌体蛋白，再被牛、羊吸收，利用率更高。同时禽粪也是鱼类良好的饲料蛋白源。

畜禽粪便饲料资源化利用的方式很多，如直接饲喂、干燥处理、青贮、发酵处理、膨化制粒等。联合国粮食及农业组织认为，青贮是将安全、方便、成熟的鸡粪饲料化喂牛的一种有效方法，这种方法不仅可以防止畜禽粪便中粗蛋白与非蛋白氮的损失，而且还可将部分非蛋白氮转化为蛋白质。青贮过程中几乎所有病原体都将被有效地杀灭，防止疾病的传播。

畜禽粪便作为饲料应注意安全问题。由于畜禽粪便中含有微量元素、各种药物、病原微生物、寄生虫和代谢产生的有毒有害物质，若处理不当或饲喂过多，则可能会造成畜禽健康与生长的危害，影响畜禽产品质量。

（四）其他处理技术

蚯蚓与蝇蛆都为杂食性、食量大、繁殖快、蛋白质含量高的低等动物。由于它们处理与利用畜禽粪便的能力很强，而且是特种动物的优质蛋白源，因此在处理与利用畜禽粪便方面也具有一定的实用与经济意义。此外，牛粪中含有大量的纤维素、木质素等结构复杂的高分子碳水化合物，还含有多种微量元素，常用于栽培食用菌。

二、污水处理技术

畜禽场的污水主要来源于生活用水、自然雨水、饮水器终端排出的水和饮水器中剩余的污水、洗刷设备及冲洗畜禽舍的水。据报道，一个万头猪场每天污水排放量为 100 t 以上。畜禽场污水中有机物质含量高，还含有大量的病原体。为了防止畜禽场对周围环境造成污染，必须加强管理，减少污水产生量，同时采取科学有效的污水处理方法。

1. 物理处理法

物理处理法通过物理作用，分离回收水中不溶解的悬浮污染物质，主要包括重力沉淀法、离心沉淀法和过滤法等。

（1）重力沉淀法

污水在沉淀池中静置时，其不溶性较大颗粒利用重力作用，将粪水中的固体物沉淀而除去。

（2）离心沉淀法

含有悬浮物质的污水在高速旋转时，由于悬浮物和水的质量不同，离心力大小亦不同，从而实现固液分离。

（3）过滤法

利用过滤介质的筛除作用使颗粒较大的悬浮物被截留在介质的表面，来分离污水中悬浮颗粒性污染物。

2. 化学处理法

通过向污水中加入某些化学物质，利用化学反应来分离、回收污水中的污染物质，或将其转化为无害的物质。常用的化学方法有混凝法、化学沉淀法、中和法、氧化还原法等。

3. 生物处理法

生物处理法是借助微生物的代谢作用分解污水中的有机物，使水质得到净化的方法。生物处理法分为好氧生物处理法和厌氧生物处理法两种。

（1）好氧生物处理法

利用好氧微生物在有氧条件下将污水中复杂的有机物分解的方法称为好氧生物处理法，分为天然好氧生物处理法和人工好氧生物处理法。天然好氧生物处理法主要利用自然生态系统的自净能力进行污水的净化。人工好氧生物处理法采取人工强化措施来净化污水，在实际生产中常用的人工好氧生物处理法有活性污泥法和生物膜法。

①活性污泥法。活性污泥法是微生物群体及它们所吸附的有机物和无机物的总称，是

一种由微生物和胶体所组成的絮状体。好氧微生物中的细菌是活性污泥净化功能的主体生物。正常的活性污泥无臭味，略有土壤气味，多为褐色或黄色。活性污泥的粒径为 0.02 ~ 2 mm，有较大的表面积，有利于吸附与净化废水中的污染物。活性污泥对污水净化作用分为吸附、微生物代谢、絮凝体的形成与絮凝沉淀 3 个步骤。

活性污泥法的主要流程如图 5-5 所示，污水和回流污泥从池首端流入，呈推流式至池末端流出。污水净化过程的第一阶段吸附和第二阶段的微生物代谢是在一个统一的曝气池中连续进行的，进口处有机浓度高，出口处有机浓度低。

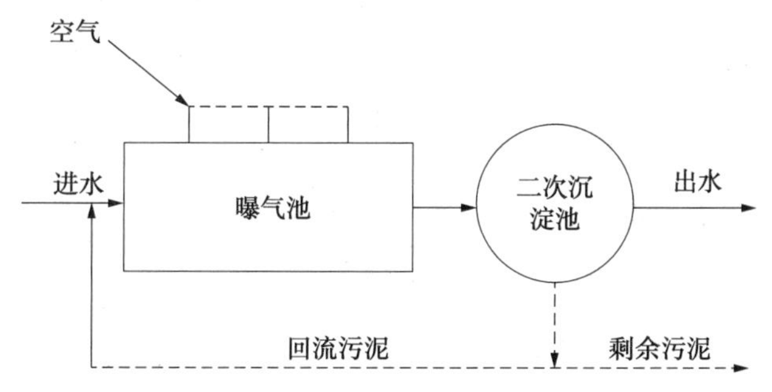

图 5-5　活性污泥法处理废水工艺流程图

[常明雪、刘卫东,《畜禽环境卫生》(第 2 版),2011]

②生物膜法。生物膜法是一种利用微生物活动降解水体有机物，净化水体的方法。生物膜是由高度密集的好氧菌、厌氧菌、兼性菌、真菌、原生动物以及藻类等组成的生态系统，其附着的固体介质称为滤料或载体。生物膜法的原理是，生物膜首先吸附覆盖在水层的有机物，由好气层的好氧菌将其分解，再进入厌气层进行厌气分解，流动水层则将老化的生物膜冲掉以生长新的生物膜，如此往复以达到净化污水的目的。

生物膜法具有以下特点：①对水量、水质、水温变动适应性强；②处理效果好并具良好消化功能；③污泥量小且易于固液分离；④动力费用较低。

(2)厌氧生物处理法

厌氧生物处理法是指在厌氧细菌或兼性细菌的作用下将污泥中的有机物分解，最后产生甲烷和二氧化碳等气体的方法。厌氧消化具有下列特点：无须搅拌和供氧，动力消耗少；能产生大量含甲烷的沼气，是很好的能源物质，可用于发电和家庭燃气；可高浓度进水，保持高污泥浓度，因此其单位容积有机负荷要达到国家标准仍需要进一步处理；初次启动时间长；对温度要求较高；对毒物影响较敏感；遭破坏后，恢复期较长。

污水厌氧生物处理法按微生物的凝聚形态可分为厌氧活性污泥法和厌氧生物膜法。

①厌氧活性污泥法。厌氧活性污泥是由兼性厌氧菌和专性厌氧菌与废水中的有机杂质形成的污泥颗粒，微生物的组成主要有水解细菌、发酵细菌、氢细菌和乙酸菌、产甲烷菌硫酸盐还原菌、厌氧原生动物等，其中产甲烷菌是厌氧活性污泥的中心骨架。活性污泥具有生物吸附、生物降解和絮凝作用，有一定的沉降性能。厌氧活性污泥法包括普通消化池、厌氧接触消化池、升流式厌氧污泥床、厌氧颗粒污泥膨胀床等。

②厌氧生物膜法。厌氧微生物部分附着生长在滤料上，形成厌氧生物膜，部分在滤料空隙间悬浮生长。污水流经挂有生物膜的滤料时，水中的有机物扩散到生物膜表面，并被生物

膜中的微生物降解转化为沼气，净化后的水通过排水设备排至池外，所产生的沼气被收集利用。厌氧生物膜法包括厌氧生物滤池、厌氧流化床和厌氧生物转盘。

4. 自然处理法

自然处理法是利用天然水体、土壤和生物的物理、化学与生物的综合作用来净化污水。其净化机制主要包括过滤、截留、沉淀、物理和化学吸附、化学分解、生物氧化以及生物的吸附等。其原理涉及生态系统中物种共生、物质循环再生原理、结构与功能协调原则，分层多级截留、储藏、利用和转化营养物质机制等。这类方法投资省、工艺简单、动力消耗少，但净化功能受自然条件制约。宜采用的自然处理法有人工湿地、土地处理和稳定塘技术。

(1)人工湿地

人工湿地是一种由人工建造和控制运行的与沼泽地类似的地面，将污水、污泥有控制地投配到经人工建造的湿地上，污水与污泥在沿一定方向流动的过程中，主要利用土壤、人工介质、植物、微生物的理化生三重协同作用，对污水、污泥进行处理的技术。其作用机制包括吸附、滞留、过滤、氧化还原、沉淀、微生物分解、转化、植物遮蔽、残留物积累、蒸腾水分和养分吸收及各类动物的作用。

人工湿地处理系统可以分为自由水面人工湿地处理系统、人工潜流湿地处理系统和垂直水流型人工湿地处理系统，具有缓冲容量大、处理效果好、工艺简单、投资省、运行费用低等特点。

人工湿地适用于有地表径流和废弃土地、常年气温适宜的地区，选用时进水固体悬浮物应小于 500 mg/L，可根据当地气候、地理状况、污水性质等选择适宜的水生植物。

(2)土地处理

土地处理是通过土壤的物理、化学作用以及土壤中微生物、植物根系的生物学作用，使污水得以净化的自然与人工相结合的污水处理系统。

土地处理系统通常由废水的预处理设施、储水湖、灌溉系统、地下排水系统等部分组成。处理方式有地表漫流、灌溉、渗滤 3 种。采用土地处理应采取有效措施防止污染地下水。

(3)稳定塘

稳定塘旧称氧化塘或生物塘，是利用天然水体和土壤中微生物、植物和动物的活动来降解废水中的有机物的过程。

稳定塘适用于有湖、塘、洼地可供利用且气候适宜、日照良好的地区。蒸发量大于降水量的地区使用时，应有活水来源，确保运行效果。稳定塘按占优势微生物对氧的需求程度，可分为厌氧塘、曝气塘、好氧塘、兼性塘。

①厌氧塘。水深一般在 2.5 m 以上，水体有机质含量高，水体缺氧。水体中的有机物质在厌氧菌作用下被分解产生沼气，沼气将污泥带到水面，形成一层渣，浮渣可保温和阻止光合作用，维持水体的厌氧环境。厌氧塘净化水质速度比较慢，废水在氧化塘中停留的时间最长 50 d。

②曝气塘。曝气塘是在池塘水面安装有人工曝气设备的氧化塘，曝气塘水深 3 ~ 5 m，在一定水深范围内水体可维持好氧状态。废水在曝气塘停留时间为 3 ~ 8 d。

③好氧塘。水体含氧量多，水较浅，一般 0.2 ~ 0.4 m 阳光能照到底部，主要靠塘中藻类

的光合作用提供氧，好氧菌在有氧环境中将有机物转化为无机物，从而使废水得到净化，故无须曝气。废水在塘内停留时间，温暖地区为3~5 d，寒冷地区为20 d。

④兼性塘。水体上层含氧量高，中层和下层含氧量低，水深1~2.5 m。废水中的有机物主要在上层被好氧微生物氧化分解，而沉积在底层的固体和老化藻类主要被厌氧微生物发酵分解。废水在塘内停留时间，温暖地区为7~50 d，寒冷地区50~180 d。

三、畜禽尸体处理技术

做好畜禽尸体的处理工作，不但可以控制环境的污染，也可以防止疾病的传播。目前，对畜禽尸体进行无害化处理常用的方法有焚烧法、深埋法、高温法、化制法和发酵法。

1. 焚烧法

焚烧法是指在焚烧容器内，使病死及病害畜禽和相关畜禽产品在富氧或无氧条件下进行氧化反应或热解反应的方法。该设备主要由炉体、除尘器、燃烧器、电控系统组成，主要适用于处理具有传染性疾病的畜禽尸体。此种方法能够彻底消灭病菌，但成本高，需要大量的能源及设备，不能利用产品。

2. 深埋法

目前，深埋法是处理病死畜禽尸体最常用的方法。深埋点应选择地势高燥、处于下风向的地点，并远离居民区、水源等。深埋坑底应高出地下水位1.5 m以上，要防渗、防漏，坑底铺设2~5 cm生石灰或漂白粉等消毒药，放一层病死畜禽撒一层生石灰，最上层距离地面1.5 m以上，覆盖距地表20~30 cm、厚度不少于1.0~1.2 m的覆土。覆土不要太实，以免腐败产气造成气泡冒出和液体渗漏，深埋后设置警示标识，并对场地进行彻底消毒。

3. 高温法

高温法是将病死及病害畜禽和相关畜禽产品或破碎产物输送入容器内，与油脂混合。在常压状态下，维持容器内部温度≥180 ℃，持续时间≥2.5 h（具体处理时间根据处理物种类和体积大小而定）。加热烘干产生的蒸气经废气处理系统后排出，产生的畜禽尸体残渣传输至压榨系统处理。

4. 化制法

化制法是指在密闭的高压容器内，通过向容器夹层或容器内通入高温饱和蒸汽，在干热压力或蒸气压力的作用下，处理病死及病害畜禽和相关畜禽产品的方法。化制法可分为干化法和湿化法两种。

①干化法。将病死及病害动物和相关动物产品或破碎产物输送入高温高压容器内，处理中心温度≥140 ℃，压力≥0.5 MPa（绝对压力），处理时间≥4 h（具体处理时间随处理物种类和体积大小而定）。加热烘干产生的蒸气经废气处理系统后排出，产生的畜禽尸体残渣传输至压榨系统处理。

②湿化法。将病死及病害动物和相关动物产品或破碎产物输送入高温高压容器内，处理中心温度≥135 ℃，压力≥0.3 MPa（绝对压力），处理时间≥30 min（具体处理时间根据处

理物种类和体积大小而定)。高温高压结束后,对处理产物进行初次固液分离。固体物经破碎处理后,送入烘干系统;液体部分送入油水分离系统处理。

5. 发酵法

发酵法是指将畜禽尸体及相关畜禽产品与木屑、稻糠等按照一定要求混合,利用畜禽尸体及相关畜禽产品产生的生物热,分解畜禽尸体及相关动物产品的方法。发酵法包括堆肥法、化尸窖法和沼气法。

①堆肥法。将畜禽尸体放置于堆肥内部,通过微生物的代谢过程降解畜禽尸体,并利用降解过程中产生的高温杀灭病原微生物,从而达到无害化处理的目的。该方法具有投资小、技术简单、臭味小、不污染水源、能够杀灭病原并能产生肥料等优点。

②化尸窖法。化尸窖又称生物降解池、无害化处理池,化尸窖法是指以适量容积的化尸窖沉积畜禽尸体,让其自然腐烂降解。因建造简单、投入成本低、运行成本低,目前在我国普遍使用,主要适用于养殖场、镇村集中处理场等。其缺点是不能循环重复利用,降解过程受季节、区域影响比较大。

③沼气法。沼气法又称厌氧生物发酵,在养殖业主要用于畜禽粪便的处理,产生沼气和肥料。近年来,我国开展了病死猪与猪粪混合厌氧发酵试验研究,结果表明混合物料具有很好的产沼气的潜力,适宜在有大中型沼气工程的规模养殖场推广应用。

四、孵化废弃物的处理

在家禽孵化过程中也会产生大量的废弃物,主要包括毛蛋、无精蛋、蛋壳、血蛋等。这些废弃物中含蛋白质22% ~32%,脂肪10% ~18%,钙17% ~24%,采用高温处理后,可作为畜禽饲料,但不宜用作鸡的饲料,以防消毒不彻底导致疫病传播。其处理方法有:①将蛋壳和死胚混合在一起,经高温消毒、干燥处理后,制成粉状饲料加以利用;②将蛋壳与各阶段死胚分开处理,蛋壳经高温消毒、干燥后粉碎制成蛋壳粉,死胚单独加工成粉状料,其蛋白质含量更高;③将5%玉米、17%豆粕、0.15%丙酸和77.85%孵化废弃物混合后通过挤压调制后饲喂家禽;④将废弃物碾碎与植物型乳酸杆菌及粪便链球菌混合发酵21 d,作为碳水化合物的来源。

五、垫草、垃圾的处理

畜禽场废弃的垫草及场内生活和各项生产过程的垃圾,除和粪便一起用于生产沼气外,还可以在场内下风向处选一地点焚烧,焚烧后的灰土覆盖发酵后可变为肥料。但须注意:不可将场内的旧垫草及垃圾随意堆放,以防污染环境。

【技能训练14】

环境卫生调查及评价

【目标要求】

以附近畜禽场作为实习现场,对畜禽场场址选择、场区布局、环境卫生设施以及畜禽舍卫生状况等方面进行现场观察、测量和访问，运用课堂学过的理论知识进行综合分析，并作出卫生评价报告。

【材料器具】

干湿球温度计、热球式电风速仪、照度计、卷尺、函数表、记录笔、环境卫生调查表。

【内容方法】

1. 主要内容

(1)畜禽场位置

观察并了解畜禽场与居民点、交通运输要道及其他工厂的位置关系与距离。

(2)畜禽场的地形、地势与土质

了解畜禽场地势、地形、土质、坡度、主导风向、植被等状况。

(3)水源

水源种类及卫生防护条件、给水方式、水质与水量是否满足需要。

(4)畜禽场平面布局

①畜禽舍的排列方式、朝向及间距。

②畜禽场功能区的划分及其场内位置的相互关系。

③兽医室、饲料库、饲料加工调制间、产品加工间、贮粪池以及其他附属建筑物的位置及与畜禽舍的距离。

④运动场的位置、面积、土质及排水情况。

(5)畜禽舍卫生状况

畜禽舍类型、式样、材料结构，通风换气方式与设备，采光情况，排水系统及防潮措施，畜禽舍防寒、防热的设施及其效果，畜禽舍小气候观测等。

(6)畜禽场环境污染与环境保护情况

畜禽粪、尿处理情况，绿化状况，场界与各区域的卫生防护设施，蚊蝇滋生情况及其他卫生状况等。

(7)其他

畜禽传染病、地方病、慢性中毒性疾病等发病情况。

2. 实训安排

学生分成若干小组，按上述内容进行观察、测量和访问，并参考下表进行记录，最后综合分析，作出卫生评价结论。结论的内容应从畜禽场场址选择、建筑物布局、畜禽舍建筑、畜禽场环境卫生4个方面分别指出其优点、缺点，并提出改进意见。结论文字力求简明、扼要。

【考核标准】

考核内容及分数	操作环节与要求	评分标准		考核方法	熟练程度	时限/d
		分值/分	扣分依据			
1. 调查表的书写情况	测量方法、结果	40	测量方法若有错误，每处扣2分，直至40分为止			

续表

考核内容及分数	操作环节与要求	评分标准		考核方法	熟练程度	时限/d
		分值/分	扣分依据			
2. 测量温度、湿度、气流、照度、采光系数、入射角、透光角 3. 测量畜禽场各畜禽舍之间的距离 4. 测量畜禽场各建筑物的长、宽、面积 (100分)	计算结果	20	计算结果错误每项扣5分,直至20分为止	分组操作考核	熟练掌握	1
	操作规范程度	10	操作不规范时每项扣2分,直至10分为止			
	填写内容全面	10	填写内容不全面时每项扣2分,直至10分为止			
	熟练程度	10	在教师指导下完成时一处扣5分,直至10分为止			
	完成时间	10	每超时1 h扣2分,直至10分为止			

【作业习题】

选一畜禽场,对其进行环境卫生调查,填写畜禽场环境卫生调查表,并对其进行综合评价,如果不符合畜禽场环境卫生要求,请提出改进意见。

畜禽场环境卫生调查表

畜禽场名称:______________________　畜禽种类与头数:______________________

地理位置:______________________　畜禽场面积:______________________

地形:______________________　地势:______________________

土质:______________________　植被:______________________

水源:______________________　当地主导风向:______________________

畜禽舍区位置:______________________　畜禽舍栋数:______________________

畜禽舍朝向:______________________　畜禽舍间距:______________________

畜禽舍距水池______________________　畜禽舍距贮粪池______________________

畜禽舍距饲料间______________________　畜禽舍距饲料库______________________

畜禽舍距兽医室______________________　畜禽舍距产品加工间______________________

畜禽舍距公路______________________　畜禽舍距住宅区______________________

畜禽舍类型:______________________　畜禽舍:长______,宽______,面积______

畜栏有效面积:长____,宽____,面积____　饲料室:长______,宽______,面积______

值班室:长______,宽______,面积______　其他室:长______,宽______,面积______

舍顶:形式______,材料______,高度______　天棚:形式______,厚度______,高度______

外墙:材料__________,厚度__________　窗:南窗数量______,每个窗尺寸________

北窗数量________,每个窗尺寸________　窗台高度________,采光系数__________

透光角__________,入射角__________　大门:形式____,数量____,高____、宽____

通道:数量______,位置______,宽______　畜床:材料________,卫生条件________

通风设备:入气管个数______,面积______　粪尿沟:形式______,宽______、深______

出气管：个数____，面积（每个）__________　其他通风设备：__________________________

运动场：位置______，面积____，土质____　卫生状况：______________________________

畜禽舍小气候观测结果：温度______，湿度________，气流________，照度__________

畜禽场场区环境卫生状况：____

其他：____

综合评价：____

改进意见：____

调查者____________

调查日期__________

任务二　消毒生产环境

【教学案例】

母猪产房的消毒

重庆某猪场地处山区，其产房环境控制设施有风机、水帘，产房内有产床20个，地面为漏缝地板，该栋产房每进一批猪均不同程度出现仔猪腹泻症状，尤其到夏季，仔猪腹泻极为严重，给养殖场造成了严重的损失。

提问：

1. 从环境控制上分析该猪场出现此现象的原因。
2. 该猪场有哪些措施需要完善？

在现代化养殖当中，由于养殖密度的不断增加，病原微生物的存在概率变得越来越大，且养殖密度的增加也使微生物的生存环境变得多样化。一个养殖场的生物安全很大程度上取决于该养殖场的消毒措施是否完善和严格执行，如果养殖场没有严格地消毒生产环境，就会很容易受到病原微生物的侵袭，从而引发疾病，造成经济损失。

一、消毒的意义

消毒是指通过物理、化学或生物学方法杀灭或清除病原微生物的技术或措施。消毒是预防传染病、保障养殖生产健康发展的必要措施之一。在传染病的预防与控制工作中，防疫工作者需要对传染流行过程的三环节即传染源、传播途径、易感动物采取综合性措施，并根据传染病发生的特点对主导环节采取有效措施来预防和控制传染病。消毒与病媒防治工作就是切断传播途径、消灭传染源的主要措施。

从社会预防医学和公共卫生学的角度来看，兽医消毒工作也是防止和减少人畜共患病的发生、蔓延，保障人类环境卫生、身体健康的重要环节之一。尤其是对新检出的、以前未明确的感染引起的，造成地方或全球公共卫生新问题的新传染性疫病，由于人们对新传染病病因认识不足，因此只能通过消毒来有效切断传播途径，阻止疫情发展。

二、消毒分类

畜禽生产的消毒按照目的可分为疫源地消毒和预防性消毒。

（一）疫源地消毒

疫源地消毒指对有传染源（病畜禽或病原携带畜禽）存在的地区进行消毒，以免病原体外传。疫源地消毒又分为突击性消毒、临时消毒和终末消毒3种。

1. 突击性消毒

突击性消毒指在某种传染病暴发和流行过程中，为了切断传播途径，防止其进一步蔓延，对畜禽场环境、畜禽、器具等进行的紧急性消毒。由于病畜禽的排泄物中含有大量的病原体，因此必须对病畜禽进行隔离，并对隔离畜禽舍进行反复消毒。要对病畜禽所接触过的和可能受到污染的器物、设施及其排泄物进行彻底的消毒；对兽医人员在防治和试验工作中使用的器械设备和所接触的物品亦应进行消毒。

2. 临时消毒

在非安全地区的非安全期内，为消灭病畜禽携带的病原传播所进行的消毒，称为临时消毒。临时消毒应尽早进行，并根据传染病的种类和用具选用合适的消毒剂。

3. 终末消毒

终末消毒指发病地区消灭了某种传染病，在解除封锁前，为了彻底消灭病原体而进行的最后消毒。终末消毒不仅要对病畜禽周围一切物品及畜禽舍进行消毒，而且要对痊愈畜禽的体表、畜禽舍和畜禽场其他环境进行消毒。

（二）预防性消毒

预防性消毒指未发现传染源情况下，对可能被病原体污染的物品、场所和人体进行消毒措施，包括经常性消毒和定期消毒。

1. 经常性消毒

经常性消毒是指在未发生传染病情况下，为了预防传染病的发生，消灭可能存在的病原体，根据畜禽场日常管理的需要，随时或经常对畜禽场环境以及畜禽经常接触到的人以及一些器物，如工作衣、帽、靴进行消毒。消毒的主要对象是接触面广、流动性大、易受病原体污染的器物、设施和出入畜禽场的人员、车辆等。

经常性消毒的常用办法是在场舍入口处设消毒槽和紫外线杀菌灯，人员、畜禽出入时，踏过消毒池内的消毒液以杀死病原微生物。消毒槽须由兽医管理，定期清除污物，更换新配制的消毒液。进场时人员需经过淋浴并且换穿场内经紫外线灯消毒后的衣帽，再进入生产区，这是一种行之有效的预防措施，即使对要求极严格的种畜场，淋浴也是预防传染病发生的有效方法。

2. 定期消毒

定期消毒是指在未发生传染病时，为了预防传染病的发生，对有可能存在病原体的场所或设施，如圈舍、栏圈、设备、用具等进行定期消毒。当畜禽群出售，畜禽舍空出后，必须对畜禽舍及设备、设施进行全面清洗和消毒，以彻底消灭微生物，使环境保持清洁卫生。

三、影响消毒效果的因素

（一）消毒剂自身因素

1. 消毒剂的种类

针对消毒目的，选择合适的消毒剂是消毒工作的关键。如要杀灭芽孢或非囊膜病毒，就必须选用高效消毒剂或合适的物理灭菌法。

2. 消毒剂的强度与时间

消毒剂的强度在热力消毒中指温度高低，在辐射消毒中指辐射强度大小，在化学消毒中指消毒剂的浓度。一般来说，消毒剂的强度越大，时间越长，消毒效果越好，但在有些消毒中消毒强度与时间却成反比，比如酒精的使用，70% ~75% 的酒精消毒效果较好，而再高浓度的酒精由于使细胞膜表面形成蛋白凝固层，消毒效果大大降低。

3. 消毒剂表面张力

消毒剂表面张力的降低，有利于药物接触微生物而促进杀灭作用。在实际应用中，可选用表面张力低的溶剂配制消毒剂，如用乙醇配制的碘酊就比水配制的碘溶液表面张力低，消毒效果好；还可在消毒剂中加入表面活性剂来降低表面张力，如含氯消毒剂中加入表面活性剂，氯代二甲苯酚中加入少许饱和脂肪酸皂均对消毒效果有所提高。

（二）环境因素

1. 温度

一般来说，不管是物理消毒还是化学消毒，温度越高，杀菌力越强，但也有少数例外，如臭氧消毒无色杆菌所需臭氧剂量，在 20 ℃时反而较 0 ℃要增加一倍。

2. 湿度

空气的相对湿度对消毒效果有影响，如直接喷撒消毒剂干粉时，需要有较高的相对湿度来潮解干粉，达到消毒目的；紫外线照射时，空气相对湿度大阻碍紫外线穿透，从而降低消毒效果。

3. pH 值

环境 pH 值一方面可以改变消毒剂的溶解度、解离度和分子结构，另一方面过高或过低的 pH 值还会影响微生物的生长。改变环境 pH 值将会使消毒剂杀菌效果不同，如戊二醛在酸性环境稳定,杀菌能力弱,加入0.3%碳酸氢钠,pH值为7.5~8.5时,杀菌活性增强。一般来说,pH值增高,解离程度增加,酚、苯甲酸类消毒效果减弱,而菌体表面负电基团增多,导致其与带正电荷的消毒药分子结合增多,季铵盐类、洗必泰、染料类消毒剂消毒效果增强。

4.拮抗物

(1)有机物的存在

脓、血、体液等有机物与药物形成不溶性化合物,或将其吸附发生化学反应,或对微生物起机械性保护作用。有机物越多,对消毒防腐药抗菌效力影响越大。

(2)水中离子

水中的Ca^{2+}、Mg^{2+}能与季铵盐类、洗必泰或碘等结合形成不溶性盐类,降低抗菌效力。

(3)配伍禁忌

两种以上药物合用,或消毒药与清洁剂、除臭剂合用,药物之间会发生物理、化学等方面的变化,使消毒药效降低或失效。如高锰酸钾、过氧乙酸等氧化剂与碘酊等还原剂之间会发生氧化还原反应,不但减弱消毒药效,还会增强对皮肤的刺激性,甚至产生毒害;阴离子表面活性剂肥皂与阳离子表面活性剂合用,发生置换反应,使药效消失。

(三)微生物因素

一般来说,病毒对碱类敏感,对酚类抵抗力大;革兰氏阳性菌比革兰氏阴性菌更敏感;生长旺盛期的细菌更敏感。

四、消毒方法

(一)机械消毒

用清扫、铲刮、洗刷等机械方法清除降尘、污物及沾染在墙壁、地面以及设备上的粪尿、残余饲料、废物、垃圾等,这样可减少大气中的病原微生物。必要时,应将舍内外表层附着物一起清除,以减少感染疫病的概率。在进行消毒前,必须彻底清扫粪便及污物,对清扫不彻底的畜禽舍进行消毒,即使用高于规定的消毒剂量,效果也不显著。因为除了强碱(氢氧化钠溶液)以外,一般消毒剂,即使接触少量的有机物(如泥垢、尘土或粪便等)也会迅速丧失杀菌力。因此,消毒以前的场地必须进行清扫、铲刮、洗刷并保持清洁、干净。此外,在清扫前使用空气喷雾消毒剂,可以起到沉降微粒和杀菌作用,使机械消毒效果更好。

(二)物理消毒

1.过滤消毒

过滤消毒是以物理阻留的方法,去除介质中的微生物,主要用于去除气体和液体中的微生物。其除菌效果与滤器材料的特性、滤孔大小和静电因素有关。过滤消毒的最大缺点是不能滤除病毒。

①滤器阻留。滤器材料中无数参差不齐的网状纤维结构相互交织重叠排列,形成狭窄

弯曲的通道,可以阻留颗粒样的微生物和杂质。

②筛孔阻留。大于滤器孔径的微生物等颗粒,经过滤膜或滤析的筛孔时,犹如过筛子一样被阻留在滤器中。

③静电吸附。使微生物带有负电荷,将某些滤器的滤材带正电荷,通过静电作用阻留微生物或其他颗粒。

2. 日光照射消毒

日光照射消毒是指将物品置于日光下暴晒,利用太阳光中的紫外线、阳光的灼热和干燥作用使病原微生物灭活。这种方法适用于对畜禽场、运动场场地、垫料和可以移出室外的用具等进行消毒,既经济又简便;畜禽舍内的散射光也能将微生物杀死,但作用较弱,阳光的灼热引起的干燥亦有灭菌作用。

在强烈的日光照射下,一般的病毒和非芽孢菌经数分钟到数小时内即可被杀灭。常见的病原被日光照射杀灭的时间,巴氏杆菌为 6 ~ 8 min,口蹄疫病毒为 1 h,结核杆菌为 3 ~ 5 h。即使对恶劣环境抵抗能力较强的芽孢,在连续几天强烈阳光反复暴晒后也可以被杀灭或变弱。阳光的杀菌效果受空气温度、湿度、太阳辐射强度及微生物自身抵抗能力等因素的影响。低温、高湿及能见度低的天气消毒效果差,高温、干燥、能见度高的天气消毒效果好。

3. 辐射消毒

(1)紫外线照射消毒

紫外线照射消毒是用紫外线灯照射杀灭空气中或物体表面的病原微生物。紫外线照射消毒常用于畜禽生产场地入口、澡堂换衣服处、种蛋室、兽医室等空间以及人员进入畜禽舍前的消毒。由于紫外线容易被吸收,对物体(包括固体、液体)的穿透能力很弱,所以紫外线只能杀灭物体表面和空气中的微生物,当空气中微粒较多时,紫外线的杀菌效果降低。由于畜禽舍内空气尘粒多,所以,对畜禽舍内空气采用紫外线消毒效果不理想。另外,紫外线的杀菌效果还受环境温度的影响,消毒效果最好的环境温度为 20 ~ 40 ℃,温度过高或过低均不利于紫外线杀菌。波长 254 nm 的紫外线杀菌力最强,波长过长或过短,其杀菌力均减弱。

(2)电离辐射消毒

电离辐射消毒是指用 X 射线、γ 射线、阴极射线等照射物体,以杀灭物体内细菌和病毒等微生物。电离辐射具有强大的穿透力且不产生热效应,尽管已在食品业与制药业领域广泛使用,但产生电离辐射需有专门的设备,投资和管理费用都很高,因此,在畜牧业中短期内尚难采用。

4. 热力消毒

热可以灭活一切微生物,是一种应用广泛、效果可靠的消毒方法。热力消毒又称高温消毒,是利用高温环境破坏细菌、病毒、寄生虫等病原体结构,杀灭病原的消毒方法,主要包括干热和湿热两种消毒形式。

(1)干热消毒

干热消毒即火焰消毒,是利用火焰喷射器喷射火焰灼烧耐火的物体或者直接焚烧被污染的低价值易燃物品,以杀灭黏附其上的病原体。这是一种简单可靠的消毒方法,杀菌率高，平均可达97%，消毒后设备表面干燥，常用于畜禽舍墙壁、地面、笼具、金属设备等表面的消毒。使用火焰消毒时，应注意以下几点：每种火焰消毒器的燃烧器都只和特定的燃料相配，故一定要选用说明书指定的燃料种类；要撤除消毒场所的所有易燃易爆物，以免引起火灾；先用药物进行消毒，再用火焰消毒器消毒，才能提高灭菌效率。

(2)湿热消毒

湿热消毒包括煮沸消毒和高压蒸汽消毒。煮沸消毒是指将被污染的物品置于水中蒸煮，利用高温杀灭病原。煮沸消毒经济方便，应用广泛，消毒效果好。一般病原微生物在100 ℃沸水中5 min即可被杀死，经1 ~2 h煮沸可杀死所有的病原体。这种方法常用于体积较小而且耐煮的物品，如衣物、金属器具、玻璃等。

高压蒸汽消毒则是利用水蒸气的高温杀灭病原体。其消毒效果确实可靠，常用于医疗器械等物品的消毒。常用的温度为115 ℃、121 ℃或126 ℃，一般需维持20 ~30 min。

5. 其他消毒方法

(1)超声波消毒

超声波消毒指利用超声波发生器产生的超声波进行消毒，对各种微生物都有一定的破坏作用，杀灭杆菌的效果较好，但对水、空气的消毒效果较差。若应用高频率、高强度的超声波波源，虽然能获得满意的消毒价值，但费用太大又没有经济效益。生产中常用超声波与紫外线结合来增加对细菌的杀灭率。

(2)微波消毒

微波消毒指用微波杀灭微生物，它具有杀灭微生物种类广、操作方便、省时省力、被消毒物品损害小等优点，因此，广泛应用于制药工业、医疗物品的灭菌。

(3)激光消毒

激光是一种电磁波，也是一种能量流(光子流)。激光消毒是利用激光作用在生物体时产生的一些特殊生物效应(化学反应、热效应、电子效应、压力效应、生物刺激效应)的工作原理杀菌。

畜禽场常用的物理消毒方法见表5-1。

表5-1　常用的物理消毒方法

类别	消毒方法	一般剂量	主要设备	用途	安全性
过滤法		—	各类型滤器	液体空气的除菌	无害
日光		—	—	对养殖场一切物体表面消毒	无害
辐射	紫外线	254 nm波长，有效距离2 m，30 min以上	紫外灭菌灯	空气、薄层透明液体消毒	防止发生臭氧中毒
	γ射线	1 ~30 kGy	γ照射源	包装性物品、食品	致癌致畸致突变
干热	火焰	—	火源	对耐火焰材料消毒(如金属、玻璃等)	无害
	干热空气	160 ℃，2 h	干热灭菌箱	耐高温的玻璃和金属制品	无害

续表

类别	消毒方法	一般剂量	主要设备	用途	安全性
湿热	煮沸	100 ℃,10～20 min	煮锅	耐高温物品	无害
	高压蒸汽	115 ℃,30 min 121.3 ℃,15～20 min	高压蒸汽灭菌锅	耐热耐压物品	无害
	巴氏消毒	62～65 ℃,30 min; 75～85 ℃,15 s	恒温加热器	牛奶消毒	无害

(三)化学消毒

相比于其他消毒方法,化学消毒速度快、效率高,能在数分钟内进入病原体内并杀灭之。所以,化学消毒是畜禽场最常用的消毒方法。

1.化学消毒剂的分类

(1)环境消毒剂

①酚类。一种表面活性物质(羟基亲水、苯环亲脂),可损害细胞膜,使蛋白变性;抑制细菌脱氢酶和氧化酶等活性,产生抑菌作用;仅对细菌繁殖体和真菌有效;包括苯酚(石炭酸)、甲酚(煤酚、来苏儿),常用的为复合酚(苯酚41%～49%、醋酸22%～26%及十二烷基苯磺酸等配制而成的水溶性混合物)。

②过氧化物类。广谱、速效、高效灭菌剂,强氧化剂,可以杀灭一切微生物,对病毒、细菌、真菌及芽孢均能迅速杀灭,常用的有过氧乙酸、高锰酸钾。

③醛类。通过烷基化反应,菌体蛋白质变性,酶和核酸的功能发生改变。常用的有甲醛和戊二醛两种。优点是消毒可靠,缺点是有刺激性气味、作用慢,近年来的研究表明,甲醛有一定的致癌作用。

④碱类。碱对病毒和细菌的杀灭作用较强,杀菌机理是使蛋白变性、沉淀或溶解,但刺激性和腐蚀性也较强,有机物可影响其消毒效力。常用的主要有氢氧化钠和氧化钙。

⑤卤素类。分无机含氯消毒药和有机含氯消毒药两大类。无机含氯消毒药主要有漂白粉、复合亚氯酸钠等;有机含氯消毒药主要有二氯异氰脲酸、三氯异氰脲酸、溴氯海因等。

(2)皮肤黏膜消毒剂

①醇类。属中性消毒剂,主要用于皮肤黏膜的消毒。常用的是乙醇。近年有研究发现,醇类消毒剂和戊二醛、碘伏等配伍,可以增强其作用。

②卤素类。主要为碘与碘化合物,常用的有碘伏、碘酊等,碘伏是近年来广泛使用的含碘消毒药,刺激性较小。

③酸类。酸类对细菌繁殖体和真菌具有杀灭和抑制作用,但作用不强,适用于创伤、黏膜面的防腐消毒药物,酸性弱,刺激性小,不影响创伤愈合。常用的有醋酸和硼酸。

④表面活性剂。一类能降低水溶液表面张力的物质。常用的有新洁尔灭、醋酸洗必泰。

⑤过氧化物类。常用的有过氧化氢(双氧水)、高锰酸钾。

⑥染料类。常用的有甲紫。

畜禽场常用化学消毒剂的使用方法及适用范围见表5-2。

表5-2　常用化学消毒剂的使用方法及适用范围

消毒剂名称	使用浓度/%	消毒对象	注意事项
氢氧化钠	1~4	畜禽舍、车间、车船、用具	防止对人畜皮肤的腐蚀,消毒完用水冲
生石灰	10~20	畜禽舍、墙壁、地面	现配现用
草木灰	10~20	畜禽舍、用具、车船	草木灰与水1:5混合
漂白粉	0.5~20	饮水、污水、畜禽舍、用具	现配现用
福尔马林	5~10	畜禽舍、孵化室	熏蒸消毒
来苏儿	5~10	畜禽舍、笼具、器械	先清除有机物
过氧乙酸	0.2~0.5	畜禽舍、体表、用具、地面	0.3%溶液可作带畜禽喷雾消毒
新洁尔灭	0.1	畜禽舍、食槽、体表	不与碱性物质混用
戊二醛	2	畜禽舍、用具、车船、车间	腐蚀铝制品

2. 选择化学消毒剂的原则

(1)适用性

不同种类的病原微生物构造不同,对消毒剂反应不同,有些消毒剂为“广谱”性的,对绝大多数微生物都具有杀灭效果,也有一些消毒剂为“专用”的,只对有限的几种微生物有效。因此,在使用消毒剂时,必须了解消毒剂的药性、特点、适用对象,并根据消毒的目的合理选择消毒剂。

(2)杀菌力和稳定性

在同类消毒剂中注意选择消毒力强、性能稳定、不易挥发、不易变质或不易失效的消毒剂。

(3)毒性和刺激性

大部分消毒剂对人、畜禽具有一定的毒性或刺激性,所以应尽量选择对人、畜禽无害或危害较小,不易在畜禽产品中残留并且对畜禽舍、器具无腐蚀性的消毒剂。

(4)经济性

应优先选择价廉、易得、易配制和易使用的消毒剂。

3. 化学消毒剂的使用方法

(1)清洗法

清洗法是用一定浓度的消毒剂对消毒对象进行擦拭或清洗,以达到消毒目的,常用于对种蛋、畜禽舍地面、墙裙、器具进行消毒。

(2)浸泡法

浸泡法是一种将需消毒的物品浸泡于消毒液中进行消毒的方法。常用于对医疗器具、小型用具、衣物进行消毒。

(3)喷洒法

喷洒法是将一定浓度的消毒液通过喷雾器或洒水壶喷洒于设施或物体表面进行消毒，常用于对畜禽舍地面、墙壁、笼具及动物产品进行消毒。喷洒法简单易行、效力可靠，是畜禽场最常用的消毒方法。

(4)熏蒸法

利用化学消毒剂挥发或在化学反应中产生的气体，以杀死封闭空间中病原体。这是一种作用彻底、效果可靠的消毒方法，常用于对孵化室、无畜禽的畜禽舍等空间进行消毒。

(四)生物消毒法

生物消毒法是指利用微生物在分解有机物过程中释放出的生物热，杀灭病原性微生物和寄生虫卵。在有机物分解过程中，畜禽粪便的温度可以达到60~70 ℃，可以使病原微生物及寄生虫卵在十几分钟至数日内死亡。生物消毒法是一种经济简便的消毒方法，能杀死大多数病原体，主要用于粪便消毒。

五、畜禽场的常规消毒管理

(一)畜禽场消毒管理制度

畜禽场消毒管理制度大体如下：

①畜禽场大门处必须设有消毒池，一般在2 m以上，宽度应与门的宽度相同，水深10~15 cm，并保证有效的消毒浓度。

②畜禽场内应设有更衣室、淋浴室、消毒室、病畜禽隔离舍。

③进出场车辆、人员及用具要严格消毒。除经消毒池外还应通过其他如喷雾、紫外线等消毒方式消毒，同时更衣换鞋，确保消毒时间。

④畜禽舍门口设置消毒池与洗手池，进入畜禽舍需将鞋底浸泡消毒，同时用消毒液洗手消毒，再用清水洗干净。

⑤场区内每周至少消毒1次。场区周围及场内污水池、排粪坑、下水道出口，每周至少消毒2次。

⑥畜禽舍内每周至少消毒1次。饲槽、饮水器应每天清洗1次，每周消毒清洗1次。

⑦消毒药应选择对人和动物安全、没有残留毒性或残留毒性小、对设备没有破坏、不会在动物体内有害积累的消毒剂。消毒药应定期轮换使用。

⑧每批畜禽出栏时，要彻底清除粪便，用高压水枪冲洗干净，待舍内晾干后进行喷雾消毒或熏蒸消毒。

⑨更衣室、淋浴室、休息室、厕所等公共场所以及饲养人员的工作服、鞋、帽等应经常清洗消毒。

(二)畜禽舍的消毒方法

1.猪舍的消毒方法

猪舍的消毒包括定期预防消毒和发生传染病时的临时消毒。预防消毒一般每半月或1个月进行1次,临时消毒则应及时彻底。在消毒之前,先彻底清扫圈舍,若发生人畜共患的传染病,应先用有效消毒药物喷洒后再打扫、清理,以免病原微生物随土飞扬造成更大的污染。清扫时要把饲槽洗刷干净,将垫草、垃圾、剩料和粪便等清理出去,然后用消毒药进行喷雾消毒。药液的浓度根据具体情况而定,若发生传染病,则应选择对该种传染病病原有效的消毒剂。

(1)健康猪场环境消毒

对健康猪场主要进行预防性消毒。现代化猪场一般采用每月1次全场彻底大消毒,每周1次环境、栏圈消毒。圈舍地面的预防性消毒主要是经常清扫、定期用一般性的消毒药喷洒。

(2)感染场环境消毒

疫情活动期间的消毒是以消灭病猪所散布的病源为目的而进行的。其消毒的重点是病猪集中点、受病原体污染点和消灭传播媒介。消毒工作要尽早进行,每隔2天进行1次。疫情结束后,要进行终末消毒。对病猪周围的一切物品,猪舍、猪体表进行重点消毒。对感染猪场环境的消毒是消毒工作的重点和难点。

(3)不同污染情况采取的消毒药物

猪的几种主要疫病的消毒措施见表5-3。对尚未确诊的传染病最好采用广谱消毒药物,同时对圈舍采用全进全出的饲养管理方式,如不能做到可采取局部全进全出,然后进行清扫、冲洗,地面及墙壁用5%氢氧化钠溶液喷淋,2~3 d后再用清水冲洗,晾干。

表5-3 猪的几种主要疫病的消毒方法

疫病名	药物及浓度	消毒方法
猪口蹄疫	5%氢氧化钠、2%戊二醛等	喷雾
猪瘟	5%氢氧化钠、2%戊二醛等	喷雾
乙型脑炎	5%石炭酸、3%来苏儿等	喷雾
猪流感	3%氢氧化钠、5%漂白粉等	喷雾
猪伪狂犬	3%氢氧化钠、生石灰等	喷雾
猪传染性胃肠炎	0.5%过氧乙酸、含氯消毒剂等	喷雾
猪流行性腹泻	2%戊二醛、含氯消毒剂等	喷雾
猪繁殖与呼吸综合征	3%氢氧化钠、5%漂白粉等	喷雾
猪细小病毒病	3%氢氧化钠、3%来苏儿等	喷雾
猪大肠杆菌病	3%氢氧化钠、3%来苏儿等	喷雾

续表

疫病名	药物及浓度	消毒方法
猪蛔虫病	5%氢氧化钠、5%来苏儿等	喷雾
猪球虫病	5%氢氧化钠、5%来苏儿等	喷雾

2. 鸡舍的消毒方法

养鸡场的鸡舍消毒分为空舍消毒和带鸡消毒两种，无论哪种情况都必须掌握科学的消毒方法才能达到良好的消毒效果。

(1)空舍消毒

空舍消毒有六大消毒程序，即清扫、洗刷、冲洗消毒、粉刷消毒、火焰消毒、熏蒸消毒。

①清扫。在鸡饲养期结束时，将鸡舍内的鸡全部移走，并清除散落在鸡舍内外的鸡只。清除鸡舍内存留的饲料，未用完的饲料不再存留在鸡舍内，也不应在另外鸡群中使用。然后将地表面的污物清扫干净，铲除鸡舍周围的杂草，并将其一并送往堆集垫料和鸡粪处。将可移动的设备运输到舍外，经清洗和阳光照射后，放置于洁净处备用。

②洗刷。用高压水枪冲洗舍内的天棚、四周墙壁、门窗、笼具，水槽和料槽，达到去尘、湿润物体表面的作用。然后用清洁刷将水槽、料槽和料箱的内外表面污垢彻底清洗，用扫帚刷去笼具上的粪渣，用板铲清除地面的污垢，然后再用清水冲洗。

③冲洗消毒。鸡舍洗刷后，用酸性消毒剂和碱性消毒剂交替消毒，使耐酸的细菌和耐碱的细菌均能被杀灭。为防止酸碱消毒剂发生中和反应消耗消毒剂用量，在使用酸性消毒剂后，应用清水冲洗后再用碱性消毒剂，冲洗消毒后要清除地面上的积水，打开门窗风干。

④粉刷消毒。对鸡舍不平整的墙壁用10% ~20%的氧化钙乳剂进行粉刷，现配现用。同时用1 kg氧化钙加350 mL水，配成乳剂，洒在阴湿地面、笼下粪池内。在地与墙的夹缝处和柱的底部涂抹杀虫剂，以保证能杀死进入鸡舍内的昆虫。

⑤火焰消毒。用专用的火焰消毒器或火焰喷灯，对鸡舍的水泥地面、金属笼具及距地面1.2 m的墙体进行火焰消毒，要求各部位火焰灼烧的时间达3 s以上。

⑥熏蒸消毒。鸡舍清洗干净后，紧闭门窗和通风口，舍内温度要求在18 ~25 ℃，相对湿度在65% ~80%，用适量的消毒剂进行熏蒸消毒，鸡舍熏蒸消毒用药剂量见表5-4。甲醛与高锰酸钾消毒方法及要求：消毒前先将鸡舍的窗户用塑料布、板条及钉子密封，将舍门用塑料布钉好待封，用电炉将鸡舍温度提高到26 ℃，同时向舍内地面洒40 ℃热水至地面全部淋湿为止，然后将高锰酸钾分别放入几个装有适量水的消毒容器(瓷盆)中，搅拌均匀，置于鸡舍不同的过道上，配置与消毒容器数量相等的工作人员，依次站在消毒容器旁等待操作，当准备就绪后，由距离门最远的工作人员开始操作，依次向容器内放入甲醛，放入后迅速撤离，待最后一位工作人员将甲醛放入消毒容器时所有的工作人员都已撤离到门口，待工作人员全部撤出后，将舍门关严并封好塑料布。密封3 ~7 d后开门通风排出余气。

表5-4 鸡舍熏蒸消毒用药剂量

鸡舍状况	浓度等级	甲醛用量 /($mL \cdot m^{-3}$)	高锰酸钾用量 /($g \cdot m^{-3}$)	热水用量 /($mL \cdot m^{-3}$)
未使用过	一倍	14	7	10
未发疫病	二倍	28	14	10
已发疫病	三倍	42	21	10

需要注意的是，如果发生了传染病，用具有特异性和消毒力强的消毒剂喷洒鸡舍后再清扫，就可防止病原随尘土飞扬造成疾病在更大范围传播。然后以大剂量特异性消毒剂反复进行喷洒、喷雾及熏蒸消毒。一般每日一次，直至传染病被彻底扑灭，解除封锁为止。

(2)带鸡消毒

带鸡消毒是一种定期把消毒液直接喷洒在鸡体上的消毒方法，此法可以杀死或减少舍内空气中的病原体，沉降舍内的尘埃，维持舍内环境的清洁度，夏季还可起到防暑降温的作用。小型鸡场可使用一般农用喷雾器，大型鸡场使用专用喷雾装置。雏鸡两天进行一次带鸡消毒，育成和后备鸡每周一次。

3. 牛羊舍的消毒方法

(1)牛羊舍的消毒

健康场的牛羊舍可使用3%漂白粉溶液、3% ~5%硫酸石炭酸合剂热溶液、15%新鲜石灰混悬液、4%氢氧化钠溶液、2%甲醛溶液等进行消毒。若是已被病原微生物感染的牛羊舍，则要对其运动场、舍内地面、墙壁等进行全面彻底的消毒。消毒时，先清扫粪便、垫草、残余饲料等，并在指定地点进行发酵处理或深埋。对污染的土质地面用10%漂白粉溶液喷洒，然后掘起表土，撒上漂白粉，混合后深埋，对水泥地面、墙壁、门窗、饲槽、用具等用0.5%百毒杀进行喷淋或浸泡消毒，舍内再用3倍浓度的甲醛溶液和高锰酸钾进行熏蒸消毒。对疑似的病畜要迅速隔离，对危害较重的传染病应及时封锁，进出人员、车辆等要严格消毒。

(2)牛体表消毒

牛体表消毒主要针对体外寄生虫侵袭的情况。养牛场要在夏秋两季各检查一次牛体表寄生虫的侵害情况。对蠕形螨、蜱虫、虻等的消毒与治疗见表5-5。

表5-5 牛体表消毒剂

寄生虫	药剂名称及用量
蠕形螨	0.5% ~1%敌百虫、2.5%溴氰菊酯等
蜱虫	0.5% ~1%敌百虫、0.2%除虫菊酯煤油溶液等
虻	0.1% ~0.2%马拉硫磷、2.5%溴氰菊酯等

(3)羊体表消毒

羊体表消毒是一种经皮肤、黏膜施用消毒剂的方法，具有防病治病兼顾的作用。体表给药可以杀灭羊体表的寄生虫或微生物，有促进黏膜修复和恢复的生理功能。常用消毒方法主要有药浴、涂搽、洗眼、点眼、阴道子宫冲洗等。

（三）进场人员的消毒

人员是畜禽疾病传播中最危险、最常见也最难以防范的传播媒介，必须靠严格的制度并配合设施进行有效控制。在生产区入口处要设置更衣室与消毒室。更衣室内设置淋浴设备，消毒室内设置消毒池和紫外线消毒灯。工作人员进入畜禽生产区要淋浴，更换干净的工作服、工作靴，并通过消毒池对鞋进行消毒。

工作人员进入或离开每一栋舍要养成清洗双手、踏消毒池消毒鞋靴的习惯，尽可能减少不同功能区间工作人员交叉。技术人员在不同单元区之间来往应遵守从清洁区至污染区，从日龄小的畜禽群到日龄大的畜禽群的顺序。饲养员及有关工作人员应远离外界畜禽病原污染源，不允许私自养动物。有条件的场，可采取封闭隔离制度，安排员工定期休假。当进入隔离舍和检疫室时，还要换上另外一套专门的衣服和雨靴。

尽可能谢绝外来人员进入生产区参观访问，经批准允许进入参观的人员要进行淋浴洗澡，更换生产区专用服装、靴帽。杜绝饲养户之间随意串门。工作人员应定期进行健康检查，防止人与畜禽互感疾病。

（四）饲养设备及用具的消毒

料槽、水槽以及所有的饲养用具，除了保持清洁卫生外，要每天刷洗 1 次，大家畜的饲养用具每隔 15 d 用高锰酸钾水或百毒杀消毒 1 次，每个季度全面消毒 1 次。家禽的饲养用具要求每隔 7 d 消毒 1 次，每个月全面消毒 1 次。各种畜禽舍的饲养用具要固定专用，不得随便串用，生产用具每周消毒 1 次。可移动的设施器具应定期移出畜禽舍，清洁冲洗并置于太阳下暴晒。

（五）畜禽场及生产区等出入口的消毒

在畜禽场入口处供车辆通行的道路上应设置消毒池，在供人员通行的通道上设置消毒槽，池（槽）内用草垫等物体作消毒垫。消毒垫以 20% 新鲜石灰乳、2% ~4% 的氢氧化钠或 3% ~5% 的煤酚皂液（来苏儿）浸泡，对车辆、人员的足底进行消毒，值得注意的是应定期（如每 7 天）更换 1 次消毒液。

（六）环境消毒

畜禽转舍前或入新舍前应对畜禽舍周围 5 m 以内及畜禽舍外墙用 0.2% ~0.3% 过氧乙酸或 2% 火碱溶液喷洒消毒；对场区的道路、建筑物等要定期消毒，对发生传染病的场区要加大消毒频率和消毒剂量。

（七）运输工具的消毒

使用车辆前后都必须在指定的地点进行消毒，车厢应先清除粪便，用热水洗刷后再进行消毒。

（八）粪便及垫草的消毒

在一般情况下，畜禽的粪便和垫草最好采用生物消毒法消毒。采用这种方法可以杀灭大多数病原体如口蹄疫病毒、猪瘟病毒、猪丹毒及各种寄生虫卵。但是对患炭疽、气肿疽等传染病的病畜禽粪便，应采取焚烧或经有效的消毒剂处理后深埋。

【技能训练15】

正确消毒畜禽场

【目的要求】

畜禽场消毒是畜禽场卫生防疫工作的重要部分，对预防疾病的发生和蔓延具有重要意义。本次实训的目的是学会消毒的正确方法，以便正确、彻底地对畜禽场进行消毒。

【材料器具】

①消毒剂：3%～5%煤酚皂（或3%～5%烧碱、0.5%过氧乙酸、10%～20%漂白粉或10%～20%生石灰）、百毒杀（或新洁尔灭）、甲醛、高锰酸钾。

②火焰喷灯、瓷盆、喷雾器（小型）。

③畜禽场（鸡场、猪场或牛场）。

【内容方法】

1.人员消毒

进入场区的所有人员，经门口紫外线消毒，换上工作服和工作鞋，经消毒池消毒后方可进入畜禽舍。对重点畜禽场，特别是高代次的种畜禽场必要时还应设洗澡间，进场时先要洗澡，更换衣服，最后进行常规消毒。

2.环境消毒

畜禽场大门及各畜禽舍入口处的消毒池中放入2%氢氧化钠，消毒池液每天换1次（放0.2%新洁尔灭，每3天换1次）；生产区的道路每周用3%烧碱喷洒消毒1次，在有疫情发生时，每天消毒1次。运动场在消毒前，将表层土清理干净，然后用10%～20%漂白粉喷洒，或用火焰消毒。

3.畜禽舍消毒

先打扫、清洗干净地面、墙壁，然后用10%～20%生石灰或3%～5%烧碱喷雾或冲洗消毒，再熏蒸消毒24 h以上，熏蒸消毒1 m^3 畜禽舍用甲醛42 mL、高锰酸钾21 g。按畜禽舍容积称好消毒剂后，先将高锰酸钾置于瓷盆内（加适量水，以延缓反应速度，以便消毒人员安全撤出），再加入甲醛，人员尽快撤离，关闭门窗消毒最少24 h后，打开门窗，让空气充分对流，待无刺激性气味后，才可进入。

对于育雏舍，消毒要求较严格，可在清洗晾干后先用火焰喷灯（枪）消毒地面、墙壁、围栏、笼具等，然后采用上述方法进行药物消毒。

4.设备用具消毒

对畜禽场使用的所有设备与用具，如饲槽、水槽（饮水器）、笼具等，清洗干净后用0.1%新洁尔灭或0.5%过氧乙酸溶液喷洒或浸泡消毒。

5. 畜体消毒

畜体常携带病原菌，是污染源，会污染环境，必须经常进行消毒。选用百毒杀（碘伏、次氯酸钠等）喷雾消毒。

【考核标准】

<table>
<tr><th rowspan="2">考核内容及分数</th><th rowspan="2">操作环节与要求</th><th colspan="2">评分标准</th><th rowspan="2">考核方法</th><th rowspan="2">熟练程度</th><th rowspan="2">时限/d</th></tr>
<tr><th>分值/分</th><th>扣分依据</th></tr>
<tr><td rowspan="5">1. 人员消毒
2. 环境消毒
3. 畜禽舍消毒
4. 设备用具消毒
5. 畜体消毒
（100 分）</td><td>消毒药剂配制</td><td>20</td><td>用量计算及浓度有误差一次扣 5 分，扣到 20 分为止</td><td rowspan="5">分组操作考核</td><td rowspan="5">熟练掌握</td><td rowspan="5">2</td></tr>
<tr><td>消毒程序</td><td>40</td><td>消毒程序少一项扣 10 分，扣到 40 分为止</td></tr>
<tr><td>规范程度</td><td>20</td><td>操作不规范一次扣 4 分，扣到 20 分为止</td></tr>
<tr><td>熟练程度</td><td>10</td><td>教师指导完成一处扣 5 分，扣到 10 分为止</td></tr>
<tr><td>完成时间</td><td>10</td><td>每超时 1 小时扣 2 分，扣到 10 分为止</td></tr>
</table>

【作业习题】

选一畜禽场（鸡场、猪场或牛场）进行消毒。

【复习题】

1. 畜禽场粪便的处理与利用，如何因地制宜？
2. 简述畜禽场污水的基本处理方法。
3. 简述畜禽尸体的处理方法。
4. 消毒的意义是什么？
5. 影响消毒作用的因素有哪些？
6. 消毒剂的种类有哪些？每类说出不少于 2 种消毒剂。
7. 六大消毒程序是什么？
8. 如何带鸡消毒？该选用什么消毒剂？
9. 如何进行饮水消毒和环境消毒？

项目六　动物福利管理

【知识目标】

- 了解动物福利的科学内涵；
- 了解动物福利评价体系；
- 掌握畜禽饲养管理过程中的福利问题；
- 掌握畜禽运输与屠宰过程中的福利问题。

【技能目标】

- 能正确运用动物福利评价体系；
- 能初步解决畜禽饲养管理中的福利问题；
- 能初步解决畜禽运输与屠宰过程中的动物福利问题。

【教学案例】

跛足的肉鸡

南方某鸡场，存栏20 000羽白羽肉鸡，为了提高单位面积生产效率，采用高密度地面平养，饲养密度达50只/m^2，在高饲养密度下，肉鸡活动空间受限，大部分肉鸡甚至起卧困难，且夏季绝大多数肉鸡热喘严重，结果导致肉鸡体质下降，胸部和腿部骨骼损伤严重，发生跛足的肉鸡数量显著增加，末重显著降低，料重比显著增加。

提问：

1. 导致肉鸡生产力下降的主要原因是什么？
2. 动物福利与畜禽生产之间有何关系？
3. 如何通过行为评价动物福利？
4. 如何解决集约化饲养模式下动物福利问题？

在现代集约化、规模化的畜禽生产中，一味地追求生产效率和投资效益往往使动物福利被忽视。如肉鸡类PSE肉的产生、环境因素诱导的肉鸡腹水综合征等。事实上，动物福利对国家经济、国民健康、消费者权益、环境保护有很大影响，对提高畜禽生产水平和畜禽产品品质有促进作用。研究表明，应激因素对动物生长、增重、繁殖、泌乳、畜禽产品品质、动物健康都有很大的影响,且会持续相当长的时间。减轻动物压力,保障适当活动量则有益于改善生产力。因此,改善动物福利与生产目的是一致的,动物福利与健康养殖已成为畜牧业健康、可持续发展的重中之重。

西方的动物福利思想最早可追溯至1789年。西方国家对动物福利做了大量立法方面的工作,逐渐规范了动物福利饲养、运输和屠宰等。随着全球经济一体化进程的推进,我国也逐渐重视动物福利问题,2006年7月1日,《中华人民共和国畜牧法》正式实施,其中第四十二条明确规定,“畜禽养殖场应当为其饲养的畜禽提供适当的繁殖条件和生存、生长环境”;第五十三条规定,“运输畜禽,必须符合法律、行政法规和国务院畜牧兽医行政主管部门规定的动物防疫条件,采取措施保护畜禽安全,并为运输的畜禽提供必要的空间和饲喂饮水条件”。关注动物福利,统筹考虑人与动物和谐构建命运共同体关系,实现畜牧业的可持续发展,是我国未来畜牧业发展需解决的关键问题。

任务一 动物福利

一、动物福利的概述

动物福利最初的产生源于人类对动物生存状况的关切。1822年,英国颁布了世界上第一个关于动物福利的法案——《马丁法令》。它以法律条文的形式,较全面地规定了动物的利益,被认为是动物福利史上的里程碑。

目前,按照国际通认的说法,动物福利被普遍理解为“五大自由”:①享受不受饥渴的自由,保证提供动物保持良好健康和精力所需要的食物和饮水;②享有生活舒适的自由,提供适当的房舍或栖息场所,让动物得到舒适的睡眠和休息;③享有不受痛苦、伤害和疾病的自由,保证动物不受额外的疼痛,预防疾病并对患病动物进行及时的治疗;④享有生活无恐惧和无悲伤的自由,保证避免动物遭受精神痛苦的各种条件和处置;⑤享有表达天性的自由,被提供足够的空间、适当的设施以及与同类伙伴在一起。这“五大自由”,实际上对应着动物的生理福利、环境福利、卫生福利、心理福利和行为福利,其主要源于研究和评估的参考框架。因此,对动物福利的评价应该综合考虑动物身体、精神和天性这三方面的内容(图6-1)。

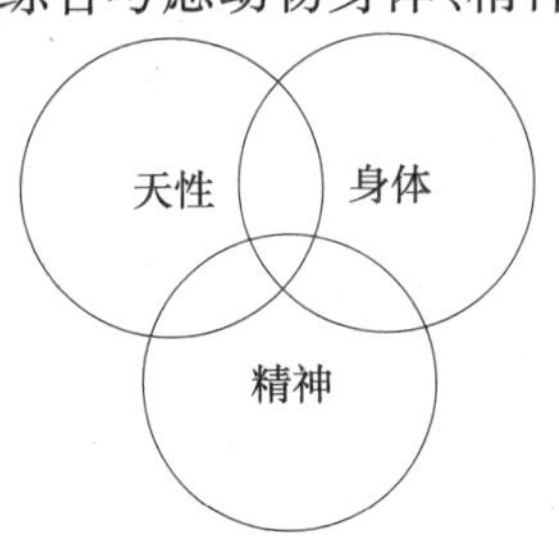

图6-1 动物福利的3个方面

【教学案例】

被虐待的动物

2005 年 7 月,美国某科研机构在进行动物试验时,将动物倒挂于空中,此举被拍成视频发到网络上,引起美国社会的巨大反应。国会议员要求立即停止此类虐待动物的试验,并责成就动物保护法案进行修改。

提问:

1. 此案涉及动物福利,什么是动物福利?
2. 动物福利的发展经历了哪些阶段?
3. 畜禽生产或动物试验过程中存在哪些动物福利问题?
4. 如何规范动物福利?

二、动物福利的应用

对动物福利问题的关注,使现代畜禽生产方式发生了改变。1966 年,欧盟兽医科学委员会的报告指出,无任何附加设备的单调型层架式鸡笼不利于蛋鸡的充分活动,因而需要更好的蛋鸡饲养系统。因此,欧盟制定了关于蛋鸡福利的《1999/74/EC 指令》,该指令要求自 2003 年至 2012 年,逐步取缔传统的“集中笼养”蛋鸡饲养模式,并且要求自 2003 年 1 月 1 日起停止安装这样的设备,所有的传统笼养系统必须替换成环境丰富型笼具、大笼或自由放养系统。在肉鸡生产中,高饲养密度、单调的圈舍环境等使肉鸡缺乏充分的活动空间,影响其福利状态,增加患腿病的概率,欧盟规定肉鸡的饲养密度不得超过 33 kg/m^2,当温湿度、氨气和二氧化碳浓度处于允许范围内时,饲养密度可适当提高至不超过 39 kg/m^2。在我国蛋鸡生产中,开放式蛋鸡笼的应用和推广,显著改善了鸡舍内的空气质量,提高了鸡群的健康水平(图 6-2);夏季畜禽舍湿帘降温系统的推广应用,显著降低了畜禽的应激(图 6-3)。

图 6-2 开放式蛋鸡笼

图 6-3 湿帘降温系统

2004 年,意大利科学家针对幼猪、成年公猪和成年母猪做了 8 组不同的试验。他们把试验用猪分为两组,一组在荒地用小猪圈单独分开喂养,另一组则在敞开环境中群体喂养,还有干草、娱乐品陪伴,每天还与人接触。后对比发现,在单调环境下喂养的猪经常会受惊,并表现出了较强的攻击性，而在复杂环境中的猪则温顺平和。实验还发现，猪其实也能体会到痛苦、疲劳、兴奋、紧张甚至爱情。如果把一只猪孤立起来，不让它与别的猪玩耍，猪就会感觉到压抑，情绪将变得沮丧，时间一长，就会增加它的攻击性。如果猪缺少关爱，那么它的健康状况就会下降，很容易生病。对于母猪来说，如果在生育期没有干草、锯屑、稻草等筑巢用品，母猪会抑郁，不利生养。据此，欧盟制定了照顾猪情绪的指导条例。条例规定饲养者应逐渐取消小猪圈，要求饲养者扩大养猪场面积，并鼓励放养方式养猪，逐步取消圈养，到2013年实现全部放养。为了让“猪与外界有更多的交流”，该条例要求饲养者为猪提供“可由猪自由操纵的物品”，像干草、木块等。其实，早在1999年，英国就全面禁止了封闭式猪圈喂养，后来还专门颁发了《猪福利法规》，对养殖户饲养猪的猪圈环境、喂养方式进行了细致规定。而新的规定还配合欧盟条例，增加了给猪“玩具”的条文，并规定对不遵守该法规的养殖户将处以2 500英镑的罚款。

这些均体现了对畜禽适应生产环境的改善和控制，是动物福利理念的应用。

【教学案例】

“金猪”结缘

2013年，世界农场动物福利协会与动物福利国际合作委员会首次将“全球农场动物福利奖”引入中国，并合作制定了针对中国企业的“福利养殖金猪奖”的评奖标准，共设置五星等级标准。雏鹰农牧集团以“金猪奖”标准为指导，发展和改革养猪生产模式，从2014年的二星逐渐发展，到2016年，已将“金猪奖”四星揽入怀中。

提问：

1.“金猪奖”的设置对中国养殖企业的发展有何推动作用？

2.为什么我国仅少数企业获此殊荣，我国动物福利的发展还应该注意哪些方面？

任务二　评价动物福利

动物福利水平，直接关系到畜禽和消费者的健康，因此，有必要对畜禽的饲养、运输、屠宰等环境的福利、健康和管理水平进行客观的评价。但是，动物福利是多学科交叉的综合学科，包括动物行为学、动物生理学、动物营养学、动物遗传学和兽医学等。因此，在评价动物福利水平时，评价指标的选择既要有科学依据，又要可用于生产实践。近年来，动物福利越来越受到人们的关注和重视，但是，如何评价动物福利仍然是现阶段所面临的重大挑战之一。根据国家（或地区）社会风俗、畜牧业发展水平，制定一套符合地域发展的动物福利评价体系、选择合适的动物福利评价指标显得尤为重要。

【教学案例】

被抵制的猪肉

1999年,英国颁发《猪福利法规》;2004年,实施《农场动物福利规定》。2009年的中国,对“动物福利”一词还很陌生,一些非专业人士甚至感到荒谬和可笑:“动物福利?太奢侈了!人的福利尚且难保障,何谈动物?”“农场动物终究要成为腹中餐,赋予它们福利有何意义?”但是,随着我国某知名企业出口欧洲的猪肉被限制进入,由动物福利引发的贸易壁垒问题逐渐进入国人的视界。

提问:

1. 欧洲为何限制我国猪肉进入?
2. 突破动物福利的贸易壁垒,应该怎么做?
3. 如何制定适合我国国情的动物福利评价体系?

一、动物福利评价范围

在饲养过程中,难免遇到各种与动物福利有关的问题,无论养殖规模大小,通过福利评价指标都可以帮助生产者准确地描述动物的状态,从福利很好到很差。福利指标的评定应包括以下方面:愉悦的生理学指标;愉悦的行为学指标;能够表达强烈偏好行为的程度;各种各样正常行为的表现或者抑制;正常生理学进程和解剖学发育可能达到的程度;表现出的行为学厌恶程度;处理问题的生理学尝试;免疫抑制;疾病的流行率;处理问题的行为学尝试;行为病理学;大脑变化;身体损害的流行率;生长或繁殖能力的降低;寿命缩短。关于动物福利的评估,一般包括不良福利的指标、回避反应、积极嗜好、正常的生物学特性表达和良好福利指标评估等(表6-1)。

表6-1　福利评估概述

一般方法	评估
不良福利的直接指标	不良程度
回避反应测试	动物不得不忍受回避条件或刺激物生活的程度
积极嗜好测试	能获得强烈嗜好的程度
能实施正常行为和其他生物学功能能力测试	有多少重要的正常行为或生理学或解剖学发育能够或不能发生
良好福利的其他直接指标	良好程度

【教学案例】

愉悦的猪

2018年6月,CCTV7专题报道《黑猪上山采药,下河抓鱼》,这是我国某生态养猪场真实写照,采用林下养猪模式,根据土地载畜量确定养殖数量,既不会破坏生态环境,而且猪的粪便用以培肥土地和果树,促进了养殖业的生态发展。广阔的饲养面积,促进了猪的运动行为、探究行为、游戏行为等正常行为的积极表达,猪生活舒适提高,疾病发生率几乎为零,且能够生产出优质的“雪花”猪肉,深受消费者青睐。

提问:

1. 生态养猪为何能生产出“雪花”猪肉?
2. 猪的福利在该案例中从哪些方面体现?
3. 如何兼顾生产、动物福利和环境保护?

虽然动物福利研究在不断深入和发展,但是,目前国内外还没有普遍认可的能全面评价动物福利状态的评价体系。因此,制定和完善全面评价动物福利状态的评价体系成为动物福利研究中亟待解决的问题之一。21 世纪初,欧美等西方发达国家针对不同的家禽,构建了多种不同的评价体系,主要分为四大类,分别是家禽需求指数评价体系,如 TGI—35 体系、TGI—200 体系;基于临床观察及生产指标的因素分析评价体系;禽舍饲养基础设施及系统评价体系;危害分析与关键控制点评价体系。这一系列关于家禽福利评价体系的构建,促进了家禽福利研究的纵深发展。

家禽福利评价体系如表 6-2 所示。

表 6-2 家禽福利评价体系

方法	家禽种类	特点	评估目的	评价结果	项目状态	国家
TGI-35 体系	蛋鸡	家禽福利评价指标体系	评估有机农场福利	福利分数	已在立法中实现	澳大利亚
TGI-200 体系	蛋鸡	家禽福利评价指标体系	有机农场福利的认证咨询工具	福利分数	已完成研究	德国
蛋鸡多层笼舍免除项目	蛋鸡	逐步淘汰多层鸡笼	评估农场	福利分数	已完成	瑞典
蛋鸡舍系统评价	蛋鸡	新鸡舍测试	评价鸡舍系统	最终报告包括福利	已完成研究	瑞典

引自林海、杨军香,《家禽养殖福利评价技术》,2014。

我国也针对猪的福利提出了相应评价标准,如 2010 年,山东省出台《生猪福利养殖环境评价方法》(DB 37/T 1608—2010),规定了生猪福利养殖的环境评价原则、评价体系与评价方法,主要包括对猪场场区环境、猪舍环境和饲养设施的评价三部分。其评价按评分法进行,每项指标进行三级评分,符合该标准要求为 3 分,不符合为 1 分,总分数≥60,福利养殖环境质量判定为适宜;45≤总分数<60,福利养殖环境质量判定为基本适宜;总分数<45,福利养殖环境质量判定为不适宜(表 6-3)。

表 6-3 生猪福利饲养环境评价指标及评分表

评价指标		评价标准	评分
场区条件	场区布局	布局合理 3 分;基本合理 2 分;不合理 1 分	
	功能分区	分区合理 3 分;基本合理 2 分;不合理 1 分	
	社会联系	联系适当 3 分;基本适当 2 分;不适当 1 分	

续表

评价指标		评价标准	评分
空气质量	氨气	上限以内3分;超出20%以上1分	
	恶臭	无明显臭味3分;偶有臭味2分;臭味明显1分	
	总悬浮颗粒物	上限以内3分;超出20%以上1分	
	细菌总数	上限以内3分;超出20%以上1分	
水源条件	重金属	上限以内3分;超出20%以上1分	
	总大肠菌数	上限以内3分;超出20%以上1分	
卫生条件	卫生防疫设施	设施完备、运转正常3分;设备不完备或运转不正常1分	
	粪污处理设施	设施完备、运转正常3分;设备不完备或运转不正常1分	
热环境	温度	适宜3分;基本适宜2分;经常过冷或过热1分	
	湿度	适宜3分;基本适宜2分;经常过湿或干燥1分	
	风速	适宜3分;基本适宜2分;通风不良或有贼风1分	
光环境	光照制度	合理3分;基本合理2分;不合理1分	
声环境	噪声状态	无噪声3分;存在突然噪声或背景噪声过高1分	
猪群状态	猪体清洁状态	80%以上个体清洁3分;40%以下个体清洁1分	
	体表损伤(皮肤、蹄脚)	无损伤3分;有损伤个体超过5%评为1分	
空间环境	饲养密度	适中3分;过高1分	
	个体活动面积	充分3分;适中2分;过小1分	
饲养设备	食槽面积	充分3分;适中2分;不足1分	
	饮水器数量	充分3分;适中2分;不足1分	
福利环境	福利设施	充分3分;适中2分;没有1分	

引自林海、杨军香,《家禽养殖福利评价技术》,2014。

二、动物福利评价指标

由于动物福利涉及多个学科,加之不同国家(或地区)的社会文化对其定义有差异,因此,对动物福利评价指标的判定各个国家(或地区)都有一套方法。但是,良好的福利总是各种正常行为的表现,生理生化指标、免疫指标正常,动物没有损伤等;不良的福利如生命周期缩短、生产性能下降、繁殖能力受阻、正常行为得不到表现等。目前,国内外对动物福利的评价指标主要有行为指标、生理生化指标、生产力指标、受伤状况、死亡率、畜产品质量等。

1.行为指标

动物的行为是动物个体与环境相互协调,维持动态平衡的过程,特定物种有特定的行为特征和心理特点,这些都是在长期的生存进化中发展而来的。行为是评价动物福利最容易理解和最常使用的指标。一旦动物日常行为受到抑制,也可以说明动物的福利受到影响。

好的环境,动物表现正常行为较多;差的环境,动物则表现异常行为较多。以家禽为例,在观察其行为时,一般将行为分为状态行为和事件行为,状态行为包括站立、趴卧、走动、采食、饮水、修饰等;事件行为包括啄羽、沙浴、打斗等。不同环境模式下,动物的行为表现也不同,现代集约化生产模式将动物限制起来,动物的正常行为得不到满足,就容易导致异常行为的发生。从行为学角度讲,动物能够无拘无束地表达正常行为,表明动物福利好;如果动物生存环境发生改变,动物的活动受到限制,或者动物表现出异常行为,则表明动物福利差(表6-4)。

表6-4　畜禽常见的异常行为

分类	异常行为	主要表现畜禽
口吻部位行为异常	自残	羊、鸡
	同类相残(咬尾、咬耳)	羊、猪
	舔毛、扯毛	牛、羊
	啄癖(啄肛、啄羽)	禽
	按摩肛门	猪
	拱腹	犊牛、猪
	互吮	牛
	咬烂	猪
基本动作和姿态异常	犬坐	犊牛、母猪
	异常趴卧和站立	牛、母猪
母性行为异常	拒乳	猪、羊
	弃幼	猪、羊
	杀幼	猪、绵羊
	食仔、食羔	猪、绵羊
	食蛋	鸡
性行为异常	静默发情	牛、羊、猪
	阳痿	牛、羊、猪
	爬跨失向	牛、猪
	同性爬跨	各种家畜
采食行为异常	吞食垫草、土或粪便	各种家畜
	暴食	各种家畜
	口渴	各种家畜
行为反应异常	反应迟钝	各种家畜
	过度活跃	鸡、猪
	歇斯底里	牛
	过度蛮横	牛、羊

引自蒲德伦、朱海生,《家畜环境卫生学及牧场设计:案例版》,2015。

【教学案例】

喜欢打斗的猪

某万头猪场，采用自繁自养的方式进行商品猪生产。猪场采用大栏群养的饲养模式，每栏面积约30 m^2，饲养育肥猪45头左右。采用传统水泥漏缝地板饲养，围栏利用钢材焊接而成，圈舍内除食槽和饮水器外，无其他附属设施。在饲养管理过程中，饲养人员发现，猪特别喜欢打斗和咬尾，尤其是转群后，猪只优势序列的形成较慢，长期的打斗和咬尾使得部分猪肢体损伤严重，还有极个别的因为打斗和咬尾被咬出血，造成猪群生产性能下降。

提问：

1. 为什么猪只喜欢打斗和咬尾？
2. 如何在生产中避免或减少打斗、咬尾等异常行为的发生？
3. 猪只优势序列的形成与饲养环境存在哪些关系？

2. 选择行为试验

接近或躲避行为可用于环境因素对福利影响的评估，接近或躲避行为分别表明积极的和消极的情绪状态。偏好试验是在某些给定的条件下动物自己的选择和行为观察，是确定动物偏好和倾向的有用方法之一，也是利用行为的表现来评估动物福利的另一方法。例如，将鸡的头塞在翅膀下，将其前后甩动几次，使其腹部朝上平躺，此时鸡由于受到外部刺激而感到恐惧，常常会静止不动，并且心跳加速，呼吸加快。几乎所有动物在极度害怕的情况下都会产生这种行为。这种现象也被达尔文解释为动物的逃生反应。再比如猪的背部测试。仔猪在早期的背部测试中的行为反应，能在一定程度上反映其适应特性，可能显示出它们以后一系列不同的行为、生理和神经化学特性，如攻击、对新环境的反应等，是一种常用的、比较简单的对猪操控限制行为的反应方法。

【教学案例】

紧张的鹅

2016年8月，西南某高校动物健康养殖与福利研究课题组对网上平养和地面平养鹅适应饲养方式的紧张性和恐惧感进行测试，利用家禽紧张性静止行为测试法，首次对鹅紧张性静止行为持续时间进行测定。测试中，工作人员发现，相比网上平养，地面平养鹅能很好地进行紧张性静止行为的诱导，在特制“U”形摇篮上持续紧张的时间显著高于网上平养。同时，工作人员发现，鹅在地面平养条件下极易表现啄羽行为。

提问：

1. 紧张性静止行为从什么方面反映动物福利？
2. 为什么地面平养鹅能很好地进行紧张性静止行为诱导？
3. 在饲养管理过程中，如何减少鹅的紧张行为和啄羽行为，二者之间存在什么关系？

3. 健康状况

疾病的发生和动物肢体的损伤会导致动物的痛苦，因此健康状况是动物福利必须考虑的重要评判指标。当评价动物个体的健康状况时，应该考虑以下几个方面：身体状态、姿势、皮肤和被毛、黏膜、眼睛、耳朵、鼻子、嘴、尾巴、肛门等。疾病的易感性也是评价动物福利水平的重要参考依据，如果动物福利差，体质较弱的动物就更容易感染疾病，从而导致死亡率增加。身体的损伤测量通常也与福利有关，其可以鉴别骨折或创伤，估计骨折或创伤发生的概率，这主要与动物机体所处环境有关。

(1)羽毛损伤

对家禽而言，一旦羽毛受到损伤，将直接导致家禽死亡率升高，影响经济效益，同时非生理状况的掉毛会给它们带来痛苦，受损的羽毛和伤口容易诱发其他个体或病原微生物的参与和入侵，从而影响家禽的福利(图6-4)。通常采用羽毛质量评分评价家禽身体损伤度。羽毛质量评分是对家禽的头部、颈部、胸部、背部、尾部、翅膀和肛门等7个部位羽毛的损伤程度进行评分，除尾部羽毛选择3分制评分外，其他部位均选用5分制评分(评分标准见表6-5)，羽毛损伤越严重，评分越高。

图6-4　羽毛损伤的鸡

表6-5　羽毛损伤评定标准

评分/分	标准	尾部
1	羽毛质量良好，没有损伤	完好
2	羽毛受到损伤，但未裸露皮肤	损伤
3	皮肤裸露面积小于3 cm×3 cm	没有羽毛
4	皮肤裸露面积大于3 cm×3 cm	
5	皮肤完全裸露	

(2)皮肤损伤

对家畜而言，在其生存环境发生巨大改变时，个体为了争夺优势序列而打斗，进而造成皮肤的损伤，导致动物感染和疼痛，引起疾病，降低动物的福利(图6-5)。目前主要采用皮肤损伤评分对其损伤状况进行评价，皮肤损伤是评价动物攻击行为的重要指标，动物攻击行为表现越突出，皮肤损伤也越严重，动物的福利就越差。皮肤损伤评分是对家畜的头、耳朵、脖颈、肩、臀部、尾巴和体表其他部位出现的伤口严重程度采用6分制进行评分(评分标准见表6-6)，伤口越大，评分越高。

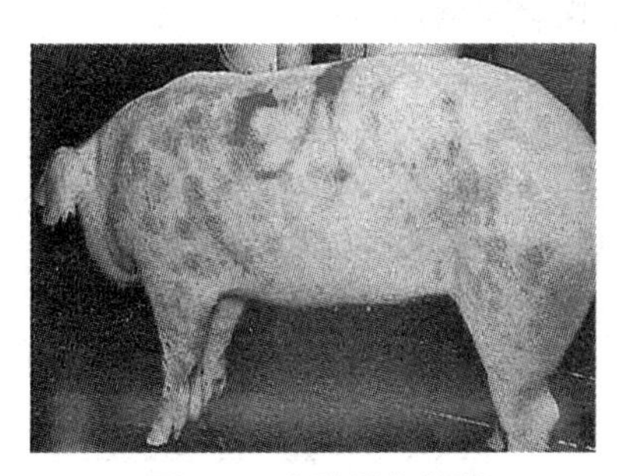

图6-5　皮肤损伤的猪

表 6-6　皮肤损伤评定标准

评分/分	标准
0	体表没有损伤
1	皮肤有点变红,有少量伤痕或颜色发黄
2	少于 10 个伤痕,未出血,轻微水肿
3	少于 5 个伤口,已出血,明显水肿
4	多于 10 个伤痕,颜色有红黄,有脓肿、水肿、水泡
5	多于 5 个伤口,有大量脓肿、水肿、水泡

4. 生理状况

动物的生理状况反映了机体对所处环境的适应性,如果生理状况紊乱,则可能表明动物机体的适应困难,进而其福利水平也可能受到影响。动物福利的生理学标记包括心率、呼吸率、血压、体温等。

(1)心率

当动物被扰乱时,动物经常改变心率为行动做准备,所以心率测量对动物福利评价也是有价值的。但是,积极刺激或恐惧均能加快心率,因此单一心率指标不能准确地反映动物福利。当与行为数据联系在一起时,心率能提供额外的资料,这对推测动物的主观感受可能是有用的。正常情况下,牛的心率为 50 ~ 80 次/min;水牛为 30 ~ 50 次/min;羊为 70 ~ 80 次/min;猪为 60 ~ 80 次/min;鸡为 120 ~ 200 次/min。

(2)血压

动物在应激状态下,动脉血压增加,由应激带来的延长的觉醒状态导致原发性高血压。因此血压高也是动物福利差的一个标志。

(3)体温

动物的代谢水平会影响动物的体温,这能在一定程度上反映动物的应激状态,所以体温也是反映福利状况的指标。正常情况下,牛的体温为 38.0 ~ 39.5 ℃;水牛为 37.5 ~ 39.5 ℃;羊为 38.5 ~ 39.5 ℃;猪为 38.0 ~ 40.0 ℃;鸡为 40.6 ~ 43.0 ℃。

【教学案例】

怕热的猪

重庆某育肥猪场,由于夏季持续高温天气,加之场内控温降温设备简陋,无法进行降温,所以大部分猪只表现出呼吸频率和心率加快,体温显著升高,生产力显著下降。经血液检测,该猪场猪只血浆甲状腺激素浓度下降,血浆皮质酮含量显著提高,异嗜细胞与淋巴细胞比值显著升高。

提问:

1. 猪只因何原因出现上述生理反应?
2. 这些生理状况的表现与动物福利之间存在什么关系?
3. 如何在生产过程中控制这些现象的发生?

5.激素指标

动物福利的激素指标主要包括:肾上腺素/去甲肾上腺素、促肾上腺激素释放激素、促肾上腺皮质激素、皮质醇、抗利尿激素、促卵泡激素、睾酮、催乳素、催产素等。目前,生产中激素指标对动物福利水平高低的反映主要通过对比动物在不同环境或生长状态下激素指标的变化实现。

(1)皮质酮

应激是评测动物福利的一个因素。当动物受到应激时,其促肾上腺皮质激素分泌增加,从而导致糖皮质激素分泌增加,最后促进皮质酮的分泌与释放,提供充足的能量给动物,增强机体抗应激能力,用皮质酮水平评价应激是一个有效的指标。

(2)血糖和游离脂肪酸

动物在遭受应激时,交感神经兴奋,进而促进糖原和脂肪的分解代谢,机体会在交感-肾上腺髓质系统以及糖皮质激素的共同作用下,促进糖异生作用,使血糖浓度升高,同时活化下丘脑-垂体-肾上腺皮质轴(HPA轴),刺激β-肾上腺素受体介导的脂解作用,使血浆中游离脂肪酸浓度升高。

(3)肌酸激酶

99%的肌酸激酶是肌肉同工酶,它的生物活性在动物处于应激时会显著升高。肌酸激酶具有组织特异性,它的功能主要是催化三磷酸腺苷上的高能磷酸键转移到肌酸分子上,进而生成磷酸肌酸,为肌肉活动提供能量。当肌肉出现损伤时,肌肉的细胞膜功能和通透性也会受到损伤,肌酸激酶会释放到血液中,导致血液中肌酸激酶含量升高,因此肌酸激酶也是评价动物是否处于应激状态的重要指标。

6.免疫系统

免疫系统的生物学功能是对抗原物质产生免疫应答,从而使机体能通过免疫防护、免疫自稳和免疫监测这几种机制,适应环境的变化,维持内环境的稳态。动物免疫系统的生物学功能是否完善,是衡量动物是否受到应激的重要依据,进而评价动物的福利状态。细胞因子是一类主要由免疫细胞及其相关细胞分泌的高活性、多功能的小分子多肽或蛋白质,具有抗病毒、免疫调节、造血以及炎症介导反应等生物学功能。当动物处于应激状态时,促炎细胞因子IL-6和IL-1的分泌就会增多,导致机体产生免疫抑制,进而机体平衡失调,影响动物福利。

任务三 饲养管理与动物福利

在现代集约化生产模式中,对于大规模畜禽养殖场,应该强调高效率生产与动物福利之间的问题。畜禽生产中,大量的药物使用、饲养环境的变化以及饲养管理的不规范等成为导致动物福利问题的重要原因。针对畜禽生产中药物的使用,已经有不少学者断言药物在肉、蛋、奶中的残留对人体有害,长期使用还容易导致微生物产生抗药性。但是,在畜禽生产过程中,一直都有人认为“没有药物的辅助,畜牧业生产就不能良好运作”,这正说明了现代集约化生产中存在的问题越来越突出,负面问题也越来越凸显。

【教学案例】

“安乐死”的鸭子

2017 年 1 月 7 日,法国南部布尔里奥贝尔贡克,当地农场的家禽遭遇新一波 H5N8 禽流感的袭击,当地有上百万只鸭被“安乐死”。此后不久,联合国粮食及农业组织总干事达席瓦尔在联合国抗微生物药物耐药性问题高级别会议上说:“粮农组织倡导,抗生素和其他抗微生物药物只能用于治疗疾病和减轻不必要的痛苦。只有在严格的条件下,才能用于预防眼前潜在感染的威胁。”

提问:

1. 规模化养殖场中大量使用抗生素有什么危害?
2. 抗生素的滥用与动物福利之间有什么关系?
3. 如何减少生产过程中抗生素药物滥用问题?

一、牛饲养管理过程中的福利问题

集约化养牛生产能大幅度提高牛的生产效率,但是,人们往往忽略饲养管理过程中牛的福利问题。牛长期处于福利水平较差的条件,极易导致其疾病的发生率增加,身体损伤加剧,异常行为增多,同时还伴随着产品质量下降等问题。生产中引起牛福利问题的主要包括饲养方式、管理和环境等。

1. 饲养方式

牛的饲养方式主要包括放牧和舍饲两种方式(图 6-6、图 6-7)。在放牧饲养系统下,牛长时间在草地上进行运动、采食和社交等,只有在寒冷的气候下才转为舍饲越冬。放牧饲养系统能使牛的正常行为得到更好的表现,比较符合牛的生物学特性,其福利问题不突出。但是,在舍饲饲养系统下,牛的福利问题则较突出。

图 6-6　牛的放牧饲养

图 6-7　牛的舍饲饲养

在舍饲养牛生产中,不同的圈舍问题也容易导致牛的福利受到影响。如牛栏狭窄,会使奶牛的躺卧和休息时间减少,更容易导致牛肢体疾病的发生,使牛出现跛行。在美国,奶牛跛行占35%～56%；英国占59%；荷兰超过83%。同时，奶牛的乳腺炎发病率与运动场的脏污程度密切相关，乳腺炎发病率与有无卧栏及卧栏类型也是有联系的。

养牛生产中，漏缝地板已广泛使用。漏缝地板多由水泥材料或金属材料制成，对奶牛的肢蹄影响严重，坚硬的地板材质容易导致肢蹄病发病率提高。牛更倾向于躺卧在柔软的垫料上（图6-8），柔软的垫料可以减轻肩关节皮肤的磨损和疼痛。柔软干燥的地面有利于奶牛的肢蹄健康，过硬的地面容易造成肢蹄损伤，泥泞的地面容易引起腐蹄病。对漏缝地板和垫草地板上饲养的阉牛的健康状况进行调查发现：跛脚在两种饲养方式下是最常见的疾病（表6-7），漏缝地板饲养的发病率约为垫草饲养的两倍，而且前者的病畜病情更严重，波及面更广泛。漏缝地板饲养牛的总发病率也几乎是垫草地板饲养的两倍。

表6-7　漏缝地面与垫草地板条件下舍饲饲养阉牛各种疾病发病率的比较（%）

疾病种类	漏缝地板	垫草地板
跛脚	4.75	2.43
眼病	2.09	0.97
皮肤病	0.91	0.07
急性瘤胃臌气	0.38	0.17
意外损伤	0.30	0.24
寄生虫病	0.25	0.80
肠炎	0.23	0.00
呼吸道疾病	0.16	0.10
其他疾病	0.39	0.54
总发病率	9.46	5.32

引自包军，《家畜行为学》，2008。

目前，关于牛的饲养，考虑到提高其福利水平与生产能力，多采用散栏式饲养，它是指牛在不拴系、无颈枷、无固定床位的牛舍中自由散养，挤奶则统一到挤奶厅进行的一种饲养模式。散栏式饲养主要以牛为中心，可按牛不同生理阶段分群饲养、按饲养标准科学饲养，符合牛的自然和生理需求，饲养更加科学、专业、精细，符合动物福利要求，大大提高了牛奶的品质。由此可见，牛的散栏式饲养是一种既符合动物福利要求，又能够高产出的饲养模式。

图6-8　奶牛更倾向于趴卧在柔软的卧床上

2. 饲养环境

在牛的饲养管理过程中,圈舍小气候往往被生产者所忽视。例如:我国南方地区天气炎热,且持续时间长,牛舍内往往安装风扇等防止热应激;然而北方地区虽然夏季时间短,但高温季节亦容易使牛产生热应激,而目前人们普遍对北方地区夏季牛的热应激现象不够重视。以奶牛为例,其采食和产奶的最适温度是 16 ~ 20 ℃,当环境温度超过 20 ℃时,其产奶量呈直线下降趋势。如果奶牛长期处于高温高湿环境的牛舍中,机体多方面都会受到影响。在热应激情况下,生长奶牛性腺发育不全,成年母牛卵子生成和发育受阻,使受精率下降;奶牛配种后胚胎着床期易引起胚胎吸收、流产等现象;还可导致机体免疫力减弱。牛有自身的生物学特性,但是,现代养殖环境中缺少必要的刺激,无法满足牛只表现其生物习性,这被称为环境贫瘠。牛只长期在环境贫瘠条件下饲养,其生物习性得不到满足,就容易导致异常行为表现增多,例如:牛只具有探究其他物体的行为,如果圈舍环境贫瘠,没有给牛只提供探究的条件,就容易发生个体之间的相互探究,进而有可能造成打斗。因此,在饲养管理过程中,可以通过在牛舍中铺设垫草、埋木桩、安装牛体刷等措施增加对牛只的环境刺激,保证其正常生物习性的表达(图 6-9)。

图 6-9　喜欢刷拭的牛

二、猪饲养管理过程中的福利问题

我国是养猪大国,然而,养猪业长期以来对“高效”“高产”“快速”的盲目追求导致了一系列严重的环境和社会问题,如养殖环境的恶化、猪只疾病频发、猪肉安全等。目前,动物福利实施与否成为畜禽产品国际贸易的技术壁垒。我国养猪生产不得不重视猪的福利问题,推进福利化养猪,必将促进我国养猪业的可持续发展,进一步提高养猪生产水平。关于猪生产中的福利问题主要包括仔猪剪牙、断尾和去势,断奶应激,饲养方式,饲养密度,猪舍环境等。

1. 仔猪剪牙、断尾和去势

(1)剪牙

随着养殖水平的不断提高,母猪窝产仔数也越来越多,这就容易导致母乳供应不充足,因此,仔猪为了得到充足的乳汁,就会利用尖锐的犬齿争夺好的乳头,有可能导致个体受到损伤。在生产实践中,为了保证母猪的正常哺乳和避免仔猪因争斗造成的损伤,大部分猪场都对刚出生的仔猪用消毒后的剪牙钳剪去其犬齿。但是,在实际操作中,由于工作人员操作不当或剪牙器械等问题，往往导致剪牙时过于靠近牙齿根部，极易暴露牙髓，使牙齿受到病原微生物的侵害，导致牙龈和牙髓发炎，影响仔猪健康。同时，由于我国猪场在对仔猪剪牙时没有进行麻醉处理，仔猪在剪牙后 1 ~5 d 会因为疼痛而吮乳减少，影响生长。对于该问题，一个很好的解决方案就是改善哺乳母猪的体况，使其多产奶，保证母猪有充足的乳汁供仔猪吮乳，或对窝产仔较多的仔猪实行部分寄养以解决剪牙带来的福利问题。

(2)断尾

为了防止育肥猪大群圈养期间发生咬尾现象，大部分养殖场会在仔猪出生后 10 ~ 15 d 用钳子剪断仔猪尾巴。猪咬尾这一异常行为表现，受多种因素的影响，例如：饲养环境过于贫瘠和单调、饲料中缺乏某些营养物质等。在猪舍中添加一些富集材料，如铁链、稻草、玩具等，改变单调贫瘠的圈舍环境，使猪只对富集材料进行探究，进而减少对其他猪只个体的探究，能有效地减少咬尾的发生，或者将攻击性特别强的猪只转移，也能很好地防止咬尾的发生。

(3)去势

对公猪去势能够减少其争斗，以及降低猪肉中的膻味，但是，切除睾丸会给仔猪带来剧烈的疼痛。由于仔猪的个体及生理差异，或是手术者的操作熟练程度的不同，去势后的仔猪还可能出现术部出血、肠道粘连等并发症，严重影响仔猪福利。关于去势，可以采用局部麻醉和免疫去势等方法，减少因无麻醉手术带来的福利问题。

2. 仔猪断奶应激

现代集约化养猪生产中，为了提高母猪的繁殖效率，大部分猪场都会对仔猪早期断奶，将其断奶日龄不断提前。传统的仔猪断奶一般在 8 周龄左右，现在，大部分养殖场都提前到 3 周龄断奶，部分猪场甚至提前到 2 周龄断奶。早期断奶这一管理模式，在提高母猪生产效率的同时，也伴随着仔猪饲养管理、营养和疾病等方面的问题。在早期断奶中，由于仔猪消化系统尚未发育完善，加之从母乳过渡到固体饲料，仔猪营养性腹泻时常发生，为了防止仔猪腹泻，一些猪场在断奶阶段会在仔猪饲料中添加亚治疗剂量的抗生素和高铜、高锌等。事实上，仔猪断奶是一种应激，它不仅会引起营养性腹泻，而且会引起仔猪环境、心理上的应激反应。例如，断奶时将母猪和仔猪分开，将仔猪转入保育舍的高床饲养，以及不同窝仔猪间混养，会使仔猪为了争夺优势序列而打斗，严重影响仔猪福利。在饲料过渡阶段，仔猪由母乳突然过渡到固体饲料，会使其消化道发生严重的营养应激，使其产生一系列不良的生理反应，常表现为食欲降低、消化功能紊乱、免疫力下降、腹泻、生长发育迟缓等，产生“仔猪断奶应激综合征”，部分仔猪因此变成僵猪，这给养猪业造成了巨大经济损失。因此，为了减少仔猪断奶应激的发生，在断奶初期饲料中应加入一定量的益生素或中草药添加剂，同时加入抗过敏药物，少喂多餐，注意观察粪便情况。在一周后仍正常则可采取完全的自由采食。注意及时清槽，防喂发霉变质饲料，注意补充电解质，三周后进行驱虫等。对于刚断奶的猪最好在原栏饲养，保育舍要有良好的环境和卫生条件，温湿度容易控制，断奶后 10 日内不要注射疫苗，避免应激，断奶前应保持 25 ℃，以后每周下降 1 ~2 ℃，直到 22 ℃止。

3. 限位栏饲养

在养猪生产中，为了节约土地成本和方便生产者管理，大部分养殖场对妊娠母猪采用限位栏饲养，但是，限位栏饲养对母猪健康和福利会有一定影响。限位栏饲养母猪，会限制其活动，使母猪的一些正常行为表现受到抑制，进而可能引起刻板的异常行为的表现增多。同时，限位栏和分娩栏饲养，很容易使母猪的肢体发生损伤，尤其是体重较大的母猪，其肢体损伤表现更严重，发生肢体损伤的母猪会不由自主地躺卧，增加仔猪被挤压的概率，也使母猪生产性能下降，利用年限缩短。目前，西方发达国家针对母猪限位栏饲养已经制定了一套相对完善的法律规范。以欧盟为例，自 2013 年 1 月 1 日起，欧盟成员国禁止使用母猪限位栏，母猪从怀孕第 29 d 到分娩前一周只能进行群养。群养符合猪的生物习性，宽敞的饲养空间，使母猪的运动行为更好地表达，有利于后期的分娩。同时，群养母猪有更好的心肺机能和骨骼强度、更低的发病率和更少的异常行为。但是，不可否认的是，群养也存在一定缺陷，例如群养会使母猪更容易发生争斗，增加生产者管理和检查母猪健康状况的难度，增加饲养管理成本等。

4. 饲养密度

生长育肥猪采食量大，排泄量也大，饲养密度的大小将直接影响猪舍的空气卫生状况，同时还会对猪的采食、饮水、运动等行为表现产生负面影响。高饲养密度下，极易使猪的定点排泄行为紊乱，圈舍内的卫生条件变差，增加猪身体与粪尿接触的概率，进而导致其健康和生产性能受到影响，严重影响猪的福利水平。但是，过低的饲养密度会减少猪的竞争性采食、增加能耗等，同时降低了猪舍建筑设备的利用率。因此，合理的猪群密度（表 6-8）对猪只生产是十分有利的。

表 6-8　猪群适宜的饲养密度

阶段	密度 /(m^2·头$^{-1}$)	群体 /(头·栏$^{-1}$)	食槽宽度 /cm
保育猪	0.3 ~ 0.35	16 ~ 18	18 ~ 22
20 ~ 50 kg	0.5 ~ 0.55	16 ~ 17	30 ~ 35
50 ~ 70 kg	0.6	15 ~ 17	35 ~ 40
70 ~ 100 kg	1	15 ~ 17	35 ~ 40
公猪	10	1	55 ~ 60
妊娠母猪	1.3	1	50 ~ 55
空怀母猪	1.3	1	50 ~ 55
哺乳母猪	3.5 ~ 4	1	50 ~ 55

引自杨公社，《猪生产学》，2002。

5. 猪舍环境

猪舍环境是指其居住空间周围的各种客观环境条件的总和。环境气候对猪的福利会产生直接的影响，其主要包括温度、湿度、光照、空气质量等。因此，要促进养猪业发挥高的生产水平，就必须重视对其圈舍环境的控制，为猪只创造良好的饲养环境，使其福利水平提高，生产水平提升。

温度是影响猪只福利最重要的环境因素之一，正常情况下，猪直肠温度为38.7～39.8 ℃。过高或过低的环境温度，都会对猪的健康和生长产生影响。对仔猪而言，其机体体温调节能力较弱，过低的环境温度会使其活动减少，哺乳次数减少，进而可能导致其营养摄入不足，影响生长。对育肥猪而言，由于每天的能耗较大，在低温环境下，为了维持体温的平衡，它会大量地摄入食物，但是这样的摄食会使饲料转化率降低，影响猪只的生长和生产者的效益。针对低温环境，大部分猪场都会采用红外保温灯或保温箱等保温措施，极个别较好的猪场会有地暖。

猪汗腺不发达，一旦环境温度升高，其散热会受到影响，采食量会减少，而增加散热的调节又会消耗大量的能量，这使得饲料转化率降低。在高温环境下，由于受到热应激的影响，猪只发生热喘现象增加，增大了呼吸道感染疾病的概率，这严重影响猪只的健康和福利，同时，高温还会使公猪睾丸内温度升高，进而其精子的生成和成熟也会受到影响，使精液品质变差，导致受胎率降低。对母猪而言，高温环境下，其雌激素分泌减少，影响发情，导致发情率降低，乏情率增加，使母猪繁殖力受到影响。目前，国内大多数猪场采用"湿帘+风机"的降温方式对猪舍进行降温处理，条件较好的猪场还会为公猪配备空调等降温系统。研究发现，配备有降温系统的猪场仔猪平均初生重达1.5～1.8 kg，21日龄前仔猪平均日增重可达250 g以上，均显著高于无降温系统的猪场。可见，有效的降温措施对提高猪只的生产能力和提升其福利与健康水平有一定的促进作用。

猪群生活的最适宜相对湿度为60%～80%。高湿容易使猪只水分蒸发困难，导致猪的采食量下降，进而影响其生产性能，同时，高湿环境极易使猪舍内的饲料等发生霉变，一旦猪只误食霉变的食物，就容易引起猪群患病。低湿容易使圈舍内空气干燥，极易引起猪皮肤和外露黏膜发干，使患呼吸道疾病的概率增加，影响猪只的健康。

空气质量的好坏主要与舍内空气有害气体、微粒及微生物的含量有关。猪舍中常见的有害气体主要包括氨气、硫化氢、一氧化碳和二氧化碳。现代集约化养殖模式下，饲养密度过大，加之清理猪只排泄物不及时或圈舍内通风换气不佳，特别容易导致圈舍内有害气体的浓度增加。当猪舍内氨气浓度为38 mg/m^{3}时，猪群就会感到不适；当氨气浓度为70～110 mg/m^{3}时，会使猪只发生呼吸道疾病，猪会出现摇头、打喷嚏等症状；猪舍内硫化氢气体浓度为30 mg/m^{3}时，猪只会发生严重的神经症状。可见，猪舍空气质量的好坏对猪群健康与福利有显著影响。表6-9列举了不同猪舍空气质量，可以看出，猪只在不同生长阶段，对猪舍空气质量的要求存在差异，因此，生产中对猪舍空气质量的控制必须具有一定针对性。

表6-9　4个猪场猪舍空气质量

猪场	猪舍	H_2S 含量/(mg·m^{-3})	CO_2 含量/(mg·m^{-3})	NH_3 含量/(mg·m^{-3})	粉尘含量/(mg·m^{-3})
1	断奶仔猪舍	0	4 013	10.5	—
	生长猪舍	0	5 710	17	—
	妊娠母猪舍	0	2 922	20	—
	后备母猪舍	0	5 543	22.5	—
	断奶仔猪舍	0	935	4.75	11.2

续表

猪场	猪舍	H_2S 含量 /(mg·m^{-3})	CO_2 含量 /(mg·m^{-3})	NH_3 含量 /(mg·m^{-3})	粉尘含量 /(mg·m^{-3})
2	生长猪舍	0	1 241	11	5.3
	妊娠母猪舍	0	1 196	8.25	—
	后备母猪舍	0	2 140	7.25	2.6
3	生长猪舍	0	2 144	8.75	5.25
	肥育猪舍	0	2 450	11.25	8.5
	妊娠母猪舍	0	784	8.5	—
	后备母猪舍	0	2 366	10	—
	断奶仔猪舍	0	708	8	1.5
4	生长猪舍	0	1 290	15	—
	妊娠母猪舍	0	1 549	9	—
	后备母猪舍	0	1 298	12	—
	空怀妊娠母猪	10	1 500	25	1.5
国家标准	哺乳母猪	8	1 300	20	1.2
	保育猪	8	1 300	20	1.2
	生长育肥猪	10	1 500	25	1.5

引自杨晓静、赵茹茜,《猪福利评价指南》, 2014。

三、家禽饲养管理过程中的福利问题

随着畜牧业的不断发展和生产水平的不断提高,家禽生产水平越来越受到人们的关注和重视,但是,在实际生产过程中,家禽福利问题往往被忽略。目前,关于家禽福利问题主要表现在饲养密度过大、环境不良、饲喂方式不良、强制换羽、断喙、水禽旱养等。

1. 饲养密度过大

饲养拥挤是家禽集约化生产的产物,在20世纪中叶,为了提高单位面积的生产效率,减少土地使用,降低饲养成本,出现了笼养的高度集约化饲养模式。虽然在笼养模式下,可以很好地利用现代养殖的一些机械化设备,节约生产成本,但是,从鸡自身而言,如此高的饲养密度下,其活动空间受阻,并且被剥夺了表现自然行为的自由。在传统的笼养模式下,由于饲养空间的狭窄和环境的单调,母鸡很多自然行为都无法实现,如筑巢、沙浴、栖息、梳羽等。除此之外,狭小的饲养空间限制了鸡的探究行为,导致个体之间的相互探究增加,进而导致啄癖的发生增加,使得鸡羽毛脱落、伤痕累累,严重影响其福利。高饲养密度还对鸡的生产性能有严重影响,在高饲养密度下,肉鸡体重、采食量、料重比、群体均匀性和腿部健康水平下降,胫骨软骨发育不良综合征发生率、步态评分、羽毛质量损伤以及代谢紊乱和死亡等增加。根据《农场动物福利要求　肉鸡》(TCAS 267—2017)所述,肉鸡饲养密度必须控制在一定范围内,才能有效地保证鸡群生产和福利。白羽肉鸡和黄羽肉鸡最大密度分别见表6-10、表6-11。

表6-10 白羽肉鸡最大饲养密度

饲养方式	最大饲养密度/(只·m^{-2})	
	0~3周	4~6周
垫料平养	28	13
网上平养	30	14
大笼饲养	32	16

表6-11 黄羽肉鸡最大饲养密度

<table>
<tr><th colspan="2" rowspan="2">饲养方式</th><th colspan="5">最大饲养密度/(只·m^{-2})</th></tr>
<tr><th>0~2周</th><th>3~4周</th><th>5~7周</th><th>8~11周</th><th>>11周</th></tr>
<tr><td rowspan="3">散养</td><td>快速型</td><td rowspan="3">25</td><td>15</td><td>13</td><td>9</td><td>—</td></tr>
<tr><td>中速型</td><td rowspan="2">19</td><td>15</td><td>11</td><td>9</td></tr>
<tr><td>慢速型</td><td>19</td><td>15</td><td>13</td></tr>
<tr><td rowspan="3">垫料平养</td><td>快速型</td><td rowspan="3">30</td><td>19</td><td>13</td><td>11</td><td rowspan="2">11</td></tr>
<tr><td>中速型</td><td rowspan="2">23</td><td>17</td><td>14</td></tr>
<tr><td>慢速型</td><td>21</td><td>15</td><td>13</td></tr>
<tr><td rowspan="3">网上平养</td><td>快速型</td><td rowspan="3">42</td><td>25</td><td>14</td><td>12</td><td rowspan="3">12</td></tr>
<tr><td>中速型</td><td rowspan="2">34</td><td>19</td><td rowspan="2">13</td></tr>
<tr><td>慢速型</td><td>21</td></tr>
</table>

2. 环境不良

在饲养管理过程中,由饲养环境不良引起的家禽福利问题主要表现在两个方面:一方面是,在场址选择和建设时,由于资金方面的投入不足,不能选择离人类居住环境较远的地点。禽场环境与人居住环境、其他养殖场环境之间相互影响,家禽在这样的养殖环境下生活,疾病的发生率会显著增加。另一方面主要是家禽场内部环境脏乱差。家禽长期生活在恶劣的环境中,健康得不到有效的保证。这样的养殖场防疫措施跟不上,达不到控制疾病发生的环境要求;舍内的温热环境控制能力差,空气质量低下;废弃物得不到有效处理,家禽的自身污染和交叉污染严重,严重损害家禽的健康。因此,在建造禽舍之前,养殖户应选择一个合适的地址,禽舍必须建在地势高、排水方便、通风良好的地方,不宜在低洼潮湿处建场;要注意禽舍的清洁和干燥,勤打扫,勤清粪;搞好通风换气,特别是冬季养殖,既要做好防寒保温,又要注意通风换气等。

3. 强制性饲喂和滥饲乱喂

关于强制性饲喂,在家禽中最典型的表现就是填鸭和鹅肥肝的生产。强制性饲喂不仅违背家禽的生理规律，而且人为的饲喂会给家禽带来极大的痛苦。

家禽滥饲乱喂的问题，集中出现在我国农村的小规模饲养中，由于缺乏系统的营养和饲养管理知识和培训，我国农村小规模分散饲养中，滥饲乱喂问题较严重，主要表现在三个方面。一是滥用或过量使用使家禽处于中毒状态的矿物质、微量元素、抗生素等添加剂；二是给予家禽营养不全面的饲粮，容易导致家禽患营养代谢疾病；三是随意乱喂，有什么就饲喂什么，不能充分满足家禽营养。

4. 强制换羽

换羽是禽类的一种自然生理现象，鸡换羽时一般都会停止产蛋。由于自然换羽的时间不一致，持续时间长达 2 个月，产蛋率明显低于第一个产蛋期，严重影响经济效益。因此，在生产中，为了降低换羽带来的经济损失，人们常采用强制换羽的方法缩短自然换羽时间，使母鸡尽快进入第二个产蛋期，延长母鸡利用年限。但是，在强制换羽过程中，往往会采取停水和停料等措施，这容易导致鸡的抵抗力下降，引起疾病的发生。目前，针对蛋鸡的强制换羽，主要利用一种激素类化合物。这种化合物是 D-Trp6-LHRH，它是一种人工合成的促黄体激素释放因子(LHRH)的类似物。研究发现，给 1 800 多只来航蛋鸡注射这种药物后，与饥饿换羽法一样，换羽过程中产蛋量明显下降，但是在随后的换羽过程中体重没有下降，疾病发生率也显著降低。

5. 断喙

断喙是防止鸡互相伤害的一种方法。目前，我国在实施此项措施时，不同程度地存在野蛮操作，给鸡造成了极大的痛苦和伤害。由于饲养环境的影响和母鸡遗传上的攻击性，产蛋母鸡常常会发生啄癖行为，较常见的有啄羽、啄肛和啄趾。其中，啄肛对家禽福利的影响最大，严重的啄肛行为表现常常使被啄鸡泄殖腔被啄得血肉模糊，甚至肠管被啄出，被其他鸡吞食，给被啄鸡造成极大的伤害。为了防止这种啄癖行为的发生，要对母鸡进行断喙处理。断喙可以提高鸡的成活率，减少啄癖行为的发生，改善羽毛状况，减少应激等。但是，断喙容易引起短期或长期的疼痛，损害鸡的采食能力。实际上，一般的而非攻击性的啄羽行为是可以被转移的，如在笼内悬挂一条白色或黄色的聚丙烯捆扎带引起鸡的啄梳行为，可以明显减少啄羽行为。

6. 水禽旱养

在我国肉用水禽的饲养过程中，尤其是在肉鸭饲养的后期，普遍会采用陆地舍饲圈养的方法，限制水禽戏水，以达到快速育肥的目的。在一些水源条件不好的地区，肉鸭密集旱养技术作为一项新技术来推广应用，有的饲养者甚至直接采取全程旱养的方法来饲养肉鸭。这些养殖行为妨碍了水禽戏水这一自然习性的自由表达，影响水禽福利。研究发现，在育成鹅饲养中，有无戏水池对鹅行为表达、肢体发育、生产性能、肉品质等均产生显著影响，戏水后的鹅由于其天性得到表达，舒适感增强，鹅绒质量增加，肉质更优，肢体发育更好。因此，建议禽场采用“舍饲+运动场+戏水池”方式，即在运动场中建立一个戏水池，以满足水禽戏水的生物学特性。

【教学案例】

“热喘”的鹅

2016 年 7 月，某高校动物健康养殖与福利研究课题组在调研重庆某区县肉鹅养殖时发现，大部分养殖场没有为鹅设置戏水池。由于重庆夏季的高温天气，加之鹅羽绒较厚，很多未设置戏水池的鹅场发生严重的鹅“热喘”现象，生产性能相比设置了戏水池的场要差。

提问：

1. 鹅发生“热喘”的主要原因有哪些？
2. 为什么设置戏水池的养殖场，鹅生产性能会更好？
3. 请从动物福利和环境保护两个角度论述水禽旱养。

【技能训练 16】

评价猪饲喂福利

【目的要求】

在猪场实施猪饲喂福利的评价，使学生初步掌握规模化猪场猪只饲喂福利评价方法，明确猪只饲喂福利评价体系构建。

【内容方法】

一、饲料充足

1. 评价方法

使待评母猪处于站立状态，评价人员从母猪正后方和侧面观察骨骼的显露程度，脊柱、髋骨、肋骨可见或可触见程度。

2. 评价标准

0——评价人员手掌用力下压才能感受到髋骨和脊柱；

1——评价人员手掌不需用力下压即可感受到髋骨和脊柱（$SL_1\%$）；

2——母猪很瘦，肉眼直接观察可看到髋骨和脊柱突出（$SL_2\%$）。

注：SL 为饲料的简称。SL% 指饲料评分百分比，如评价 100 头猪，其中 30 头猪饲料评分未达到标准，则 $SL_1\%$ 为 70%，下同。

群体评价：

$$得分 = 100 - SL_1 - 3 \times SL_2$$

二、饮水充足

1. 评价方法

对于群养的母猪，要检查其饮水器的数量是否充足、功能是否完好，以及饮水的清洁度。推荐每个饮水器供 10 头猪使用。当饮水器的功能异常时，数量不计（为实际饮水器的数量），然后就可计算出推荐的值（为实际饮水器数量×10），比较栏舍内猪的头数和推荐值。如果栏舍内猪的头数高于推荐值，则认为饮水器数量不足。检查一个栏舍里是否有两个可供使用的饮水器。

对于限位栏饲养的母猪，主要从饮水器可用程度评价。可用程度主要是指饮水器能否正常工作，以及安装位置是否合适，以上任何一方面不合格都评定为 2 分。

2. 评价标准

①群养母猪：

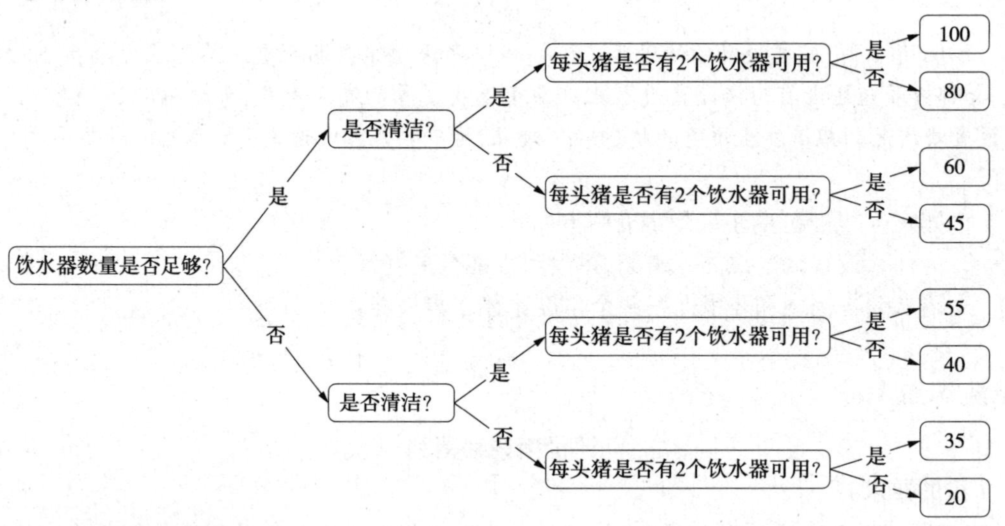

②限位栏饲养的母猪：

0——饮水设备充分；

2——饮水设备不足。

得分＝100(评价为0分)或0(评价为2分)

计算各栏得分,取平均值。

(引自杨晓静、赵茹茜,《猪福利评价指南》, 2014)

【考核标准】

考核内容及分数	评价环节	评分标准		考核方法	熟练程度	时限/h
		分值/分	扣分依据			
1. 饲料评价 2. 饮水评价 (100分)	饲料卫生	20	饲料潮湿、霉变、搭配不合理、饲喂不正确等酌情扣分	分组操作考核	熟练掌握	4
	母猪肥瘦度	20	母猪体况、健康程度、肥瘦度评估方法不恰当,酌情扣分			
	水质	20	水质检测不合格或不符合国标Ⅲ级饮用水,该项目直接扣分			
	饮水器优劣	20	饮水器数量不足、使用不方便等,酌情扣分			
	熟练程度	5	在教师完全指导下才能完成,酌情扣分			
	完成时间	5	每超时0.5 h扣1分,直至扣完			

【作业习题】

选一猪场,评价猪饲喂福利,若有不足之处请提出改进意见。

【技能训练 17】

评价猪舍福利

【目的要求】

对猪舍福利进行评价,使学生掌握规模化猪场猪舍福利评价的基本操作模式,会合理设计猪舍布局及猪舍环境调控。

【内容方法】

一、畜舍舒适

1.滑囊炎

滑囊炎是腿部受力点因压力损伤而形成的充满黏液的囊肿,最常见于后腿踝关节处。小滑囊:囊肿与葡萄大小相当,直径1.5～3 cm;大滑囊:囊肿直径3～5 cm;巨大滑囊:囊肿与柑橘大小相当,直径5～7 cm或更大。

(1)评价方法

使待评母猪处于站立状态,评价人员站立于母猪适宜观察一侧的1 m外,观察动物一侧前后腿的滑囊炎发生状况。

(2)评价标准

0——无明显滑囊;

1——一条腿上有1个或几个小滑囊或仅有1个大滑囊($HN_1\%$);

2——一条腿上有几个大滑囊,或是一个巨大滑囊,或任何大小的破损滑囊($HN_2\%$);

注:HN为滑囊。

计算公式:

$$得分 = 100 - \frac{HN_1 + 2 \times HN_2}{2}$$

2.肩伤

(1)评价方法

选择不同哺乳阶段的母猪,使其处于站立状态,评价人员在距离母猪1 m外站立,观察其双侧肩伤情况。

(2)评价标准

0——无明显肩伤;

1——可见一个明显已结痂的旧肩伤,或一个新伤但伤口已愈合,或局部红肿但没有组织液渗出($JS_1\%$);

2——有破损伤口($JS_2\%$)。

注:JS为肩伤。

计算公式:

$$得分 = 100 - \frac{JS_1 + 2 \times JS_2}{2}$$

3.体表粪便

(1)评价方法

使待评定母猪处于站立状态,评价人员选择方便观察的一侧,评价一侧体表粪便污染情况。体表粪便状况不同于体表清洁状况，放养母猪体表的泥土不属于福利问题。

(2)评价标准

母猪个体评分标准：

0——体表粪便面积≤10%；

1% ~10%<体表粪便面积≤30%(FB_1 m)；

2——体表粪便面积>30%(FB_2 m)。

群体仔猪评分标准：

0——一窝仔猪中无任何仔猪体表有粪便；

1——一窝仔猪中体表有粪便的仔猪数不超过50%(FB_1z)；

2——一窝仔猪中体表有粪便的仔猪数超过50%(FB_2z)。

注：FB为粪便。

计算公式：

$$得分 = 100 - \frac{FB_1 m + 2 \times FB_2 m}{2} \times 0.7 + \left(100 - \frac{FB_1 z + 2 \times FB_2 z}{2}\right) \times 0.3$$

二、温度适宜

1.评价方法

喘息指动物短促的口腔呼吸。母猪每分钟呼吸大于28次，仔猪每分钟呼吸大于55次为喘息。喘息的观察在动物安静时进行最为准确，因此评价人员在进入猪舍10 min后开始观察。

评价人员在进入猪舍10 min后，待动物安静确认仔猪有足够的休息空间后开始观察，计数抱团头数。抱团是指一头猪超过1/2的身体与另一头猪接触(例如压在另一头猪上面)，一头侧挨一头不算抱团。

2.评价标准

(1)母猪个体评分标准(WD_m)

0——不喘息和不抱团；

2——喘息或抱团。

WD_m：100(评价为0分)或50(平均为2分)，计算各栏得分，取平均值。

(2)群体仔猪评分标准(WD_z)：

0——不喘息和不抱团；

1——一窝仔猪中不超过20%的休息仔猪喘息或抱团；

2——一窝仔猪中超过20%的休息仔猪喘息或抱团。

WD_z：100(评价为0分)或80(评价为1分)或50(评价为2分)，计算各栏得分，取平均值。

注：WD为温度。

计算公式：

$$得分 = WD_m \times 0.5 + WD_z \times 0.5$$

三、活动自由

1.评价方法

测量所选用栏的面积，并记录妊娠期母猪的饲养方式。

2. 评价标准

母猪妊娠期限位栏饲养小于60 d,按照以上方法对中后期群养母猪进行评价;母猪妊娠期限位栏饲养时间大于60 d但是小于90 d,得分65分;母猪妊娠期限位栏饲养时间大于90 d,得分50分。

(引自杨晓静、赵茹茜,《猪福利评价指南》,2014)

【考核标准】

<table>
<tr><th rowspan="2">考核内容
及分数</th><th rowspan="2">评价环节</th><th colspan="2">评分标准</th><th rowspan="2">考核
方法</th><th rowspan="2">熟练
程度</th><th rowspan="2">时限/h</th></tr>
<tr><th>分值/分</th><th>扣分依据</th></tr>
<tr><td rowspan="7">1. 舒适度评价
2. 温度适宜评价
3. 活动自由评价
(100分)</td><td>滑囊炎</td><td>20</td><td>根据滑囊炎直径大小酌情扣分</td><td rowspan="7">分组操
作考核</td><td rowspan="7">熟练
掌握</td><td rowspan="7">4</td></tr>
<tr><td>肩伤</td><td>20</td><td>根据肩伤程度酌情扣分</td></tr>
<tr><td>体表粪便</td><td>15</td><td>根据体表粪便面积酌情扣分</td></tr>
<tr><td>喘息或抱团</td><td>20</td><td>根据猪抱团或喘息数量酌情扣分</td></tr>
<tr><td>活动空间</td><td>15</td><td>根据母猪限位栏饲养天数酌情扣分</td></tr>
<tr><td>熟练程度</td><td>5</td><td>在教师完全指导下才能完成酌情扣分</td></tr>
<tr><td>完成时间</td><td>5</td><td>每超时0.5 h扣1分,直至扣完</td></tr>
</table>

【作业习题】

选一猪场,评价猪舍福利,若有不足之处请提出改进意见。

任务四　运输和屠宰过程与动物福利

畜禽在生长到一定阶段后,都会被运送到屠宰场屠宰,进而进入市场流通渠道到消费者手中。在这个过程中,生产者期望获得好的屠宰性能,创造更高的经济效益;作为消费者,更看重的则是动物在屠宰后,其肉质的优劣。因此,无论是从生产者还是消费者角度,都应该重视畜禽在运输和屠宰过程中的福利问题。

【教学案例】

肥猪的福利

2018年,我国西南地区某猪场向东北某地运输活猪,经过60多个小时的长距离运输后,猪只发生严重的运输应激,表现出喘气严重、采食量严重下降、精神沉郁、体温升高等,原因是在猪只的长途运输中,没有考虑活猪的福利问题,即这批活猪在途中未得到充分的休息,因而导致猪只发生严重的运输应激综合征。

提问：

1. 按照动物福利的要求，运输过程中应注意哪些方面的问题？
2. 违反动物福利的长途运输，对养殖业有什么影响？

一、运输过程与动物福利

运输对动物而言，实际上是一个十分痛苦的过程。运输工具的选择、运输动物的密度状况以及动物个体的状况等都可能不能满足动物的需求，此外，嘈杂声、怪气味、陌生的同伴以及长途颠簸，都可能给习惯农场生活的动物带来新的痛苦。目前，最常用的畜禽运输工具是卡车（图6-10、图6-11），另外还有铁路运输、水路运输和航空运输等几种方式。

图6-10　猪的运输

图6-11　肉鸡的运输

1. 抓捕、装卸与动物福利

抓捕、装卸是运输中最容易引起畜禽应激反应的环节。预示应激的生理变化发生在装载前几个小时，随后的应激反应根据驾驶质量和其他因素逐渐降低，一直到动物习惯运输。抓捕、装卸过程对动物福利的影响是由几种应激原在短时间内联合作用于该动物引起的。这些应激原之一是与人的接触，无论是抓捕，还是装卸，都需要与人近距离接触，对不习惯人的动物而言会引起害怕。二是装卸后，动物被移至未知环境也会引起心理应激。三是装卸时不正确的处理方式可能会产生疼痛，例如用棍棒敲打动物，特别是像眼睛、嘴、生殖器或腹部的敏感区域等，极容易使动物产生疼痛，影响其福利。

在肉鸡生长的后期（第40～50 d），抓鸡、装卸和运输是主要的、涉及多因素的、强应激的生产管理事件。由于生长后期的肉鸡即将面临屠宰，其在宰前8 h就已经遭到了禁食，屠宰前一段时间又会遭到禁水，这已经违背了动物福利"使动物免受饥渴的自由"的原则。在抓鸡时，大多数养殖场都采用人工抓鸡方式，这使肉鸡变得异常恐惧，严重的还可能因为错误的抓捕方式而死亡。生产中，使用机械抓鸡配合风机降低环境温度的措施可以减少抓捕引起肉鸡的恐惧感。因此，在抓捕肉鸡过程中，务必考虑其福利，减少人为因素带来的不必要损伤。

由于人工成本和劳动力的昂贵，人们在抓鸡时为了节省工作时间，基本不会考虑鸡的损伤情况，结果导致擦伤、脱臼和骨折、腿和翅膀的折断、内出血。在劳动力成本廉价的国家或地区，例如巴西，抓鸡折翅率最低，在每只鸡都被小心抓取放在鸡笼的情况下，折翅率仅0.25%。美国3 kg以上的鸡在最好的抓鸡方式下折翅率也高达0.86%。一般来说，手工抓鸡和机械抓鸡都可以在一定程度上适当改进从而提高抓捕过程中动物的福利水平。

装载是运输中应激反应最大的阶段。成年公牛在运输过程中混合时，它们会发生打斗，增加血浆皮质醇水平，严重影响它们的健康和福利水平。

2. 运输过程与动物福利

运输关系着动物的健康和畜禽产品品质的优劣。为了给消费者提供更安全、优质的畜禽产品，必须为运输的畜禽提供一个舒适的运输环境。

关于运输过程中动物福利问题，最主要的还是运输应激。由于运输工具的小环境较差，在运输过程中，空间小，通风换气差，氨气、硫化氢等有害气体的排放量增加，会对动物产生严重的应激，同时，有害气体浓度的增加，还会损伤动物呼吸道黏膜，使动物患呼吸道疾病的概率增加。其次，在运输过程中，由于南北方环境不同，温差较大，加之长时间的运输过程，冷热交替，极易使动物产生应激综合征。在猪的运输过程中，其耐受的最长运输时间为8 h，而且，必须保证运输途中具有连续的饮水，原因在于猪在运输途中对许多条件异常敏感，高温会使猪非常不安，可以直接导致猪的大量死亡（表6-12）。此外，在运输过程中，微生物等滋生、感染、蚊虫叮咬等都会严重危害动物健康，进而可能影响畜禽产品品质。

表6-12　不同运载时间和装载密度对动物瘀伤的影响

项目	运载时间（3 h）				运载时间（16 h）			
	400 kg/m^2		500 kg/m^2		400 kg/m^2		500 kg/m^2	
	n	%	n	%	n	%	n	%
死亡总数	28	100	32	100	28	100	32	100
瘀伤总数	10	35.7	11	34.3	12	42.8	18	56.2
Ⅰ级（仅皮下组织受损）	8	28.5	10	31.3	11	39.2	14	43.8
Ⅱ级（肌肉组织受损）	2	7.1	1	3.1	1	3.5	4	12.5

长途运输本身对动物会产生强烈应激，加之运输车辆本身条件较差，运输路况不好、密度过大、拥挤、通风不良、温度过高等会导致动物大量掉膘、死亡，在炎热的夏季和寒冷的冬季表现尤为突出。以生猪调运为例，其运输距离250 km，掉膘4.3 kg，如果在夏季可达5.3 kg。现代关于生猪的调运很多距离都超过1 000 km以上，掉膘、死亡的问题就更为突出，因此，设计合理的运输车辆是解决运输途中动物福利的有效手段。

关于运输动物的福利，《国际运输中保护动物的欧洲公约》规定：中大型动物在运输过程之中，需保证其有充分的空间站立甚至躺下；运输方式和容器能够保护动物，使其免受严酷天气的折磨；标上不同的气候条件和垂直方向；空间和通风条件应当适合所运送的动物品种的生物特性，动物的装载不影响容器的通风；设立显示活的动物已经转载的标志；容易清洁；容器的建造应考虑不让动物逃走以确保动物的安全；便于检查和照顾动物；在运输和处理过程中，应该保持垂直位置，并不得摇晃或者震动。

在运输途中，如果动物患病，应当有兽医的治疗和照顾，在必要的情况下，为了使动物免受更多的痛苦，可以根据实际情况，选择在运输途中对动物进行屠宰，这个过程需注意的问题主要是动物屠宰的检疫。

在运输过程中反映不良福利普遍使用的生理指标见表6-13。

表6-13 运输过程中反映不良福利普遍使用的生理指标

应激原	生理指标
断料	游离脂肪酸↑，β-羟丁酸↑，葡萄糖↓，尿酸↑
脱水	渗透压↑，总蛋白↑，清蛋白↑，血细胞压积↑
消耗体力	肌酸激酶↑，乳酸↑
害怕，缺乏控制	皮质醇↑，血细胞压积↑
动物疾病	后叶加压素↑

二、屠宰过程与动物福利

这里所说的“屠宰”，是指被运送到屠宰场后的动物下卸、管理及宰杀的整个过程。在屠宰过程中，动物福利问题也十分突出。一般来说，在运抵屠宰场时，从运输工具下卸，如果操作不当或者对待动物十分粗鲁，动物会遭受巨大的痛苦，如挤伤、摔伤、撞伤甚至死亡。

在屠宰开始前，动物在屠宰场依旧要面临诸多福利问题。例如，在肉鸡屠宰场，肉鸡被运抵屠宰场后，并不能马上被宰杀，很多时候还会拖延1 d才被宰杀，在这段时间里，陪伴它们更多的可能是极度的饥饿、恐惧等。同时，由于动物个体之间相互不熟悉，又很容易造成个体间的打斗，加剧动物的应激反应，导致身体损伤而影响胴体品质。在屠宰时，屠宰的操作不规范也容易影响动物的福利水平，例如，将屠宰的肉鸡倒挂、对大家畜电麻不足等，都是影响屠宰动物福利的因素。因此，对屠宰动物，最好有2～3 h的休息时间，使动物从运输应激中得到恢复。

活体宰杀是传统的屠宰方法，许多国家不提倡这种做法，认为是违反动物福利，极其不人道的宰杀行为。为了保证动物福利，通常在屠宰前将动物电击击晕。但是，电击不足则达不到麻痹感觉神经的目的，反而容易使应激反应加剧。因此，在畜禽宰杀前，有必要根据畜禽情况合理设置电击电流和电压，防止因电击不足造成的二次伤害，从而影响其福利水平和产品品质。

目前，我国肉畜屠宰主要有两种方法：一是采用分散小规模个体屠宰，另一种是肉联厂大规模屠宰，即集中屠宰。我国大中城市，政府定点屠宰生猪已经达到90%以上，但是家禽、肉羊、肉牛的屠宰还不尽如人意。按照规定，“国家对生猪等动物实行定点屠宰、集中检疫”，“省、自治区、直辖市人民政府规定本行政区域内实行定点屠宰、集中检疫的动物种类和区域范围”。可见法律对除猪以外的动物是否实行定点屠宰、集中检疫及实施的区域范围，都没有做出明确规定，处于可实行可不实行的状态。国务院也只颁发了《生猪屠宰管理条例》，再无其他有关屠宰方面的规定。因此，对屠宰动物福利的实施，首先应当从法律和政策方面制定各类动物屠宰的明确规定；其次要严格审查屠宰场资质，从源头做到规范屠宰；最后要规范屠宰操作，制定严格的屠宰操作规程，避免在屠宰时给动物增加额外的痛苦。

【技能训练 18】

评价猪运输福利

【目的要求】

通过对猪运输福利进行评价，学生掌握猪运输过程中福利评价模式，学会解决运输过程中猪福利的相关问题。

【内容方法】

一、运输前需准备的文件

承运人在运输过程中应携带相关的文件记录，主要包括：

①检疫证明；

②用药记录；

③运输前休息时间，获得饲料和饮水供给的情况；

④装载日期、时间和地点；

⑤行程日志：运输过程的常规检查和重要事件记录，包括发病率、死亡率及采取的措施，气候条件，休息记录，运输时间，饲料和饮水的供给及其消耗估测，用药情况以及运输途中车辆的故障维修情况等；

⑥运输途中出现的意外情况及管理措施。

二、车辆福利评价

1. 车厢顶棚

(1)评价方法

以运输车辆为评价单元，观察车上是否安装顶棚。

(2)评价标准

0——运输车辆有顶棚；

2——运输车辆无顶棚。

2. 车厢地板

(1)评价方法

以车辆为评价单元，观察车厢内的地板是否防滑。

(2)评价标准

0——运输车辆的地板防滑；

2——运输车辆的地板不防滑。

3. 卸载板或卸载斜坡台地面

(1)评价方法

对卸载板或卸载斜坡台地面的福利评价仅包括猪的脚下打滑和跌倒。

以运输车辆为评价单元，对车辆中卸载的所有猪进行评价。该指标观察区域包括卸载斜坡台或卸载板(如果是利用升降台卸猪，则评价平台落地后门打开时的情况)。

脚下打滑是指失去平衡,但身体没有与地面接触;跌倒是指失去平衡且身体的某部分(包括腿)与地面接触。以脚下打滑猪头数和跌倒猪头数占运输车辆中猪总数的比例来表示。由于猪只之间的推挤而导致的摔倒也视为跌倒。

(2)评价标准

根据出现脚下打滑和跌倒的猪所占比例评价。

4. 车厢尖锐突出物

(1)评价方法

以运输车辆为评价单元,观察车厢内是否有容易使猪受伤的尖锐突出物。

(2)评价标准

0——车厢内无尖锐突出物;

2——车厢内有尖锐突出物或其他结构;

5. 车厢通风

(1)评价方法

以运输车辆为评价单元,观察运输车辆是否通风良好。

(2)评价标准

0——车辆通风良好;

2——车辆通风差。

6. 运输密度

(1)评价方法

以运输车辆为评价单元,根据车辆的装载密度来评价猪在运输过程中的活动情况。评价人员应记录运输车辆中的猪数量,运输车辆的层数,每层的长度、宽度、高度。最终结果以 m^2/头来表示。

(2)评价标准

0——密度大于 0.52 m^2/头;

1——密度在 0.39 ~0.52 m^2/头;

2——密度小于 0.39 m^2/头。

7. 运输时间

(1)评价方法

以运输车辆为评价单元,根据运输时间来评价运输过程的疾病情况。评价人员应在查看运输行程日志后,向承运人员详细了解猪的运输时间。

(2)评价标准

0——运输时间少于 8 h;

1——运输时间为 8 ~16 h;

2——运输时间超过 16 h。

(引自杨晓静、赵茹茜,《猪福利评价指南》, 2014)

【考核标准】

考核内容及分数标准	评价环节	评分标准		考核方法	熟练程度	时限/h
		分值/分	扣分依据			
1. 运输文件 2. 运输车辆评价 (100 分)	运输文件	15	根据运输文件齐全度酌情扣分	分组操作考核	熟练掌握	4
	车厢顶棚	10	根据有无车厢顶棚及顶棚覆盖度酌情扣分			
	车厢地板	10	根据车厢地板防滑度酌情扣分			
	卸载工具	10	根据卸载工具是否合理酌情扣分			
	车厢尖锐突出物	10	根据车厢尖锐突出物多少酌情扣分			
	通风条件	10	根据车辆通风情况酌情扣分			
	运输密度	10	根据不同畜禽运输密度酌情扣分			
	运输时间	15	根据运输时间长短酌情扣分			
	熟练程度	5	在教师完全指导下才能完成酌情扣分			
	完成时间	5	每超时 0.5 h 扣 1 分,直至扣完			

【作业习题】

选一猪场,评价猪运输福利,若有不足之处请提出改进意见。

【技能训练 19】

评价猪屠宰前福利

【目的要求】

通过对猪屠宰前福利进行评价,学生掌握屠宰前福利评价模式,学会调控屠宰动物福利。

【内容方法】

一、福利内容和标准

宰杀前,猪的福利标准与评价指标见表 6-14。

表 6-14　宰杀前猪的福利标准与评价指标

内容	福利标准	评价指标
饲喂福利	饲料供给	食物供给情况
	饮水充足	饮水供给情况
	休息区舒适	地板等设施
畜舍福利	温度适宜	是否出现喘息、颤抖和抱团等行为
	活动自由	待宰圈中猪的密度

续表

内容	福利标准	评价指标
健康福利	无损伤	跛行
	无疾病	死亡率
行为福利	情绪稳定	是否有不愿移动或转身返回的行为

二、饲喂福利

1. 饲料供给

(1)评价方法

观察最长待宰时间条件下,待宰圈中的饲料供给情况。

以待宰圈为评价单元,选取5~8个待宰圈的猪进行评价(根据屠宰场的实际情况,如果待宰圈少于5个则全部评价)。圈的选择是随机的,应考虑两点:第一,挑选的圈在屠宰场中的位置要具有代表性;第二,应尽可能挑选进入待宰圈时间不同的猪。

(2)评价标准

0——猪在待宰圈中的时间不超过12 h,且没有饲料供给;或猪在待宰圈中的时间超过12 h,但有饲料供给;

2——猪在待宰圈中的时间超过12 h,且无饲料供给。

2. 饮水充足

(1)评价方法

评价主要包括两方面,一是检查饮水器是否可用,二是检查饮水器是否清洁。所谓饮水器可用是指饮水器的数量足够,且均可正常出水;所谓饮水器清洁是指饮水器无粪便和泥土。此外,还应记录饮水器的类型(是饮水管、饮水碗还是饮水槽)、长度、宽度和高度等,并检查饮水器是否会弄伤猪。

(2)评价标准

0——饮水器可用且清洁;

2——饮水器不可用或不清洁。

三、畜舍福利

1. 畜舍舒适

(1)评价方法

观察待宰圈的地板是否会弄伤猪(是否存在破损或其他结构)。

(2)评价标准

0——地板不会弄伤猪;

1——有一个圈的地板可能会弄伤猪;

2——有一个以上圈的地板可能会弄伤猪。

2. 温度适宜

(1)评价方法

评价指标主要包括寒战、喘息及抱团。

寒战是指猪身体的任何部位或整个身体缓慢且无规律地震颤。喘息是指通过口腔快速而短促的气流交换。抱团是指一头猪超过1/2的身体与另一头猪接触(例如压在另一头猪上面),一头侧挨一头不判定为抱团。

评价人员进入待评价猪舍后,需稍等几分钟,待猪群恢复平静后从栏外观察猪群中存在寒战、喘息或抱团现象的猪的数量。

(2)评价标准

0——待宰圈中无喘息、寒战或抱团;

1——待宰圈中出现喘息、寒战或抱团的比例不超过20%;

2——待宰圈中出现喘息、寒战或抱团的比例超过20%。

3.活动自由

(1)评价方法

记录待宰圈的长度、宽度和圈中猪的数量,以计算待宰圈饲养密度。

(2)评价标准

m^2/头。

四、健康福利

1.无损伤(跛行)

(1)评价方法

观察所有从运输车辆上卸下的猪进入待宰圈过程中有无跛行情况。猪的走动距离最好为3~10 m,若走动不足2 m,则不能进行该指标的评价。

(2)评价标准

0——正常步态;

1——动物跛腿,行走困难,但四肢着地;

2——动物行走是伤腿抬起,或不能行走。

2.无疾病(死亡)

(1)评价方法

观察死亡猪的数量,用死亡猪的数量占运输车辆中(或待宰圈中)猪总数的比例来表示。该指标要评价两次:一次是在卸载时对运输车辆中的猪进行评价;另一次是对待宰圈中的猪进行评价。

(2)评价标准

死亡率。

五、行为福利(情绪稳定)

1.评价方法

对卸载的猪进行评价,观察出现停在车上不愿走向卸载台的情况或转身返回运输车辆的情况。

2.评价标准

不愿走向卸载台或转身返回运输车辆猪的数量占运输车辆中的猪总数的比例。

(引自杨晓静、赵茹茜,《猪福利评价指南》,2014)

【考核标准】

考核内容及分数标准	评价环节	评分标准		考核方法	熟练程度	时限/h
		分值/分	扣分依据			
1. 饲喂评价 2. 畜舍评价 3. 健康评价 4. 行为评价 (100分)	饲料供给	15	根据食物供给情况酌情扣分	分组操作考核	熟练掌握	4
	饮水	10	根据饮水供给情况酌情扣分			
	休息区舒适度	10	根据地板等设施舒适度酌情扣分			
	温度	10	根据是否出现喘息、颤抖和抱团等行为酌情扣分			
	活动	10	根据待宰圈中猪的密度酌情扣分			
	损伤	10	根据有无跛行或跛行程度酌情扣分			
	疾病	10	根据死亡率大小酌情扣分			
	情绪	15	根据是否有不愿移动或转身返回的行为酌情扣分			
	熟练程度	5	在教师完全指导下才能完成酌情扣分			
	完成时间	5	每超时0.5 h扣1分,直至扣完			

【作业习题】

选一屠宰场,评价猪屠宰前福利,若有不足之处请提出改进意见。

任务五　实验动物福利

实验动物是为了进行科学研究而在一定条件下饲养的动物,整个过程受人为控制,并在人为控制的条件下接受实验处理。随着科学技术的发展,实验动物作为科学研究的对象和工具,应用的数量和领域在逐渐地扩大。因此,如何保证实验动物福利,不仅是动物自身的需要,也是保证实验结果科学、可靠、准确、可信的基本要求。

关于实验动物福利,最为著名的就是在1959年,由动物学家Russell和微生物学家Burch提出的“3R”原则,目前已逐渐被广大实验动物饲养人员及科研人员所接受并广泛运用。“3R”指替代(replacement)、减少(reduction)和优化(refinement)。替代是指尽量使用无知觉的实验材料代替活体动物,或者使用低等动物代替高等动物进行实验的科学方法;减少是指在科学研究中在进行动物实验时,使用比较少量的动物来获取同样多的实验数据或者使用一定数量的动物尽量获得更多的实验数据的科学方法；优化是指在进行实验设计时实验方案及指标选取的优化，以及实验过程中实验技能和实验条件的优化。2005 年，美国芝加哥的伦理化研究国际基金会在“3R”的基础上提出实验动物福利的“4R”原则，即增加了责任（responsibility）作为第四个原则，其主要是要求人们在生物学实验中增强伦理观念，呼吁实验者对人类和动物都要有责任感。

事实上，实验动物在用于科学实验或其他科学鉴定时，机体或精神必然会遭受不同程度的损伤，因此，实验人员及饲养人员应从人道主义出发，尽可能地满足实验动物的需求，为其提供舒适的环境，让实验动物能够舒适地休息，使其不受困顿、不适、疼痛和伤病之苦，尽量保证实验动物的天性，遵循“3R”原则，实施实验之前尽可能优化实验方案，使实验动物的福利水平得到提升。

【复习题】

1. 什么是动物福利？动物福利的定义是什么？
2. 如何评价动物福利？
3. 如何通过行为的表现评价动物福利？
4. 动物福利评价过程中，生理指标起什么作用？
5. 生产性能的高低能否作为直接评价动物福利水平的标准，为什么？
6. 饲养管理过程中，应注意哪些影响动物福利的因素？
7. 动物福利水平的高低与饲养环境有什么关系？
8. 如何调控饲养环境以保证动物福利水平的提升？
9. 运输和屠宰过程中，如何保证动物的福利？
10. 什么是“3R”原则？

参考文献

[1] 李保明. 家畜环境卫生与设施[M]. 北京:中央广播电视大学出版社,2004.
[2] 常明雪,刘卫东. 畜禽环境卫生[M]. 2 版. 北京:中国农业大学出版社,2011.
[3] 刘继军,贾永全. 畜牧场规划设计[M]. 2 版. 北京:中国农业出版社,2018.
[4] 陈清明,王连纯. 现代养猪生产[M]. 北京:中国农业大学出版社,1997.
[5] 杨宁. 现代养鸡生产[M]. 北京:北京农业大学出版社,1994.
[6] 李震钟. 畜牧场生产工艺与畜舍设计[M]. 北京:中国农业出版社,2000.
[7] 本书编写组. 畜牧兽医技术数据手册[M]. 长沙:湖南科学技术出版社,1986.
[8] 张文正. 畜牧生产常用数据手册[M]. 兰州:甘肃人民出版社,1987.
[9] 李震钟. 家畜环境卫生学　附牧场设计[M]. 北京:农业出版社,1993.
[10] 冯春霞. 家畜环境卫生[M]. 北京:中国农业出版社,2001.
[11] 乐嘉龙. 学看建筑施工图[M]. 2 版. 北京:中国电力出版社,2018.
[12] 刘继军. 家畜环境卫生学(精简版)[M]. 北京:中国农业出版社,2016.
[13] DIEKMAN M A, GRIEGER D M. Influence of varying intensities of supplemental lighting during decreasing daylengths on puberty in gilts[J]. Animal Reproduction Science,1988, 16(3/4):295-301.
[14] 彭继勇,杨佳梦,车炼强,等. 光照对母猪繁殖性能的影响及其作用机理[J]. 动物营养学报,2018,30(2):437-443.
[15] 彭癸友,覃发芬. 光照对母猪几项繁殖指标的影响[J]. 当代畜牧,2002(7):21,26.
[16] 马玉娥. 光色对家禽影响的研究进展[J]. 畜禽业,2018,29(11):20-21.
[17] 安立龙. 家畜环境卫生学[M]. 北京:高等教育出版社,2004.
[18] 王志刚,杨清芳,朱志芳. 浅议 LED 灯在蛋鸡养殖中的应用[J]. 今日畜牧兽医,2016(12):39-41.
[19] 杨宁. 家禽生产学[M]. 北京:中国农业出版社,2002.
[20] 张英杰,刘月琴. 肉羊无公害标准化养殖技术[M]. 石家庄:河北科学技术出版社,2009.
[21] 颜培实,李如治. 家畜环境卫生学[M]. 4 版. 北京:高等教育出版社,2011.
[22] 常明雪,刘卫东. 畜禽环境卫生[M]. 2 版. 北京:中国农业大学出版社,2011.
[23] 吕坚成,陈立. 畜禽舍空气中灰尘和微生物的危害及防控[J]. 现代农村科技,2017(1):45.

[24] 吕超. 畜禽饲料中有毒有害物质的危害与清除[J]. 饲料博览,2017(4):44.

[25] 任建存. 现代化牧场规划与设计[M]. 北京:中国农业出版社,2016.

[26] ZURBRIGG K, KELTON D, ANDERSON N, et al. Stall dimensions and the prevalence of lameness, injury, and cleanliness on 317 tie-stall dairy farms in Ontario[J]. Canadian Veterinary Journal La Revue Veterinaire Canadienne,2005,46(10):902-909.

[27] 陈幼春. 现代肉牛生产[M]. 北京:中国农业出版社,1999.

[28] 王之盛,万发春. 肉牛标准化规模养殖图册[M]. 北京:中国农业出版社,2019.

[29] 季邦,王春光,刘涛. 我国生猪饲喂设备的研究现状及发展趋势[J]. 黑龙江畜牧兽医(下半月),2016(7):57-59,292.

[30] 王真. 断奶仔猪饲喂设备[J]. 今日养猪业,2016(6):82-83.

[31] 洪奇华,陈安国. 猪采食行为与饲喂设备的研究进展[J]. 养猪,2003(2):36-38.

[32] 谭磊,顾宪红. 猪用乳头式饮水器的水流速率和安装高度及数量的研究[J]. 畜牧与兽医,2009,41(11):47-49.

[33] 贾楠,杜松怀,李蔚,等. 我国自动化奶牛饲喂技术及装备研究进展[J]. 中国畜牧杂志,2015,51(22):51-55.

[34] 刘希锋,徐冬,谭海林. 全混合日粮(TMR)搅拌机的种类与应用[J]. 农机化研究,2006(2):126-127.

[35] 戚江涛,蒙贺伟,李亚萍,等. 牛用饮水装置的研究现状浅析[J]. 新疆农机化,2015(4):40-42.

[36] 倪律. 养鸡设备:第五讲　现代化养鸡成套机械设备(三)[J]. 上海农业科技,1989(2):42-44.

[37] 朱守智. 鸡常用饮水设备的介绍[J]. 吉林畜牧兽医,2002(6):37,39.

[38] 乌恩巴图. 畜禽用饮水器(上)[J]. 农村养殖技术,2001(12):31.

[39] 乌恩巴图. 畜禽用饮水器(下)[J]. 农村养殖技术,2002(2):31.

[40] 蒲德伦,朱海生. 家畜环境卫生学及牧场设计:案例版[M]. 重庆:西南师范大学出版社,2015.

[41] 全国畜牧总站. 百例畜禽养殖标准化示范场[M]. 北京:中国农业科学技术出版社,2011.

[42] 云鹏. 养猪业发展与新技术应用[M]. 北京:中国农业科学技术出版社,2017.

[43] 安永福. 千头规模奶牛场标准化养殖技术工艺[M]. 北京:中国农业大学出版社,2017.

[44] 佟建明. 专家与成功养殖者共谈现代高效蛋鸡养殖实战方案[M]. 北京:金盾出版社,2015.

[45] 黄炎坤. 肉鸡场标准化示范技术[M]. 郑州:河南科学技术出版社,2014.

[46] 高岩. 猪舍光照指标及照明系统的建议[J]. 猪业科学,2015,32(12):42-43.

[47] 刘卫东,赵云焕. 畜禽环境控制与牧场设计[M]. 2 版. 郑州:河南科学技术出版社,2012.

[48] 蔡长霞. 畜禽环境卫生[M]. 北京:中国农业出版社,2006.

[49] 刘凤华. 家畜环境卫生学[M]. 北京:中国农业大学出版社,2004.

[50] 赵云焕,刘卫东. 畜禽环境卫生与牧场设计[M]. 郑州:河南科学技术出版社,2007.

[51] B K SHINGARI,钱冬梅. 孵化废弃物的利用[J]. 国外畜牧科技,1996(3):36-37.
[52] 张振玲. 病死猪无害化处理的方法、问题及建议[J]. 猪业科学,2019,36(11):50-55.
[53] 陈杖榴. 兽医药理学[M]. 2 版. 北京:中国农业出版社,2002.
[54] 刘鹤翔. 家畜环境卫生[M]. 重庆:重庆大学出版社,2011.
[55] D M Broom, A F Fraser,弗雷泽. 家畜行为与福利[M]. 魏荣,葛林,李卫华,等译. 4 版. 北京:中国农业出版社,2015.
[56] 林海,杨军香. 家禽养殖福利评价技术[M]. 北京:中国农业科学技术出版社,2014.
[57] 何航,熊子标,首雅潇,等. 动物福利研究现状[J]. 家畜生态学报,2017,38(11):8-14.
[58] 包军. 家畜行为学[M]. 北京:高等教育出版社,2008.
[59] 杨晓静,赵茹茜. 猪福利评价指南[M]. 北京:中国农业出版社,2014.
[60] 崔光夏,蔡淑兰,蔡万国. 肉仔鸡鸡舍温度和湿度的控制[J]. 中国养鸡,2003(9):26.
[61] 王志刚,杨清芳,朱志芳,等. 浅议 LED 灯在蛋鸡养殖中的应用[J]. 今日畜牧兽医,2016(12):39-41.
[62] 马玉娥. 光色对家禽影响的研究进展[J]. 畜禽业,2008,29(11):20-21.
[63] 张巧,杨凡,熊中华. 不同光色节能灯对蛋鸡生产指标影响的观察试验[J]. 中国动物保健,2013,15(2):52-53.
[64] 王真. 断奶仔猪饲喂设备[J]. 今日养猪,2016(6):82-83.